高等学校"十三五"规划教材

U0261930

CHAIYOUJI GOUZAO YU YUANLI

柴油机构造与原理

主　编　姚　良
副主编　崔智高　徐　斌　王新军

西北工业大学出版社

西安

【内容简介】　本书为高等学校"十三五"规划教材,通过理论与实践相结合,全面系统地介绍了康明斯柴油机的工作原理和基本构造,并结合典型机型介绍了柴油机的使用操作、维护保养、检查调整和常见故障。其主要内容包括柴油机工作原理、柴油机主体机件、配气机构、燃油供给系统、润滑系统、冷却系统、柴油机增压技术、启动电器系统及仪表、内燃机特性、柴油机的使用与调整和柴油机故障分析等。

本书可作为高等院校柴油机构造与原理课程的教材,也可供从事柴油机操作、维修和管理的技术人员参考。

图书在版编目(CIP)数据

柴油机构造与原理/姚良主编.—西安:西北工业
大学出版社,2017.12
ISBN 978-7-5612-5785-2

Ⅰ.①柴…　Ⅱ.①姚…　Ⅲ.①柴油机—构造—教材
②柴油机—理论—教材　Ⅳ.①TK42

中国版本图书馆 CIP 数据核字(2017)第 327378 号

策划编辑:杨　军
责任编辑:王　尧

出版发行:西北工业大学出版社
通信地址:西安市友谊西路 127 号　　邮编:710072
电　　话:(029)88493844　88491757
网　　址:www.nwpup.com
印　刷　者:陕西天意印务有限责任公司
开　　本:787 mm×1 092 mm　　1/16
印　　张:17
字　　数:413 千字
版　　次:2017 年 12 月第 1 版　　2017 年 12 月第 1 次印刷
定　　价:58.00 元

前　言

本书以康明斯柴油机为例,重点介绍柴油机的基本工作原理,以及 N 系列和 K 系列等康明斯主导机型柴油机的组成和构造,并对柴油机的操作、维护保养、检查调整以及常见故障分析做了详尽讲解。

本书共分为 11 章,内容包括柴油机工作原理、柴油机主体机件、配气机构、燃油供给系统、润滑系统、冷却系统、柴油机增压技术、启动电器系统及仪表、内燃机特性、柴油机的使用与调整和柴油机故障分析等。

本书融入了笔者长期从事内燃机教学、科研、学术研究和装备维修的部分成果和经验,这种来源于实践的知识,对学生加深本书内容的理解和提高动手能力都有很好的指导和借鉴意义。为便于学员学习和理解,本书在内容编排中强调共性、注重个性,遵循功用→结构→原理→工作条件和材料→失效形式与检修为主线,在充分体现了本书的系统性和完整性的同时,也增强了本书的可读性和适用性。

本书图文并茂、行文规范、内容充实、简洁易懂,在突出柴油机构造与原理内容的基础上力求反映本专业的技术发展和工程应用,有助于读者学习、理解和掌握。

本书由姚良、崔智高、徐斌和王新军合作编写,姚良担任主编。本书第 1～4 章由姚良编写;第 5,6 章由徐斌编写;第 8～11 章由崔智高编写;第 7 章由王新军编写。

本书编写过程中曾参阅了相关国家标准、专业规范、设计手册和相关文献资料,谨向有关作者表示衷心的感谢。

由于笔者水平有限,书中错误或不妥之处,恳请读者批评指正。

编　者

2017 年 8 月

目　　录

第1章 柴油机工作原理

1.1 概 述

1.1.1 内燃机发展简史

在人类生活和生产中,内燃机应用最为广泛。内燃机是一种热力发动机,它将燃料在汽缸内通过燃烧使热能转变为机械功输出。1892 年,德国工程师鲁道夫·狄塞尔(Rudolf Diesel 1858—1913 年)提出了一种内燃机的新设想,即在压缩终了将液体燃油喷入汽缸内,利用压缩终了气体的高温将燃油点燃,由于可以采用较高的压缩比和膨胀比,又没有爆燃,使得热效率提高了近 1 倍。5 年之后设想变为现实,德国工程师成功研制出世界首台汽缸直径为 250 mm、转速为 172 r/min 的压燃式发动机——柴油机,其功率为 14.7 kW,热效率达到了 26.2%。这就是现代柴油机的起源,距今已有 100 多年的历史。

1922 年德国博世(BOSCH)公司成功研制出柱塞式燃油喷射装置,1927 年形成产品,使得柱塞式燃油系统和机械调速系统在柴油机设计和生产领域得到推广并沿用至今。第二次世界大战后,涡轮增压技术开始在内燃机特别是在柴油机上得到广泛应用,它使得发动机的功率成倍提高,并由此产生了非常可观的社会和经济效益。

1954 年,美国康明斯发动机公司(Cummins Engine Company)设计了独特的 PT 燃油系统,大大提高了发动机的动力性和经济性。

随着科学技术的迅猛发展和新技术、新材料、新工艺的不断应用,内燃机的设计水平、制造技术、相关指标和使用性能也在日臻完善。以柴油机为例,由于它具有热效率高(热效率居热机首位)、功率范围广(数 kW～数万 kW)、结构紧凑、机动性强以及适应性好等优点,加之使用维修方便,广泛应用于国民经济各行各业及军事领域,如交通运输、农业机械、工程机械和发电机组等。

100 多年来,内燃机的工作原理没有本质改变,但其性能却在不断改善和提高,从追求低油耗到降低排放、降低噪音和减轻振动,20 世纪 80 年代以来,更注重向可靠性、安全性和操作的舒适性发展,并在发动机的强化技术、电子喷射和电子调速,以及代用燃料使用等方面取得了突破性进展。

众所周知,柴油机是一种结构复杂的动力机械,不同型号的柴油机,尽管构造有所差异,但基本组成相同。它主要由以下机构和系统组成。

(1)主体机件。由机体、汽缸盖和汽缸套等固定机件和曲柄连杆机构共同组成。他们构成了柴油机的骨架,用来提供零部件的安装位置,完成汽缸内的燃烧并将机械能通过曲轴输出,驱动负载工作。

(2)配气机构。由气门组件、气门控制机构和进排气系统共同组成。其功用是按照发动机的工作顺序实现进气和排气。

(3)燃油供给系统。由油箱、输油泵、柴油滤清器、喷油泵(康明斯柴油机为 PT 燃油泵)、喷油器(康明斯柴油机为 PT 喷油器)及调速器等组成。其功用是将一定量的清洁柴油,按照发动机负荷大小和一定的工作顺序,在一定的时间内以高压和良好的雾状喷入汽缸内燃烧。

(4)润滑系统。由油底壳、机油泵、机油滤清器、机油冷却器,以及阀门、润滑油道、指示和报警装置等组成。其功用是将清洁的机油以一定的压力连续地输送至发动机各运动零件的摩擦表面,减小运动零件的摩擦损失和磨损,确保润滑良好和柴油机工作可靠。

(5)冷却系统。由离心式水泵、散热器(或热交换器)、风扇、节温器、水滤器,以及机体和汽缸盖中的冷却水套及水管、指示和报警装置等组成。其功用是及时散热,确保发动机在最适宜的温度范围内可靠工作。

(6)涡轮增压系统。其功用是通过提高柴油机的进气压力,使更多的空气进入汽缸,在保证燃油完全燃烧的同时增加循环喷油量,显著地提高发动机的动力性和经济性。通常,安装有增压系统的柴油机称为增压柴油机;反之,称为非增压柴油机。

(7)启动装置和电源设备。前者是借助外力,迫使柴油机由静止状态转入运转状态;后者通常为两种,一种是向启动电机提供足够的电能;另一种是向蓄电池提供充电电流和向其他用电装置提供直流电源。如图 1-1 所示为 12V135 型柴油机构造图。

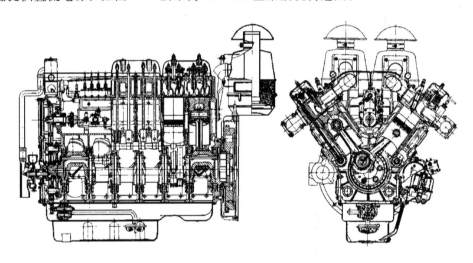

图 1-1　12V135 柴油机构造图

1.1.2　基本名词术语

如图 1-2 所示的单缸柴油机工作简图中,圆筒形汽缸套 11 中装有活塞 12,活塞通过活塞销 4、连杆 3 与曲轴 2 相连。曲轴支承在主轴承上,其末端固定有飞轮,机体 13 的上部由汽缸盖密封,汽缸盖上装有进气门 6、排气门 5 及喷油器 8,由配气机构凸轮轴控制气门的开启与关闭,并通过喷油器向燃烧室喷入雾状柴油。柴油机工作时,活塞在汽缸中做往复运动,曲轴绕其轴线做旋转运动。基本名词术语主要包括以下几项。

(1)止点(死点)。活塞在汽缸中做往复运动的两个极限位置称为止点。活塞离曲轴旋转中心的最远位置,即活塞顶能达到的最高位置称为上止点;活塞离曲轴旋转中心的最近位置,即活塞顶能达到的最低位置称为下止点。

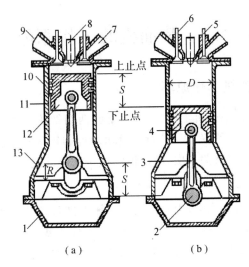

图1-2　单缸四冲程柴油机简图

(a)活塞在上止点；(b)活塞在下止点

1—油底壳；2—曲轴；3—连杆；4—活塞销；5—排气门；6—进气门；7—排气管；
8—喷油器；9—进气管；10—活塞环；11—汽缸套；12—活塞；13—机体

(2)活塞行程。活塞从上止点移动到下止点，或从下止点移动到上止点所走过的距离，即上、下止点间的距离称为活塞行程(又称冲程)，用字母 S 表示。活塞每移动一个行程，曲轴旋转半周转过 $180°$。若用字母 R 表示曲轴(曲柄)半径，则对汽缸中心线垂直通过曲轴中心线的柴油机来说，活塞行程 S 等于曲柄半径 R 的2倍。

(3)燃烧室和燃烧室容积。活塞在汽缸内做往复运动时，汽缸内的圆柱形空间也在不断发生变化。当活塞在上止点位置时，活塞顶与汽缸盖之间的空间称为燃烧室，其容积称为燃烧室容积，用字母 V_c 表示，单位为 L(升)。

(4)汽缸工作容积。活塞从上止点移动到下止点，或从下止点移动到上止点所扫过的空间容积称为汽缸工作容积，用字母 V_h 表示，单位为 L(升)。多缸柴油机的总工作容积为所有汽缸工作容积之和，通常称为柴油机的排量，它等于单个汽缸工作容积 V_h 与汽缸数的乘积。排量越大的发动机，输出功率也越大。

(5)汽缸总容积。活塞位于下止点时，活塞顶上部的汽缸容积称为汽缸总容积，它等于燃烧室容积与汽缸工作容积之和，用字母 V_a 表示，单位为 L(升)。

(6)压缩比。压缩比定义为汽缸总容积 V_a 与燃烧室容积 V_c 之比，表示在压缩过程中，气体在汽缸内被压缩的程度。压缩比越大，气体受压缩的程度也越大，压缩终点气体的压力和温度也越高，有利于燃料的燃烧和燃气膨胀做功。压缩比是一个重要的结构参数，柴油机的压缩比高于汽油机，一般为 $12\sim22$。

(7)活塞平均速度。当曲轴匀速转动时，活塞在汽缸内的往复直线运动并非匀速，当活塞趋向于上、下止点时，速度越来越低，到上、下止点时为零；当活塞背离上、下止点时，速度越来越快，在中间的某一位置时速度达到最大。根据曲轴的转速 n(r/min)和活塞行程 S(mm)，可以求出活塞每秒种平均移动的距离，即活塞平均速度。活塞平均速度用 C_m 表示，$C_m=(n\times S/30)\times10^{-3}$(m/s)。

1.2 柴油机的工作原理

1.2.1 四冲程柴油机工作原理

如图1-3所示,四冲程柴油机工作时,曲轴旋转两圈做功一次。活塞上、下各运动两次完成一个工作循环,它包括进气冲程、压缩冲程、做功冲程和排气冲程。在柴油机的一个工作循环里,发动机的进、排气门各开、关一次,喷油器完成一次喷油过程。

1. 进气冲程(a)

其作用是将新鲜空气引入汽缸,为后续的良好压缩准备条件。此时,活塞在曲轴的带动下从上止点向下止点运动,进气门开启、排气门关闭。随着活塞下移,活塞顶上部的汽缸容积不断增大,外界空气经开启的进气门充入汽缸。当活塞移动到下止点时,进气门关闭。

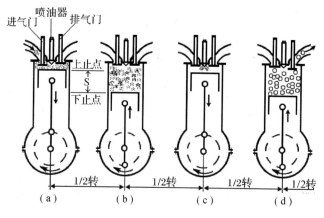

图1-3 柴油机工作过程示意图

(a)进气冲程;(b)压缩冲程;(c)做功冲程;(d)排气冲程

由于进气过程中空气经过空气滤清器、进气管道和气门时存在流动阻力,加之受到气门等高温零件的加热,因此,进入汽缸的空气压力略低于大气压力,而温度高于环境温度。进气终了,非增压柴油机汽缸内的空气压力一般接近大气压力,进气温度约为30~50 ℃;增压柴油机约为0.13~0.20 MPa,如果采用空气中间冷却,进气温度约为100 ℃左右。

进气量和进气温度是影响柴油机性能的主要因素,目前柴油机大都采用了涡轮增压器和空气中间冷却器,提高进气压力的同时降低进气温度,以使更多的空气充入汽缸。

2. 压缩冲程(b)

其功用一是为汽缸内混合气形成及良好燃烧准备条件;二是使燃气得到尽可能大的膨胀机会,保证热能更有效地转化为机械能。此时,曲轴通过连杆推动活塞由下止点向上止点运动,进、排气门均关闭,汽缸内的空气被压缩。

在压缩冲程,由于活塞上行使汽缸容积逐渐减小,气体被强烈压缩,压力和温度随之升高。压缩终了,对非增压柴油机,汽缸内的压力约为3~5 MPa,温度约为500~700 ℃;对增压柴油机,压缩末了的压力和温度会更高。

为了使压缩冲程后期可燃混合气能够迅速自燃,柴油机采用较高的压缩比,保证压缩终了汽缸内气体温度比柴油的自燃温度(约 300~400 ℃)高出 200~300 ℃。压缩比是由发动机结构决定的,不同机型其值有所不同。当柴油机汽缸严重磨损、进气阻力增大或汽缸漏气严重时,都会使压缩终了的温度和压力降低,导致喷入汽缸的柴油不易着火,柴油因空气量不足而燃烧不充分,发动机功率下降、排气冒黑烟、油耗增加等。实用中,常以实测的汽缸压缩压力来判断柴油机的技术状况。

为了充分利用柴油燃烧所产生的热量,要求燃烧过程能够在活塞移动到上止点略后位置迅速完成,使燃烧后的气体充分膨胀做功。但是,由于喷入汽缸的柴油必须要经过一定的物理、化学的着火准备阶段才能实现燃烧,因此,实际的柴油机循环是在压缩冲程结束前,在压缩冲程上止点前某个曲轴转角(一般为 10~35(°CA))通过喷油器开始将柴油提前喷入汽缸。

3. 做功冲程(c)

其功用是实现热能与机械能的转换,对外输出动力。做功冲程也称燃烧膨胀冲程,是柴油机的主要工作冲程。此时,活塞在燃烧气体的推动下从上止点向下止点运动,进、排气门仍关闭。

由于喷入汽缸内的柴油在高温空气中很快混合、燃烧而产生大量热能,使汽缸内的气体压力和温度急剧升高,燃烧的最高压力可达到 12.69 MPa,最高温度可达 1 900 ℃左右。高温、高压燃气膨胀并推动活塞下行,通过连杆带动曲轴旋转,对外输出动力。随着活塞下移,汽缸容积逐渐增大,气体压力逐渐减小。膨胀终了,非增压柴油机汽缸内的压力约为 0.3~0.4 MPa,温度约为 600~850 ℃;增压柴油机汽缸内压力约为 0.5~0.8 MPa,温度约为 650~900 ℃。

4. 排气冲程(d)

其功用是排除汽缸内的废气,为下一个工作循环的进气冲程做好准备。此时,活塞由下止点向上止点运动,进气门关闭,排气门打开。

排气冲程开始时活塞位于下止点,汽缸内充满着燃气膨胀做功后的废气,废气依靠本身的动能并在活塞上行的推动下,经开启的排气门排至外界。

排气冲程终了,非增压柴油机汽缸内的压力约为 0.11 MPa,排气温度为 500 ℃左右;增压柴油机为 0.12 MPa 和 600 ℃左右。由于汽缸存在一定的压缩容积,排气冲程不可能将汽缸内的废气排净,仍会存留少量残余废气。当活塞到达上止点时,排气门关闭,排气冲程结束。

至此,柴油机经历了曲轴旋转两周、活塞上下往复运动的 4 个冲程,完成了由进气、压缩、做功、排气 4 个冲程所组成的一个工作循环。排气冲程结束后,曲轴依靠飞轮转动的惯性作用使进气冲程重新开始,如此周而复始地工作循环,保持柴油机连续运转。需要指出的是,柴油机由静止→启动→自行着火燃烧,是由柴油机的启动装置借助外力(如人力、电力或压缩空气的压力)实现的,通过飞轮拖动曲轴旋转,直至汽缸内着火燃烧,启动过程结束,柴油机转入上述的正常工作循环。

需要指出的是,二冲程发动机与四冲程发动机同样具有进气、压缩、做功和排气过程,所不同的是这些过程只用两个活塞行程就完成了。也就是说,二冲程发动机的曲轴旋转一周即完成一个工作循环,它与四冲程发动机差别最大的是进排气过程(即换气过程),该过程的工作顺序是:在做功行程末期,活塞下行,首先打开排气口开始排气,而后扫气口开启,在扫气泵的作用下(对新鲜充量进行压缩),具有一定压力的新鲜充量由扫气口流入汽缸,并强迫废气由排气口流出,进行充量更换,然后,活塞到达下止点后又上行,依次将扫气口和排气口关闭,进排气过程结束,换气过程的持续时间一般为 120～150(°CA),而四冲程发动机一般为 400～500(°CA)。由此可见,相同转速下,二冲程发动机比四冲程发动机做功频率高 1 倍,升功率也可以提高 1 倍,但由于二冲程发动机,在组织热力过程和结构设计上的特殊问题,在相同工作容积和转速下,发动机的平均有效压力往往达不到四冲程的水平,升功率也只能提高 50%～70%。二冲程发动机目前主要应用在一些大型低速船舶柴油机和小型风冷汽油机(2.0 kW 以下)等领域。

1.2.2 柴油机工作过程的示功图表示

上述工作过程也可用图 1-4 所示示功图表示。图中的纵坐标代表汽缸压力 P,横坐标代表活塞在不同位置时的汽缸容积 V(或曲柄转角 α),因此,示功图通常又称为 P—V 图。运用示功图,能够清楚、直观地表示一个工作循环内汽缸压力 P 与活塞在不同位置时的汽缸容积 V 之间的变化关系。

图中,r-a 曲线表示进气冲程。随着汽缸容积逐渐增大,对非增压柴油机,进气压力略低于大气压力 P_0;对增压柴油机,略高于 P_0。

a-c'-c 曲线表示压缩冲程。随着汽缸容积逐渐减小,由于进、排气门关闭,活塞上移压缩气体,压力升高较快。图中 c' 点表示供油时刻,c' 点至上止点的曲轴转角称为供油提前角。

c-z-z'-b 曲线表示做功冲程。燃气推动活塞下移,在上止点附近,随着柴油与空气混合燃烧,汽缸内压力急剧升高,如 c-z 曲线所示,近似为等容燃烧过程。由于柴油喷射并与空气混合及燃烧需要延续一个时期,尽管活塞越过上止点并开始向下运动,汽缸容积增大,但汽缸中压力并不立即下降,而是出现了一段 z-z' 近似的等压燃烧曲线。此后活塞被推动下移,汽缸容积逐渐增大,汽缸内压力下降。

b-r 曲线表示排气冲程。随着汽缸容积逐渐减小,压力变化比较平缓。由于排气系统存在流动阻力,排气压力略高于大气压力。

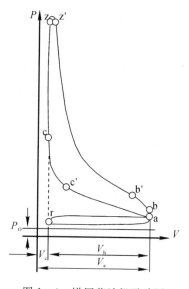

图 1-4 增压柴油机示功图

1.3 多缸柴油机工作特点

前述柴油机的工作原理,是以单缸机为例进行分析的。

在单缸机中,柴油机每个工作循环中只有燃烧膨胀冲程对外做功,而进气、压缩和排气三个冲程非但不做功,还要消耗一部分功用来完成压缩气体和克服进、排气阻力,实现进气和排气,由此造成单缸机做功冲程时转速升高,其余三个冲程转速降低,同时,功率的增大也受到汽缸直径的限制。

为了提高发动机功率和改善柴油机运转的平稳性,可增加汽缸数目和在曲轴一端安装飞轮。采用多缸机既可增大发动机的功率,多缸交替工作也使发动机运转更为平稳;飞轮是一个具有较大转动惯量的圆盘状零件,发动机工作时,在做功冲程,燃气压力通过活塞、连杆推动曲轴转动,飞轮跟着旋转而将一部分动能"贮存"起来。当发动机转动到其他三个冲程时,飞轮便将"贮存"的能量释放,惯性作用使曲轴仍然保持接近原有转速,从而改善了柴油机运转的平稳性。

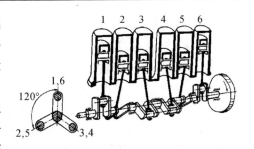

在图 1-5 中,多缸发动机各缸的活塞连杆组全都连接在同一根曲轴上。每个汽缸各自构成一个完整的单缸发动机,并按照前述工作过程独立完成进气、压缩、做功、排气 4 个冲程和工作循环。为

图 1-5　六缸机曲柄连杆机构示意图

了使发动机运转平稳、减轻振动和改善曲轴的受力状况,在同一时刻,每缸所进行的工作过程并不相同,而是根据汽缸数目和结构形式的不同,按一定的工作顺序和间隔一定的曲轴转角交替工作。

1.3.1　多缸柴油机曲柄夹角与柴油机汽缸编号

直列式四冲程柴油机中,曲轴每转动两周(720°曲轴转角),每个汽缸各自完成一个工作循环。为了保证运转的均匀性,必须使每缸的工作冲程均匀地分布在 720°曲轴转角内,这可由曲轴上各曲柄(拐)在空间的排列角度来保证。若柴油机有 i 个汽缸,则多缸柴油机曲柄夹角为 $\varphi = 720°/i$。因此,4,6,8 缸发动机的曲柄夹角分别为 180°,120°,90°。

对于 V 型发动机来说,由于在每个曲柄上并列地装有两个连杆,并各自伸入左、右列汽缸内,因此,其曲柄夹角为 $\varphi = 720°/(i/2)$。例如,具有 12 个汽缸的 V 型发动机 12V135,它的曲柄数与 6 缸发动机相同,故曲柄夹角也是 120°。

为了方便生产管理和使用维修,多缸柴油机均将汽缸进行编号。国家标准曾对汽缸编号方法做过规定:一是整台柴油机可采用连续的顺序号表示;二是直列式柴油机汽缸编号从自由端开始为第 1 缸,向功率输出端依次编号(如 6135 和康明斯柴油机等);三是 V 型柴油机分左、右两列,左、右列是由功率输出端位置(即面向飞轮)来区分的,该汽缸编号是从右列自由端处为第 1 缸,依次向功

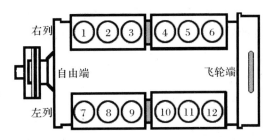

图 1-6　12V135 柴油机汽缸编号

率输出端编号,右列排完后,再从左列自由端处接连右列汽缸序号编号,如图 1-6 所示。

应当指出,也有不少柴油机的汽缸编号方法与国家标准不符。例如,康明斯 K 系列 V 型机组,两列编号为左 1、右 1;左 2、右 2;……;左 6、右 6。因此,对实际的机型,应以使用说明书的规定为准。

1.3.2　多缸柴油机的发火顺序

多缸柴油机的发火顺序(也叫工作顺序),完全由曲轴上的曲柄位置排列所决定,它既要综合考虑柴油机的平衡性和平稳性,又要合理确定各缸的发火顺序。各缸发火顺序的确定原则是:避免相邻两缸接连发火,有效减轻曲轴轴承负荷,改善汽缸散热条件,防止相邻汽缸出现排气干扰和减轻柴油机振动。

多缸柴油机的发火顺序,可由中间用横线连接起来的汽缸编号表示。以 6 缸柴油机为例,由于工作间隔角为 120°,为此,曲柄的排列常将 1 缸和 6 缸、3 缸和 4 缸,以及 2 缸和 5 缸设计在同一方向,三者间隔 120°,如图 1－5 所示。此时,6 缸发动机的工作顺序(发火顺序)为 1—5—3—6—2—4。内燃机设计中,6 缸发动机以 1—5—3—6—2—4 的发火顺序应用最为广泛。

为了便于理解,表 1－1 给出了 6 缸发动机各缸工作循环交替示意图。由于汽缸数目增多,相邻工作缸的冲程出现重叠,故比汽缸数目少的发动机运转更为平稳。而且汽缸数目越多,重叠的角度也越大,柴油机运转也越平稳。

表 1－1　六缸发动机各缸工作循环交替示意图

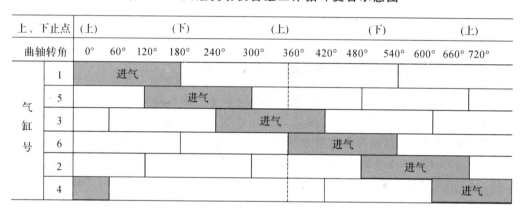

V 型柴油机的发火顺序,采用两列汽缸均匀交错发火。以 12V135 型柴油机为例,左、右两列汽缸中心线的夹角为 75°曲轴转角,每列汽缸的发火顺序与直列式相同。其中,右列 6 个汽缸的发火顺序为 1—5—3—6—2—4,左列 6 个汽缸为 12—8—10—7—11—9。整机的发火顺序采用左右两列汽缸交替,即 1—12—5—8—3—10—6—7—2—11—4—9。由于从 1 缸发火到 5 缸发火曲轴要转过 120°,而 V 型夹角为 75°,因此,1 缸至 12 缸的发火间隔角为 75°,12 缸至 5 缸的发火间隔角则为 120°－75°＝45°,依此类推,如图 1－7 所示。

康明斯 KTA2300(又称 K38)柴油机为 12 缸 V 型排列,左、右列发火顺序均为 1—5—3—6—2—4,两列之间相互嵌插,整机发火顺序为:1 右—6 左—5 右—2 左—3 右—4 左—6 右—1 左—2 右—5 左—4 右—3 左。

图 1－7　12V135 柴油机发火顺序

1.3.3　柴油机的换气过程

为了简化分析,前面我们都是假设柴油机的进、排气门在活塞到达上、下止点时才开始打开或关闭,但考虑到气门从关闭到完全打开,或从打开到完全关闭都需要经历一定的时间,一方面,初期气门开度小,会增加气体流动的阻力,影响进气和排气;另一方面,柴油机工作循环所经历的时间十分短暂,当转速为 1 500 r/min 时,一个工作循环经历的时间只有 0.08 s,加之热负荷较高,为了保证柴油机多进气和多排气,有利于汽缸换气过程进行,实际的发动机都将气门提前打开和推迟关闭。

柴油机的换气过程包括从排气门开始打开到进气门完全关闭的整个时期,分为自由排气、强制排气和进气三个阶段。

1. 自由排气阶段

柴油机做功冲程临近终了时,汽缸内的气体压力仍然较高,此时若提前开启排气门,汽缸内的废气即可在这个压力作用下以很高的速度自行冲出汽缸。虽然提前排气会减少发动机对外做功,但由于废气排出会使汽缸内的压力大大降低,从而减小了活塞随后上行排气的阻力。由排气门在活塞到达下止点前提前打开开始,至汽缸内压力略高于排气管内压力为止,称为自由排气阶段。自由排气阶段的时间虽然不长,但排气量却高达 60% 左右。排气流量只取决于气体状态和排气门开启面积,与汽缸内的压力无关。

2. 强制排气阶段

自由排气阶段结束至排气过程结束,称为强制排气阶段。活塞上行推动汽缸内的废气从排气门排出,当活塞到达上止点时,汽缸内残余废气压力仍高于大气压力,加之排气时气流具有一定的惯性,为使排气更干净,排气门不在上止点关闭,而是在活塞越过了上止点后延迟关闭。此阶段的排气量,主要取决于排气门的前后压力差。

3. 进气阶段

进气阶段包括了从进气门提起打开至推迟关闭所经历的全部时间。进气门之所以要在进气冲程上止点前提前开启,在越过下止点后延迟关闭,目的是减小进气阻力,充分利用气流惯性以增加新鲜空气的充量。进、排气门提前开启和延迟关闭的角度,不同机型有所差异,最佳数值一般在发动机设计中通过性能试验确定。

从上述分析可知,在进气过程上止点附近,进气门已经开启,排气门尚未关闭,进、排气门有一个同时都开启的时间,称为气门重叠角。将进、排气门的开、闭时刻和开启的持续时间用曲轴转角表示,即为柴油机的配气相位图,如图 1-8 所示。

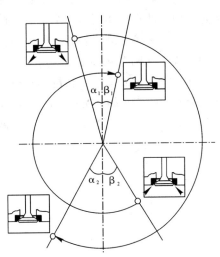

图 1-8　配气相位图

图中,α_1 和 α_2 分别表示进气门提前开启角和延迟关闭角,β_2 和 β_1 分别表示排气门提前开启角和延迟关闭角。因此,发动机进气持续时间为 $(\alpha_1 + 180° + \alpha_2)$,排气持续时间为 $(\beta_2 + 180° + \beta_1)$,气门重叠角为 $\alpha_1 + \beta_1$。12V135 型、6250 型和康明斯 NTA855、KTA19 机型的配气定时角度见表 1-2。

表 1-2　部分柴油机配气定时角度　　　　　　　　　　　　　单位:(°)

机　型	进气门提前开启(α_1)	进气门延迟关闭(α_2)	排气门提前开启(β_2)	排气门延迟关闭(β_1)	气门重叠($\alpha_1 + \beta_1$)
12V135Z	62±6	48±6	48±6	62±6	124±12
6250Z	55	35	40	65	120
NTA855	26	50	64	26	52
KTA19	22	52	40	14	36

1.3.4 柴油机汽缸工作状态的判别

在柴油机维修保养和技能培训中,一个非常重要的概念就是要判别当某缸处于上止点时其余各缸的工作状态,用来指导配气和供油正时的检查与调整。实用的方法很多,其中,利用示功图法进行判别最为简洁和直观。

如前所述,示功图反映了柴油机一个工作循环内,汽缸压力 P 随曲柄转角 α(或汽缸工作容积 V)的变化关系。一个工作循环可用四条曲线分别表示进、压、做、排 4 个冲程。若考虑配气定时,用 e 点表示进气门开始打开,至 n 点关闭;用 m 点表示排气门开始打开,至 f 点关闭,如图 1-9(a)所示。

当活塞在上止点时,曲柄转角 α 为 0°,在下止点时为 180°。当直列式六缸柴油机(曲柄夹角为 120°,发火顺序为 1—5—3—6—2—4)某缸在压缩冲程上止点时,用示功图法判断其余各缸工作状态的方法如下。

首先绘制示功图,并在上、下止点处标示 0°和 180°。由于曲柄夹角为 120°,过 120°作垂线分别与四条冲程线相交得 4 个交点,过 0°再作垂线得两个交点,6 个点确定了 6 个缸的不同工作状态。若令第 1 缸活塞处于压缩冲程上止点,则 0°垂线与压缩冲程线的交点为第 1 缸;与进气冲程线交点则为第 6 缸。再按发火顺序逆示功图曲线将其余交点冠以相应缸号,如图 1-9(b)所示。最后按配气相位(假设进气门提前开启和延迟关闭的角度分别为 20°和 48°;排气门分别为 48°和 20°)在示功图上标示出 e,n 点和 m,f 点。可见,当第 1 缸在压缩冲程上止点时,第 2~5 缸分别处于排气、进气、做功和压缩过程,第 6 缸处于进、排气上止点。

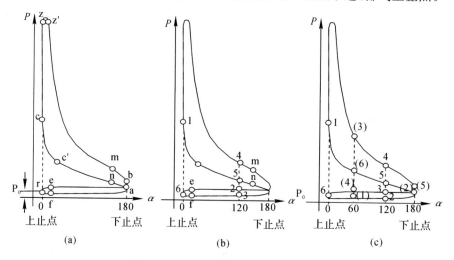

图 1-9 示功图法判断汽缸工作状态

用同样方法可以确定任意一缸在压缩冲程上止点时其余各缸的工作状态,由此可确定气门开关状态并进行气门间隙调整。

图 1-9(c)为康明斯 KTA38 增压柴油机用示功图法确定的各缸工作状态。柴油机为 1、2 缸 V 型结构(左、右两列汽缸中心线的夹角为 60°),曲柄夹角为 120°。V 型发动机采用左、右两列汽缸均匀交错发火,发火顺序如图 1-10 所示(每列汽缸的发火顺序仍然为 1—5—3—6—2—4)。对增压柴油机,进气压力略高于排气压力,故进气线(r→a)应在排气线(b→r)的

上方。

作图时，按照前述方法先标示出右列 6 个汽缸 1～6，其发火间隔角度为 120°（见图 1-10）。然后在 1—5 缸中间隔 60°插入左列的第 6 缸（图 1-9 中用（6）标示），在 5—3 缸中插入（2），依次类推插入（4）（1）（5）和（3）缸。可知，当右列第 1 缸处在压缩冲程上止点时，右列其余各缸的工作状态如前所述。而左列的第 1 缸正在排气、第 2 缸处在进气下止点、第 3 缸正在做功、第 4 缸正在进气、第 5 缸处在排气下止点、第 6 缸正在压缩。如果我们再标示出 m，e，n 和 f 点，即可如实判断出各缸进、排气门的开闭状态。

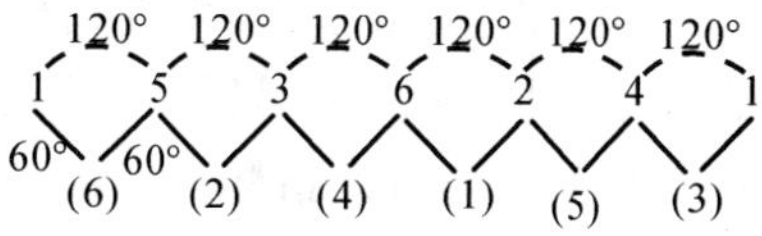

图 1-10　K38 柴油机发火顺序

值得注意的是，一旦确定了某缸的工作位置，依据发火顺序，其余各缸在示功图冲程线上的标示必须要逆示功图曲线的绘制方向，按 c→a→r→b→z 的方向标注，同时，还必须考虑到配气定时角度的允许变动范围（一般为 ±6°）。

事实上，判断汽缸工作状态的方法很多，用正方形、菱形、正（余）弦曲线、转盘，甚至一根直线也能形象直观地标示并得到正确的结果。需要强调的是，判断汽缸工作状态，首先要知道柴油机的发火顺序和曲柄夹角；其次，要知道配气定时，才能确定冲程线上各缸的实际工作状态。以图 1-9（b）为例，当第 1 缸在压缩冲程上止点时，第 4 缸在做功冲程，进、排气门均关闭，但若该缸排气门提前打开的角度≥60°，则该缸实际处于排气过程，此时，进气门关闭而排气门打开。

1.4　柴油机主要性能指标与型号编排规定

1.4.1　柴油机的主要性能指标

柴油机的工作性能，大体可分为以下四方面：动力性、经济性、运转性和耐久可靠性。动力性和经济性一般表示一定尺寸和重量的发动机在单位时间内做功的能力，以及发出一定量机械功所消耗燃料的多少，主要与发动机工作过程进行的好坏有关。其中，动力性能指标主要包括功率、扭矩和转速，经济性能指标主要包括燃油消耗率和机油消耗率。

运转性主要用来评价柴油机的冷启动性能、运转中的噪声和排气的品质，主要与设计水平和制造质量有关，与汽缸内燃烧过程密切相关。

耐久可靠性表示在寿命期内，发动机能够有效、可靠工作的能力，主要决定于发动机零部件的结构、材料和制造工艺等因素。该指标主要用于新机型鉴定、货源鉴定和质量检查评估等，常用来检查评价发动机可靠性和性能衰退等，可由平均故障间隔时间（MTBF）和平均首次故障时间组成，也可以理解为大修或更换零件之间的最长工作时间与无故障长期工作能力。对此，苏联规定：柴油机功率≤500 kW 的机组，其 MTBF 为 1 000 h，旧机组为 700 h。机组平均修复时间，对功率≤200 kW 的机组不长于 2 h。我国标准规定：军用电站功率在 200 kW 以内的，其 MTBF 对转速为 1 500 r/min 的发动机为 500 h，对转速为 3 000 r/min 的为 250 h。这也是我国首次对柴油发电机组规定可靠性指标，以满足军用电站可靠性的要求。

对柴油机的主要性能进行评价，目的的在于对各种类型的发动机进行比较，从中找出影响性能提高的因素并寻求改进措施，使发动机的性能不断完善，指标不断提高，同时也可以帮助我们正确选用和合理使用发动机。

柴油机的动力性和经济性指标有两种：一种是以燃烧气体膨胀对活塞做功为基础的指标，称为指示指标；另一种是以柴油机曲轴输出功率为基础的指标，称为有效指标。本节仅讨论发动机常用的主要有效指标。

1. 有效功率 $N_e(kW)$ 与有效扭矩 $M_e(N \cdot m)$

有效功率是柴油机最主要的性能指标，用 N_e 表示，单位为 kW。有效功率可在专用试验台架上通过测量柴油机的运行转速和输出扭矩的方式来间接测定。柴油机工作时，由曲轴输出的扭矩称为有效扭矩（M_e），单位为 N·m，以 n 表示发动机转速，单位为 r/min，则有效功率与柴油机转速与输出扭矩间的关系为

$$N_e = \frac{M_e \cdot n}{9\,550} \tag{1-1}$$

2. 平均有效压力 $P_e(MPa)$

平均有效压力可看作是一个假想、不变的压力作用在活塞顶上，在这个压力推动下，活塞由上止点移动到下止点所做的功，就等于一个工作循环实际输出的有效功。平均有效压力是衡量发动机动力性能和强化程度的一个重要指标，则有

$$P_e = \frac{30 \times \tau \times N_e}{i \times n \times V_h} \tag{1-2}$$

式中，τ 表示冲程系数，二冲程取 2，四冲程取 4；i 为发动机汽缸数目；V_h 为汽缸工作容积（又称单缸排量），单位为 L。结合式（1-1）可以看出，对于一定排量（即 iV_h）的发动机，平均有效压力值也反映了发动机输出扭矩的大小，也就是说，平均有效压力反映了发动机单位汽缸工作容积输出扭矩的大小。

3. 升功率 $N_l(kW/L)$

升功率 N_l 是指在标定工况下，柴油机每升汽缸工作容积所发出的有效功率，它是从有效功率出发，对汽缸工作容积利用率的总评价。升功率越高，发动机强化程度越高，即发出一定有效功率的发动机结构愈紧凑。升功率 N_l 的大小正比于平均有效压力 P_e 与转速 n 的乘积，反比于冲程系数 τ，即

$$N_l = \frac{N_e}{iV_h} = \frac{P_e n}{30\tau} \tag{1-3}$$

4. 有效热效率 η_e 与有效燃油消耗率 $g_e(g/(kW \cdot h))$

有效热效率是实际循环的有效功与为得到此有效功所消耗的热量的比值，即

$$\eta_e = \frac{W_e}{Q_1} = \frac{3.6 \times 10^3 N_e}{G_B H_U} \tag{1-4}$$

式中，Q_1 为得到有效功 W_e 所消耗的热量，单位为 J；W_e 为有效功，单位为 J；3.6×10^3 为 1 kW·h 的热当量，单位为 kJ/(kW·h)；G_B 为每小时发动机的耗油量，单位为 kg/h；H_U 为所用燃料的低热值，单位为 kJ/kg。柴油的低热值为 41 868 kJ/kg。

燃油消耗率简称比油耗或耗油率。它表示发动机工作时，每千瓦小时所消耗燃油量的克数。g_e 值越低，发动机运行的经济性越好。台架试验时，根据每小时的燃油消耗量 G_B（单位为 kg/h）和此时发动机的功率 N_e（kW）按下式进行计算，有

$$g_e = \frac{G_B \times 10^3}{N_e} \tag{1-5}$$

由上式也可得

$$g_e = \frac{3.6 \times 10^6}{\eta_e H_U} \tag{1-6}$$

可见,有效燃油消耗率与有效热效率成反比,知道其中一值即可求出另一值。

5. 机械损失与机械效率 η_m

柴油机工作中,不可避免地存在汽缸摩擦损失、轴承和气门机构摩擦损失、驱动附属机构损失和换气过程损失等。这些损失所消耗功率越大,机械效率就越低。

(1)机械损失的组成。机械损失主要包括:活塞与活塞环的摩擦损失(它与活塞的长度、活塞间隙以及活塞环的数目和环的张力等结构因素有关,在构造相同的情况下,它随汽缸内压力、活塞速度以及润滑油黏度的升高而增加);轴承与气门机构的摩擦损失(包括所有轴承。在这些轴承里,由于润滑充分,摩擦因数很低,随着轴承直径的增大、转速的提高和轴颈圆周速度的增大,这部分损失亦将增加,但它对汽缸中压力的变化不太敏感,至于消耗在气门驱动机构上的损耗,在最大功率工况下所占比例亦很小);驱动附属机构的功率损失(附属机构主要指冷却水泵总成、冷却风扇、机油泵和喷油泵总成等,有时也包括充电发电机和车用压缩机等。这些附属机构消耗的功率随发动机的转速和润滑油黏度的增加而增大,但与汽缸工作压力无关,它仅占机械损失中的一小部分);流体摩擦损失(连杆、曲轴等零件在曲轴箱内高速运动时,为克服油雾、空气阻力及曲轴箱通风等因素将消耗一部分功,但数值甚微小)。

上述损失中,各自所占总损失的百分比分别为活塞与活塞环的摩擦损失为 $45\% \sim 65\%$,整个曲柄连杆机构中的摩擦损失为 $60\% \sim 75\%$,气门机构的驱动损失为 $2\% \sim 3\%$,附属机构的驱动损失为 $10\% \sim 20\%$,此外泵气损失所占比例也是 $10\% \sim 20\%$。

(2)机械效率 η_m。机械效率 η_m 可表示为

$$\eta_m = \frac{N_i}{N_e} = \frac{N_e + N_m}{N_e} = 1 - \frac{N_m}{N_e} \tag{1-7}$$

式中,N_i 为发动机的指示功率,单位为 kW;N_m 为发动机的机械损失功率,单位为 kW。式中 N_e 可以取某一常用工况的数值。

一般,非增压柴油机的机械效率范围为 $0.78 \sim 0.85$,增压柴油机为 $0.80 \sim 0.92$,汽油机为 $0.80 \sim 0.90$。

6. 噪声

柴油机工作时,机械零件的摩擦、汽缸内的燃烧和进排气过程都会产生很大的噪声,噪声会对周围环境和操作人员的健康造成不良影响。用噪声计严格按照标准规定的方法和步骤进行测量时,一般发动机在距离机体表面 1 m 处的噪声大约为 $80 \sim 120$ dB(A),康明斯发动机的噪声约为 107 dB(A)。

7. 排放

柴油机工作时,排气中含有对人体有危害和对环境有影响的成分,如一氧化碳、碳氢化合物、氮氧化合物和从曲轴箱和油箱蒸发出的油气等。当燃烧室内局部缺氧、混合气形成和燃烧组织不良及室温较低或较高时,有害废气的量均会增大。

1.4.2 提高发动机动力性能与经济性能的途径

1. 采用增压技术

增加吸入空气的密度,可以使发动机功率按比例增长。因此,采用增压技术(安装涡轮增压器)尤其在采用高增压后,可以促使发动机的平均有效压力和升功率成倍增长,还能改善其经济性,降低比质量、废气等有害物的排放和节约原材料。由于采用增压技术,柴油机的平均有效压力有的已经超过 3 MPa,单位功率质量(比质量)可降低到 2 kg/kW 以下。汽油机由于受爆燃限制,压缩行程终了时的压力和温度不宜过高,这就限制了增压压力不宜过高。增压后,一般功率的提高也仅在 30%~40% 之间。发动机增压技术还可以用来恢复在高原使用的发动机的功率,使得动力性能与经济性得到明显改善。

2. 合理进行燃烧过程,提高循环效率

这需要从研究内燃机理论循环和实际循环入手,深入分析在整个热功转换过程中,各种热力损失的大小及其分布,掌握各种因素对热力损失的影响程度,从而寻找减少这些损失的技术措施,其中最重要的一个方面就是对发动机燃烧过程的改进。随着柴油机性能的不断强化,增压程度和转速的不断提高,要求对柴油机的混合气形成、燃烧以及供油系统方面进行深入研究以求燃烧过程能够高效率进行。对于汽油机,由于向较高压缩比和高转速方向发展,促使爆燃燃烧、表面点火等不正常燃烧的倾向加强;由于环境保护要求,对发动机噪声、排放的限制,也越来越严格。为了改善汽油机的排放品质和经济性,要求应用电控汽油喷射,应用稀燃、速燃、层燃等技术及发展汽油机缸内直接喷射等措施,这些都对汽油机的混合气形成和燃烧提出了许多新课题。合理组织内燃机燃烧过程一直是内燃机工作过程研究的核心问题之一。

3. 改善换气过程,提高汽缸的充量效率

同样大小的汽缸容积,在相同的进气状态下若能吸入更多的新鲜空气,则可容许喷入更多的燃料,在同样的燃烧条件下可以获得更多的有用功。为此,必须对换气过程进行深入研究,分析产生损失的原因,从改善配气机构、凸轮廓线及管道流体动力性能等方面着手进行研究。

4. 提高发动机的转速

增加转速可以增加单位时间内每个汽缸做功的次数,因而可提高发动机的功率输出,与此同时,发动机的比质量也随之降低。因此,它是提高发动机功率和减小质量、尺寸的一个有效措施。当前,小型柴油机($D=70\sim90$ mm)的最高转速已达 5 000 r/min,但一般在 3 000 r/min 左右,活塞平均速度 C_m 约在 11~13 m/s 之间。车用汽油机的转速一般在 4 000~7 000 r/min,某些小型风冷汽油机转速可高达 8 000~10 000 r/min,它们的 C_m 值在 18~20 m/s 左右。但转速的增长不同程度上受燃烧恶化、汽缸充量和机械效率急剧降低、零件使用寿命和可靠性降低、发动机振动、噪声加剧等因素的限制。

5. 提高发动机的机械效率

提高机械效率可以提高发动机的动力性能和经济性能,这方面主要靠合理选定各种热力和结构参数,在结构、工艺上采取措施减少其摩擦损失或驱动水泵、油泵等附属机构所消耗的功率以及改善发动机的润滑、冷却等方式来实现。

6. 采用二冲程提高升功率

理论上,采用二冲程相对于四冲程可以提高一倍升功率,但在相同工作容积和转速下,平均有效压力往往达不到四冲程的水平,升功率只能提高 50%～70%,与此同时还需采用一些较复杂的结构;否则,若仍保持简单的结构,其升功率不易超过四冲程,而燃油消耗率却显著上升。目前,在大型低速船用柴油机和小型风冷汽油机(2.0 kW 以下)中,二冲程占绝对优势;在其他领域,四冲程在机型数量上占绝对优势。但是,近年来国外不少公司又在大力进行车用二冲程发动机的研究。在美国,高速车用柴油机采用四气门、直流换气高压喷射和直喷燃烧室结构,已成为另一种提高车用柴油机升功率的有效技术措施。

1.4.3 综合举例

康明斯 NTA855 - G2 型柴油机,汽缸数目为 6,汽缸直径 $D=140$ mm,冲程 $S=152$ mm,标定转速 $n_e=1\,500$ r/min,压缩比 $\varepsilon=15.3$(干式排气管),平均有效压力(常用功率时)$P_e=1.62$ MPa,求:

(1)标定功率时的活塞平均速度 v_m;

(2)汽缸工作容积 V_h 和汽缸总容积 V_a;

(3)标定功率 N_e 和额定扭矩 M_e;

(4)升功率 N_l;

(5)假定标定功率时每小时的燃油消耗量 G_B 为 59.5 kg/h(70 L/h),求燃油消耗率 g_e;

(6)若测得机械损失功率 N_m 为 27 kW,求标定功率时的机械效率 η_m。

解:

(1) $v_m=\dfrac{n \cdot s}{30} \times 10^{-3}=\dfrac{1\,500 \times 152}{30} \times 10^{-3}=7.6$ m/s

(2) $V_h=\dfrac{\pi}{4} D^2 S \times 10^{-6}=\dfrac{\pi}{4} 140^2 \times 152 \times 10^{-6}=2.339\,9$ L

$$V_a=\frac{\varepsilon \cdot V_h}{\varepsilon-1}=\frac{15.3 \times 2.339\,9}{15.3-1}=2.5 \text{ L}$$

(3) $N_e=\dfrac{P_e \cdot i \cdot V_h \cdot n}{30\tau}=\dfrac{1.62 \times 6 \times 2.339\,9 \times 1\,500}{30 \times 4}=284.3$ kW

$$M_e=9\,500\,\frac{N_e}{n}=9\,550\,\frac{284.3}{1\,500}=1\,810.04 \text{ N} \cdot \text{m}$$

(4) $N_L=\dfrac{N_e}{i \cdot V_h}=\dfrac{284.3}{6 \times 2.339\,9}=20.25$ kW/L

(5) $g_e=\dfrac{G_B \times 10^3}{N_e}=\dfrac{59.5 \times 1\,000}{284.3}=209.29$ g/kW·h

(6) $\eta_m=\dfrac{N_e}{N_e+N_m}=\dfrac{284.3}{284.3+27}=0.913$

1.4.4 柴油机型号编排规定

为了便于发动机的生产管理和使用,国家对柴油机的名称和型号编排有统一的规定。按照编排规定的要求,柴油机的型号应能清楚表明发动机的汽缸数目、机型系列(冲程符号和缸径)、变型符号以及用途及结构特点等,规定的具体内容如图 1-11 所示。

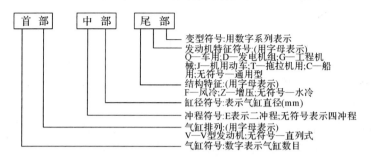

图 1-11 发动机型号编排规定

常用的几种柴油机型号举例。

6250Z 柴油机:表示 6 缸、四冲程、缸径 250 mm、水冷、增压柴油机。

12V135ZD 柴油机:表示 12 缸、V 型排列、四冲程、缸径 135 mm、水冷、增压、电站用柴油机。

6135Q-2 柴油机:表示 6 缸、四冲程、缸径 135 mm、水冷、汽车用柴油机,第 2 种变型产品。

YC6105 柴油机:表示玉柴厂生产的 6 缸、四冲程、缸径 105 mm、水冷、通用型柴油机。

康明斯柴油机的型号编排与上述规定有所不同,符号含义如图 1-12 所示。

系列代号:用字母 B,C,N,K,M 等表示发动机系列。其中对 B,C 系列须加上汽缸数,如 "4B""6C"。不同的系列,柴油机的构造不同,即使同一系列,由于用途、功率、转速等不同,个别零件或系统配置也会有所差异。例如 K 系列柴油机就有直列式和 V 型排列两种不同的机型。

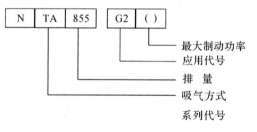

图 1-12 康明斯柴油机型号编排规定

吸气方式:用字母组表示。其中 T 代表增压;TA 表示增压加中冷;TT 表示发动机采用高、低两级增压;TTA 表示采用两级增压再加中冷。无字母组者为自然吸气(即非增压)。

排量:发动机排量即发动机汽缸的总工作容积,用数字表示,单位用升(L)或用立方英寸(in³)表示。

应用代号:用字母表示柴油机的用途。G 表示柴油发电机组;M 表示船舶用;C 表示工程机械用;L 表示铁路机车用等。对柴油发电机组,G 后面的数字可以理解为功率代号,数字越大功率越高。

最大标定功率:一般用千瓦(kW)或用马力(BHP)表示。

例如:NTA855-G1。表示 N 系列发动机,涡轮增压并采用空气中间冷却,总排量为 855 in³(14 L),G 表示电站用,1 表示发动机的功率:标定功率为 240 kW(转速为 1 500 r/min)。电站常用功率为 200 kW,备用功率为 220 kW。

KTA19-G2。表示 K 系列发动机(直列式),涡轮增压并采用空气中间冷却,总排量为 19 L(1 150 in³),G 表示发电用,2 表示发动机的功率:标定功率为 336 kW(转速为 1 500 r/min)。

电站常用功率为 300 kW,备用功率为 330 kW。

KTTA19 - G2。表示 K 系列发动机(直列式),二级涡轮增压并采用空气中间冷却,总排量为 19 L(1 150 in³),G2 表示 400 kW 电站用发动机。

KT38 - G。表示 K 系列涡轮增压发动机(V 型排列),总排量为 38 L(2 300 in³),G 表示发电用。电站备用功率为 615 kW (转速为 1 500 r/min),常用功率为 560 kW。

1.4.5　康明斯柴油机的铭牌

固定在柴油机上的铭牌,能给用户提供重要的参数,如柴油机型号、额定功率、额定转速、生产厂家和生产日期等,它既是对发动机实施维护保养和调整的依据,也是用户选购备件和申请技术服务的依据。与其他柴油机不同,康明斯柴油机的铭牌有其自身的格式和内容,所表示的含义见表 1 - 3。

表 1 - 3　康明斯柴油机铭牌

发动机编号	额定功率		kW	r/min	喷油正时代号		
发动机型号	最大功率		kW	r/min	喷油嘴调整力矩	N·m	
特征编号	发动机特征	排量	系列	CPLNO	喷油嘴调整行程	mm	
工厂指令 S.O.		L			冷态气门间隙进	mm;排	mm
制造时间　年　月　日	保修期开始日期　年　月　日				额定功率时的燃油标定	mm³/行程	

中华人民共和国重庆康明斯发动机有限公司根据美国康明斯公司许可证制造　　3655817

(1)发动机编号(Engine NO)和发动机型号(Model)。这是重庆康明斯发动机有限公司给发动机规定的编号,每一台发动机都有一个不同的编号以示区别。如某 NTA855 - G2 发动机,其编号为 41047982;某 NTA855 - G1 发动机,其编号为 41047623 等。

(2)特征编号(Conf. NO)和工厂指令(S. O. NO.)。如康明斯 NTA855 - G1 柴油机的特征编号为 D092473DX02;NTA855 - G2 为 D093517DX02;KTA19 - G2 为 D193056DX02;M11 - G2 为 D353009GX03 等;某 NTA855 - G1 发动机的工厂指令号为 S. O. 10206 - 00;NTA855 - G2 发动机的工厂指令号为 S. O. 10009 - 15 等。

(3)额定功率(Advertised)。额定功率是指发动机在额定工况下能够发出的有效功率。对应不同的转速,额定功率数值不同。因此,在给出功率的同时需要标注对应的转速。如 NTA855 - G1 为 240 kW/(1 500 r/min)。

(4)最大功率(Max. Power)。最大功率是指发动机能够发出的最大功率。最大功率的标示与发动机应用场合有关,如 KT - 1150 - M400,其最大额定功率为 400(BHP)。电站用发动机一般不标示。

(5)排量(C. L. D)、系列号(Family)和 CPLNO(CPL NO)。排量用 L 表示,N 系列为 14L;K 系列直列式发动机为 19 L,K 系列 V 型发动机为 38 L(12 缸)或 50 L(16 缸);M 系列为 10.8 L。

系列号用数字表示,如 NTA855 - G1,G2 发动机均为 09。

CPL NO 是产品的关键零件清单,也叫控制零件号。如 NTA855 - G1 为 CQ001(干式排气管);NTA855 - G2 为 1383(干式排气管),0990(湿式排气管)。

(6)喷油正时代号(Inj. Timing Code)。喷油正时代号用两个字母表示,如 BT,GM,CU 等(字母所代表的数值及含义见第 10 章)。康明斯 NTA855 - G1 发动机为 BT,对应的调整数据为-2.03~-2.08mm;KTA19 - G2 为 CU,调整数据为-3.32~-3.30mm。

(7)喷油嘴调整力矩(Inj. Torque)和喷油嘴调整行程(Inj. Travel)。这两个术语用于康明斯发动机喷油器调整的数据。如 NTA855 - G2 的喷油器(顶止式)调整力矩为 0.678 N·m;对非顶止式喷油器,一般用喷油嘴调整行程来表示,如 NTA855 - G1 发动机为 5.79 mm,KTA19 - G2 为 7.72 mm。

(8)冷态气门间隙进排(Valve Lash Cold Int Exh)。此为柴油机冷态下的进、排气门间隙调整数据。不同机型其值有所不同,如 NTA855 - G1 和 NTA855 - G2 两种发动机的进、排气门间隙分别为 0.28 mm 和 0.58 mm;KTA19 - G2 发动机分别为 0.36 mm 和 0.69 mm。

(9)额定功率时的燃油标定(Fuel Rateat Adv. Hp)。这是指在额定功率时的供油量,用每行程柴油机的喷油量(mm^3)表示。

此外,还有发动机的怠速、制造时间和保修期开始时间等说明。

1.4.6　柴油机的功率标定

功率是发动机最主要的性能指标之一,在产品铭牌和使用说明书中,都有明确的规定。过去主要执行 GB1105.1~3-1987 的规定,该标准关于功率类别规定了 4 种:指示功率、有效功率、总功率和净功率。这 4 种功率概念清楚、定义准确、易于理解,但对发动机辅助设备和实际使用情况考虑不够详细。在实际应用中,由于内燃机种类繁多、用途不同,仅有功率类别还不够,对有效功率还要再进行分类,这就是标定功率的种类。GB1105.1~3-1987 规定的标定功率种类有以下几种。

(1)15 min 功率。发动机允许连续运转 15 min 的标定功率。主要适用于汽车、摩托车、摩托艇等用途发动机的功率标定。

(2)1 h 功率。发动机允许连续运转 1 h 的标定功率。它适用于工程机械、内燃机车、船舶等用途发动机的功率标定。

(3)12 h 功率。发动机允许连续运转 12 h 的标定功率。它适用于农业机械、内燃机车、内河船舶等用途发动机的功率标定。

(4)持续功率。允许发动机长期连续运转的标定功率。适用于船舶、电站等用途发动机的功率标定。

此外,还有专业标准规定的其他标定功率。

需要指出的是,在标定任一功率时,必须同时标定对应的转速(称为标定转速)。柴油机出厂时,必须至少给出上述标定功率中的两种。

在国家标准作上述规定之前,某些内燃机曾采用额定功率及额定转速这一名称作为铭牌上的功率及其相应转速的名称,其定义与上述 12 h 功率及其相应转速相同,故将 12 h 功率称为额定功率。

GB/T6072.1-2000 已于 2000 年 9 月 1 日起实施,并从 2004 年 1 月 1 日起替代 GB1105.1~3-1987。新标准称功率类别为功率类型,也分为指示功率和有效功率。对于功率种类,GB/T6072.1—2000 按功率的使用类型和功率的表示类型两种情况,规定了以下标定功率类型。

(1)超负荷功率。发动机在标定工况工作之后,立即可以继续发出的最大功率。一般超负荷功率仅限于持续功率和 12 h 功率两种情况。

(2)持续功率。在制造厂规定的正常维修周期内,按制造厂规定进行维护保养,在规定转速和规定环境状况下,发动机能够持续发出的功率。

(3)超负荷功率。在规定的环境状况下,在按持续功率运转后立即根据实际情况以一定的持续时间和频次使用时,可以允许发动机发出的功率。除非另有说明,在按持续功率运转12 h 内,发动机应能按 110% 持续功率间断或不间断运行 1 h。

除了持续功率和超负荷功率,GB/T6072.1—2000 还同时规定了油量限定功率、ISO 标准功率和使用标准功率三种。对发电用发动机,GB/T6072.1—2000 规定功率使用类型应执行GB/2820.1—1997 的规定。GB/2820.1—1997 规定的发电机组(电站)的额定功率分别为持续功率、基本功率和限时运行功率三种。

GB1105.1～3—1987 规定标定功率值的允差不超过 ±5%,而 GB/T6072.1—2000 没有规定具体数值,但要求制造厂家必须说明具体误差。

按照重庆康明斯公司的规定,电站用康明斯柴油机的功率标定分为以下三种。

(1)备用功率。表示备用电源的瞬时最大功率。在备用功率下使用时发动机无超负荷能力,不能与电网并联运行。备用功率保证了备用电源可有效使用的最大功率。备用功率标定的发动机,按平均负荷率为 80% 来使用,一年不超过 200 h,在备用功率点使用的时间一年不超过 25 h。实际使用的瞬时功率不能超过所标定的备用功率。

(2)常用功率。表示可以替代商业电网电力来使用的功率。常用功率通常分为无时限运行常用功率和限时运行常用功率两种。

(3)连续功率。表示可按标定负荷、无时限连续使用的功率。按连续功率标定的发动机无超负荷能力。

1.4.7　柴油机的功率修正

我国国土面积大、幅员辽阔,除了沿海、平原和丘陵地域,高原地域十分广阔,诸如云贵、青藏、内蒙古高原等,面积总计约 2 700 000 km²,平均海拔高度达到 3 000～4 500 m,而 2 000 m以上的高原地域约占国土面积的 1/3。

高原地区地势复杂、气候多变,具有海拔高、空气稀薄、大气压力低、贫氧、年平均气温低和低温期长等特点。当柴油机在高海拔地区工作时,会出现输出功率降低、燃油消耗增大、扭矩特性不良、发动机热负荷增大、排气冒黑烟和涡轮增压器工作性能降低等情况。有资料表明,当海拔高度每上升 1 000 m 时,大气压力约降低 11.3%,进气量约减少 11%,发动机输出功率因此下降 7%～12%,燃油消耗率约增大 9%,增压器转速约增加 5%。因此,必须对高原地区工作柴油机的输出功率进行修正,降低使用功率以防冒烟和燃油消耗过大。

国产发动机常用的修正方法是将发动机额定功率与一个小于 1 的修正系数相乘,得到修正后的使用功率。例如某型柴油机的标定功率为 88.2 kW,当在海拔 2 500 m 地区工作时,按相对湿度为 60% 查得修正系数为 0.80,则使用功率应由标定功率降低为 70.56 kW(88.2 kW×0.80)。

康明斯发动机以大气压力 736 mmHg 和环境温度 29 ℃作为标准状态，在海拔高度低于 1 525 m 和环境温度低于 40 ℃以下使用时，发动机的标定功率无需修正，当海拔高度超过 1 525 m 时，每超过 300 m，发动机的功率应降低 4％使用；环境温度高于 40 ℃时，每升高 11 ℃，功率降低 2％使用。

第2章 柴油机主体机件

柴油机主体机件包括固定件和运动件。前者指机体、汽缸套、汽缸盖和油底壳;后者指活塞连杆组和曲轴飞轮组。它们构成了柴油机的主体,工作中不仅承受着燃气压力、惯性力、重力的作用,还承受着高速运动零件的机械摩擦、高温以及燃气的腐蚀作用。因此,了解它们的受力情况,熟悉它们的基本构造、装配关系、工作原理、工作条件、常用材料和常见损伤,是柴油机使用、维修和管理人员必须熟练掌握的基本知识和技能。

2.1 曲柄连杆机构运动和简要受力分析

曲柄连杆机构主要指活塞、连杆和曲轴。运动分析旨在研究活塞的运动状态和规律,受力分析旨在讨论工作中它们所受到的力及其影响。了解曲柄连杆机构的运动和受力情况,是进行故障分析和零件失效分析的依据,对柴油机的正确使用和维修能够起到积极的指导作用。

曲柄连杆机构中的活塞、连杆、曲轴的运动状态如图 2-1 所示,活塞沿汽缸壁做往复直线运动,曲轴绕主轴颈中心(曲轴中心)转动。连杆小头与活塞一起做往复运动,大头和曲轴一起绕曲轴中心转动,连杆杆身做平面运动。

1. 活塞的运动状态分析

运用数学和理论力学的分析方法,可以得到活塞位移、速度和加速度随着曲轴转角变化的关系并由此得到下述结论。

(1)在上、下止点处,活塞的速度为零,加速度有极值。在上止点处,加速度方向向下,有最大值;在下止点处,加速度方向向上,有最小值。

(2)当活塞离开上止点向下止点运动时,先做加速运动,然后做减速运动,前半冲程的运动速度较快,加速度为零时对应的活塞速度值最大;当活塞离开下止点向上止点运动

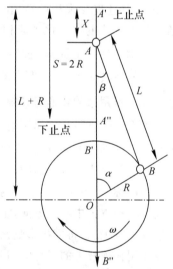

图 2-1 曲柄连杆运动示意图

时,活塞先做加速运动,此时的速度和加速度均为负值,然后做减速运动,速度为负,加速度为正,后半冲程的运动速度加快。也可以总结为趋向上、下止点时做减速运动,背离上、下止点时做加速运动。

(3)活塞的位移、速度和加速度、方向呈现周期性变化的规律,变化的周期为 $2\pi(360°)$。因此,即使发动机恒速工作,活塞组件的运动也并非匀速。

2. 曲柄连杆机构的受力

柴油机工作时,曲柄连杆机构不仅承受燃气的高压作用,而且由于本身的变速运动会产生很大的惯性力,其受力主要包括气体压力和惯性力。

（1）活塞顶部的气体压力。发动机工作循环的 4 个冲程中，作用在活塞顶部的气体压力，其大小和方向都随曲轴转角呈周期性变化，其中，以膨胀做功冲程的燃气压力影响最大，压缩冲程次之，进、排气冲程最小。气体压力不仅作用在活塞上，也以同样大小作用在汽缸盖底面。在气体压力的作用下，汽缸盖螺栓将承受拉力。

（2）惯性力。所谓惯性，就是物体保持其原有运动状态的一种特性，即动者动，静者静。惯性是客观存在的，例如，行驶的汽车突然刹车（减速）或者起步（加速），乘客会随之前倾或者后仰，汽车突然拐弯，乘客也会随之向外侧倾倒，这是在做减速、加速或者转弯时惯性力作用的结果。由此可见，惯性力是随着物体的运动速度和方向的改变而产生的。运动物体的质量越大，运动速度变化越大，惯性力也越大。

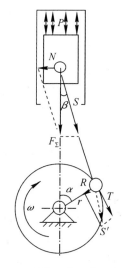

如前所述，发动机工作时，曲柄连杆机构运动的方向和数值大小都呈周期性变化，因此，工作中必然产生惯性力。由活塞组件和连杆小头做往复运动时产生的惯性力，称为往复惯性力（F_j），由曲轴和连杆大头做旋转运动时产生的惯性力，称为离心惯性力（F_r）。往复惯性力的大小，等于往复运动零件的质量 m_j 与加速度 a 乘积的负值（即：$F_j = -m_j a$），其变化规律与活塞运动加速度的变化规律相反；离心惯性力的大小，等于做

图 2-2　总作用力的传递与分解

旋转运动零件的质量 m_r、回转半径 r、转动角速度 ω 的平方三者的乘积（即：$F_r = m_r r \omega^2$），当柴油机平稳运转时，离心惯性力的大小不变，仅方向发生改变。

3. 总作用力的传递与分解

如图 2-2 所示，气体压力 P 与往复惯性力 F_j 共同作用在活塞上，他们的合力 F_Σ 可分解为水平方向的活塞侧推力 N 和沿连杆方向的连杆力 S，其大小和方向都呈周期性变化。

活塞侧推力 N 使活塞与汽缸壁之间产生侧推力，且在工作冲程中最大，此时与汽缸套接触的一面称为"主推力面"。侧推力引起活塞组件与汽缸套工作表面发生强烈磨损，导致汽缸套失圆。沿汽缸中心线方向，上部磨损大使汽缸套呈现锥形，而横截面呈现椭圆形。圆柱形的汽缸套一旦失圆，将直接影响汽缸的密封性并诱发敲缸。

作用在连杆上的连杆力 S 和来自曲轴的反作用力 S' 大小相等、方向相反，共同的作用使连杆周期性地受到压缩和拉伸，这是造成连杆断裂、变形的主要原因。

图中，连杆力 S 在曲轴轴颈处可以分解为切向力 T 和径向力 R，其大小和方向也都呈周期性变化。切向力 T 使曲轴产生旋转力矩，此力矩是发动机对外输出的动力，又称输出扭矩，大小等于切向力 T 与曲柄半径 r 的乘积；沿曲柄方向的径向力 R 作用在曲轴轴承上，是造成轴承和轴颈磨损的主要原因。

此外，发动机工作时，运动零件之间还会产生摩擦阻力。曲轴转动时，除了输出扭矩，还承受着被拖动工作机械产生的阻力矩。例如，柴油机带动同步发电机工作时，作用在曲轴上的阻力矩就是电磁力矩，当柴油机的输出扭矩与电磁力矩相等时，柴油机将保持稳定运转。

综上所述，作用在曲柄连杆机构上的力，不仅大小变化，作用的方向也都呈周期性变化，因此，发动机是在一个复杂的受力状态下工作的，工作中，零件承受着拉伸、压缩、扭转、弯曲和剪

切应力的作用,当应力过大时,会引起零件变形、断裂以及不均匀磨损,这也是造成零件损伤、失效,从而引起发动机性能恶化和出现故障的主要原因。

上述曲柄连杆机构运动分析和受力分析的结果仅适用于正置曲柄连杆机构,正置曲柄连杆的特点是汽缸中心线与曲轴中心线重合,即曲轴中心位于汽缸中心线上。相反,如果曲轴中心不位于汽缸中心线上,而是偏离一个很小的距离,称为偏置曲柄连杆机构。偏置的目的是减小做功冲程时活塞对汽缸壁的侧推力 N,从而有效抑制汽缸套穴蚀的产生。当曲轴旋转方向为顺时针时,汽缸中心线应偏离于曲轴中心线的右方,否则会使侧推力增大。康明斯 K 系列柴油机采用偏置曲柄连杆机构,它将活塞销相对于活塞中心线向汽缸套主推力面方向偏移了一定距离。试验结果和使用表明,与标准活塞比较,偏置活塞能够有效预防汽缸套穴蚀的发生。

2.2　机体、汽缸盖与汽缸套

2.2.1　机体

机体是汽缸体、曲轴箱和油底壳的总称。它是柴油机的主体和骨架。

1. 机体的功用

柴油机机体承担以下任务。

(1)支承柴油机的所有运动零件,并保证运动件之间相互准确的位置。

(2)在机体上加工有水道和油道,以保证柴油机冷却和润滑的需要。

(3)安装零件总成和附件。包括汽缸盖总成、汽缸套、飞轮壳总成、齿轮室总成,以及燃料供给系统、冷却、润滑、电器系统的重要零部件。

(4)供给柴油机在使用基础上的安装。

2. 机体工作条件与材料

柴油机工作时,机体受力相当复杂,工作条件也十分苛刻。曲柄连杆机构所承受的气体压力、往复惯性力、离心惯性力以及由这些力产生的力矩,最终传给机体使机体受到多种周期性力和力矩的复合作用。由于侧推力的作用,会形成翻倒力矩,使机体产生倾倒趋势,此力最终由地脚螺钉承受。此外,它还要承受螺栓连接的预紧力与安装附件的重力作用,也会受到油、水中酸性物质的腐蚀作用。

为了满足机体的功用和在上述条件下可靠工作,制造机体所用的材料既要有良好的刚度和足够的强度,又要成本低,便于制造和加工,以适应复杂形状的要求。由于铸铁价格低廉,浇铸性、加工性和减振性好,机体大都选用合金铸铁或一般铸铁材料制造。

3. 机体的结构形式

由于柴油机用途不同,对机体刚度要求不同,故采用的机体结构形式也不一样。下面介绍几种常用的水冷柴油机机体。

(1)龙门式(拱桥式)机体。其特点是汽缸体与上曲轴箱制造为一体,上曲轴箱底平面位于曲轴中心线以下,使整个机体的刚度得到提高。曲轴通过主轴承螺栓悬挂式安装在机体下部,拆卸和安装十分方便。此时,只有汽缸体和上曲轴箱受力,下曲轴箱不受力,故可用轻型油底壳替代。龙门式机体的主要缺点是拆装活塞连杆组件不便。其结构如图 2 - 3(a)所示。

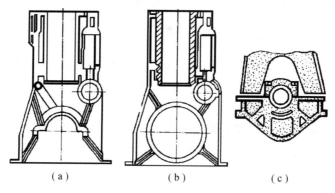

图 2 - 3　机体的基本结构形式
(a)龙门式机体；(b)隧道式机体；(c)底座式机体

（2）隧道式机体。如图 2 - 3(b)所示，用来安装曲轴的主轴承孔恰似隧道，下曲轴箱仍采用轻型油底壳。隧道式机体具有结构紧凑、刚度高和强度好等优点。主轴承采用滚动轴承，转动阻力小，但噪音大，成本高。由于结构复杂，曲轴的拆卸和安装也不方便，需从机体前端吊出。

（3）底座式机体。如图 2 - 3(c)所示，其主要特点是曲轴通过主轴承螺栓安装在下曲轴箱上，上曲轴箱与汽缸体制造为一体，与下曲轴箱用螺栓连接。由于下曲轴箱受到曲柄连杆机构的作用力和承受机体等零件的重力，故下曲轴箱结构复杂，对强度和刚度要求高。

4. 机体的构造

（1）12V135 型柴油机机体。如图 2 - 4 所示，12V135 型柴油机机体采用 V 型排列的隧道式结构，左右两列汽缸中心线夹角为 75°，错缸距为 45 mm。

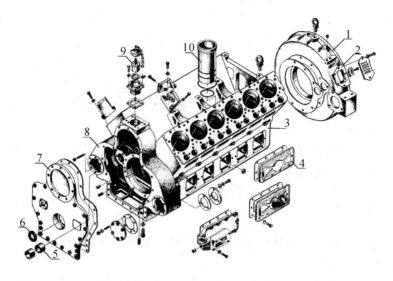

图 2 - 4　12V135 型柴油机机体

1—飞轮壳；2—检视窗口；3—机体；4—曲轴箱盖板；5—凸轮轴衬套；6—曲轴油封；
7—齿轮室盖板；8—齿轮室；9—曲轴箱通风装置；10—汽缸套

机体的上部为汽缸体,加工有安装汽缸套 10 的圆孔和凸轮轴安装孔,孔内压装有凸轮轴衬套 5。为了使汽缸散热,汽缸体内铸造有冷却水腔(又称为水套)。此外,机体上还加工有水道和润滑油道。为了增加机体的刚度,在机体内壁上铸造有加强筋和隔板。机体上部和下部分别与汽缸盖和油底壳连接。机体前端为齿轮室 8,后端安装飞轮壳 1。

机体两侧装有曲轴箱盖板 4,既可以检查曲轴和轴承,又可通过此窗口拆、装连杆螺钉和连杆大头盖。其中一个盖板上装置一个带有滤芯的通气管,以满足曲轴箱通风和用来添加机油。

机体前端传动机构盖板是在装配调整传动齿轮啮合间隙后与机体一起铰配定位销孔的,一般情况下不允许拆卸。安装飞轮壳时,应保证飞轮壳孔和曲轴输出法兰之间留有适当间隙。在机体上还设有放水阀,用来排除机体内部的冷却水。

(2)康明斯柴油机机体。图 2-5 所示为 NTA855 型柴油机机体,采用龙门式结构形式。曲轴箱内铸有 7 档横隔板作为主轴承座,用来安装曲轴。机体的右下方加工有凸轮轴轴承座孔,内镶凸轮轴衬套。机体侧面加工有冷却活塞用的喷油嘴孔并与机体油道贯通。机体上部是 6 个缸套座孔,用来安装湿式汽缸套,其上加工有安装止口。机体上部安装三个汽缸盖总成,前端安装齿轮和齿轮室盖板,后端安装飞轮壳部件。机体内铸有润滑油道、水套及冷却水道。机体顶面对准每个汽缸盖有 8 个水孔、一个机油油孔和 12 个汽缸盖螺栓孔。机体上压配有数个定位销,用来确保齿轮室盖、飞轮壳、汽缸盖等零件的精确安装位置。

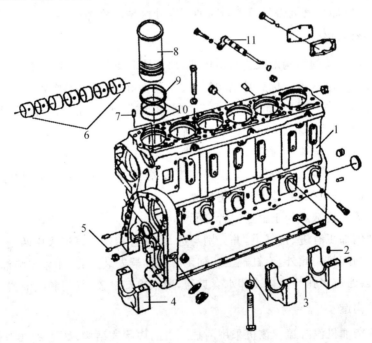

图 2-5　NTA855 型柴油机机体

1—机体;2—定位销;3—定位销;4—主轴承盖;5—定位销;6—凸轮轴衬套;
7—定位销;8—汽缸套;9—缝隙密封带;10—O 型密封圈;11—活塞冷却喷嘴

KTA19 机型的机体与 N 系列类似,只是凸轮轴安装座孔位置靠上些。在机体一侧铸有水套,用来安装内置式机油冷却器部件。水套内对应每个汽缸的水套壁上加工有一个圆孔与汽缸套水套相通,以保持到各个汽缸套的冷却液流量相等。水套上部加工有一个小孔通至机体顶面,用来排除水套内的气体。

2.2.2 汽缸盖

1. 汽缸盖的功用

(1)与汽缸垫共同密封机体的上平面,并与活塞和汽缸套共同组成燃烧室。

(2)传递部分热量,构成柴油机气体、机油、燃油和冷却水道。

(3)安装附件,如喷油器、摇臂室总成、气门组件、进排气管、水管、吊耳等。

2. 汽缸盖的工作条件和材料

(1)热负荷大。柴油机工作时,汽缸盖底部周期性地受到高温气体的作用,缸盖内受到冷却水的冷却作用,使缸盖受热和温度分布不均匀,由此产生的热应力常常引起缸盖出现裂纹和产生高温蠕变。

(2)承受高压燃气的压力作用。

(3)承受连接螺栓的预紧力。由于气体力与螺栓预紧力方向相反,易使缸盖产生变形。

汽缸盖的材料必须具有足够的强度和刚度,有良好的抗热疲劳性能和铸造性能。一般选用铸铁或合金铸铁铸造。工艺上要求进排气通道尺寸大,气道比较光滑,以减轻进排气过程的流动阻力。同时,要加强汽缸盖气门座与喷油器座孔区域的冷却。

3. 汽缸盖的结构形式

多缸柴油机汽缸盖的结构形式包括单体式、块状式和整体式汽缸盖(整机一盖)三种。

单块式汽缸盖每缸一盖。优点是结构简单、工艺性好、重量轻、刚性好、便于维修和更换、系列化和通用化程度高,还易于保证接合平面的平度要求、密封性好、螺栓预紧力分布比较均匀。缺点是零件数多,发动机总重量及长度有所增加。

整体式汽缸盖一般为4~6缸合用一盖。优点是结构紧凑、零件数少、设计和总体布置简便、工艺上易于组织生产,成本较低。缺点是刚度较差、受力不均匀、易翘曲变形,对密封性要求较高。此外,缸盖一旦损坏,整个汽缸将报废。

块状式汽缸盖的优缺点介于上述二者之间。

汽缸盖的两侧加工有进、排气道,并分别与进、排气管相连。气道采用两侧布置,能够减轻高温排气对进气的加热。此外,汽缸盖上还加工有喷油器安装座孔,用来安喷油器。汽缸盖内加工有冷却水套,通过水孔与机体冷却水套贯通,用来冷却缸盖、气门和喷油器。

4. 汽缸盖的构造

(1)12V135柴油机汽缸盖。该机采用两缸一盖的块状式结构,如图2-6所示。汽缸盖采用灰铸铁制造。进、排气道分两侧布置,进气道4采用螺旋形状,空气沿螺旋气道进入汽缸并形成强烈涡流,有利于燃油与空气均匀混合和燃烧。

汽缸盖上压装有气门导管7,底平面的进、排气门座孔内镶有进、排气门座圈。汽缸盖内铸有冷却水套和喷水管,以提高对喷油器、气门的冷却强度。汽缸盖上加工有水孔、进排气道、推杆孔、螺栓孔以及润滑油道8等。

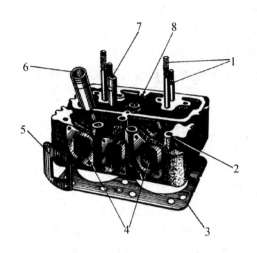

图 2-6　12V135 柴油机汽缸盖

1—摇臂座固紧螺栓；2—汽缸盖螺栓孔；3—汽缸垫；4—进气道；

5—进气管垫片；6—喷油器水套；7—气门导管；8—润滑油道

（2）康明斯柴油机汽缸盖。如图 2-7 所示为康明斯 N 系列发动机采用的二缸一盖的块状式结构。汽缸盖的一侧铸造有进气道，相邻两缸共用一个进气道。缸盖另一侧铸造有排气道，通过各缸排气口与排气管相连。出水管与排气管同侧安装，缸盖上面安装配气机构摇臂室，汽缸盖用螺栓固定在机体上，其间装有汽缸盖垫片。

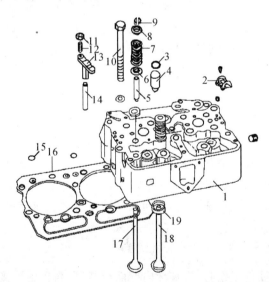

图 2-7　康明斯 NTA855 柴油机汽缸盖

1—汽缸盖；2—燃油跨接管；3—密封圈；4—喷油嘴套；5—气门导管；6—弹簧下座；7—气门弹簧；

8—弹簧上座；9—气门锁夹；10—汽缸盖螺栓；11—固紧螺母；12—调节螺栓；13—丁字压板；14—导杆；

15—密封圈；16—汽缸盖垫片；17—排气门；18—进气门；19—进、排气门座

汽缸盖上镶有气门座，装有气门、气门导管、气门弹簧、丁字压板和喷油器套筒等零件。汽缸盖内铸有燃油道，相邻两个缸盖的燃油道由燃油跨接管连接，燃油的进、出均在汽缸盖内部

油道流动。此外,汽缸盖上还加工有机油油孔、水孔和铸有冷却水套。

每个汽缸均采用直径相同的四气门结构,即每一缸都有两个进气门和两个排气门。喷油器安装在气门的中央,其四周的水套用来冷却喷油器。

KTA19机型汽缸盖为单块式结构,构造与NTA855机型基本相同。

5.汽缸垫

汽缸垫安装在汽缸盖和机体之间,作用是防止气体、冷却水和润滑油泄漏。其密封机理是在缸盖螺栓预紧力的作用下,以自身塑性形变填充机体与汽缸盖结合面之间的粗糙度和不平整度以得到可靠的密封。

汽缸垫工作中受到高温气体、螺栓预紧力、剪切力和介质的腐蚀作用,剪切力是当机体和汽缸盖发生变形后引起位移所致。为此,汽缸垫应保证在高温、高压燃气作用下有足够的强度和良好的弹性,不易破损,抗剪切、耐腐蚀和导热性好,确保密封可靠。

汽缸垫一般是由两层铜皮中间包一层石棉垫片构成,并在水孔和燃烧室孔周围加翻边以增强密封作用。康明斯发动机采用表面精度很高的金属汽缸垫,缸垫用软钢薄板冲制,其上加工有水孔、润滑油孔、螺栓孔和推杆孔等。为防止机油和冷却水渗漏,在孔口周边装有耐油、耐热橡胶密封圈(环)。金属汽缸垫被压紧时变形很小,工作可靠,不易烧损。汽缸垫有正、反面,安装时应使"TOP"字样朝上。

6.汽缸盖螺栓

汽缸盖螺栓用来将汽缸盖紧固在机体上。其安装位置对汽缸盖和机体的受力、密封、变形有直接影响。为了保证结合面良好密封,要求汽缸盖螺栓具有一定的预紧力。但预紧力不宜过大,否则会引起螺栓疲劳破坏,也会造成汽缸盖变形或损伤,引起漏气、漏水,甚至冲坏汽缸垫等。检修中,汽缸盖螺栓的拆装顺序、拧紧力矩的大小、拧紧的次数必须符合柴油机维修工艺的要求。

2.2.3 汽缸套

1.汽缸套的功用

其功用一是组成燃烧室,与活塞、汽缸盖构成气体压缩、燃烧、膨胀的空间,以实现将燃料燃烧产生的热能通过曲柄连杆机构转变为机械能;二是引导活塞运动,承受活塞的侧推力,支承活塞沿汽缸做往复运动;三是传递热量,即向周围冷却介质传递热量,保证活塞组件和汽缸套在高温下正常工作。

2.汽缸套的工作条件

(1)温度的影响。柴油机工作时,汽缸套内壁面与高温、高压燃气接触,外壁面与冷却水接触,因此,汽缸套是在内、外表面温差较大的条件下工作,容易产生热应力。

(2)高压燃气作用。在高压燃气作用下,缸套将承受较大的机械应力,加之活塞侧推力周期性的作用,会引起汽缸套振动和穴蚀的出现。

(3)活塞在汽缸内做高速运动,使缸套内壁受到强烈的机械摩擦并由此造成磨损。

此外,发动机工作时汽缸套还受到汽缸盖螺栓预紧力以及汽缸内腐蚀性介质的作用,由此产生机械应力,造成化学、电化学腐蚀。

综上所述,汽缸套的工作条件十分苛刻,由此引起严重损伤而成为柴油机易损件之一。实际工作中,汽缸套的使用寿命往往决定着发动机的大修期限。因此,合理选材、提高加工质量对延长汽缸套的使用寿命十分重要。

汽缸套常采用合金铸铁材料制造。表面进行磷化处理,可在工作表面形成一层致密、均匀、耐磨的磷化层,既能提高缸套的耐磨性,又能减少发动机的磨合时间。此外,在缸套内表面加工有角度为30°的交叉网纹,用来存储机油,改善汽缸套的润滑条件。为了减轻和预防汽缸套的穴蚀,康明斯发动机在冷却系统添加有 DCA4 化学物质并采用水滤器,能够有效抑制汽缸套穴蚀的产生。

3.汽缸套的结构型式和构造

装入机体的可拆汽缸称为“汽缸套”,与机体铸造成为一体的称为“汽缸”。柴油机几乎都是采用汽缸套。水冷却的发动机,按汽缸套外壁是否和冷却水直接接触而分为湿式汽缸套(见图 2-8(a))和干式汽缸套(见图 2-8(b))两种。其中,湿式汽缸套以其冷却效果好、工作可靠、制造方便、易于拆装和维修方便等优点而得到广泛的应用。

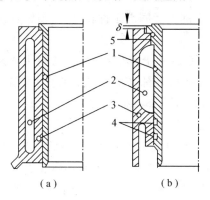

图 2-8　汽缸套

(a)湿式气缸套;(b)干式气缸套

1—汽缸套;2—水套;3—机体;4—封水圈(下支撑密封环带);5—上支撑定位环带

汽缸套装入机体后,其外壁面与机体空间形成冷却水套,仅在上支撑定位环带 5 和下支撑密封环带 4 处与机体接触,确保汽缸套径向定位和密封。汽缸套在工作中不允许有上下移动,故在汽缸套上部制有凸缘并与机体上部止口搭接,装配时汽缸盖压紧起到轴向定位作用。汽缸套顶面加工有一直径较小的凸台(又称挡焰凸缘),它能可靠地密封汽缸,并能有效防止汽缸垫被冲坏。

为了密封燃气和防止冷却水泄漏,有的汽缸套在凸缘下面装有一道紫铜垫片(或铝垫片)。在下支撑密封环带处套有 1~3 根橡胶封水圈,防止冷却水泄漏到曲轴箱和油底壳。汽缸套上安装橡胶圈的环槽形状与橡胶圈的形状不同,橡胶圈的断面为圆形,环槽的断面为矩形或椭圆形。这样可使汽缸套装入机体后,与外壁接触的橡胶圈产生弹性变形,提高密封的效果。

汽缸套装入机体座孔后,缸套顶面应略高于机体平面 0.08~0.15 mm(见图 2-8 中 δ),可以采用在汽缸套凸缘下面加调整垫片的方法来保证装配精度。当紧固汽缸盖螺栓时,汽缸垫将因此压得更紧以保证汽缸可靠密封,防止冷却水和汽缸内的高压气体窜漏。此高度不可过大,以免缸套变形并造成凸缘根部产生裂纹。为了保证各汽缸套压紧均匀,同一台柴油机各汽缸套凸缘露出机体平面的高度差不得大于 0.04 mm。

12V135 柴油机采用湿式汽缸套,材料选用高磷合金铸铁,具有良好的耐磨性和抗腐性。汽缸套外圆下支撑密封环带装有两道橡胶封水圈,上部突缘与机体接触面装有一道紫铜垫圈。康明斯柴油机汽缸套的下支撑密封环带,装有一道橡胶缝隙密封带和两道橡胶密封圈。缝隙密封带采用矩形截面,安装在密封圈上方。汽缸套压入机体后,缝隙密封带只有部分和冷却水接触,既便于拆装和防止配合面生锈,又能起到减振作用和减缓汽缸套穴蚀的产生。两道 O 型封水圈分别采用乙烯丙烯合成橡胶和硅树脂橡胶作为材料,安装时不得互换。

4. 汽缸套的磨损

(1)汽缸套的磨损规律。汽缸套磨损是造成发动机性能降低、出现故障和早期损坏的重要原因,也是决定柴油机是否需要大修的主要依据。汽缸套的磨损包括正常磨损、磨料磨损、熔着磨损和腐蚀磨损等,磨损规律如图 2-9 所示。

正常磨损(见图 2-9(a))。最大磨损发生在当活塞位于上止点时,与第一道气环接触的部位。此位置活塞运动速度为零,油膜难以形成,而活塞环对缸壁压力大,加之温度高、磨料积存较多,增大了磨损。汽缸套中部由于润滑条件较好,磨损轻且比较均匀。下止点处的磨损略大于中部。

磨料磨损。在图 2-9(b)中,缸套上部磨损严重,磨料主要来源于进气中的灰尘、燃烧不良形成的积炭等。在图 2-9(c)中,磨料主要来源于机油中的杂质颗粒,由于活塞上行的泵油作用,杂质多附着在缸套下部,造成下部磨损比较严重。当磨料硬而直径较大时,也会造成汽缸套与活塞之间拉伤(俗称拉缸)。

熔着磨损(见图 2-9(d))。柴油机经常在高速、高负荷工况下运转时,由于缸套与活塞环相对滑动,局部金属直接接触、摩擦形成的高温导致熔融黏着、金属脱落而出现磨损,破坏性较大,通常说的"咬缸"多指这种情况。一般发生在汽缸套上止点附近,损伤表面可见到不均匀、不规则的边缘沟痕和皱折。

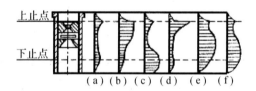

图 2-9 汽缸套磨损规律

腐蚀磨损(见图 2-9(e)(f))。当低温下启动频繁或柴油质量不符合要求(如含硫量过高)时,都会产生腐蚀磨损,最大磨损部位多发生在汽缸套中、下部。腐蚀磨损多发生在低温条件下,当汽缸壁面温度较低时,汽缸内的水蒸汽容易凝结,并与燃烧气体中的二氧化碳和柴油中的硫形成酸性物质腐蚀汽缸。实践表明,当冷却水温度低于 65~70 ℃时,腐蚀磨损加快。因此,应尽量减少柴油机低速空转时间和冷车启动次数。

实际工作中,多种磨损并存而又相互影响,情况比较复杂,但其共同的规律是沿汽缸轴线方向的磨损和在同一横截面上的磨损极不均匀,往往在轴向产生锥形(锥度),在横截面出现失圆(椭圆度),磨损严重的缸套甚至可用手摸到明显的台肩。

（2）汽缸套磨损成锥形和椭圆形的原因。如图 2-10 所示，汽缸套磨损成锥形的主要原因包括：

燃气压力造成的磨损。在做功冲程初期，由于汽缸内压力很高，窜入活塞环与环槽间隙处的高压气体使活塞环与缸套接触表面的比压剧增（特别是第一道气环），从而增大了活塞环对汽缸壁的摩擦，破坏了润滑油层，恶化了润滑条件，导致汽缸上部的磨损与下部相比较大。

润滑不良造成的磨损。由于汽缸上部温度很高，润滑条件很差，加大了活塞环与汽缸套在上部的磨损。

磨料磨损。磨料由空气中夹带的灰尘和机油中的金属微粒形成，随着活塞往复运动，在汽缸套上部和下部引起较大磨损。实践证明，磨料是引起汽缸磨损的主要原因，为此，必须定期对空气滤清器和机油滤清器进行维护和保养。

汽缸套磨成椭圆主要包括不述两种原因，如图 2-11 所示。

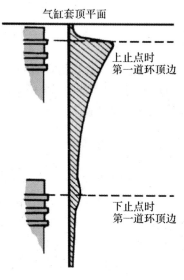

图 2-10　汽缸套磨损成锥形

1）侧推力作用引起的磨损。如前所述，柴油机工作时，活塞侧推力 N 使活塞紧压在汽缸壁上，造成汽缸在连杆摆动平面方向的磨损加大，使汽缸失圆，且在"主推力面"上磨损最大。侧推力除了使汽缸产生椭圆，随着活塞向下运动，侧推力逐渐减小而造成汽缸套轴向磨损不均匀，从而出现锥度。

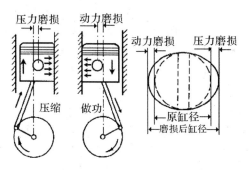

图 2-11　汽缸套磨损成椭圆度

2）低温腐蚀磨损。由于汽缸的结构特点，汽缸壁四周的冷却情况有所差别，在连杆摆动平面方向（横向）机体散热快，温度较低，容易形成腐蚀磨损，使汽缸套在横向磨损较纵向大，导致形成椭圆。由此可见，椭圆的长轴位于机体横向，短轴位于机体纵向（即曲轴轴向）。

此外，汽缸套加工质量不符合要求、汽缸套安装不规范、连杆产生变形等，均会引起汽缸套偏磨，发动机过热、润滑不良或机油杂质较多、活塞与缸套配合间隙过小等，也会增大磨损并诱发拉缸等。

（3）汽缸套磨损对发动机工作的影响。当汽缸套严重磨损后，汽缸的密封性减弱甚至出现漏气，引起汽缸压缩不良、启动困难、功率下降、柴油和机油消耗量增加以及油底壳内机油被稀释等。

2.3 活塞连杆组

活塞连杆组包括活塞组和连杆组,如图 2-12 所示。活塞组由活塞、气环和油环、活塞销等组成;连杆组由连杆、连杆轴瓦、连杆大头盖和连杆螺栓(钉)等组成。

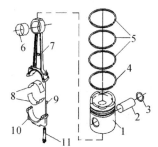

图 2-12 活塞连杆组

1—活塞;2—活塞销;3—卡圈;4—油环;5—气环;6—连杆衬套;7—连杆;8—连杆轴瓦;9—定位销;10—大头盖;11—连杆螺栓

2.3.1 活塞

1.活塞的功用

(1)活塞与汽缸盖、汽缸套构成汽缸工作容积和燃烧室。依靠活塞上下运动,使汽缸容积改变,完成进气、压缩、做功和排气过程。

(2)承受燃气压力,并通过连杆传给曲轴对外输出动力。

(3)密封汽缸并传递热量。

2.活塞的工作条件

(1)承受燃气的高压。当活塞在做功冲程上止点附近时,汽缸内的瞬时压力可高达十几 MPa,高压使活塞承受很大的机械负荷。以 135 系列柴油机为例,每个活塞瞬时要承受约 10 t 的作用力。此外,活塞还受到周期性变化的侧推力作用,使活塞与汽缸壁产生频繁撞击,加速活塞外表面的磨损和引起活塞变形。

(2)承受燃气的高温。一个工作循环内的汽缸温度变化很大,瞬时高温可达 2 000 ℃左右,虽然有冷却系统配合工作,但活塞顶部的温度一般也在 300 ℃左右。高温容易使得活塞膨胀,改变了活塞的配合间隙,同时也降低了活塞的强度和耐磨性。活塞的温度分布很不均匀,由此产生热应力。实验表明,为了保证活塞不出现裂纹和保证活塞环正常工作,活塞顶面的温度应控制在 350 ℃以下,环槽的温度也应控制在 200~220 ℃以下。

(3)活塞运动速度快,惯性力大,机械摩擦和磨损严重。此外,由于环槽间隙较大,会受到来自活塞环的冲击力作用。

3.活塞的材料

鉴于上述工作条件,活塞所用材料应满足以下要求:应有足够的强度和刚度;具有良好的耐磨性、耐蚀性和导热性;活塞质量要轻,以减小运动时的惯性力;热膨胀系数要小,工艺性能要好等。然而,能够同时满足上述要求的材料几乎没有,为此,早期柴油机的活塞主要用灰铸铁制造。随着柴油机转速和强化程度的不断提高,活塞的热负荷越来越大,灰铸铁因比重大、导热性差而逐渐被高速柴油机所淘汰。目前,除中、低速柴油机或某些高增压柴油机以球墨铸铁或铸钢材料为主(或活塞顶部用钢或铸铁而裙部用铝合金)外,高速柴油机均采用铝硅合金作为活塞的材料并采用铸造方法制造,其主要合金成分是硅、铜、镁。为了提高强度和降低膨胀系数,合金中含硅量有的高达 24%。

铝硅合金材料具有重量轻、导热性好、抗腐蚀等优点,运动惯性力因此大大减小,其自身的工作温度亦可降低,能够适应高转速和高压缩比的要求。其主要缺点是热膨胀系数较大,为此,冷态时活塞与汽缸套的配合间隙较大,当柴油机工作温度较低时,容易产生敲缸和窜机油等现象。

4. 活塞的构造

活塞的构造基本上分为三部分:活塞顶部、环槽部(又称防漏部)、裙部(又称导向部)和销座。其中,顶部和环槽部又称活塞头部。基本构造如图 2-13 所示。

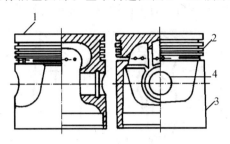

图 2-13　活塞基本构造

1—活塞顶;2—防漏部;3—裙部;4—销座

(1)顶部。活塞顶部是燃烧室的组成部分,用来承受燃气压力。活塞顶有多种形状,如平顶、凸顶、球形凹坑、ω 形凹坑等。135 系列柴油机和康明斯柴油机均采用 ω 型凹坑,使得活塞顶能适应油束形状,更有利于可燃混合气的形成与燃烧。ω 形凹坑的位置应符合喷油器和气门安装位置的要求。此外,随着发动机强化程度的不断提高,为了进一步提高活塞的抗蚀性,活塞顶面有的进行阳极氧化处理。

当柴油机强化程度不高时,活塞不需要专门冷却,活塞顶部吸收的热量主要通过活塞环传给汽缸壁,再由缸套外面冷却水带走。同时还借助于飞溅到活塞内腔的机油带走一部分热量。康明斯发动机在机体下部装有塑料喷嘴,强制性地喷射机油对活塞进行冷却,大大降低了活塞的热负荷。

活塞顶的厚度从中央到四周逐渐变厚,其内壁成拱形,使顶部吸收的热量大部分传递到活塞环。专门的测试表明,对非强制冷却的活塞,活塞顶部吸收的热量经活塞环传到汽缸壁的占 70%～80%,经活塞本身传到汽缸壁的仅占 10%～20%。为了减少顶部变形,常常在活塞顶内壁铸造有加强筋。

由于柴油机压缩余隙很小,为了满足柴油机换气过程的要求和避免在进、排气上止点处早开、晚关的气门与上行的活塞顶相碰,活塞顶沿圆周与进、排气门的位置相对应加工有进、排气门凹坑。

(2)环槽部。环槽部用来安装活塞环,包括 2～3 道气环槽和 1～2 道油环槽,它是活塞的防漏部分,两环槽之间称为环岸。康明斯发动机的第 1 道(有些机型包括第 2 道)环槽内,镶嵌有用高镍铸铁材料制作的环槽护圈,用以提高环槽承受高温、高压气体的能力,由于耐磨性好、强度高,能有效减少环槽上、下工作面的磨损,延长活塞使用寿命。最下面一道是油环槽,环槽的底面钻有回油孔,可将油环从汽缸壁面刮除的多余机油通过这些小孔泄回油底壳。

活塞顶岸(第 1 道环槽上部至活塞顶)有的沿圆周加工有很多细小环形槽,其目的是:①减小活塞头部与汽缸壁之间的间隙,有利于活塞顶部散热和改善活塞环槽及活塞环的工作条件;②有效降低第一道活塞环的温度和活塞裙部的温度,从而减小汽缸装配间隙;③这些环形槽具有一定的退让性,当受到挤压时,环形槽内有能以变形的方式向槽底退让的能力;④这种细小的环形槽可以容纳积炭颗粒和吸附少量机油,从而避免因活塞过热、缸壁暂时缺油或间隙中掉进颗粒状积炭而造成拉毛或拉缸等损伤。

当发动机工作时活塞会受热膨胀,各部分的膨胀量与该处温度、材料和壁厚有关。由于活塞顶部温度较裙部高,且头部较厚,使得活塞上部的膨胀量大于活塞下部,故常将活塞制成上小下大的形状(见图2-14),使高温下工作的活塞近似为圆柱形,与汽缸套间隙近似均匀,以防止活塞因受热膨胀而卡死,或冷启动时不因间隙过大漏气而影响启动。

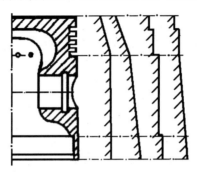

图2-14 活塞的几种外形

(3)裙部。活塞裙部为筒形,用来承受活塞受到的侧向力和保持活塞正确的运动方向(导向作用)。裙部表面有的也加工有环形细纹,用来存储润滑油和提高耐磨性,并且有利于加速磨合和提高活塞表面抗拉伤的能力。

裙部在工作时由于受到侧推力的作用,会使裙部变成椭圆形,加之销座处金属较多,受热后沿销座方向的热膨胀较大,同时作用在活塞顶上的气体压力也使销座方向变长,而垂直活塞销方向变短,因此活塞裙部采用优化设计(如采用桶形椭圆裙部或圆柱形、圆锥形裙部)以保证热态下的活塞裙部能接近正圆形,使裙部周围间隙接近均匀。135系列柴油机活塞裙部的椭圆度为0.46 mm,裙部锥度为0.12 mm。

(4)销座。销座是活塞与活塞销的连接部分,位于活塞裙部的上方,用来安装并支撑活塞销。活塞所承受的燃气压力和惯性力,都是通过销座传递给活塞销的,使销座处的受力很大。为此,销座上设有加强筋,以提高销座孔的刚度和减少座孔变形。销座孔两端槽内装有弹性挡圈(卡环),限制活塞销工作中出现轴向位移。

由于销座的上侧所承受的力比下侧更大,为此,康明斯发动机的活塞销座采用斜面销座,同时也将连杆小头加工成上窄下宽的斜面。既可以降低销座到活塞顶的过渡圆角处以及冷却油道边缘上的应力,也能增加销座及连杆小头支撑面的长度,降低销座与小头衬套的比压,使得斜面销座比直面销座的活塞能承受更大的负荷。

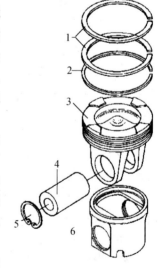

图2-15 M11发动机活塞
1—气环;2—油环;3—钢顶;
4—活塞销;5—卡环;6—铝裙

为了减少销座处的金属集中,使裙部在销座中心线平面内的热膨胀减少一些,通常在活塞裙部靠近销座的外表面上制有0.5~1 mm的凹坑,使得裙部椭圆的短轴可以适当加大,这既有利于启动又可在暖车时防止机油窜入汽缸。

康明斯 M11 柴油机的活塞采用钢顶铝裙铰接式活塞(见图 2 - 15),既提高了活塞的机械强度,也不至使活塞组质量过大,这种组合式活塞具有耐高温、耐高压的特点,活塞的寿命比前者延长约 30%。

2.3.2　活塞环

活塞环有两种,即气环和油环。它们都安装在活塞环槽中,依靠弹力紧贴在汽缸壁上,并随活塞一起上下运动。

1. 活塞环的功用

(1)气环的功用。①密封汽缸,防止汽缸内新鲜空气和燃气漏入曲轴箱,这对保证发动机的启动性能、延长机油更换期具有重要意义;②传递热量,把活塞吸收的热量传递给汽缸壁,再由汽缸壁传给冷却水;③起到控制机油上窜的辅助作用。

由于经活塞环传到汽缸壁的热量占活塞顶部吸收热量的 70%～80%,气环(尤其是第一道)一旦漏气,会使气环与汽缸壁出现间隙,活塞顶部的散热会因此恶化,导致活塞难以正常工作。

在气环的两大主要功用中,密封是前提,也是良好导热的基本条件。气环与汽缸壁贴合愈紧,接触面积愈大,密封和导热能力才会越强。

(2)油环的功用。一是刮油作用,将汽缸壁上多余的机油刮下,防止机油窜入燃烧室;二是布油作用,使汽缸壁上的机油分布均匀,形成具有良好润滑性能的油膜,减小活塞、活塞环与汽缸的磨损和摩擦阻力;三是油环也能起到密封气体的辅助作用。

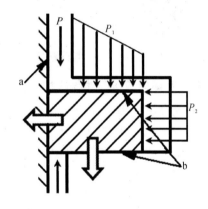

图 2 - 16　活塞环密封机理

2. 气环的密封机理

气环的密封是由阻塞和节流两种形式实现的。在气环连同活塞装入汽缸后,因其外径大于汽缸套直径而受压,气环在自身弹力作用下紧贴在汽缸壁面上,起到阻止气体泄漏的作用,这种密封又称为第一次密封(见图 2 - 16 中 a)。

此外,在压缩和做功冲程,汽缸内的高压气体经过活塞头部与汽缸之间的间隙沿活塞环与环槽间隙向下泄漏,由于这些间隙很小,节流作用使得压力 P 不断下降而产生压力差。径向压力差 P_2 促使气环外表面紧压在汽缸壁上,轴向压力差 P_1 使气环紧贴环槽端面。由于燃气爆发压力很高,第一道环背的平均压力远比活塞环本身弹力大的多,因此,气环的密封主要是靠环背气体压力形成第二次密封(见图 2 - 16 中 b)。在这两次密封中,气环自身弹力是密封的先决条件,如果气环没有弹力或弹力不足,它与汽缸壁面之间就可能产生缝隙而使压力差降低或难以形成,第二次密封作用也就大大减弱甚至消失。

3. 气环的泵油作用和油环的刮油作用

气环具有泵油作用,如图 2 - 17 所示。当活塞下行时,在环与缸壁间的摩擦力和环的惯性力作用下,环压紧在槽的上端面,缸壁上机油被挤入环槽下边和内侧的间隙中;当活塞上行时,气环靠在环槽的下端面上,同时将间隙中的机油挤到上边。活塞不断上下运动,下部的机油就会不断被向上排挤,最终进入燃烧室。窜入汽缸的机油,燃烧后容易在燃烧室、气门和活塞环槽中形成积炭,同时也增加了机油的消耗,因此要在气环下部安装1～2道油环,以防止机油上窜。

油环的刮油过程如图2-18所示。当油环随活塞向下运动时,油环外圆像两把刀口一样,将汽缸壁上多余的机油刮下,使之经凹槽底上的小孔或切槽再通过活塞上的小孔流回曲轴箱。当活塞向上移动时,刮下的机油仍可通过上述小孔流回曲轴箱。由于油环与环槽侧向间隙和开口间隙均很小,而且有回油孔,所以油环没有气环那样的泵油作用。油环由于环后没有气体背压,也无法建立背压,全靠本身的弹力与汽缸壁贴紧。

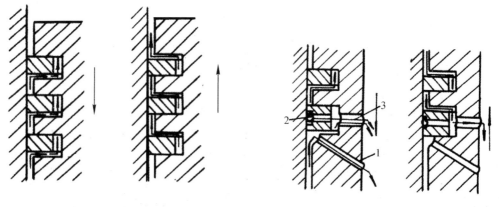

图2-17 气环的泵油作用   图2-18 油环的刮油作用

4. 活塞环的工作条件和选材

(1)受高温作用。活塞的热量要通过活塞环传出,使得活塞环尤其是第一道气环的工作温度很高。高温下工作的活塞环,其强度和弹性都会受到影响。

(2)易被磨损。活塞环在高速、高压、高温下工作,润滑条件较差,容易发生磨损或其他损伤。

(3)环在环槽内的运动比较复杂,承受气体压力、惯性力和摩擦力作用。在这些力的作用下,活塞环会出现振动,由于冲击负荷大,会加速环的磨损。

因此,要求活塞环既要有足够的弹力和强度(包括高温下工作的热强度),又要求耐磨、耐蚀和有良好的抗熔着性能。活塞环多用合金铸铁(优质灰铸铁中加入少量铜、铬、钼等合金元素)和球墨铸铁制造。气环表面多采用多孔性镀铬,能够显著提高环的耐腐蚀性和抗熔着磨损、磨料磨损的能力,减少汽缸拉缸。多孔性组织可以储油,既可改善润滑也能减少磨损。

对表面不采用多孔性镀铬的第一道、第二道气环,往往采用表面磷化处理或表面镀锡,以提高新环的磨合性能。

活塞环的数量影响汽缸的密封性和摩擦消耗的功率。环数越多,密封性越好但耗功也越大。发动机一般采用1～3道气环和1～2道油环,有的采用两道气环和一道油环,或一道气环和一道油环。活塞环数量减少,有利于降低活塞和柴油机的高度、减小活塞组件的惯性力和提高发动机的机械效率。

5. 活塞环的结构

(1)气环的结构。自由状态下,气环是一个不呈正圆的切口环,其外径大于汽缸直径并具有一定的弹性,气环的结构取决于气环的切口形状和断面形状。由于汽缸中燃气漏入曲轴箱的通道之一是活塞环的切口,因此,气环的切口形状和装入汽缸后的间隙大小,对漏气量会产生一定影响。气环的切口间隙应能保证环受热后有膨胀的余地,此间隙过大,漏气量增加,容易窜机油;过小会增加汽缸壁的磨损,因膨胀易使活塞环卡死或折断。切口间隙可在将活塞环装入汽缸套并保持水平后用塞尺测量。常见的气环切口形状有直切口、斜切口、搭切口等。

三种气环切口具有各自的优缺点。直切口制造简单、工艺性好,使用最广,但其开口间隙较大,密封性相对较差;搭切口也叫阶梯形切口,密封性最好,但制造复杂,实际应用较少;斜切口的开口间隙比直切口小,斜切角一般为 30°或 45°,其密封性与工艺性介于直切口与搭切口之间,但其锐角部位在安装活塞组件时容易折损。

气环的断面形状应有利于密封和磨合,应有较强的抗熔着磨损和足够的抗结胶能力,并能有效防止机油上窜。气环常见的断面形状有矩形环、扭曲环、梯形环、桶面环和锥形环等。实际使用的气环,通常是上述不同断面形状的综合,以兼顾相互之间的优点,改善气环的工作性能,满足发动机的使用要求,如图 2-19 所示。

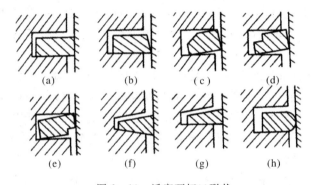

图 2-19　活塞环切口形状
(a)矩形环;(b)锥形环;(c)(d)(e)扭曲环;(f)(g)梯形环;(h)桶面环

矩形环(又称标准环)。气环的断面呈矩形,是目前应用较多的一种气环。主要优点是结构简单、制造方便,导热效果好。主要缺点是有泵油作用,磨合性及对汽缸适应性较差,摩擦功率较大等。多孔性镀铬的矩形环,常被用作活塞的第一道气环(见 135 系列柴油机)。

扭曲环。扭曲环的特点是在环的内圆或外圆的上边或下边切槽或倒角(见图 2-19(c)(d)(e))。这种环由于横断面不对称,一旦装入汽缸受到压缩时,由于弹性内力的作用,使断面扭曲变形成"碟子"形状,此时扭转角一般不超过 1°。此时,环的边缘与环槽的上、下端面及汽缸壁呈线性接触,更有利于改善环与汽缸壁的接触状况,减轻环在环槽内窜动造成的泵油和冲击磨损作用,使汽缸的密封性能得到改善。

由图 2-19 可见,由于气环的外圆倾斜成楔口,下行时有向下刮油的作用,上行时能在汽缸壁上敷上一层薄薄的油膜,改善了汽缸表面的润滑。因此,维修中扭曲环决不能装倒,否则会适得其反。

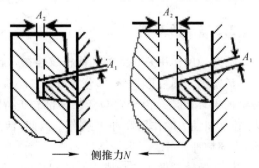

图 2-20　梯形环工作过程

梯形环。某些热负荷较大的柴油机,第一道气环容易因结胶而黏结在环槽内失去作用,因而采用了具有"梯形"断面的梯形环,如图 2-20 所示。

当活塞在侧推力 N 的作用下径向偏摆时,环的侧隙 A_1 和背隙 A_2 将不断发生改变,从而能将胶状物从环槽中清除出去,避免了结胶带来的故障。也就是说,梯形环工作时具有"自洁"作用,能够清除环槽沉积物。此外,当发动机停车时,活塞冷却收缩可使侧隙增大,活塞环不会被胶住,这对冷启动也有利。一般情况下,梯形环标准顶角为 15°。

桶面环(见图 2-19(h))。实践中人们发现,工作良好的活塞环,长期运行后的环周表面多呈现凸圆弧形,故一开始制造就将活塞环加工成桶面形。其特点是活塞环的外圆面为凸圆弧形,其优点是当活塞向上或向下运行时,均能与汽缸壁形成楔形空间,使润滑油能够容易进入摩擦面,形成楔形油膜,保证良好润滑;环面和缸壁呈圆弧接触能很好的适应活塞摆动,避免由于过高的棱缘负荷而导致熔着磨损;此外,环与汽缸接触面积小,比压高,有利于密封。

此外还有鼻形环、锥形环等。135 系列柴油机,第一道气环采用矩形环,第二、三道气环采用扭曲环。康明斯发动机第一道气环采用筒面梯形环,周边略厚,锥角约为 15°,与汽缸接触的表面制成凸圆弧形并镀铬;第二、三道气环采用梯形扭曲锥面环。优点是密封性好,可减轻环对环槽的冲击。环的外表面略呈锥形,不仅改善了汽缸的磨合性,活塞下行时刮油和上行时布油作用也明显增强。

(2)油环的结构。自由状态下,油环是一个不成正圆的切口环,外径大于汽缸直径并具有一定的弹性。普通油环的开口主要采用直切口,而断面形式与气环不同,外侧加工有凹槽以减小接触面积,提高环与缸壁的比压,便于刮油和使机油沿汽缸分布得更均匀。凹槽底部有间断切槽,当油环随活塞向下运动时,油环外圆像两把刀口,可将缸壁上多余机油刮下并通过切槽和活塞上的油孔流回曲轴箱。

有的油环在内面衬有一根螺旋弹簧胀圈(见图 2-21)以增加油环的径向压力,同时增强刮油和密封汽缸的能力,也使油环的工作耐久性得到了提高。

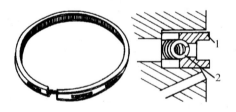

图 2-21　油环结构
1—活塞环;2—弹簧胀圈

2.3.3　活塞销

活塞销的作用是将活塞和连杆铰连在一起,并将作用于活塞上的力传递给连杆。

活塞销为圆柱形,中间部分穿过连杆小头孔,两端支撑在活塞的销座中,并由活塞销座孔两端的卡环限位。由于它与活塞顶部较近,故工作温度较高,同时承受周期性变化的气体压力、往复惯性力的作用和冲击载荷。因此,活塞销应具有足够的强度、刚度和硬度,表面要耐磨,内部韧性要好。

活塞销通常做成实心或空心的圆柱体,后者在保证强度和刚度条件下具有较轻的质量,有利于减小活塞组的惯性力。活塞销一般用合金钢或高碳钢材料制造,表面可渗碳淬火以获得良好的机械性能。

当发动机工作时,由于铝合金活塞销座与钢活塞销的热膨胀不同,为了防止柴油机走热后因配合间隙增大而引起冲击、异响、破坏油膜、加快磨损等,故冷态时,活塞销与销座孔采用过渡配合,而活塞销与连杆小头衬套为间隙配合,以保证高温工作时获得正常的工作间隙。这种配合方式又称为"全浮式"连接方式,其优点是工作中活塞销可以自由转动,因此活塞销磨损较小且表面磨损比较均匀,对润滑系统的要求也不高。

2.3.4　连杆

1. 连杆的功用

连杆用来连接活塞与曲轴,将活塞承受的燃气压力传给曲轴,使活塞的往复直线运动变为曲轴的旋转运动。

2. 连杆的工作条件和选材

连杆工作时,同时承受着活塞传来的气体压力、活塞组件及连杆小头的惯性力,以及连杆本身绕活塞销做平面运动时的惯性力和力矩。这些力的大小和方向都呈周期性变化,因此,连杆是处在压缩、拉伸和横向弯曲等交变应力作用下工作的。这里要求连杆质量尽可能轻,应有足够的结构刚度和疲劳强度。

连杆一般用优质中碳钢模锻并调质处理,或采用合金钢、球墨铸铁制造,各部位形状通过有限元强度分析计算以获得最优化的结构。

3. 连杆的构造

连杆由连杆小头、杆身和连杆大头三部分组成,如图2-22所示。

(1)连杆小头。连杆小头套在活塞销上,孔内装有一个衬套。衬套与连杆小头孔的配合有一定过盈以免工作时衬套滑动,从而影响润滑或引起连杆小头孔和衬套磨损。衬套的润滑方式有两种:一种是采用压力油润滑,在杆身加工有润滑油道,来自连杆轴颈的压力油沿油道进入衬套表面进行润滑,压力润滑工作可靠,但杆身油道加工比较困难;另一种是在小头和衬套上钻有油孔(见135柴油机连杆),利用活塞内腔飞溅的机油对活塞销进行润滑。

(2)连杆杆身。连杆杆身断面形状呈"工"字形,既能减轻质量,又能保证连杆有足够的刚度和强度。

(3)连杆大头。连杆大头套在曲轴连杆轴颈上,其内放有连杆轴承(连杆轴瓦)。曲轴转动时,它也围绕连杆轴颈相对转动。为了便于拆装,大头加工成两部分,切下的部分称为连杆大头盖,用连杆螺栓(或螺钉)固定在连杆大头上。切分面可以垂直于连杆轴线(直切口),也可与连杆轴线倾斜(斜切口)。斜切口连杆的最大优点,是在保证将活塞连杆组从汽缸

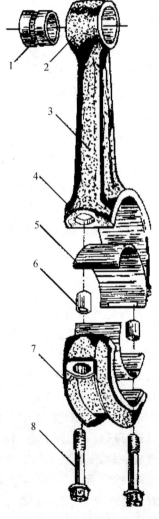

图 2-22　连杆(斜切口)

1—衬套;2—连杆小头;3—杆身;
4—连杆大头;5—连杆轴瓦;
6—定位套筒;7—大头盖;8—连杆螺钉

套中顺利取出或装入时,允许曲轴连杆轴颈的尺寸大一些,从而增加曲轴的强度。

为了保证连杆大头孔的精确尺寸,大头盖和连杆大头是组合镗孔的。为了防止装配时错装,在同一侧刻有配对记号。大头盖和连杆大头分别与连杆轴瓦贴合,为了防止工作中轴瓦运动,大头和大头盖的内表面铣有定位槽并与轴瓦上的定位唇配合。

直切口和斜切口连杆的大头和大头盖都采用定位装置,常见的有锯齿定位、螺栓定位、套筒(或圆柱销)定位和止口定位几种。其中,螺栓定位是利用连杆螺栓上的精加工圆柱表面与精加工的螺栓孔的配合确保定位,在直切口连杆中应用较多;套筒(或圆柱销)定位是将套筒(或圆柱销)固定在连杆大头或大头盖上,然后在大头盖或连杆大头对应处加工出定位孔并采用紧密配合确保定位可靠;止口定位(见图 2-23(d))的优点是工艺简单,但因受力后容易变形,故只能起到单向定位的作用。

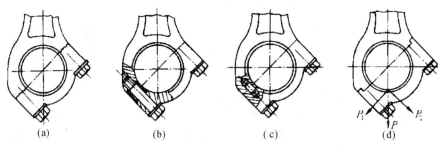

图 2-23 斜切口连杆的几种定位方式

(a)锯齿定位;(b)螺栓定位;(c)套筒或圆柱销定位;(d)止口定位

135 系列柴油机采用斜切口连杆和套筒定位方式。康明斯柴油机采用直切口连杆,大头与大头盖用 2 个(N 系列)或 4 个(K 系列)圆柱销定位,并由连杆螺钉依靠精密加工的螺纹将其紧固并自锁。康明斯柴油机连杆杆身斜向加工有一条油道用来润滑活塞销和衬套,油道在连杆大头一端偏离连杆中心约 5°～6°,借以提高轴承的承载能力。

2.3.5 连杆螺栓(钉)

连杆螺栓用来连接并紧固连杆大头和大头盖。为了保证发动机工作可靠,连杆螺栓在安装紧固时都有严格的拧紧力矩要求,一方面保持连杆轴瓦与大头孔具有过盈配合且贴合良好,以利轴瓦受力和传热;另一方面可使连杆大头和大头盖之间具有足够的压紧力,防止在往复惯性力和大头离心力作用下出现松动。工作中,连杆螺栓除受到预紧力和惯性力作用外,当轴承磨损使间隙增大时,还会受到很大的交变冲击载荷,故连杆螺栓是发动机受力最严重的零件之一。连杆螺栓的断裂,不但会使整个柴油机受到破坏,还可能危及人身安全。

连杆螺栓一般用合金钢材料(如 40Cr,35CrMoVA 等)制造。为了防止工作中连杆螺栓松脱造成事故,安装后的连杆螺栓必须要锁紧。135 系列柴油机采用镀铜防松,即在螺栓表面镀一层铜,拧紧后依靠铜镀层的塑性变形达到自锁。对于康明斯发动机,当用扭力扳手将连杆螺栓拧紧至规定力矩后,还要再拧紧一个角度,使螺栓产生塑性变形达到自锁,这是强力螺栓在塑性区工作理论的实际推广与应用。以 BF4L1011F 道依茨柴油机为例,连杆螺栓的首次拧紧力矩为 30 N·m,然后拧进 60°,再继续拧进 60°。对于这样的螺纹连接件,装配中决不可为了连接可靠而随意增大拧进的角度,以免螺栓塑性变形过大而最终造成断裂。有的柴油机也采用开口销锁紧或用铁丝进行锁紧。

2.4　曲轴飞轮组

曲轴、飞 M 轮和其他直接安装其上的零件构成曲轴飞轮组,是柴油机中最主要的传动元件。

2.4.1　曲轴

1. 曲轴的功用

(1)通过连杆将活塞的往复直线运动转变成旋转运动。

(2)输出扭矩,并通过飞轮部件驱动负载工作。

(3)通过齿轮机构带动配气机构及其他辅助装置工作。

(4)控制各缸的工作顺序,并通过连杆推动各缸活塞完成进气、压缩和排气过程。

2. 曲轴的工作条件和选材

发动机工作时,曲轴承受着周期性变化的燃气压力、曲柄连杆机构运动产生的惯性力以及负载力矩的作用。这些变化的力和力矩,使曲轴工作中受到弯曲和扭转,产生交变的疲劳应力和承受曲轴振动引起的附加应力,最终导致曲轴轴颈磨损或出现疲劳破坏。

为此,要求曲轴既要有足够的疲劳强度和尽可能高的弯曲刚度和扭转刚度,以减轻曲轴受力后呈现的变形,同时又要求冲击韧性好、减振性好、耐磨损、质量轻、造价低和工艺性好,以满足曲轴平稳运转和可靠工作的要求。

柴油机的曲轴多采用高强度合金钢或优质中碳钢模锻,或用球墨铸铁制造。锻造曲轴的金属纤维组织符合曲轴形状,强度高、工艺性好,但需要专用锻造设备。铸造曲轴可获得理想的形状,材料利用率高,工艺简单,制造成本较低,但强度不如前者且容易产生铸造缺陷。

135 系列柴油机采用球墨铸铁制造,它可以铸造成在强度方面具有更合理形状的设备,因而材料利用率高,热处理工艺也比较简单。通常只需进行正火处理及曲轴轴颈表面淬火,就可使得耐磨性得到提高。与钢曲轴相比,在相同工作条件下,连杆轴颈磨损量约为钢曲轴的 1/4,主轴颈磨损量约为 1/1.8,而且内部阻尼作用也比钢曲轴好,具有良好的减振性能。此外,球墨铸铁曲轴的制造成本较低,不需要昂贵的锻压设备。球墨铸铁曲轴的缺点是冲击韧性较差,在周期性交变载荷作用下,弯曲疲劳强度比钢曲轴差。同时,球墨铸铁曲轴铸造质量还不够稳定,容易出现废品。

康明斯发动机曲轴采用高强度合金钢(如 42GrMoA,42GrNiMo)整体锻造而成。为了提高曲轴的疲劳强度和改善轴颈表面的耐磨性,主轴颈、连杆轴颈表面和轴颈的过渡圆角处均经过高频淬火处理并进行精磨。早期的发动机在过渡圆角处常采用喷丸处理,也能有效提高曲轴的疲劳强度。

3. 曲轴结构形式

按照结构型式不同,可分为整体式曲轴和组合式曲轴;按照支撑方式不同,又可以分为全支撑曲轴和非全支撑曲轴。

(1)整体式曲轴。整体式曲轴是将一根曲轴毛坯,连同所有的曲拐及曲轴前端、后端铸(或锻)造成为一体,如图 2-24 所示。其优点是具有较高的强度和刚度,结构紧凑,重量轻;主要缺点是加工困难,需要专用锻造设备。故整体式曲轴在中、小型柴油机中得到了广泛应用。曲轴的轴承一般采用滑动轴承(俗称轴瓦),个别小缸径发动机也有采用滚动轴承的。

(2)组合式曲轴。组合式曲轴是将主轴颈、连杆轴颈、曲柄全部分开或部分分开制造,然后再组合成一体。135系列柴油机即采用组合式曲轴,如图 2 - 25 所示。其特点是主轴颈兼作曲柄,并由多个曲拐组成,对应各缸的曲拐用螺栓连接紧固。连接螺栓有两种:一种是带有定位圆柱面的紧配螺栓,均注有符号"E",另一种是只起连接作用的螺栓。

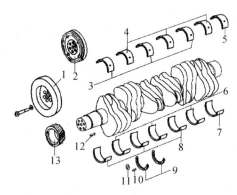

图 2 - 24　康明斯柴油机整体式曲轴

1—硅油减振器;2—皮带轮;3～8—主轴承;9—止推片;
10—定位销;11—定位环;12—键;13—曲轴齿轮

曲拐常为分别铸造,内腔空心且互相连通。主轴颈采用滚动轴承,轴承外圈与机体主轴承孔为过渡配合,两端用锁簧限制以防止轴承外圈轴向移动。轴承内圈与曲轴主轴颈为热压配合,装配时,须将轴承内圈连同滚动体及保持架放在机油中加热到100～120 ℃,然后趁热将内圈套到曲拐主轴颈上,并趁其还未冷却就装配曲轴、扭紧螺母。曲轴连接螺栓本身不受剪力,力矩全靠曲拐贴合面间的摩擦力矩来传递,在螺母上也常进行镀铜作为防松措施。

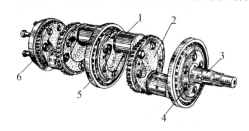

图 2 - 25　135 柴油机组合式曲轴

1—连杆轴颈;2—曲柄;3—前轴;4—连接螺钉;5—滚动轴承;6—后轴(法兰)

组合式曲轴采用滚动轴承,具有摩擦力小、启动容易、机械效率高等优点。又由于主轴颈与曲柄合为一体,柴油机轴向显得比较紧凑并采用隧道式机体。此外,由于主轴颈与连杆轴颈有较大的重叠度(约占连杆轴颈的 2/3),减轻了曲柄的受力,有利于提高曲轴的弯曲疲劳强度。组合式曲轴通用性好,当其中个别曲拐损坏时,可单独更换,具有良好的互换性。其缺点是由于采用滚动轴承,造价较高且运行中产生噪声。此外,组合式曲轴的曲拐加工面多,制造精度要求高,由于采用螺栓装配,对同心度要求高。曲轴组装后必须进行静平衡和动平衡实验。

曲轴按主轴颈数目,可分为全支撑曲轴和非全支撑曲轴。

全支撑曲轴的特点是每个连杆轴颈的两边都有支撑点(主轴颈),故主轴颈数比连杆轴颈数多一个。优点是提高了曲轴的刚度和弯曲强度,有利于减轻主轴承的载荷。135 系列柴油机、康明斯柴油机均采用全支撑曲轴。

非全支撑曲轴则是每两个连杆轴颈共用一对支撑点（主轴颈），故其主轴颈数少于或等于连杆轴颈数，在小型发动机上多有应用。

4. 曲轴构造

曲轴由三部分组成，即前轴（又称自由端或前端）、曲拐（包括主轴颈、连杆轴颈和曲柄三部分）以及后轴（又叫功率输出端或曲轴法兰）。

（1）曲拐。由一个连杆轴颈和它两端的曲柄以及前后两个主轴颈共同组成。主轴颈用来支撑整个曲轴，并构成曲轴的回转轴线，它通过主轴承盖用曲轴主轴承螺栓悬挂在机体下部轴承座上（整体式曲轴），或通过大圆盘滚动轴承支撑在隧道式机体孔内（组合式曲轴）。

连杆轴颈和主轴颈通过曲柄相连，并与连杆大头用连杆螺钉连接，其间装有连杆轴承（连杆轴瓦）。连杆轴颈多做成空心或加工有润滑油道与主轴颈油道连通。为了提高曲轴的强度和减少曲柄与主轴颈和连杆轴颈过渡处因截面突然变化引起的应力集中或曲轴断裂的情况，曲轴在这些部位均采用了较大的过渡圆角。此外，有的柴油机在每个曲柄（或部分曲柄）连杆轴颈相反方向装有扇形平衡块，能够有效提高曲轴的平衡性能。

（2）前轴和后轴。曲轴前轴为自由端，其上铣有键槽用来安装曲轴主齿轮，主齿轮用来驱动配气机构、燃油供给系统、润滑系统和油泵等附属机构工作，后轴通过螺钉与飞轮固连，故又称曲轴法兰，动力也由此输出。

康明斯柴油机曲轴前轴装有硅油减振器和皮带盘。硅油减振器可防止曲轴因扭转振动而损坏。皮带盘与硅油减振器一起用螺栓固定在前轴上，用来驱动充电发电机工作。

5. 曲轴的润滑、密封与轴向定位

（1）曲轴的润滑。在柴油机润滑中，曲轴的润滑非常重要，润滑不良或润滑中断，都会造成曲轴严重磨损、抱轴或烧瓦。将机油送入曲轴油道中的供油方式有两种：一种是分路供油。以康明斯柴油机为例，如图 2-26 所示，当柴油机工作时，在曲轴主齿轮的驱动

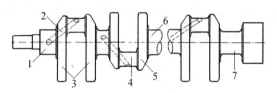

图 2-26　康明斯柴油机曲轴润滑示意图
1—前轴；2—油道；3—平衡块；4—连杆轴颈；
5—曲拐；6—主轴颈；7—后轴

下，来自机油泵的压力机油经过冷却和过滤后进入机体主油道，然后通过机体上加工的油道分别进入曲轴各档主轴承（由上瓦引入）。在润滑主轴颈的同时，再经过曲轴上加工的斜向油道进入连杆轴颈，一方面润滑连杆轴承，另一方面通过连杆杆身油道润滑活塞销和连杆小头衬套。曲轴轴颈上油孔的位置，一般均加工在轴承负荷较小的部位。

另一种是机油从主油道集中压入曲轴前端或后端，或从前、后两端同时压入，然后经曲轴内部贯通的油腔分别流向主轴颈、连杆轴颈、润滑轴颈和轴承。135 系列柴油机的曲轴即采用这种润滑方式，如图 2-27 所示。柴油机工作时，压力机油从曲轴前轴上的油道 2 被压入，然后进入曲拐油腔 5 并从连杆轴颈 6 上的油管 7 流出润滑连杆轴承。曲轴主轴承采用大圆盘滚动轴承，其润滑靠飞溅润滑。曲拐做成空心，既可减轻曲轴重量，也可在旋转中利用离心作用使从连杆轴颈处流出的机油更加洁净。在图 2-28 中，离心净化的原理是当曲轴高速旋转时，曲拐内机油中的杂质因密度大而被甩向四周，经埋设在连杆轴颈内的铜管 2（入口位于油腔中央）流出的机油得到了净化。采用离心净化可以减少连杆轴颈的磨损，延长使用期限，但必须定期检查，清除油腔中的杂质，以防油管堵塞。

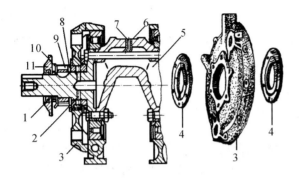

图 2-27　135系列柴油机曲轴润滑和前端密封

1—油封；2—油道；3—传动机构盖板；4—推力轴承；5—曲拐油腔；

6—连杆轴颈；7—油管；8—推力板；9—主动齿轮；10—甩油盘；

11—齿轮室盖板

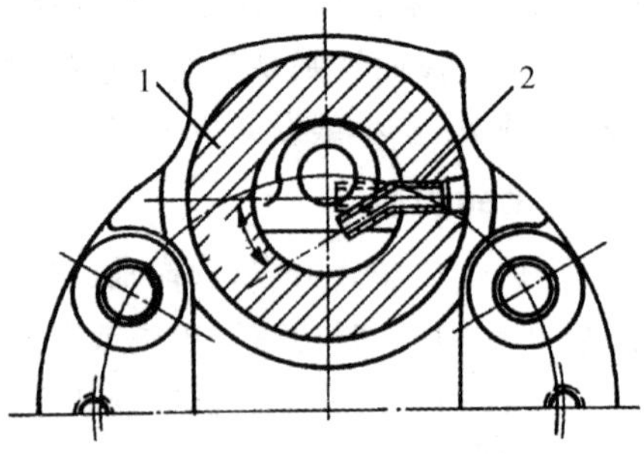

图 2-28　135柴油机曲轴润滑

1—连杆轴颈；2—铜管

（2）曲轴的密封。柴油机工作时，曲轴的前端要安装主动齿轮和皮带轮，后端要安装飞轮。由于前、后端均伸出曲轴箱外，为了防止飞溅的机油从两端泄漏，在曲轴前、后端均设置有密封（油封）装置。

图 2-29 所示为一种典型的曲轴前端密封装置。油封 3 采用橡胶骨架油封，安装在齿轮室盖板孔内。在油封唇口背面衬有弹簧圈 5，其密封是靠弹簧圈的自紧作用使油封的唇边以一定压力紧贴在前轴轴颈表面，以阻止机油向外泄漏。甩油盘 1 安装在前轴上并与曲轴一起旋转，当飞溅的机油落到甩油盘上时，机油在离心力作用下甩向四周，更有利于油封的密封。由于轴颈圆周速度高，摩擦生热易使橡胶材料老化，故采用耐油、耐热和抗老化性较好的丁腈橡胶或氟橡胶制造。

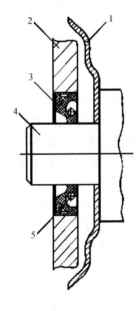

图 2-29　曲轴前端密封

1—甩油盘；2—齿轮室盖板；3—橡胶骨架油封；

4—曲轴前轴；5—弹簧圈

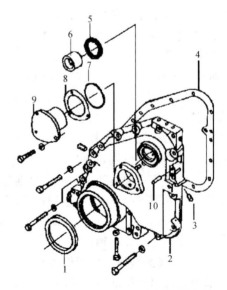

图 2-30　康明斯柴油机曲轴前轴密封

1—曲轴油封；2—齿轮室盖板；3—定位销；4—垫片；5—油封；

6—铜衬套；7—O 型圈；8—凸轮轴轴向间隙调整垫片；9—轴承盖

康明斯柴油机曲轴前端密封如图 2-30 所示。橡胶骨架式油封 1 安装在齿轮室盖板上，采用聚四氟乙烯材料制造。油封 5 也采用相同的结构，用来密封柴油机辅助驱动装置传动轴。安装油封时必须保持清洁和使用专用引套，强行装配容易损伤油封的唇部。聚四氟乙烯油封在曲轴开始旋转后，油封唇口会使轴颈密封面形成一层聚四氟乙烯薄膜，如果轴颈不清洁、不干燥，薄膜不容易形成而影响密封。

曲轴后端的密封通常采用三种方式：橡胶骨架式油封、回油螺纹或其他密封填料。

橡胶骨架式油封与前述相同，以康明斯柴油机为例，油封装在油封板的内孔中，油封板用螺钉固定在机体后端，其间装有垫片。

回油螺纹加工在曲轴输出法兰表面，常见的螺纹有梯形或矩形。从曲轴后端看，回油螺纹的螺旋方向与曲轴的旋转方向相反。由于螺纹外圆与飞轮壳的圆周间隙较小，当曲轴旋转时机油由于黏性作用附着在飞轮壳的孔壁上，不能随轴转动，使机油与螺纹槽间产生速度差，油层被迫像螺母一样沿螺纹槽产生轴向移动，将机油推向曲轴箱内。实践证明，回油螺纹与壳体处的间隙太大或太小均会引起漏油，安装时应确保飞轮壳圆孔和输出法兰的同心度和间隙。

（3）曲轴的轴向定位。曲轴在工作时，会受到斜齿轮传动所产生的轴向推力和曲轴受热后轴向伸长的影响，因此需要进行轴向定位以限制曲轴轴向窜动。为了避免出现互相干涉，轴向定位只能设置一处。一般采用止推轴承，可以设在曲轴前端、后端或中间。

135 系列柴油机曲轴轴向定位设置在前端（见图 2-27）。传动机构盖板 3 用螺钉固定在机体前端，盖板的两侧各装有一个用锡青铜材料制造的推力轴承 4，用来承受曲轴的轴向推力。在前推力轴承 4 与曲轴主动齿轮 9 间装有推力板 8，推力板与齿轮用圆柱销定位，当曲轴旋转时，主动齿轮带动推力板转动并与前推力轴承构成一对摩擦副，其间的最大间隙即为曲轴轴向间隙（即允许的轴向窜动量），其值为 0.130～0.370 mm。

康明斯发动机曲轴的轴向定位设在曲轴后端。在第 7 档（KTA19 机型在第 6 档）主轴颈两侧，上、下各装有 2 片止推片（见图 2-24，又称止推轴承或止推环），止推片用圆柱销与主轴承座和主轴承盖定位，安装时，加工有油槽的一面朝向有相对运动的一侧。发动机工作时，止推片将承受曲轴的轴向推力，其间隙即为曲轴的轴向间隙。康明斯 N 系列发动机和 KTA19 机型的曲轴轴向间隙分别为 0.18～0.43 mm 和 0.10～0.41 mm，磨损极限分别为 0.56 mm 和 0.53 mm。轴向间隙增大后，可通过更换加厚的止推片进行调整，其级别分为加厚 0.25 mm 和 0.51 mm 两级。

2.4.2　飞轮

1. 飞轮的作用

在发动机上，飞轮主要依靠自身的惯性，通过不断地存储能量和释放能量，以减小转速波动使发动机运转平稳、输出扭矩均匀。在做功冲程，曲轴转速升高，飞轮吸收一部分能量以抑制曲轴转速的升高，而当飞轮带动曲柄连杆机构越过止点在其他三个冲程工作时，飞轮将所积蓄的能量又逐渐释放，抑制曲轴转速的降低。此外，飞轮还作为输出法兰与负载连接，通过齿轮啮合完成发动机启动。飞轮轮盘上通常标记有刻度或符号，用于发动机检查和调整。

2. 飞轮构造与选材

飞轮为一中间薄周边厚、转动惯量和质量都很大的圆盘状结构。飞轮外缘上压装有一个齿圈(见图2-31),可与启动电机驱动齿轮啮合用来启动柴油机。飞轮壳固定在机体后端,飞轮安装在其内并通过圆柱销定位和用螺钉固定在曲轴输出法兰上。飞轮齿圈与飞轮过盈配合,通常是将齿圈加热,待其膨胀后再进行镶配。

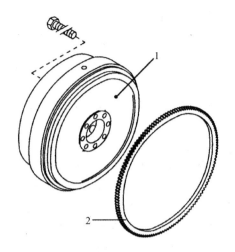

一般柴油机的飞轮上刻有上止点标记和由于调整供油正时的刻度,在飞轮壳上固定有指针。对于直列式6缸发动机,当转动飞轮使"0"刻度对准指针时,第1缸和第6缸同时到达上止点,为气门间隙和供油提前角的检查和调整提供了基准。对于康明斯发动机,N系列和K19(直列式)柴油机的检查调整标记设在发动机辅助驱动装置皮带轮盘和齿轮室盖板上。而K38(V型12缸)柴油机的调整标记则分别设置在扭转减振器、飞轮壳窗孔"A"和飞轮壳窗孔"C"三处。

图2-31 飞轮构造
1—飞轮;2—齿圈

飞轮一般用高强度铸铁制造,与曲轴装配后须做静平衡检查和在动平衡试验机上进行动平衡校准。一般要求曲轴飞轮组的动不平衡度不超过50~100(g·cm)。如果不平衡,允许在曲轴相应的平衡块上钻孔去重直至平衡。

2.4.3 曲轴主轴承和连杆轴承

1. 轴承形式与结构

曲轴轴承分为主轴承、连杆轴承和推力轴承。主轴承和主轴承座用来支撑曲轴,并与转动的曲轴主轴颈构成一对摩擦副。主轴承多采用滑动轴承或滚动轴承。前者安装在机体主轴承座和主轴承盖内;后者用于组合

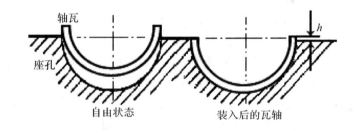

图2-32 轴瓦自由弹势和安装过盈

式曲轴和隧道式机体,其外环压装在机体主轴承孔内,内环和滚动体则套装在主轴颈上(见图2-25)。连杆轴承采用滑动轴承,安装在连杆大头和大头盖内,与旋转的连杆轴颈构成一对摩擦副。推力轴承采用片(或盘)式结构,故又称止推片(或止推板)。推力轴承安装在曲轴某个主轴颈的两侧,用来承受曲轴工作中产生的轴向推力和确保规定的曲轴轴向间隙。当轴向间隙不符时,可通过更换不同厚度的推力轴承进行调整。

滑动轴承分为上、下两片,形似瓦面,故又称轴瓦。自由状态下的轴瓦并非半圆形,如图2-32所示,其曲率半径略大于轴承座孔的半径,此增大值

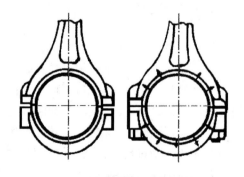

图2-33 轴瓦圆周过盈变成径向过盈

称为自由弹势。当将轴瓦压入轴承座孔,所产生的向外张开的弹力能使轴瓦自动卡紧在座孔中,便于装配并能保持与座孔紧密配合。由于轴瓦外径周长较座孔周长稍大,轴瓦会略高于座孔接合面,当将轴承用螺钉按规定的扭矩紧固后,在上、下瓦被压紧的同时,轴瓦高出部分(见图 2-32 中 h)全部被压入座孔内,使轴瓦的圆周过盈变成径向过盈(见图 2-33),并对轴承座孔产生径向压紧力,保证工作时轴瓦与座孔相对固定,不转动、不移动、不会出现振动并有利于轴承散热。轴瓦的过盈量不能过大,否则在拧紧螺钉时会使轴瓦材料由于变形过大而屈服,这样反而不能压紧,并可能引起轴瓦接口附近材料向内膨胀,使轴承内孔失圆,加速磨损,严重时会引起烧瓦。反之若过盈量过小,紧固后对轴承座孔产生径向压紧力较小,不能保证工作时轴瓦与座孔相对固定。

轴瓦与轴承座(盖)的定位,多采用"定位唇"。在瓦背一端冲制有凸块,嵌入轴承座(盖)对应的缺口内,以防止轴瓦轴向移动。康明斯 N 系列柴油机的主轴瓦则采用定位环,每个主轴瓦的一边有一个缺槽嵌在定位环上,定位环装在机体主轴承座的螺栓孔内,因此,主轴瓦安装具有方向性。

有些轴瓦在瓦背或内孔上加工有油槽用于润滑。瓦背上的油槽一般作为润滑油路。内孔油槽虽然能使润滑油更好地在轴瓦上分布,但加工油槽后,轴承的负荷能力会相应降低。

柴油机装配后,主轴承与主要轴颈、连杆轴承与连杆轴颈均有一定的配合间隙。间隙过大,不仅会产生较大的冲击,润滑油膜也不易建立,从而导致轴瓦磨损或合金层剥落;间隙过小,间隙中的润滑油流动受阻,不仅流量减少,易磨损,轴瓦也因散热不良而加速损坏。

2. 轴瓦的材料

由于曲轴制造成本高,为了减轻曲轴的磨损,除提高曲轴轴颈表面的硬度和耐磨性外,常在用优质碳钢制造的轴瓦内圆表面浇注一层或多层轴承合金。轴承合金的特点是既能承受压力,又不会损伤轴颈表面,具有质地软、储油能力好、耐疲劳、耐蚀和导热性好等特点。

对轴承合金的要求是:有良好的抗咬合性、嵌藏性和顺应性。抗咬合性是指轴瓦与轴颈不易发生咬死,从而起到保护曲轴的作用;嵌藏性是指曲轴润滑时,机油中的杂质及金属颗粒能嵌入轴瓦合金层内,不致对轴颈表面产生损伤;顺应性是指当轴与轴孔不同心时,轴瓦会产生相应的塑性变形,从而减小棱缘负荷和局部磨损,即具有较好的适应性。

采用的轴承合金材料为锡基白合金、铜铅合金和铝基合金等。

锡基白合金(又称巴氏合金),优点是抗磨性和磨合性好,且具有良好的嵌藏性;但疲劳强度较低,在柴油机中应用较少。

铜铅合金属于高强度轴承合金,含铅量约为 $25\% \sim 40\%$。铜构成硬骨架,铅改善抗磨性,尤其是抗咬黏性。铜铅合金的疲劳强度和硬度较高,可承受较高的工作温度和较大的负荷,但顺应性、抗磨性和耐蚀性较差。

铝基合金应用十分广泛,可分为铝锑镁合金、含锡 6% 左右的低锡铝合金和含锡 20% 以上的高锡铝合金三类。铝锑镁合金和低锡铝合金本身硬度较高,耐疲劳性和负荷能力好但抗磨性较差,故常在合金层上再镀一层约 $0.02\ mm$ 厚的铅锡合金,在强化程度较低的柴油机上,可以用它替代铜铅合金。高锡铝合金的综合性能优越,应用更为广泛。

康明斯柴油机新的连杆轴瓦可互换使用,但主轴瓦有区别,N 系列发动机从自由端算起,第 1,3,5 档轴瓦略宽,第 2,4,6 档较窄,第 7 档轴瓦最宽(见图 2-26),使得在同一汽缸盖下的

1 和 2 缸、3 和 4 缸以及 5 和 6 缸具有相等的汽缸中心距。KTA19 柴油机第 2～6 档轴瓦宽度相同,第 1,7 档轴瓦宽度相同。轴瓦瓦背上有标记,用来指明是标准轴瓦或是加大轴瓦。

2.4.4　曲轴的平衡

如前所述,六缸发动机一般采用 1—5—3—6—2—4 的发火顺序和间隔 120° 的曲柄夹角,从内燃机力学分析可知,不仅离心惯性力、一阶和二阶往复惯性力自成平衡,由这些力引起的惯性力矩也自成平衡,良好的平衡性能大大改善了发动机的外部受力状况。但为了减轻在高转速时每个曲拐及连杆大头不平衡重所引起的惯性力和惯性力矩在曲轴内部的影响,同时为了减轻主轴承负荷,改善曲轴的工作条件和内部受力,发动机在曲柄对应连杆轴颈方向装有平衡块。平衡块做成扇形,可使其重心远离旋转中心,以较小的质量获得较大的惯性力。扇形平衡块和曲轴可以整体锻造为一体,也可以单独加工然后用螺钉固定在曲柄上。

并非每个曲柄反方向都需要安装一个平衡块,例如 M11 发动机只装有 8 块,分布在第 1,3,4,6 缸曲柄上,而 NTA855 机型采用完全平衡,每个曲柄反方向都安装有一个。

维修中,对于用螺钉固定的平衡块,安装时必须仍在原来位置,如果装错会影响柴油机正常工作并由此损坏曲轴。当更换新的平衡块后,曲轴必须做动平衡试验。

2.4.5　曲轴振动与减振器

1. 曲轴的振动

发动机工作中偶尔会出现曲轴断裂的情况,虽然这些曲轴在设计时已具有足够的强度和刚度,但随着柴油机缸数的增多,转速及强化程度的不断提高,同时也增大了曲轴断裂的倾向。这是因为曲轴在工作时,每个曲拐上都作用有大小和方向呈周期性变化的切向力和径向力,从而引起曲轴产生两种振动。一种是曲轴沿轴线做弯曲振动,且附有纵向的伸缩振动,但由于曲轴的支承点多、跨度小、弯曲刚度大,加之曲轴弯曲振动的自振频率较高,弯曲振动对曲轴的影响并不严重;另一种是以曲轴轴线为转轴所做的扭转振动,由于曲轴扭转刚度相对较小,因此比弯曲振动更为严重,这也是引起曲轴出现裂纹和折断的主要原因。

发动机的曲轴,以及与曲轴连接的活塞连杆组和飞轮,一起构成了一个很大的弹性系统。发动机工作时,曲轴的每一个曲拐上轮流作用着大小和方向呈周期性变化的切向力,使曲拐回转的瞬时角速度也呈周期性变化。由于安装在曲轴输出端的飞轮转动惯量很大,瞬时角速度基本上可看作是均匀的,这样就出现了曲拐与飞轮的瞬时角速度不同。做功冲程初期,扭矩急剧增长,曲轴加速旋转,而飞轮和与其相连接的其他运动机件的惯性却阻碍了曲轴的加速,使具有弹性的曲轴发生变形(扭转)。做功冲程的后半段,汽缸中压力下降,曲轴由于本身的弹性而放松,其他汽缸依次进入做功冲程,又重新引起了曲轴的扭转,而扭矩减小时,曲轴又放松。这样,当柴油机运转时,曲轴一次又一次地扭转和放松,形成了扭转振动。每一次冲击所引起曲轴的扭转并不大,但是,如果做功冲程爆发的频率与曲轴自由振动的频率相合时,将产生共振。对于一定的曲轴来说,自由振动频率是定值,而做功冲程爆发的频率则决定于曲轴的转速,因此共振现象只在某些转速下才出现,这时的转速称为临界转速。共振时,曲轴受到的附加应力最大,使运转不平稳、曲轴发热,严重时导致曲轴疲劳断裂。同时,扭转振动使得各曲拐间角度发生变化,柴油机的正时关系也因此改变。因此,为了保证发动机运转平稳和防止曲轴疲劳断裂,需要在曲轴上远离飞轮的自由端(此处曲轴的扭转振幅最大)安装能够减弱扭转振动的减振器。康明斯柴油机在曲轴自由端装有一个(N 系列)或两个(K 系列)硅油减振器。

2. 扭转减振器

减振器一般有橡胶减振器和硅油减振器两种。

(1)橡胶减振器。图 2-34 所示为橡胶减振器,它由惯性体 5、橡胶层 4、轮毂 2 等组成。轮毂和惯性体利用硫化处理方法黏结在橡胶皮层的两侧,轮毂用螺母固紧在曲轴前轴 3 上,随曲轴一起转动并通过橡胶层带动惯性体一起转动。当曲轴工作中发生扭转振动,惯性体由于惯性力的作用,力图保持原来的运动状态,于是在惯性体与轮毂之间产生了相对运动,使得橡胶层产生交变的剪切变形。由于橡胶材料具有很大的内阻尼,强烈的分子摩擦将消耗大量的扭转振动能量,从而达到减振的效果。

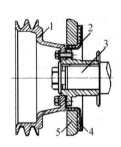

图 2-34　橡胶减振器
1—皮带盘;2—轮毂;3—曲轴前轴;4—橡胶层;5—惯性体

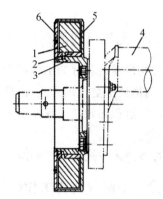

图 2-35　硅油减振器
1—惯性体;2—衬套;3—减振器壳;
4—曲轴;5—硅油;6—盖板

橡胶减振器的优点是结构简单、轻巧、工作可靠,在中小型柴油机上多有应用。缺点是减振作用不够强,橡胶内部分子摩擦生热易引起老化。

(2)硅油减振器。它利用硅油的黏性阻尼作用,迫使曲轴扭转振动的振幅减小并限制在允许范围内。

硅油减振器的构造如图 2-35 所示,主要由减振器壳、惯性体和盖板等零件组成。减振器壳 3 通过螺钉固定在曲轴前轴上,与曲轴同步转动。减振器壳内装有惯性体 1,它是一个用铸铁制成的具有很大转动惯量的大圆盘。减振器壳用盖板 6 封装,并在惯性体与减振器壳体之间的腔体内封装有高黏度的硅油 5。此外,为了减小磨损,在减振器壳内装有青铜衬套 2。

当曲轴产生扭转振动时,减振器壳体随着曲轴一起振动,而转动着的惯性体由于转动惯量较大仍然保持着均匀转动,使惯性体与减振器壳体之间产生超前或滞后的相对运动。周边间隙内硅油因此受到强烈剪切,产生滑移,摩擦生热,从而消耗了振动的能量,迫使曲轴扭转振动的振幅减小并达到减振的目的。

硅油渗透性很强,很容易产生渗漏而造成减振器失效。使用中,一旦发现减振器漏硅油或壳体碰撞变形,必须要更换新的减振器。

第3章 配气机构

配气机构是实现柴油机进、排气过程的控制机构,用来控制两个工作循环之间汽缸内气体的更换,完成进气过程和排气过程。配气机构的工作是否正常,直接影响着柴油机的动力性、经济性和可靠性。

3.1 配气机构的工作过程

3.1.1 配气机构的功用

(1)按照发动机各缸的工作顺序,定时、交替地开启和关闭进、排气门,在规定的时刻和规定的时间内把新鲜空气吸入汽缸,然后将燃烧后的废气排出缸外。

(2)压缩过程和做功过程保持进、排气门关闭,确保燃烧室可靠密封,为发动机正常工作提供必要条件。

(3)过滤进入汽缸的空气和减小进、排气噪音。

3.1.2 对配气机构工作的要求

发动机工作中,配气机构是在急剧变化的速度下工作的,由于惯性力的作用,会使运动零件承受很大的冲击力,加之每一循环发动机的进、排气过程所占时间又极为短促,热负荷作用和润滑不良都将造成零件严重磨损。因此,对配气机构有下述基本要求。

(1)提高发动机的充气效率,适时打开和关闭进气门与排气门,确保新鲜空气吸入充分、废气排出彻底。

(2)气门的密封性要好,惯性力和冲击力要小。

(3)要尽量减小配气机构的振动和噪声。

(4)工作可靠,使用寿命长,便于调整和维修。

3.1.3 配气机构的组成与工作过程

1.配气机构组成

柴油机一般采用上置式配气机构。如图3-1所示,它由气门组件和气门控制机构两部分组成。

气门组件安装在汽缸盖上,包括气门10、气门座、气门导管9、气门弹簧8、气门锁夹7和气门弹簧座6。每缸装有一个(或两个)进、排气门,气门沿压装在汽缸盖上的气门导管上下运动,由凸轮轴控制摇臂打开气门,在弹簧力的作用下关闭气门。气门尾部安装有气门弹簧上座和一对锥形锁夹,通过一根(或两根)气门弹簧支撑在汽缸盖上。

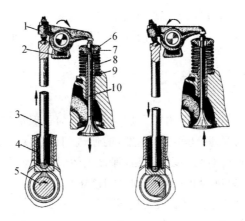

图 3-1　配气机构工作过程

1—摇臂；2—摇臂座；3—推杆；4—挺柱；5—凸轮轴；6—弹簧座；

7—锥形锁夹；8—气门弹簧；9—气门导管；10—气门

气门控制机构包括凸轮轴 5、挺柱 4、推杆 3、摇臂 1、调整螺钉等。凸轮轴的一端安装有凸轮轴传动齿轮，由曲轴主动齿轮驱动并通过挺柱将凸轮的旋转运动转变为推杆的直线运动。气门摇臂支撑在摇臂轴上，可绕轴上下摆动。摇臂的一端通过气门间隙调整螺钉与推杆接触，另一端圆弧面压在气门杆上。

2. 配气机构工作过程

发动机工作时，曲轴通过主动齿轮并以 2 比 1 的传动比驱动凸轮轴传动齿轮，使凸轮轴以比曲轴慢 1 倍的转速旋转。当凸轮轴凸轮的凸起部分向上顶动挺柱时，通过推杆使气门摇臂压下，迫使气门（进气门或排气门）克服气门弹簧的弹力向下打开，弹簧被压缩。当气门开启最大时，气体流通截面积也最大，对应的凸轮处在最大升程。

当凸轮继续转动，升程逐渐减小，在气门弹簧力的作用下气门向上运动，由趋向关闭直到最终完全关闭。至此完成了一次进气或排气过程。当气门关闭时，凸轮的基圆与挺柱接触，在气门摇臂与气门杆尾端之间存在的间隙称为气门间隙。

一般的发动机，曲轴与配气机构和燃油供给系统正确的工作配合关系，是由安装在齿轮室内各齿轮之间正确的装配位置和传动比来保证的。当发动机曲轴转动两圈，配气机构凸轮轴和柱塞式喷油泵只转动一圈，这是四冲程发动机能够正常工作的前提。

康明斯柴油机采用了 PT 燃油系统，凸轮轴上除加工有进、排气凸轮，还加工有喷油器凸轮，当曲轴转动两圈，进、排气凸轮和喷油器凸轮各工作一次，柴油机完成一个工作循环。如图 3-2 所示，康明斯柴油机配气机构的主要区别是每缸装有两进、

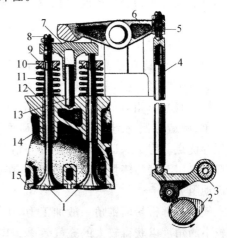

图 3-2　康明斯柴油机配气机构组成

1—气门；2—凸轮轴；3—滚轮摇臂挺柱；4—推杆；

5—气门间隙调整螺钉；6—气门摇臂；7—丁字压板；

8—丁字压板调整螺钉；9—弹簧上座；10—锥形锁夹；

11—气门弹簧；12—弹簧下座；13—丁字压板导杆；

14—气门导管；15—气门座

两排 4 个气门。摇臂的一端通过气门间隙调整螺钉 5 与推杆 4 接触,另一端圆弧面压在丁字压板 7 上。丁字压板用来控制两个同名气门同步工作,由丁字压板调整螺钉 8 进行调整。

3.2 气门组件

气门组件用来控制进气道或排气道的开启与关闭。为了保证气门与气门座接触良好和密封可靠,首先,气门弹簧要有足够的弹力和刚度,能使气门迅速关闭并压紧在气门座上;其次,气门头部与气门座采用锥面配合,角度要适当,保证关闭时气门与气门座紧密贴合;第三,气门与气门导管的同心度要好,以确保正确导向和气门落座良好。

如图 3-3 所示,气门组件由气门 5、气门导管 4、气门座 3、气门弹簧 2、弹簧座 7、锥形锁夹 1 和弹簧卡圈 6 组成。

3.2.1 气门

气门用来控制进、排气道开启或关闭。开启时要保证气体流动通畅,关闭时要保证密封可靠。

气门由气门杆和气门头部组成(见图 3-3)。气门杆为圆柱形,下端与气门头部采用大圆弧过渡,上端与摇臂工作面接触。杆端的上部加工有安装锥形锁夹的环形槽,通过一对锥形锁夹使气门与气门弹簧上座正确连接。135 系列柴油机在气门杆上加工有一道环槽,用来安装弹簧卡圈,用以防止气门断裂或锥形锁夹脱落时气门落入汽缸,造成顶缸事故。

气门头部常见的形状有平顶、凸顶和凹顶。凸顶(球形)气门具有较高的刚性,气体流动阻力较小;凹顶(喇叭形)气门重量轻,惯性力小,但刚度较差,受热面积大;相对凸顶和凹顶,平顶气门具有形状简单、制造方便、受热面积较小和研磨气门比较方便等优点。为了保证强度和刚度,气门头部设计

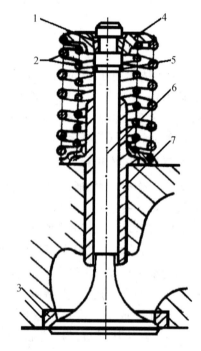

图 3-3 气门组件
1—锥形锁夹;2—气门弹簧;3—气门座;
4—气门导管;5—气门;6—卡圈;7—弹簧座

较厚。气门与气门座均采用锥面配合,在保证气门与气门座密封良好的前提下,具有较小的气体流动阻力。

气门头部密封面锥角一般加工为 30°～45°,角度小,气体流通截面积大,因此,进气门常采用较小的角度以获得较大的充气效率。135 系列柴油机进气门采用 30°,排气门采用 45°;康明斯柴油机的进、排气门均采用 30°。

一般发动机均采用两个气门,即一个进气门和一个排气门。为了改善汽缸的换气过程,总是采用较大的气门通道面积并常使进气门直径大于排气门直径,在大、中功率的柴油机上也常采用 4 个气门,即两个进气门和两个排气门,多采用相同的进、排气门直径。4 气门结构既能增大气体流通面积、提高发动机的充气效率和气门的刚度,也便于喷油器在汽缸中央布置。康

明斯柴油机采用等直径四气门结构,每个气门摇臂通过丁字压板同时控制两个同名气门工作。

3.2.2　气门座

气门座(又称气门座圈)是气门关闭落座的支承面,它与气门头部共同对汽缸实施密封,并承担气门头部的散热。气门座可以在汽缸盖上直接加工,也可以采用镶座。镶座的优点是可以采用刚度、强度更好,耐磨、耐蚀性优越的材料制做气门座,延长了使用寿命,也便于维修和更换;缺点是镶座后的传热性不如前者,对零件的加工精度和气门座的安装工艺要求较高。此外,如果配合不当,一旦气门座脱落将造成发动机损坏。为了防止座圈松脱落入汽缸造成严重损伤,气门座总是依靠足够的过盈压装到汽缸盖底面的气门座孔内。

135 系列柴油机和康明斯柴油机的进、排气门均采用镶座,也有的柴油机排气门不镶座,只在进气门镶座。这是因为排气中含有油烟,在通过排气门时可以对其进行润滑,而进气门缺少这一条件,故排气门与座的磨损比进气门与座的磨损轻微。

3.2.3　气门导管

气门导管的作用是导向和散热。发动机工作时,它引导气门上、下运动,防止运动中发生歪斜而影响气门正确落座和密封,同时把气门吸收的部分热量传递出去。

气门导管为空心圆柱形结构,以很大的过盈压装在汽缸盖上。导管内孔与气门杆配合,具有较高的装配精度和一定的配合间隙,配合间隙过大,容易使气门散热不良、运动时产生摆动冲击并造成气门座磨损不均匀等;间隙过小,会影响气门运动甚至使气门在导管内卡死。为了防止汽缸盖上飞溅的机油在气门上下运动时泵入汽缸,有的柴油机在气门导管上端装有油封或加工有锥面。

3.2.4　气门弹簧及其锁紧装置

气门弹簧的作用是当气门关闭时,使其迅速落座并保证密闭;开启时起缓冲作用,确保传动机构零件不致因过大的惯性力而出现分离。

为了使配气机构工作可靠,气门弹簧具有很大的弹力和安装预紧力,以确保有足够的刚度和弹力,防止弹簧工作中振动损坏和影响汽缸的密封性。一般发动机的每个气门常采用内、外两根旋向相反的等螺距圆柱弹簧套装在一起,以降低弹簧应力和减小弹簧高度尺寸。由于两个弹簧尺寸不同,自振频率也不同,能够有效地防止弹簧共振造成断裂;由于旋向相反,可以防止一根弹簧断裂后有可能嵌入另一个弹簧内而使另一个弹簧卡住和损坏。采用两根弹簧的另一个优点是即使其中一个弹簧断裂,另一个仍可支撑气门。

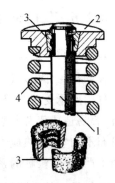

图 3-4　气门连接装置
1—气门;2—弹簧上座;
3—锥形锁夹;4—气门弹簧

气门与气门弹簧、弹簧座的连接采用如图 3-4 所示的锁紧装置,它由锥形锁夹 3 和弹簧上座 2 组成。两个钢制锥形锁夹一边一个包在气门杆的锁夹槽内,弹簧上座的内孔上大下小成锥形并套在锁夹的外面,在向上的弹簧力作用下起到可靠连接并锁紧的作用。

与 135 系列柴油机有所区别,康明斯柴油机采用单根等螺距圆柱弹簧(M11 发动机采用变螺距弹簧),气门弹簧的上、下各装有一个弹簧座,下座用铁皮冲压并起定位作用。

3.2.5　气门旋转机构

为了改善气门密封锥面的工作情况和使气门与气门座磨损比较均匀,有的柴油机采用了气门旋转机构。

如图 3-5 所示,气门旋转机构相当于气门弹簧上座,它由弹簧座 1、碟形弹簧 2、转盘 3 和钢球 5 及回位弹簧 6 组成。弹簧座沿圆周均匀加工有 6 个一边深、一边浅的斜槽,槽中放有钢球和回位弹簧。弹簧座与转盘之间装有一个碟形弹簧片,自由状态下呈碟子形。柴油机工作时,当气门在摇臂作用下开启时,气门弹簧被压缩,气门弹簧力作用于转盘迫使碟形弹簧被压平,弹力直接作用在钢球上,迫使钢球克服回位弹簧的弹力沿斜槽的斜面向下移动,其反作用力使得弹簧座、锥形锁夹和气门都沿一个方向转过一定角度。

当气门关闭时,气门弹簧放松,作用在碟形弹簧上的压力减小,碟形弹簧逐渐恢复成原状。由于压力减小,钢球在回位弹簧作用下从斜槽深处向上移动,此后,气门每打开一次,气门旋转机构就转过一个角度。当气门在旋转机构作用下缓慢旋转时,相对于气门座产生的轻微摩擦力具有自洁作用,可防止沉积物在密封锥面上形成。

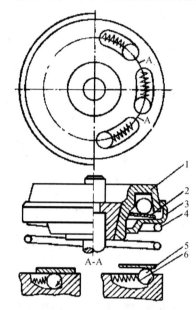

图 3-5　气门旋转机构
1—弹簧座;2—碟形弹簧;3—转盘;
4—气门弹簧;5—钢球;6—回位弹簧

3.2.6　气门组件工作条件与材料

1. 气门组件的工作条件

发动机工作中,气门频繁开启和关闭,在运动零件惯性力和气门弹簧力的共同作用下,气门与气门座承受着频繁的冲击力作用,容易造成密封锥面磨损和塌陷;气门弹簧在交变载荷作用下,容易造成疲劳断裂;气门座和气门(特别是排气门)头部处于燃烧室内,工作温度高且温度分布不均匀,在热应力作用和高温燃气的冲刷下,容易出现烧蚀、裂纹和形成积炭而使气门关闭不严,影响汽缸的密封性,降低汽缸压力。此外,气门组件的润滑条件也比较差。

2. 气门组件常用材料

为了确保配气机构在上述条件下工作可靠,根据气门组件的不同功用,所选用材料应综合考虑强度、刚度和耐热性、耐磨性、耐腐蚀性等要求。一般的发动机,进气门常用合金钢(如40Cr)制造,排气门常用耐热合金钢(如 4Cr10Si2Mo)制造。康明斯发动机的进、排气门均用优质合金钢(2Cr10Si2Mo)制造。

此外,考虑到排气门热负荷较高,有的柴油机排气门常采用头部阀面钴基堆焊或气门杆与气门头部用两种不同金属材料制造的方法。气门座一般用耐磨、耐热、耐蚀的合金铸铁或合金钢材料制造。气门导管用铸铁或自润性好的粉末冶金材料制作。气门弹簧常用 60Si2Cr 或50CrVA 弹簧钢制造。

3.3 气门控制机构

气门控制机构又称气门驱动机构,用来实现凸轮的运动规律和满足发动机的定时要求,使进、排气门在规定的时刻打开和在规定的时刻关闭。它由挺柱、推杆、摇臂、凸轮轴等零件组成。

3.3.1 挺柱

1. 挺柱的功用

挺柱的作用是将凸轮轴凸轮的回转运动变成直线运动,并将凸轮的推力通过推杆传递给摇臂,迫使气门按凸轮的轨迹开启和关闭。

2. 挺柱的构造

配气机构挺柱按其结构形式一般分为平面挺柱、滚轮挺柱和滚轮摇臂挺柱三种,如图 3-6 所示。

平面挺柱结构简单、重量轻,挺柱与凸轮系高速滑动点接触或线接触。为使挺柱工作表面磨损均匀和减小摩擦力,常将凸轮与挺柱中心线错开 1~3 mm,使挺柱在工作中既上、下运动,又能绕自身轴线缓慢转动(见 135 系列柴油机)。

滚轮挺柱和滚轮摇臂挺柱的下面装有滚轮 1,使挺柱与凸轮由滑动摩擦变为滚动摩擦。因此,具有凸轮与滚轮磨损小、维修方便、使用寿命长等优点。

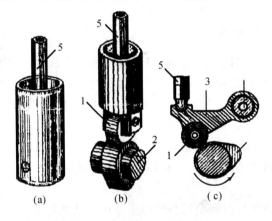

图 3-6 挺柱的几种类型

(a)平面挺柱;(b)滚轮挺柱;(c)摇臂挺柱

1—滚轮;2—凸轮轴;3—滚轮摇臂;4—滚轮摇臂轴;5—推杆

康明斯柴油机采用滚轮摇臂挺柱,其装配关系如图 3-7 所示。滚轮摇臂下端有两个耳座,滚轮 11 通过滚轮销 10 装于两耳座之间并与凸轮轴的凸轮接触,滚轮销用一个滚卷销 12 限位。摇臂上端有一球形凹坑,里面装有一个球形垫块 13,用来支承推杆下端的球头,由于采用球面配合,可减小摩擦阻力和提高推杆运动的适应性。滚轮摇臂轴 2 上有油道,通过盖板 1 与机体上机油油道相通,用来润滑滚轮摇臂轴、滚轮销和球形垫块。盖板用螺钉固定在机体上,盖板与机体之间装有数张调整垫片 6,用来调整 N 系列发动机的喷油正时。滚轮摇臂轴 2

支撑在盖板上,轴上套有进、排气门滚轮摇臂和喷油器滚轮摇臂,轴的两端用堵塞 3 密封。每个气门滚轮摇臂 4,经一个推杆 7 和一个丁字压板同时控制两个同名气门。喷油器滚轮摇臂 5,通过喷油器推杆 8 控制该缸的喷油器柱塞工作。

3.3.2　推杆

推杆的作用是将滚轮摇臂挺柱的推力直接传递给气门摇臂和喷油器摇臂。

推杆均为细长杆,两头均做成球面接触并经淬火磨光,以提高零件的耐磨性。推杆上端圆弧面凹坑,与安装在摇臂上的调整螺钉的球头接触,用来调整柴油机的气门间隙。推杆下端球头坐落在挺柱球形凹坑内。

康明斯发动机每缸除了有一根进气和排气推杆外,还有一根喷油器推杆(见图 3-7),用来驱动喷油器摇臂工作。N 系列发动

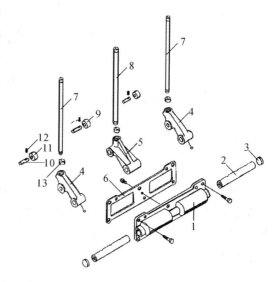

图 3-7　N 系列发动机滚轮摇臂挺柱和推杆
1—盖板;2—滚轮摇臂轴;3—堵塞;4—气门滚轮摇臂;
5—喷油器滚轮摇臂;6—调整垫片;7—气门推杆;
8—喷油器推杆;9—喷油器滚轮;10—滚轮销;11—滚轮;
12—滚卷销;13—球形垫块

机气门推杆细长,喷油器推杆略粗短;KTA19 机型气门推杆为空心且杆径较粗,喷油器推杆实心较细。

3.3.3　摇臂和丁字压板

如图 3-8 所示,摇臂起杠杆作用。它将推杆传来的力改变方向和大小,传至气门杆尾端,用以开启气门。摇臂的两个臂是不等长的,长臂端用来开启气门,长、短臂比值约为 1.2 : 1.8~1.6,依机型不同而别(135 系列柴油机的长、短臂分别为 58.6 mm 和 39.6 mm)。采用不等长摇臂,在具有相同气门升程的条件下,能够有效减小凸轮轮廓尺寸和降低推杆与挺柱的运动距离。

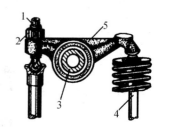

图 3-8　摇臂
1—调整螺钉;2—锁紧螺母;
3—衬套;4—气门;5—摇臂

短臂端有螺纹孔,内装气门间隙调整螺钉 1 并用锁紧螺母 2 锁紧,螺钉的球头与推杆顶端的凹窝接触。摇臂孔内压装有青铜衬套 3,与摇臂轴采用间隙配合,摇臂通过摇臂轴支承在摇臂座上。为了防止工作中摇臂从摇臂轴上脱出,轴的两端装有卡簧限位。

摇臂、摇臂轴和衬套上均加工有油孔,来自汽缸盖油道的机油经这些油孔润滑摇臂,然后经推杆孔流向挺柱和凸轮进行润滑,最后流回油底壳。

区别于一般发动机,康明斯发动机既有气门摇臂也有喷油器摇臂。它将推杆传来的力同时改变方向和大小,分别作用在丁字压板和喷油器上,从而驱动气门和喷油器工作。

如图 3-9 所示,N 系列发动机的进气门摇臂 7、排气门摇臂 5 和喷油器摇臂 6 均装有摇臂衬套 9,摇臂衬套在中空的摇臂轴 12 上,摇臂轴支撑在摇臂室孔内。为了防止机油泄漏,摇臂

轴的两端装有 O 型密封圈 11 和堵塞 10。气门摇臂的一端加工成圆弧面,与丁字压板接触;喷油器摇臂的一端加工成球形凹面,内装球形座并与喷油器柱塞顶杆接触;摇臂的另一端均装有调整螺钉和锁紧螺母,用来调整气门间隙和喷油器柱塞落座压力。

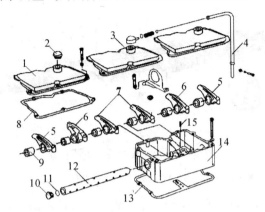

图 3-9 N 系列发动机摇臂室总成

1—摇臂室盖;2—加油口盖;3—通风器;4—通风管;5—排气摇臂;6—喷油器摇臂;
7—进气摇臂;8—摇臂室盖垫片;9—衬套;10—堵塞;11—O 型密封圈;12—摇臂轴;
13—摇臂室垫片;14—摇臂室;15—定位螺钉

N 系列发动机每个汽缸盖只有一个进气道,因此摇臂按"排—喷—进—进—喷—排"的顺序排列,两个相邻的进气门共用了一个进气道。摇臂轴为空心,径向加工有油孔。发动机工作时,来自机体主油道的机油经汽缸盖油道进入摇臂轴润滑衬套和摇臂。

KTA19 机型每个缸有单独的摇臂室总成。摇臂室盖用螺钉固定在摇臂室上,其间装有密封垫片。此外,摇臂室内铸水道与汽缸盖水道相通,相邻两个摇臂室之间用一段出水管跨接,出水管两端装有 O 型密封圈。从而构成柴油机出水管部件,并与发动机节温器连通。

丁字压板(见图 3-10)仅用于康明斯柴油机上。其功用是借助一个摇臂同时操纵两个同名气门同步工作。在图 3-2 中,丁字压板 7 套在导杆 13 上,导杆压装在汽缸盖导杆孔中。导杆的作用是为丁字压板上、下运动提供导向并使其工作平稳。丁字压板的一端装有调整螺钉和锁紧螺母,用来微调丁字压板的水平度,确保一对同名气门动作同步。

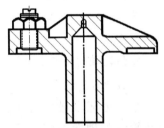

图 3-10 丁字压板

3.3.4 凸轮轴

1.凸轮轴的功用

凸轮轴是配气机构的主要驱动零件。其作用是通过发动机的传动机构,在曲轴的驱动下按照一定的时间和运动规律,准确地控制进、排气门(康明斯柴油机还包括喷油器)工作。

2.凸轮轴的构造

凸轮轴一般采用整体式、全支撑结构,如图 3-11 所示。每缸对应一个进气凸轮 4 和排气凸轮 3。凸轮轴通过轴颈 1 支撑在机体凸轮轴孔内,孔内压装有衬套 2,衬套一般用铁基粉末冶金或铸铁材料制造。12V135 柴油机左、右两列汽缸各有一根凸轮轴,分别由左、右凸轮轴传动齿轮驱动。

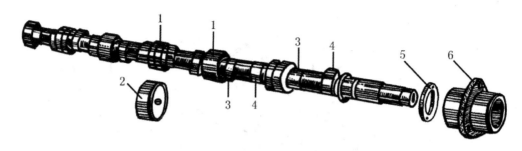

图 3-11　135 系列柴油机凸轮轴

1—轴颈;2—衬套;3—排气凸轮;4—进气凸轮;5—隔圈;6—推力轴承

康明斯柴油机凸轮轴上每缸有一个进、排气凸轮和喷油器凸轮,进、排气门凸轮采用桃形凸轮,喷油器凸轮则采用分段圆弧凸轮。凸轮的轮廓形状决定了气门和喷油器的升程,以及气门开启、关闭过程的运动规律和喷油器柱塞的运动规律。凸轮轴上加工有 7 道轴颈支撑在机体凸轮轴孔的衬套内,安装时应确保衬套上的油孔与机体油道对准。凸轮轴前端用一个正时键安装有凸轮轴传动齿轮,通过更换不同的正时键可以调整发动机的喷油正时。凸轮轴后端轴承孔压装有一个碗形塞(堵塞),用以防止机油泄露。

3. 凸轮轴的润滑

凸轮轴的润滑,135 系列柴油机上是由机体主油道通过推力轴承 6(见图 3-11)上的油孔压入凸轮轴,再从每档轴颈上的油孔流出进行润滑。其中,凸轮轴上偶数轴颈的表面加工有环形油槽,并与机体向上的油道相通,机油由此经机体、汽缸盖流向摇臂轴润滑摇臂组件。康明斯柴油机凸轮轴衬套上加工有油孔与机体油道相通,在润滑轴颈的同时通过另一个油孔向上与汽缸盖油道相通,由此向气门摇臂室提供润滑油。

4. 凸轮轴的轴向定位

类似曲轴的轴向定位,凸轮轴传动齿轮工作中也会产生轴向推力,从而引起凸轮轴沿轴向窜动。为此,凸轮轴均设有止推轴承(也叫止推片或止推环),用来承受轴向推力,同时用来调整凸轮轴的轴向间隙。135 系列柴油机在第一档轴颈处装有推力轴承 6 和隔圈 5(见图 3-11)。推力轴承上装有两个定位销,用来防止隔圈转动。隔圈一面加工有油槽,安装时应向着凸轮轴推力面。

康明斯柴油机在凸轮轴前端设有止推片(或止推板),推力轴承盖用螺钉固定在齿轮室盖板上,其间装有数张金属垫片,用来调整凸轮轴轴向间隙。KTA19 机型凸轮轴止推板用两个螺钉固定在机体前端,更换不同厚度的止推板可调整凸轮轴轴向间隙。

3.3.5　气门控制机构的工作条件和选材

气门控制机构是在曲轴主动齿轮的驱动下工作的,由于传动链长、零件多、旋转和往复运动频繁、运动规律特殊、零件的接触应力大,以及润滑条件相对较差等原因,会造成零件磨损和疲劳损坏,导致摩擦副配合间隙增大,从而影响发动机的正时和正常工作。

其中,挺柱与凸轮的接触应力最大,故常用低碳钢或铸铁制造,工作表面经热处理提高硬度后精磨。滚轮一般用优质合金钢制造并经热处理提高强度和硬度,滚轮摇臂球面凹坑内的球形垫块常用耐磨性更好的材料制造。

细长的推杆是配气机构乃至发动机中刚性最薄弱的零件,为了减少推杆运动时的惯性力和减轻质量,一般用无缝钢管或钢材冷加工制作,两端冷镦成形。

发动机工作时,摇臂的圆弧工作面既有滚动又有滑动,使配合表面产生磨损。此外,摇臂工作中还承受着较大的弯曲应力,为此,摇臂常用优质碳钢模锻,以获得较高的强度和刚度。摇臂横断面一般设计成等强度的“工”字形或“丁”字形,工作表面淬火后磨光,以提高接触表面的耐磨性和硬度。摇臂室一般用铝或铸铁制造。

凸轮表面与挺柱直接接触,由于摇臂的运动是间歇性的,使凸轮表面受到周期性冲击力而产生很大的接触应力。因此,不仅要求凸轮表面硬度高、耐磨性好,还要求凸轮轴有足够的韧性和刚度,以承受冲击载荷和减少工作中出现的变形。凸轮轴一般用优质碳钢模锻或采用球墨铸铁铸造,轴颈和凸轮表面高频淬火处理,然后精密磨光。为了提高耐磨性,有的凸轮轴对轴颈和凸轮表面进行渗碳处理。

3.4　齿轮传动机构和进排气系统

3.4.1　齿轮传动机构

1.齿轮传动机构的功用和传动特点

齿轮传动机构由曲轴主动齿轮、惰齿轮和传动齿轮等组成。其功用是将曲轴的旋转运动通过这些齿轮传动,确保配气机构、燃油供给系统、润滑和冷却系统正常工作,同时保证配气机构气门的运动和燃油供给系统柱塞的工作与发动机工作过程有准确的正时关系,它由正时齿轮之间严格的相对位置和准确的传动比保证,并通过正确装配来实现。

在四冲程发动机上,曲轴主动齿轮与凸轮轴传动齿轮、喷油泵传动齿轮的传动比均为2∶1,因此,曲轴主动齿轮的齿数只有凸轮轴传动齿轮和喷油泵传动齿轮齿数的一半。在齿轮传动机构中,之所以增加中间传动齿轮,一方面是为了减小齿轮的尺寸,另一方面是从曲轴、凸轮轴、喷油泵等总成的安装位置考虑的。中间传动齿轮只改变齿轮的旋转方向而不改变传动比,其中凡有安装标记的均称为“正时齿轮”,以确保正确的配气相位和供油正时。

2.齿轮传动机构的组成

(1)12V135 柴油机齿轮传动机构。它由曲轴主齿轮、喷油泵传动齿轮、正时齿轮、左(右)凸轮轴传动齿轮、水泵传动齿轮和机油泵传动齿轮组成,如图 3 - 12 所示。

当柴油机工作时,安装在曲轴前端的曲轴主齿轮,通过正时齿轮驱动喷油泵齿轮和右凸轮轴齿轮,再通过机油泵传动齿轮和正时齿轮分别驱动机油泵齿轮和左凸轮轴齿轮。水泵传动齿轮与右凸轮轴传动齿轮同轴安装,用来驱动水泵齿轮。

安装齿轮时,必须要将正时标记同时对准。其中,正时齿轮上的标记“1”与喷油泵齿轮上的标记“1”啮合,标记“2”和“2”与右凸轮轴齿轮上的标记“2”啮合,标记“0”和“0”与曲轴主齿轮上的标记“0”啮合;另一个正时齿轮上的标记“5”与左凸轮轴齿轮上的标记“5”和“5”啮合,标记

"4"与机油泵传动齿轮上的"4"和"4"啮合;曲轴主齿轮上的标记"3"与机油泵传动齿轮上的标记"3"和"3"啮合。由于水泵、机油泵的齿轮传动不存在正时关系,故这些齿轮无需标记。

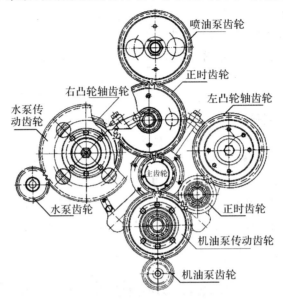

图 3-12   12V135 柴油机齿轮传动机构

(2)康明斯 N 系列发动机齿轮传动机构。如图 3-13 所示,N 系列发动机齿轮传动机构由安装在齿轮室内的曲轴主齿轮 1(齿数 $z=36$)、凸轮轴传动齿轮 2(齿数 $z=72$)、燃油泵传动齿轮 3(齿数 $z=36$)和机油泵传动齿轮 4 组成。

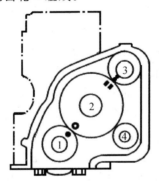

图 3-13   N 系列发动机齿轮机构

1—曲轴主齿轮;2—凸轮轴传动齿轮;3—燃油泵传动齿轮;4—机油泵传动齿轮

凸轮轴传动齿轮又称正时齿轮,它与曲轴主齿轮和燃油泵传动齿轮之间有着严格的装配关系。安装时要使凸轮轴传动齿轮齿面上的"圆圈"标记和两道"横线"标记分别与曲轴主齿轮上的圆点标记和燃油泵传动齿轮上的两个圆点标记对准。由于康明斯发动机的喷油器是由凸轮轴直接驱动的,PT 燃油泵仅仅是一个低压油泵,并不影响喷油正时,但是发动机 1,6 缸的上止点标记以及 1 和 6 缸、3 和 4 缸、2 和 5 缸的调整标记制作在与燃油泵传动齿轮同轴的附件驱动装置皮带轮上,因此,齿轮 2 和齿轮 3 也存在确定的正时关系,且曲轴与燃油泵传动轴(即附件驱动装置驱动轴)保持同步旋转。

曲轴、燃油泵和机油泵的旋转方向从齿轮室看均为顺时针,而凸轮轴传动齿轮的旋转方向为逆时针。曲轴主齿轮与凸轮轴传动齿轮的传动比为 2 : 1。

(3)康明斯 KTA19 机型齿轮传动机构。如图 3-14 所示,该机构由安装在齿轮室内的曲轴主齿轮 1(齿数 $z=42$)、正时齿轮 2(齿数 $z=59$)、凸轮轴传动齿轮 3(齿数 $z=84$)、燃油泵传动齿轮 4(齿数 $z=42$)、惰齿轮 5、机油泵传动齿轮 6 和水泵传动齿轮 7 组成。

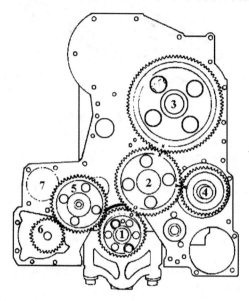

图 3-14　KTA19 机型齿轮传动系统

1—曲轴主齿轮;2—正时齿轮;3—凸轮轴传动齿轮;4—燃油泵传动齿轮;

5—惰齿轮;6—机油泵传动齿轮;7—水泵传动齿轮

正时齿轮 2 与曲轴主齿轮、凸轮轴传动齿轮和燃油泵传动齿轮之间有着严格的装配关系。安装时必须确保正时齿轮 2 齿面上的 O 标记、“X”标记和“A”标记,分别与曲轴主齿轮上的 O 标记、凸轮轴传动齿轮上的“X”标记和燃油泵传动齿轮上的“A”标记同时对准。与 N 系列一样,发动机上止点标记及调整标记也制作在附件驱动装置皮带轮或圆盘上。

正时齿轮 2 和惰齿轮 5 空套在惰轮轴上,齿轮内孔压装有一个表面加工有油槽的铜衬套。齿轮两侧各装有一个止推轴承(止推片),安装时止推片上有油槽一面应向着齿轮。惰轮轴穿过齿轮室钢板用螺钉固定在机体前端,与机体连接处有润滑油道相通,可润滑惰轮轴和衬套。发动机工作时,曲轴、凸轮轴与燃油泵的旋转方向从齿轮室看均为顺时针。曲轴主齿轮与凸轮轴传动齿轮传动比为 2 : 1。

KTA19 机型当采用热交换器散热方式时,有的发动机的凸轮轴传动齿轮同轴还固装有一个内圆齿轮,与海水泵传动齿轮采用行星齿轮传动。内圆齿轮的齿数为 64,海水泵传动齿轮的齿数为 32。此时,海水泵总成用螺钉固定在齿轮室盖板上。

(4)康明斯 KTA19 机型手动盘车机构介绍。在实施柴油机调整和存放期较长的柴油机启动前,都需要进行人工盘车。为此,康明斯 KTA19 机型设计安装了手动盘车机构,如图 3-15 所示。盘车轴 1 安装在齿轮室盖板内,挡圈 2 用来限制其脱出。盘车轴上加工有花键,其上套有涡轮 4。轴的左端开有缺槽,安装时,将缺槽嵌入盘车导套 6 的圆柱销 7 上。O 型密封圈 3 起密封作用,用来防止齿轮室内飞溅的机油沿轴外泄。盘车轴衬套 9 压装在齿轮室盖板的孔内,与导套之间装有推力垫圈 8。手动盘车,是通过涡轮 4 与柴油机凸轮轴齿轮啮合传动实现的。

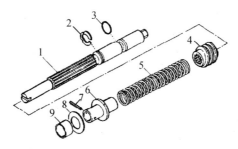

图 3-15　KTA19 机型手动盘车机构

1—盘车轴;2—挡圈;3—O 型密封圈;4—涡轮;5—弹簧;

6—盘车轴导套;7—圆柱销;8—推力垫圈;9—盘车轴衬套

拆卸盘车机构时,先要拆下齿轮室盖板,取下挡圈 2,然后向外拉出盘车轴,同时取出弹簧 5 和涡轮 4,最后拆下盘车轴导套总成。盘车机构的安装应严格遵循以下步骤。

(1)插入盘车轴,将盘车轴开槽的一端套在盘车轴导套总成的圆柱销 7 上,轻击使盘车轴导套总成就位;

(2)拆出盘车轴,在轴上装入 O 型密封圈 3。将盘车轴插入孔内,依次套上涡轮、弹簧;

(3)继续将轴插入,待露出挡圈槽后装好挡圈 2;

(4)最后装好齿轮室盖板。整个盘车机构安装在齿轮室盖板的上部,如图 3-16 所示。

使用盘车机构时应注意:啮合时,在盘车轴伸出端套上摇把时,逆时针方向转动盘车轴并缓慢将轴推入,当轴的台肩与前盖平齐时,轴就处于正确位置。为使涡轮与凸轮轴齿轮完全啮合,需将轴多转几圈,但不得用力迫使其啮合。转动摇把大约需要 68 N·m 的力矩。退出啮合时,将轴顺时针转动,直至涡轮从凸轮轴齿轮上脱开。值得指出的是,不得用一般的扳手转动盘车机构。当盘车机构不易啮合时,不得逆时针方向转动柴油机。

图 3-16　手动盘车机构安装位置

3.齿轮传动机构的工作条件与材料

发动机工作时,由于存在齿间隙,齿轮传动会产生较大的冲击载荷和噪音。轮齿在进入啮合和退出啮合时,齿面之间高速滑移不仅会产生高温,也会产生较大接触应力而使齿面损伤。因此,齿轮所用材料必须要有足够的强度和良好的耐磨性,为此常采用优质合金钢(如 42CrMo)和优质铸铁或球墨铸铁材料制造。

发动机齿轮设计成圆柱斜齿轮传动的形式,与直齿圆柱齿轮相比,可使轮齿啮合平顺、传动平稳和减小噪音。斜齿轮工作中,除产生圆周力和径向力,还产生轴向力,引起传动轴轴向窜动。为此,发动机曲轴和凸轮轴均采用了相应的轴向定位装置,需要安装止推轴承以保证发动机正常工作。

3.4.2　发动机进排气系统

发动机进排气系统,依据发动机进气方式不同分为自然吸气式和涡轮增压式两种。前者由空气滤清器、进气管和汽缸盖内的进气道组成,发动机工作时,空气依靠活塞下行时汽缸内产生的真空吸力,将外界空气从空气滤清器吸入汽缸;后者利用发动机工作时的排气能量驱动涡轮增压器工作,将外界空气从空气滤清器吸入压气机,提高进气压力后再进入汽缸或再通过中间冷却器冷却后进入汽缸。涡轮增压可显著地提高发动机的动力性和经济性。

1. 空气滤清器

(1)空气滤清器的功用。发动机进气过程中空气的灰尘含量越多,造成的磨料磨损也越严重。磨损试验表明,小于 1 μm(0.001 mm)的尘埃对发动机磨损影响较小,最终能通过排气排出缸外,而 1~10 μm 的尘粒却能加速汽缸内活塞环、缸套、活塞、气门和轴承的磨损。空气滤清器的作用就是清除空气中的灰尘和杂质,将清洁空气送入汽缸,以减少汽缸、活塞组件和气门组件以及增压器叶轮的磨损,延长发动机的使用寿命。

(2)滤清原理。空气滤清器的滤清作用主要依靠固体杂质和空气分子的大小与重量不同,利用阻隔、惯性、吸附等方法降低进气含尘量。对空气滤清器的基本要求是:具有良好的滤清能力;空气的流动阻力要小;能连续、长期工作;使用和维护简单、方便。常用的几种滤清机理有如下几种。

1)惯性滤清的机理是利用灰尘和杂质的密度比空气大,通过引导气流急剧旋转或拐弯而起到离心分离和净化的作用。

2)油浴式滤清的机理是使进气掠过滤清器油盘油液面时,在空气流动惯性力作用下使空气中的杂质被机油黏附而被过滤。常见的惯性油浴式空气滤清器,就是利用惯性滤清和油浴滤清原理制作的。

3)阻挡式滤清的机理是引导气流通过固体滤芯(如微孔滤纸、金属丝等),使直径大于滤芯微孔直径的灰尘和杂质被阻挡而得到过滤。固体滤芯的进气阻力较大,在灰尘较多环境下工作时需要经常保养。

实际的滤清器常常是上述不同滤清方式的组合,以得到尽可能好的滤清效果。

(3)常见空气滤清器的结构。

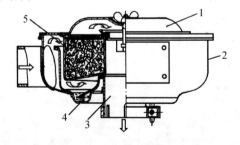

图 3-17　惯性油浴式空气滤清器

1—盖;2—滤清器壳体;3—中间出气管;4—机油;5—金属绒滤芯

1)惯性油浴式空气滤清器。如图 3-17 所示,滤清器壳体由薄钢板冲压而成,内装金属丝作为滤芯。壳体底部装有一定数量的机油,正常机油平面应在上、下两道刻线之间。发动机工作时,空气沿箭头方向从进气口吸入,并沿滤芯体外围向下流动,再沿箭头方向急速向上穿过滤芯并进入中间出气管,然后向下经过进气管道和开启的进气门流入汽缸。当高速流动的空气向下,再向上经过壳体底部机油平面时,由于惯性作用,空气中密度比较大的杂质被甩进机油或被油平面黏附。为了防止细小微粒被空气带进汽缸,油池上面的金属绒滤芯再次起到阻隔过滤的作用,使得进入汽缸的空气得到了过滤和净化。惯性油浴式空气滤清器使用寿命长,清洁和维护都比较方便。根据空气中所含灰尘、杂质的程度不同,滤芯宜在工作 50～100 h(室内可每隔 150～200 h)后清洗一次。

2)纸质空气滤清器。图 3-18 所示为纸质空气滤清器,圆柱状纸质滤芯总成安装在滤清器壳体内,其间装有密封垫。滤芯上下两端密封,里层衬有金属孔罩,起到加强和支撑的作用。中心螺栓固定在壳体上部,起固定滤芯和底盖的作用。纸质滤芯用经过树脂处理过的优质滤纸制作并加工成波褶状,旨在获得最大的过滤面积,其滤清效率可以达到 99.5% 甚至 99.9% 以上。

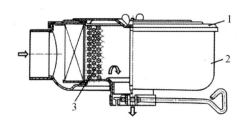

图 3-18 纸质空气滤清器

1—盖;2—滤清器壳体;3—纸质滤芯

发动机工作时,空气沿箭头方向进入壳体内,由于滤芯上下两端密封,空气穿过纸质滤芯和金属孔罩进入滤芯内部空腔,过滤后的空气再沿箭头向下进入进气管。

纸质滤芯具有流通阻力小、重量轻、造价低、更换和保养方便等优点,故在发动机上得到了广泛的应用。

(4)空气滤清器的维护。滤清器使用一段时间后,滤芯会变脏,进气阻力随之增大。当进气阻力增大后,由于进气不足而影响发动机的燃烧过程,使发动机功率下降、油耗增大、排气冒黑烟。因此,必须要定期进行维护和保养。

惯性油浴式空气滤清器清洗时,首先卸下滤清器总成,松开蝶形螺母取下滤清器盖,然后取出滤芯在洁净的油中进行清洗。当清洗完滤芯、滤清器壳体和盖后,再用压缩空气吹净并检查橡胶密封圈是否损坏。最后按规定添加清洁的机油,油平面不得超过机油盘的刻度线,以免发动机工作时多余机油随空气一同进入汽缸内燃烧。

纸质滤芯维护时,禁止用油和水清洗滤芯或用钢丝刷、硬质纤维刷等清洁滤芯表面的灰尘。允许用压力不大于 0.5 MPa 的压缩空气沿滤芯斜角方向吹除,或用木棍轻轻敲击震动滤芯的两个端面使灰尘振落。当发现纸质滤芯破损,或维护后的滤清器仍存在进气阻力过大,滤芯工作时间长、清洁的次数过多时,均应更换新的滤芯。密封垫一旦破损或变形,应及时更换。

在康明斯柴油机上,空气滤清器的阻塞状况可用图 3-19 所示空气阻力指示器来指示。指示器装在空气滤清器与增压器之间的空气管路上,使用者只需观察指示器窗口的颜色即可进行判断。正

图 3-19 空气阻力指示器

常情况下为绿色,一旦变为红色即表示进气阻力超过限定值。此时,应对滤清器进行保养。维护工作完成后应按下指示器端头的橡皮塞复位,使指示显示绿色。

2. 进、排气(道)管

(1)进、排气道。柴油机的进、排气道均铸造在汽缸盖内。每缸一般有一个单独的排气道和一个单独的进气道,也可以相邻两缸共用一个进气道以简化汽缸盖构造,如康明斯 N 系列发动机相邻两缸就共用一个进气道。进、排气道分布在汽缸盖的两侧,避免发动机工作时排气对进气加热。

(2)进、排气管。如图 3-20 所示,进、排气管分别与进、排气道相连。在非增压柴油机上进气管的作用,是将空气滤清器与进气道相连以构成进气系统;在增压柴油机上则将增压器与进气道相连,如果发动机同时采用空气中间冷却,中冷器可以单独制造和连接,也可以兼作进气管(如康明斯柴油机),而增压器压气机的出口与中冷器则采用跨接式进气管。

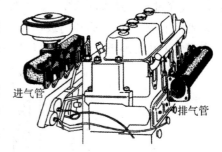

图 3-20 135 型柴油机进、排气管

排气管的作用是排出发动机工作中汽缸内的废气,在非增压柴油机上,直接排至大气或经过消声器消声后再排至大气;在增压柴油机上,使排气先进入增压器涡轮,做功后再排至大气。

图 3-21 所示为 N 系列发动机排气管部件,它由前、中、后三段组合成一体,每段排气管有两个排气口与同一个汽缸盖上的两个排气道相连,其间装有垫片。在增压柴油机上,为了防止排气中相邻缸彼此发生排气干扰,必须采取排气管分支。其中 1,2,3 缸为一支,4,5,6 缸为另一支,中段排气管在 3 与 4 缸之间隔断。中段排气管上的两个出口接至增压器涡轮机的进气口。

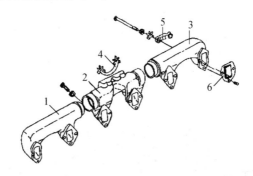

图 3-21 N 系列发动机排气管(干式)

1—前排气管;2—中排气管;3—后排气管;4—锁紧垫片;5—压板;6—排气管垫片

当发动机安装空间狭窄时(如船用发动机),为了避免工作中灼热的排气管烫伤操作人员,常采用湿式排气管。排气管制造成夹层结构,发动机工作时,冷却水经旁通水管进入排气管夹层,冷却排气管后再流出,从而降低了排气管表面温度。普通发动机则采用干式排气管,干式排气管应裹缠隔热材料(如石棉),减少散发至操作间的热量和避免操作手被烫伤。

进、排气管除要求内表面光滑外,安装中还要求尽量减少使用弯头、细径管或超长管,以减小气体流动过程中的沿程阻力和局部阻力,确保发动机的使用性能。由于发动机安装的柔性和热膨胀，排气管路与发动机之间会产生相对移动，为此应采取必要的防护措施。

进气管一般用铝合金或铸铁铸造，或用薄钢板冲压成型；排气管一般用铸铁或球墨铸铁制造。与汽缸盖连接所用的垫片，进、排气管一般使用不同的材料，装配时应注意。

3. 排气消声器简介

排气消声器的功用是减小排气噪声并消除排气中夹杂的火星。它是基于消耗废气流动的能量并减弱排出废气流的压力波来实现的，一般采用多次改变气流方向，或重复地使气流通过收缩和扩大相结合的流动断面，以及将气流分割为很多小的支流并沿不平滑的平面流动的方法实现的。

如图3-22所示，从排气管排出的废气，经废气进口5进入引管4，引管壁上加工有很多小孔，废气穿过小孔进入膨胀室3。膨胀室为一直径较大的圆管，废气进入膨胀室后，体积增大，压力趋向平衡，使气流的压力波动和温度有所降低，从而使噪声减弱、火星消失，最后废气穿过带有很多小孔的隔板2从废气出口排至外界。

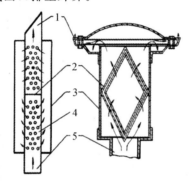

图3-22　排气消声器

1—废气出口；2—隔板；3—膨胀室；4—引管；5—废气进口

康明斯发动机常采用两种不同的消声器，即工业用排气消声器和民用排气消声器。前者可使噪声减小15～20 dB(A)，后者可降低20～30 dB(A)。

第4章 燃油供给系统

4.1 柴油

石油产品具有热值高、灰分少和运输保管方便等优点。天然石油经过提炼可以得到燃料油和润滑油,其方法是将石油经过蒸馏(加热、蒸发、冷凝)或裂化(利用高温使重油一类大分子烃受热分解为汽油、柴油一类小分子烃),依次可提取汽油(45～205 ℃温度范围)、煤油(150～250 ℃)、轻柴油(200～300 ℃)、重柴油(250～350 ℃)和润滑油。柴油挥发性较差但自燃温度比汽油低,是一种复杂的碳氢化合物,主要成分包含碳(87%)、氢(12.6%)和氧(0.4%),其中,氮、硫杂质含量很少。

4.1.1 柴油的主要性能

柴油的性能对柴油机的功率、燃油消耗、启动、运转可靠性以及使用寿命都有很大影响。柴油主要有以下性能。

(1)黏度。黏度是柴油重要的物理性能之一,常用来评价柴油的雾化性、过滤性及在油道中的流动性。黏度过高,柴油经喷油器喷孔喷出时不易雾化,影响可燃混合气的形成与燃烧,导致发动机工作中产生黑烟、油耗增大和功率下降;黏度过低,柴油易从燃油供给系统精密偶件的间隙漏出,不仅影响供油量,同时造成精密偶件的磨损,缩短其使用寿命。在我国,黏度多用运动黏度表示,它是将一定体积的柴油流过毛细管黏度计,测出所需的时间,再乘以黏度计常数即为运动黏度,单位为 mm^2/s(或厘泊)。黏度随温度变化,温度越低黏度越大。

(2)凝点。凝点用来评价柴油的低温流动性。当温度降低时,柴油并不立即凝固,而要经过一个稠化阶段,并在相当宽的温度范围内逐渐凝固,故柴油的凝点只是其丧失流动性时近似的最高温度。我国以凝点划分牌号,并作为选用柴油的主要依据。用深度脱蜡(如溶剂脱蜡)方法可生产低凝点柴油。当柴油接近凝点时,流动性变差,不但喷雾恶化,而且供油也困难,将影响发动机正常工作。

(3)馏程。馏程用来评价柴油的蒸发性。馏程是一个温度范围,对应了燃料加热时蒸发出的体积百分数。馏程对汽缸内可燃混合气的形成与燃烧影响较大,馏程高则蒸发性差,燃烧不良;馏程低则蒸发性好,发动机易启动,但自燃温度相应升高,易使发动机工作粗暴。

(4)十六烷值。十六烷值用来评定柴油的自燃性能,十六烷值越高,自燃性能越好,着火容易。但过高的十六烷值易使喷入燃烧室的柴油来不及与空气充分混合就着火,使燃料不能得到及时完全的燃烧,造成排气冒黑烟,油耗增大;十六烷值过低,柴油机工作粗暴,启动也比较困难。十六烷值一般在40～60之间。

柴油机是压燃式发动机,燃料的自燃温度较汽油低。十六烷值的高低是用两种自燃温度极不相同的碳氢化合物作为标准燃料:一为 α—甲基萘(α—$C_{11}H_{10}$),自燃温度很高,燃烧特性极差,定其十六烷值为0;另一为正十六烷值($C_{16}H_{34}$),具有很低的自燃温度和良好的燃烧特性,定其十六烷值为100。将二者按比例(体积分数)配合,可获得一系列不同十六烷值的标准燃料。实验在一单缸四冲程可变压缩比柴油机上进行,按一定的规范调试该柴油机,若被测柴油和某一标准燃料在同一条件下同期闪火,燃烧特性相同,则标准燃料所含十六烷体积的百分数即代表所测柴油的十六烷值。

此外,还常用闪点、残余碳、灰分、铜片腐蚀、水分和沉积物指标等评价柴油的性能。

4.1.2 柴油的牌号与选用

我国自1999年以来,陆续发布了GB17930－1999《车用无铅汽油》、GB252－2000《轻柴油》及GB/T19147－2003《车用柴油》三项国家标准(由石油化工科学研究院负责起草),并称车用燃油三大标准。其中,前两个标准为强制性标准,后一项为推荐性标准。GB17930－1999规定了90,93,95三个以辛烷值命名的汽油牌号,牌号越高,汽油的抗爆性能越好。GB252－2000和GB/T19147－2003所规定的轻柴油牌号均以凝点划分,共有10,5,0,－10,－20,－35和－50七个柴油牌号。其中,0号柴油表示柴油的凝点不高于0℃;－10号柴油表示凝点不高于－10℃;10号柴油表示凝点不高于10℃。

柴油的选用应依据当地气温。夏季宜选用牌号小的,如0号、10号柴油;冬季宜选用凝点较低的柴油,如－10号、－20号等;高寒区应使用添加有降凝剂的低凝点柴油。例如,在西安地区,寒冷季节用－10号,其余时间用0号柴油。GB252－2000规定的轻柴油主要技术指标及其试验方法见表4－1。

表4－1 GB252－2000规定的轻柴油主要技术指标

项目	技术指标							试验方法
	10号	5号	0号	－10号	－20号	－35号	－50号	
色度号	≤3.5							GB/T6540
氧化安定性,总不溶物(mg/100 mL)	≤2.5(未规定)							SH/T0175
硫含量,%(m/m)	≤0.2(1.0)							GB/T380
酸度(mgKOH/100 mL)	≤7							GB/T258
10%蒸余物残炭,%(m/m)	≤0.3							GB/T268
灰分,%(m/m)	≤0.01(0.02)							GB/T508
铜片腐蚀(50℃,3 h)	≤1							GB/5096
水分,%(v/v)	痕迹							GB/T260
机械杂质	无							GB/T511
运动黏度(20℃),(mm²/s)	3.0～8.0				2.5～8.0	1.8～7.0		GB/T265
凝点最大值(℃)	10	5	0	－10	－20	－35	－50	GB/T510
冷滤点最大值(℃)	12	8	4	－5	－14	－29	－44	SH/T0248
闪点(闭口)(℃)	≥55				≥45			GB/T261

项　　目	技术指标							试验方法
	10 号	5 号	0 号	－10 号	－20 号	－35 号	－50 号	
十六烷值	≤45							GB/T386
馏程 50％回收温度（ ℃） 90％回收温度（ ℃） 95％回收温度（ ℃）	≤300 ≤355 ≤365							GB/T6536
密度(20 ℃),(kg/m³)	实测							GB/T1884 GB/T1885

注:表中括号内数值为 GB252－1994 旧的国家标准中,规定的合格品的相应数值。

4.2　燃油供给系统的功用与组成

4.2.1　燃油供给系统的功用

燃油供给系统的功用是将一定量的清洁柴油,依据发动机负荷的大小,按照汽缸的发火顺序,并在一定的时间内,以高压喷入汽缸内燃烧。

所谓"定量",是指每循环供给的柴油数量必须与发动机负荷的需求保持一致。即:负荷增大,供油量随之增加;负荷减小,供油量随之减少。

所谓"定时",是指各缸在压缩上止点前开始供油的时刻,即供油提前角。由于燃料喷入汽缸与空气雾化、混合和进行物理、化学反应都需要一定时间,为了使汽缸内开始燃烧的时间发生在上止点附近,开始供油的时刻必须提前。不同的柴油机,供油提前角也会有所不同,最佳的提前角值通常由实验来确定。定时的另一个含义是指喷油的先后顺序必须与柴油机的发火顺序保持一致,对 6 缸发动机,常见的供油顺序应为 1—5—3—6—2—4。

所谓"高压",可以理解为喷油器的开启压力,喷射压力越高,雾化越好,可燃混合气的形成质量也越好。但过高的喷射压力,对燃油系统的密封性和零件的强度、刚度要求也越高。喷射压力一般为数十兆帕,强化柴油机可以达到 100 MPa 以上。在柱塞式燃油供给系统中,燃油喷射所需的高压由喷油泵产生。

所谓"清洁",是指燃油必须经过过滤,这是因为燃油供给系统中有多对精密偶件,如柱塞偶件、针阀偶件,燃油不清洁、有杂质,无疑会增加精密偶件的磨损,从而影响系统正常工作并造成发动机性能降低。

4.2.2　柱塞式燃油供给系统和 PT 燃油供给系统的组成

迄今为止,柴油机的燃油供给系统仍以柱塞式喷油泵应用最为广泛。如图 4－1 所示,它由油箱 1、柴油滤清器 2、输油泵 3、柱塞式喷油泵 4、喷油器 6 和高、低压油管与回油管等组成。

当发动机工作时,输油泵将柴油从油箱经低压油管吸入输油泵内,提高压力后再经低压油管压送到燃油滤清器进行过滤,滤清后的清洁柴油进入柱塞式喷油泵。喷油泵使柴油压力升高,并按照发动机的负荷大小,将一定量的燃油经高压油管送至喷油器,并以雾状喷入燃烧室与空气雾化混合后燃烧。由于输油泵供油量比喷油泵需求量大,多余的柴油经柴油滤清器上的回油阀和回油管流回油箱或输油泵进口。与此同时,从喷油器针阀渗漏的微量柴油和喷油泵的部分回油也经回油管流至输油泵进口。

从油箱到喷油泵入口这段油路称为低压油路,油压由柱塞式输油泵建立,一般为 0.2 MPa 左右。输油泵主要用来克服燃油流动的阻力,并以一定压力连续不断地向喷油泵输送足够的柴油。柴油机启动前,通过输油泵的手泵完成充油排气。

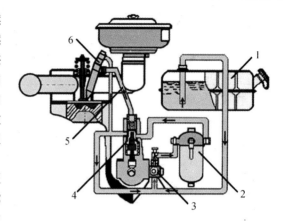

图 4-1 柱塞式燃油系统组成
1—油箱;2—柴油滤清器;3—输油泵;
4—喷油泵;5—高压油管;6—喷油器

从喷油泵到喷油器这段油路称为高压油路,油压由喷油泵建立,一般在数十兆帕以上。喷油泵又称高压油泵,是柴油机的心脏。喷油器用来雾化燃油,使喷射的燃油合理分布在燃烧室空间并与空气形成良好的可燃混合气。柴油滤清器的作用是清除柴油中的杂质和水分,并将部分多余柴油返送回油箱或输油泵进口。使用清洁柴油,能减少喷油泵和喷油器中精密偶件的磨损,避免发生偶件卡死和油路堵塞。

在上述柱塞式燃油供给系统中,燃油获得高压、供油正时和油量的调节均由喷油泵总成完成,喷油器只起定压和雾化燃油的作用,故又将这种燃油系统称为"Bosch"燃油系统。1954年,美国康明斯发动机公司研制并生产了 PT 燃油供给系统,与 Bosch 燃油系统相比,无论是结构还是工作原理都有着本质的不同。PT 燃油供给系统故障少、柴油机工作可靠、易于实现电子控制,是一种性能更为完善的燃油供给系统。在该系统中,油量的调节由 PT 燃油泵完成,而高压的产生、燃油的计量、定时喷射则完全由 PT 喷油器完成。

PT 燃油供给系统的功用也体现在定时、定量上,能够产生高压并以良好的雾化形式向发动机汽缸喷射燃油,并根据发动机负荷变化自动调节油量。康明斯发动机 PT 燃油系统基本组成如图 4-2 所示。

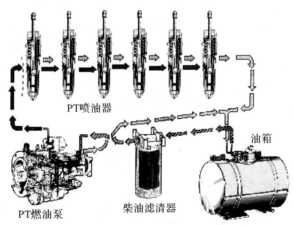

图 4-2 PT 燃油系统组成示意图

（1）油箱和燃油滤清器。油箱用来贮存柴油，并由油标尺指示燃油液面。燃油滤清器安装在油箱与 PT 燃油泵之间，用来过滤燃油中的杂质，保证供油清洁，防止 PT 燃油泵和喷油器发生故障。

（2）PT 喷油器。喷油器的功能是根据燃油泵的出油压力对喷射燃油进行计量，并以高压将燃油在规定的时刻通过喷孔喷入汽缸，其余大约 80％的燃油在冷却喷油器后经回油管流回油箱。喷油器是 PT 燃油供给系统中十分重要的部件。

（3）PT 燃油泵。PT 燃油泵是一个低压燃油泵，其作用是输油和控制燃油的压力。它将燃油经滤清器从油箱吸出，并以适当的压力输送至喷油器。燃油泵与调速器相互配合，在发动机转速和负荷改变时，相应改变出口的燃油压力，使喷油量随之改变以得到发动机燃烧所需要的循环供油量，通常又被喻为发动机的心脏。

（4）低压输油管和回油管。低压输油管和回油管分别将燃油自 PT 燃油泵输送至喷油器，同时将大部分燃油回流至油箱或燃油泵进油口。康明斯发动机在汽缸盖内加工有燃油道。在 N 系列发动机上，相邻缸盖之间通过金属油管跨接，低压输油管和回油管通过安装在汽缸盖上的进、回油管接头与汽缸盖油道相通。KTA19 机型，每个汽缸盖内的燃油道通至一根与汽缸盖用螺钉连接的燃油管部件，再经管接头和油管与燃油泵和回油管相连。

4.3　柱塞式燃油系统的组成与原理

4.3.1　输油泵

1. 输油泵的功用与分类

输油泵的功用是将柴油自油箱吸入，再以一定的输送压力克服柴油滤清器和管道中的流动阻力，保证连续不断地向喷油泵输送足够的柴油。此外在柴油机启动之前，通过输油泵的手泵排除低压油路中的空气，使柴油充满低压油路。

输油泵按其构造和工作原理不同分为柱塞式输油泵、转子式输油泵、膜片式输油泵和齿轮式输油泵等。其中，以柱塞式输油泵应用最为广泛。

2. 柱塞式输油泵

（1）柱塞式输油泵构造。柱塞式输油泵的构造如图 4-3 所示。它用螺钉固定在喷油泵的泵体上，通过喷油泵凸轮轴上的偏心凸轮驱动。

输油泵的铸铁泵体中装有柱塞 18、柱塞弹簧 17、推杆 3 和推杆弹簧 2。当旋紧螺塞 15，柱塞弹簧力的作用会使柱塞压向推杆，使得推杆的另一端通过滚轮体 1 压在喷油泵凸轮轴的偏心圆上，以保证动力输入。在柱塞腔两侧装有带弹簧的单向进油阀 8 和出油阀 5，平时在弹簧 6 的弹力作用下阀紧紧压在阀座 9 上。进油阀的上边，通过油管接头 10 和油管与手泵相连。输油泵的进、出油阀，通过进、出油管接头 14 和 19 以及低压油管分别与油箱和柴油滤清器连接。在进油管接头内装有进油滤网 13，可滤去柴油中较大的机械杂质和污物。

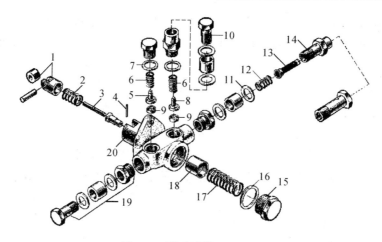

图 4-3　柱塞式输油泵构造

1—滚轮体；2—推杆弹簧；3—推杆；4—圆柱销；5—出油阀；6—弹簧；7—垫片；8—进油阀；
9—阀座；10—手泵油管接；11—垫片；12—弹簧；13—进油滤网；14—进油管接头；
15—螺塞；16—垫片；17—柱塞弹簧；18—柱塞；19—出油管接；20—泵体

（2）柱塞式输油泵工作过程。输油泵不工作时，进、出油阀在弹簧作用下关闭。如图4-4所示，当凸轮轴1转动时，柱塞9在推杆2和柱塞弹簧3弹力的共同作用下往复运动。随着凸轮轴的旋转，偏心圆的凸起部分通过滚轮体12顶动推杆上移（见图4-4中（a）），柱塞弹簧被压缩，柱塞向上运动，导致上腔容积减小而下腔容积增大。此时，上腔油压升高，进油阀7在弹簧力和油压的作用下处于关闭状态。与此同时，出油阀4被油压顶开，由于下腔压力降低，上腔的柴油便经开启的出油阀流向下腔，而不直接流向柴油滤清器。此行程为输油准备阶段。

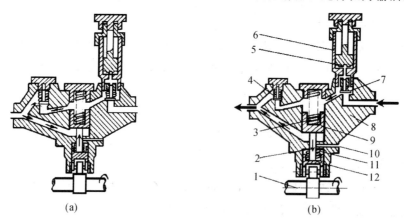

图 4-4　柱塞输油泵工作原理

1—喷油泵凸轮轴；2—推杆；3—柱塞弹簧；4—出油阀；5—钢球；6—手泵；
7—进油阀；8—泵体；9—柱塞；10—泄油道；11—推杆弹簧；12—滚轮体

当偏心圆的凸起部分转过后，在柱塞弹簧的弹力作用下柱塞下移（见图4-4（b）），使得下腔容积减小而上腔容积增大。此时，下腔油压升高，出油阀关闭，柴油经出油道和低压油管流向柴油滤清器进行过滤。与此同时，上腔压力降低，进油阀克服弹簧力作用被吸开，油箱的柴油经进油管和开启的进油阀充入上腔。在此行程，输油泵同时完成了压油和吸油过程。可见，柱塞式输油泵具有脉动供油的特点。

柱塞的运动规律和最大行程取决于偏心轮的几何形状。当柱塞以最大行程工作时,输油量最大,但当喷油泵需要的油量减少或柴油滤清器有堵塞时,柱塞下腔的油压将随之升高,此时,柱塞弹簧的作用力不足以将柱塞推到底,只能推到与下腔油压平衡为止,这就缩短了柱塞的行程,减少了输油量。如果油路堵塞严重,输油泵不能向外输油,下腔油压会继续升高,当油压增大到某个值时,偏心圆将柱塞推至止点位置时,弹簧张力不能把柱塞推回。尽管凸轮轴在旋转,但柱塞不做往复运动,上、下腔容积保持不变,进油和压油过程自动停止,确保低压油管不致损坏。因此,柱塞式输油泵的输油量能够根据喷油泵所需油量自动进行调节,即具有"定压不定量"的供油特性。输油压力的大小取决于柱塞弹簧预紧力的大小。

在图 4-4 所示输油泵上装有手泵 6,柴油机启动前可利用手泵排除低压油路中的空气,并使喷油泵的低压油路充满柴油。当拧松喷油泵上的放气螺钉,上、下掀动手泵,随着手泵柱塞上行,泵筒内腔容积增大,压力降低,进油阀被吸开,油箱的柴油充满泵筒,此时压油阀关闭。当手泵柱塞下行,泵筒内腔容积减小,压力升高,进油阀关闭而出油阀打开,泵筒内的柴油经出油阀被压入柴油滤清器,并连同油路中的空气从放气螺钉处排出,达到充油排气的目的。

柱塞式输油泵由于结构简单、使用可靠而被广泛采用。12V135 柴油机在喷油泵泵体上并联装有两个柱塞式输油泵,其出油管分别与各自的柴油滤清器相连。为了方便充油排气的操作,手泵(见图 4-5)单独安装在柴油机前端,通过油管接头 8 与图 4-3 中油管接头 10 相连,以完成启动前的充油排气。

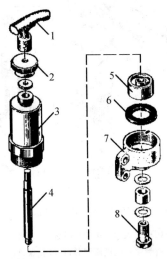

图 4-5　12V135 柴油机输油泵手泵

1—手柄;2—螺帽;3—泵筒;4—拉杆;5—手泵活塞;6—垫圈;7—手泵座;8—管接头

4.3.2　柴油滤清器

1. 柴油滤清器的功用

柴油中或多或少含有微量的杂质,如灰分、残炭、蜡晶体和胶质等。使用中,由于运输、贮存或保管不当也可能混入尘土和水分。这些微量的杂质会使燃油供给系统中的精密偶件产生磨损甚至卡死,也可能使燃油系统中的油孔或油道发生阻塞而影响正常供油和燃油的喷雾。

此外,燃油中的水分可以锈蚀金属零件,同时影响柴油的燃烧。因此,燃油供给系统中必须装设柴油滤清器。其功用是清除柴油中的杂质和水分,减轻零部件的磨损和防止喷油泵与喷油器发生故障。

2. 柴油滤清器结构与滤清原理

柴油滤清器的结构型式有多种,可根据滤芯材料不同分为纸质、毛毡式等,其中以纸质滤清器应用最为广泛,它具有滤清效果好、流通阻力小、重量轻、成本低、保养和更换方便等优点,滤芯的平均使用寿命约为 360 h。

12V135 柴油机的柴油滤清器采用纸质滤芯。两个纸质滤清器并联安装并分别与两个输油泵相连,它们的出口共同连接在喷油泵泵体上。如图 4-6 所示,滤清器盖 3 上加工有回油道和两个制有箭头标记的进、出油道。回油管接头 6 内装有一个单向钢珠阀和一根弹簧,当滤清器内油压升高时,油压克服弹簧力作用使阀开启,部分柴油经回油管泄回油箱。安装时,回油管接头决不能装错,以免造成供油中断。放气螺钉 1 旋在螺帽 2 内,滤清器通过螺帽和螺杆将滤清器盖、滤芯 9 与壳体 11 相连。

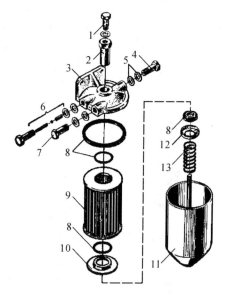

图 4-6　12V135 柴油机柴油滤清器零件图

1—放气螺钉;2—螺帽;3—盖;4—出油管接头;5—垫片;6—回油管接头;
7—进油管接头;8—密封圈;9—纸质滤芯;10—托盘;11—壳体;12—弹簧;13—托座

康明斯发动机也采用纸质滤芯,两个滤清器并联安装在燃油箱与 PT 燃油泵之间,它由滤清器座、纸质滤芯总成、支架、油管部件等组成。发动机工作时,来自油箱的燃油经进油管进入滤清器座,并沿圆周方向的油孔进入滤芯总成。过滤后的柴油经滤清器座沿出油管部件流向PT 燃油泵的齿轮油泵入口。

3. 柴油滤清器的维护

柴油滤清器的维护应严格按照柴油机使用和维护手册进行。对一次性使用的滤芯,一旦达到规定的工作时限,应弃旧换新。更换时,从滤清器座上旋下旧滤芯,安装新滤芯时先注入清洁燃油,再将其旋入滤清器座并拧紧。对可重复使用的柴油滤清器,应定期清洗,使用中一旦发现密封失效(如垫片变形或磨损,橡胶密封圈老化等)、螺纹损伤或滤芯有破损,必须及时更换。

4.3.3　喷油泵

1. 喷油泵的功用与要求

喷油泵又称高压油泵,是燃油供给系统的重要部件。其工作性能的优劣,不仅影响着柴油机的动力性和经济性,同时也影响发动机运行的可靠性和环保性。因此,喷油泵又被喻为柴油机的"心脏"。

喷油泵能根据发动机的负荷需求,将适量的柴油提高到一定的压力,按规定的时间和喷油规律喷入燃烧室,即定量、定压、定时供给燃油。对喷油泵有以下要求。

(1)各缸供油量应满足负荷要求和保持供油均匀,在标准工况下供油的不均匀度不大于3.4%;

(2)各缸供油间隔角度相同,误差不大于±0.5°凸轮轴转角;

(3)各缸供油持续时间相等;开始供油和停止供油应迅速干脆,无滴漏现象;

(4)各缸供油顺序应符合柴油机发火顺序,供油的时刻能够由人工进行调整。

2. 喷油泵的分类

(1)按结构形式不同可分为单体式喷油泵和组合式喷油泵。

单体式喷油泵。每缸的喷油泵单独制造和安装,再通过齿杆连接并统一由调速器控制各分泵的工作。单体式喷油泵互换性好,安装和维修比较方便,但调试比较复杂。

组合式喷油泵。顾名思义,将各个分泵组装在一个壳体内作为一个喷油泵总成。具有结构紧凑、安装和调试方便等优点。在中小型柴油机上应用极为广泛,135系列柴油机就采用了这种结构。

(2)按工作原理不同可分为柱塞式喷油泵、转子式分配泵和PT燃油泵。

柱塞式喷油泵。在喷油泵凸轮轴和柱塞弹簧力的共同作用下,通过柱塞的往复运动完成泵油过程并进行油量调节,每个分泵都有一套相同的独立供油系统。柱塞式喷油泵应用十分广泛,具有工作可靠、调试方便、结构紧凑等优点。135系列采用柱塞式喷油泵。

转子式分配泵。转子式分配泵是20世纪50年代后期出现的一种新型喷油泵,它只有一对径向对置的柱塞,并通过柱塞的运动产生高压油,然后通过一个转子以旋转分配的形式,定时、定量地向各缸的喷油器供应高压柴油。转子式分配泵体积小、重量轻、成本低、整体布局方便、通用性强,小型柴油机上多有应用。20世纪80年代初期,德国 Bosch 公司又新研制了轴向压缩转子式分配泵(简称 VE 泵),与前者的主要区别在于分配的运动状态和调速机构有所不同,其性能优于前者。

PT 燃油泵。其工作原理与柱塞式和转子分配式喷油泵不同,它与 PT 喷油器一起,利用压力 P 和时间 T 对燃油进行定时、计量和喷射。PT 燃油泵主要用在 N,K 和 M 三大系列的康明斯柴油机上。

由于柱塞式喷油泵(以下简称喷油泵)在军用电站、特种装备和工程机械中的应用十分广泛,本节主要介绍它的构造和工作原理。

3. 喷油泵的基本结构

喷油泵的结构比较复杂,虽然不同系列的喷油泵在结构上有所差异,但共同的特点是都有两对"偶件"(出油阀偶件和柱塞偶件)和两个"机构"(驱动机构和油量控制机构)。

(1)出油阀偶件。出油阀偶件安装在柱塞偶件的上方,如图 4-7 所示。它由出油阀 2、阀座 4 和弹簧 1 组成。出油阀是一个单向阀,只有当柱塞的泵油压力足够高时,才能克服在其上作用的出油阀弹簧的弹力而打开,燃油才能进入高压油管和喷油器。一旦柱塞供油结束,出油阀将迅速落座使喷油过程结束。

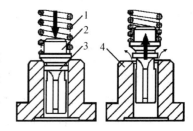

图 4-7 出油阀偶件
1—弹簧;2—出油阀;3—减压环带;4—阀座

出油阀上部有一圆锥面,弹簧将此锥面压紧在阀座上,使柱塞上部空腔与高压油管隔断。锥面下部加工有一个圆柱形的减压环带 3,它与阀座内孔严密配合,起密封的作用。减压环带以下铣有 4 个直槽,使断面呈十字形,既能导向又不影响柴油的流通。

减压环带的作用可理解为:当柱塞供油时,出油阀升起,只有当减压环带完全离开阀座的导向孔,即出油阀要上升一端距离后,柴油才能通过直槽向上流入高压油管使管路油压升高;同样,当柱塞供油结束,出油阀在弹簧及高压柴油共同作用下迅速下落,当减压环带的下边缘进入阀座导向孔时,柱塞上部油腔即与高压油管隔断,使柴油不能进入高压油管;随着出油阀继续下落直到圆锥面落座,出油阀上部油腔容积因出油阀的退让而增大,油压降低使喷油过程迅速结束。此时,高压油管中保留了一定量的柴油,也保持了一定的残余油压,能够有效地减小燃油的压力波动对燃油喷射的影响。

为了保证供油压力不低于规定值,出油阀弹簧在装合后应有一定的预紧力。

(2)柱塞偶件。喷油泵的泵油和对燃油的计量与控制,主要由柱塞偶件,即柱塞和柱塞套筒共同完成,如图 4-8 所示。柱塞 2 为一光滑的圆柱体,其上部铣有斜槽或螺旋槽,切去的部分与一条轴向油道相通。柱塞的下端加工有一对凸耳,嵌入油量控制机构 4 的缺槽内。柱塞套筒 3 用定位螺钉 9 固定在泵体上,以保证正确的安装位置并防止工作时转动。在套筒上部的同一截面加工有进油孔和回油孔,并与泵体内加工的低压油腔相通。柱塞上套有柱塞弹簧 6,上端通过上弹簧座 8 支撑在泵体上,下端通过下弹簧座 7 支撑在柱塞尾端。柱塞弹簧使柱塞与驱动机构的滚轮体部件始终保持接触,并由此获得驱动力。

柱塞偶件是一对加工精度很高和选配间隙很小的精密偶件,其装配间隙一般为 0.001 5~0.002 5 mm,以保证燃油的增压和偶件的润滑。间隙过大易泄漏,使供油压力降低;间隙过小偶件润滑困难,影响柱塞运动并可能发生卡死。柱塞与柱塞套筒、出油阀与出油阀座都是精密偶件,使用中不得拆散并与其他分泵的偶件互换。

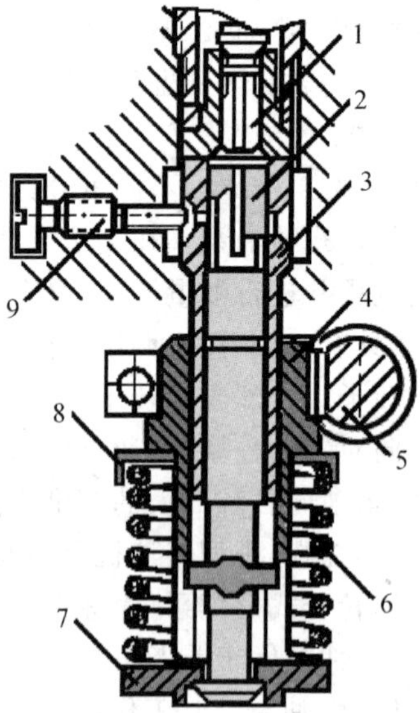

图 4-8 柱塞偶件
1—出油阀偶件;2—柱塞;3—柱塞套筒;4—油量控制套筒;5—齿条;6—柱塞弹簧;7—下弹簧座;8—上弹簧座;9—定位螺钉

(3)驱动机构。驱动机构如图 4-9 所示,它包括喷油泵凸轮轴 5 和滚轮体部件 4,由旋转的曲轴通过喷油泵传动齿轮提供动力。

凸轮轴通过一对滚动轴承安装在泵体下腔,轴上加工有凸轮和一个偏心圆,后者用来驱动输油泵工作。凸轮轴上各凸轮与各缸柱塞相对应,分别驱动各分泵。各凸轮按供油顺序(即柴油机的发火顺序)在空间间隔排列,对 6 缸发动机,间隔角度为 60°。凸轮轴两端伸出泵体,一端通过联轴器与喷油泵传动齿轮轴连接,另一端驱动调速器工作。

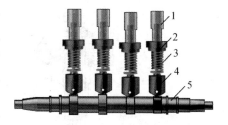

图 4-9 驱动机构

1—柱塞偶件;2—油量控制套筒;3—柱塞弹簧;
4—滚轮体部件;5—喷油泵凸轮轴

滚轮体部件用来实现凸轮的运动规律,并将凸轮的旋转运动变为滚轮体的上、下往复运动,不仅克服柱塞弹簧力使柱塞运动,同时也承受了凸轮轴旋转所产生的侧推力。滚轮体部件有两种不同结构,如图 4-10 所示。其中,图(a)为调整螺钉式,图(b)为调整垫块式。

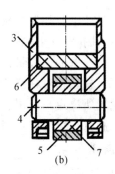

图 4-10 驱动机构

(a)调整螺钉式;(b)调整垫块式

1—调整螺钉;2—锁紧螺母;3—滚轮体;4—滚轮销;5—滚轮;6—调整垫块;7—衬套

滚轮体部件装在泵体下腔的孔内,并通过滚轮 5 始终与凸轮表面接触。滚轮内套有衬套 7,通过滚轮销 4 支撑在滚轮体 3 上。在调整螺钉式滚轮体部件中,滚轮销的长度略比滚轮体外径长,伸出端嵌入泵体缺槽中,可限制滚轮体转动。在调整垫块式滚轮体部件中,滚轮体一侧加工有长缺槽,通过限位螺钉限制滚轮体转动。

图 4-10 中,调整螺钉 1 和调整垫块 6 的顶面与柱塞下端接触,将凸轮的推力传给柱塞。微量旋出或拧进调整螺钉,或是更换不同厚度的调整垫块,都可以调整该分泵柱塞的供油开始时刻,以保证各缸供油间隔角度在规定的范围内。

(4)油量控制机构。油量控制机构的功用是适时转动柱塞,根据柴油机负荷变化相应改变供油量,以适应柴油机不同工况的要求。

常见的油量控制机构有齿条式和拉杆式两种,如图 4-11 所示。在齿条式油量控制机构中,控制套筒 4 松套在柱塞偶件的外部,套筒下端加工有两个直槽,柱塞的两个凸耳正好嵌入该直槽内,套筒限制了柱塞的转动,但不影响柱塞上下运动。调节齿圈 5 用防松螺钉夹紧在控制套筒上,齿圈与齿条 3 啮合,拉动齿条便可带动柱塞向左或向右转过一个角度。在喷油泵调试中,如果各分泵的供油量有的多、有的少,即供油不均匀,可单独松开该分泵齿圈的防松螺钉,将控制套筒相对齿圈转过一定角度(即控制套筒带动柱塞转过一定角度),将使该分泵的供油量得到相应增大或减小。油量调整结束后应拧紧防松螺钉,防止工作中齿圈相对油量控制套筒自由转动。齿条式油量控制机构传动平稳,工作可靠,但构造比较复杂。

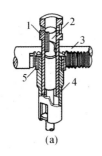 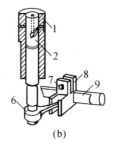

图 4-11 油量控制机构

(a)齿条式；(b)拉杆式

1—柱塞套筒；2—柱塞；3—齿条；4—油量控制套筒；5—齿圈；

6—调节臂；7—固紧螺钉；8—拨叉；9—供油拉杆

在图(b)所示拉杆式油量控制机构中,柱塞下端的调节臂6嵌入拨叉8的缺口内。拨叉用固紧螺钉7夹紧在供油拉杆9上,后者相当于齿条,左右拉动供油拉杆,便可带动柱塞向左或向右转过一个角度,使柱塞的供油量得到相应的调整。

在多缸发动机中,柱塞相对柱塞套筒的初始位置,由油量控制套筒相对于齿圈(或拨叉相对于拉杆)的固定位置所决定。使用中,当某个分泵供油量不符合要求,或分泵间供油有差异时,都可通过油量控制机构单独进行调整。

4.柱塞的工作原理

柱塞的工作原理包括柱塞供油和油量调节两个过程。

(1)如图4-12所示为柱塞的供油过程。顺序依次为:进油、回油、压油、回油。

进油过程(见图4-12(a)):当柱塞在柱塞弹簧力的作用下向下运动时,一旦柱塞顶面让开柱塞套筒上的进、回油孔,柱塞上部油腔即与泵体内低压油腔相/连通。在输油泵的作用下,柴油经柴油滤清器过滤后流入并充满柱塞上部油腔。进油过程将一直持续到柱塞处于最下端位置,此时凸轮升程为零,喷油泵凸轮工作在基圆上。

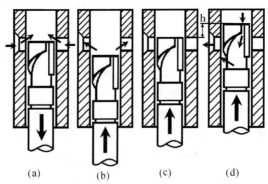

图 4-12 柱塞供油过程示意

(a)进油过程；(b)回油过程；(c)压油过程；(d)回油过程

回油过程(见图4-12(b)):随着凸轮轴的旋转,当凸轮的凸起部分通过滚轮体顶动柱塞向上运动时,柱塞弹簧被压缩,柱塞上部油腔容积逐渐减小。由于柱塞偶件上方的出油阀在出油阀弹簧力的作用下紧紧关闭,故部分燃油又经柱塞套上的两个油孔回流至泵体的低压油腔。回油过程将一直持续到向上运动的柱塞顶部将两个油孔同时遮蔽,回油过程结束。

压油过程(见图 4-12(c)):随着柱塞继续上移,柴油在封闭腔内被强烈压缩,油压急剧升高,直到克服出油阀弹簧力的作用顶开出油阀,燃油进入高压油管并压向喷油器。当柱塞继续上移,压油过程将一直进行,直到柱塞表面斜槽让开柱塞套上回油孔(左边的油孔)的下边缘为止。此时,由于柱塞上部高压油腔经柱塞上的直槽、斜槽和回油孔与泵体的低压油腔沟通,柱塞上方的油压迅速下降,出油阀在弹簧力的作用下迅速落座,切断了燃油的供给,压油过程结束。

回油过程(见图 4-12(d)):柱塞继续上行,燃油不断流回低压油腔,回油过程将持续到柱塞上行至最上端。接下来,柱塞下行,再上行,重复下一个泵油过程。由此可见,喷油泵是用柱塞顶部关闭柱塞套筒上的进、回油孔来控制供油过程的开始,而用其斜槽开启柱塞套筒上回油孔的下边缘来控制供油过程的结束。

(2)油量调节过程。从上述柱塞供油过程得知,柱塞每循环的供油量大小,主要取决于柱塞的供油行程,即柱塞的有效行程 h(见图 4-13),有效行程愈长,供油量愈多。由于柱塞头部表面加工成斜槽,因此,只要将柱塞相对柱塞套筒转动一个角度,改变柱塞上斜槽相对柱塞套筒回油孔的几何位置,即可改变有效行程 h 的大小,使每循环的供油量得到相应调整,以适应柴油机不同负荷的要求。图 4-13 表示了几种不同供油情况。

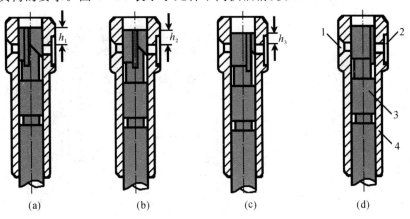

图 4-13　油量调节过程示意
(a)最大供油量;(b)部分供油量;(c)最小供油量;(d)停止供油
1—进油孔;2—回油孔;3—柱塞;4—柱塞套筒

图 4-13(a)所示为最大供油量位置,有效行程最大为 h_1;图 4-13(b)所示为部分供油量位置,有效行程为 h_2,其值小于 h_1;图 4-13(c)所示为最小供油量位置,有效行程为 h_3,其值小于 h_2;图 4-13(d)所示为停止供油(即发动机停车,$h=0$)位置,柱塞上的直槽正对着柱塞套筒上的回油孔,无论柱塞向上还是向下运动,柱塞上方油腔始终与泵体内部低压油腔相通,油压无法升高,出油阀处于关闭状态,供油停止。运行中的柴油机要想停机,操作手只须通过控制机构转动柱塞至图 4-13(d)位置即可。

通过上述分析我们可以得到如下重要结论。

1)柱塞往复运动总行程不变。这是因为凸轮的几何形状不变,因此凸轮升程不变。

2)柱塞每循环供油量仅取决于柱塞的有效行程。有效行程也就是柱塞压油过程所移动的距离,它只是总行程中的一段。

3)供油始点,即供油的时刻固定不变,而供油终点,即结束供油的时刻可以改变。它取决于柱塞斜槽的形状。

4)曲轴转动两圈各分泵供油一次。供油过程与汽缸内活塞的位置及配气系统的工作协调通常由传动齿轮的装配标记来保证。

5)柱塞之所以能够产生很高的压力,是基于高压系统密封良好、柱塞运动速度很快、喷油器喷孔的直径远远小于柱塞的直径等因素。

5. 喷油泵的构造

现在以6135柴油机使用的B型泵为例,结合图4-14简要介绍喷油泵的构造和组成。

(1)泵体。泵体9采用整体式结构,泵体上部安装有各分泵,并在其内加工有连通的低压油腔,通过进油管接头15和进油管与柴油滤清器相连。泵体上装有两个放气螺钉14,拧松螺钉可进行充油排气。泵体右端安装有调速器总成。正面加工有一个圆孔,用来安装输油泵并通过凸轮轴上的偏心圆驱动。泵体上开有检视窗口,用来观察柱塞的工作情况并进行必要的调整,平时用检视盖板17密封,其间装有密封垫片。泵体下部安装凸轮轴和滚轮体部件,下腔装有机油,用来润滑凸轮、滚轮体和轴承。该油腔与右端调速器的油腔不连通,喷油泵的加油可从油尺孔加入,而调速器可从调速器壳体顶部加油塞处加油。泵体下部还装有一个机油平面螺钉,以防止下腔内机油添加过量。

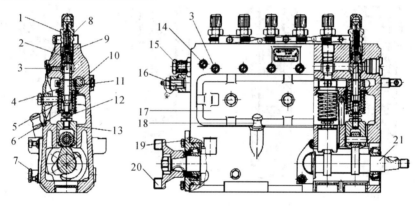

图4-14 6135柴油机B型喷油泵构造

1—出油阀紧座;2—出油阀偶件;3—柱塞套定位螺钉;4—油量控制套筒;5—柱塞弹簧;6—弹簧下座;
7—油平面螺钉;8—出油阀弹簧;9—泵体;10—齿条;11—柱塞偶件;12—调整螺钉;13—滚轮体;
14—放气螺钉;15—进油管接头;16—油量限制螺钉;17—检视盖板;18—机油标尺;19—轴承盖板;
20—联轴器;21—凸轮轴

(2)分泵。分泵是喷油泵的泵油机构,其数量与柴油机汽缸数相同。分泵由出油阀偶件2、柱塞偶件11、出油阀弹簧8、柱塞弹簧5和出油阀紧座1等组成。

柱塞头部表面铣有右旋斜槽和直槽。为了减少柱塞偶件的磨损,柱塞中部加工有一道环槽,可贮存少量柴油来润滑偶件工作表面。柱塞套筒上在同一截面相对处加工有两个径向油孔,与斜槽相对的孔是回油孔,另一个为进油孔。柱塞套筒装入泵体后,为了保证正确的安装位置并防止工作中转动,用螺钉3定位。柱塞弹簧通过弹簧上座支撑在泵体上,弹簧下座6通过缺槽支撑在柱塞尾端。

出油阀偶件座落在柱塞偶件上方,其上装有出油阀弹簧并由出油阀紧座压紧。为了防止高压柴油泄漏,配合面间装有密封垫片和密封圈。出油阀紧座的拧紧力矩为39~68 N·m,

过紧会使偶件产生变形,影响柱塞的运动;过松会出现柴油泄漏和影响高压的产生。为了防止出油阀紧座转动,装有夹板并加有铅封。

柱塞偶件与出油阀偶件用合金钢制造,表面进行热处理,具有极高的硬度和光洁度。偶件均经选配并配对研磨,装配中决不允许单件更换或互换。

(3)驱动机构和油量控制机构。凸轮轴 21 安装在泵体下腔,两端由滚动轴承支撑。凸轮轴两端伸出泵体,一端通过联轴器 20 与喷油泵传动轴上的传动齿轮相接;另一端通过调速齿轮带动调速器工作。滚轮体 13 采用调整螺钉式,安装在泵体的孔内。

B 型泵采用齿条式油量控制机构,油量控制套筒套在柱塞套筒的小外圆上。齿条 10 安装在泵体内,左端被油量限制螺钉 16 限位,在此位置,供油量达到最大。右端伸出并与调速器拉杆相连,调速器工作时会通过拉杆拉动齿条左右移动,从而改变供油量以适应负载变化对油量的需求。

6250 型柴油机采用单体式喷油泵,每缸单独安装一个喷油泵并通过配气机构凸轮轴上的喷油凸轮驱动。其装配关系如图 4－15 所示。喷油泵的构造和原理与 135 系列柴油机使用的 B 型喷油泵类似,故不再赘述。

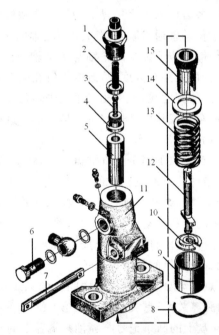

图 4－15　6250 柴油机单体式柱塞喷油泵

1—高压油管接头;2—出油阀弹簧和密封圈;3—出油阀;4—出油阀座;5—柱塞套;6—进油管接头;7—齿条;
8—卡圈;9—挺柱;10—下弹簧座;11—泵体;12—柱塞;13—柱塞弹簧;14—上弹簧座;15—油量控制套筒

12V135 柴油机使用的 B 型泵,其结构和原理如前所述,只不过泵体内装有 12 个分泵。喷油泵总成安装在机体的 V 型夹角内,从联轴器端起,奇数缸第 1,3,5,7,9,11 分泵通过高压油管依次与柴油机右列的第 1～6 缸喷油器连接;偶数缸第 2,4,6,8,10,12 分泵依次与左列的第 7～12 缸的喷油器连接。按照柴油机的发火顺序,喷油泵凸轮轴上各缸开始供油相隔角度见表 4－2。

表 4 - 2 喷油泵各缸开始供油相隔角

机 型	分泵序号/凸轮轴旋转角度											
6135G B 型泵	1/0°		5/60°		3/120°		6/180°		2/240°		4/300°	
12V135 B 型泵	1/0°	12/ 37°30′	9/ 60°	4/ 97°30′	5/ 120°	8/ 157°30′	11/ 180°	2/ 217°30′	3/ 240°	10/ 277°30′	7/ 300°	6/ 337°30′

6.联轴器与喷油泵的安装

（1）联轴器。以 135 系列柴油机为例（见图 4-16），联轴器由驱动盘、中间盘、夹布胶木十字盘和被动盘组成。驱动盘通过其锥形孔和半圆键与带有齿轮的喷油泵传动轴相连，并用螺钉夹紧。两个紧固螺钉穿过驱动盘的弧形孔拧紧在中间盘的螺纹孔内，将驱动盘与中间盘连接成一体。被动盘通过锥形孔和半圆键用螺母紧固在喷油泵凸轮轴上。被动盘和中间盘

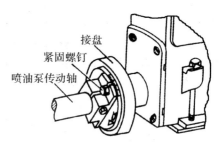

图 4-16 联轴器

上各加工有两个长方形凸块，各自嵌入十字接盘上的长方形缺槽内而构成整体。

当柴油机工作时，喷油泵传动轴通过联轴器带动凸轮轴同步转动。夹布胶木十字接盘具有一定的缓冲和吸震能力，能够适应喷油泵凸轮轴与传动轴之间存在的微小不同心度和轴向误差。驱动盘和中间盘外圆柱面上刻有分度线，改变螺钉在驱动盘弧形孔中的位置，可改变柴油机的供油提前角。中间盘上的刻度线，每格相当于曲轴转角6°。

（2）喷油泵的安装。喷油泵总成从发动机安装支架上拆下进行维修或校验后，必须要正确安装才能保证柴油机顺利启动和正常工作。

以 135 系列柴油机为例，首先取下第 1 缸汽缸盖罩壳，转动飞轮让该缸活塞处于压缩冲程上止点（此时，飞轮壳上固定指针恰对准飞轮上的"0"刻线）。卸下油泵检视盖板，用手握住联轴器的被动盘按工作转向转动喷油泵凸轮轴，使一缸柱塞开始压油（从滚轮体是否上升和弹簧是否受压缩来判断）。保持主动盘和被动盘位置不变，将两者按联轴器的连接方式结合起来，并用螺钉固紧，然后使泵体保持垂直，将喷油泵总成用四个长螺钉紧固在支架上。喷油泵安装好后，应进行一次检查，并调查柴油机的供油提前角。

在连接联轴器时还要注意驱动盘上的刻线与中间盘的刻线相对应，不可使两刻线反方向安装。如果驱动盘与传动轴脱离关系，重装时应保证第一缸活塞处于压缩上止点位置时，刻线处在上偏里的位置，此时被动盘上的凸条记号与喷油泵端盖上的刻线记号正好对齐（有的喷油泵并无此记号）。

4.3.4 喷油器

1.喷油器的功用与要求

喷油器用来将柴油雾化成细小油粒，并以一定的压力和喷雾形状喷入燃烧室，与汽缸内的空气雾化混合，形成良好的可燃混合气。

对喷油器的要求是：具有一定的喷射压力；喷雾质量好，即喷射的油粒细，且分布均匀，喷雾形状与燃烧室形状相适应；开始喷油时刻准确，结束喷油时断油干脆、迅速。

2. 喷油器的结构

图 4-17 所示为 135 系列柴油机采用的长型多孔式喷油器,喷油器头部的针阀体上加工有四个喷孔,孔径为 0.35～0.40 mm,喷孔轴线夹角为 150°。

喷油器下部装有针阀偶件(针阀 13 和针阀体 12),外部套有喷油器紧帽 14 并旋紧在喷油器体 8 上。针阀被推杆 10、调压弹簧 5、弹簧座和调整螺钉压紧在针阀体的锥面上,以保证密封和形成良好的雾化。针阀中部的锥面全部露出在针阀体的环形油腔中,其作用是承受由油压产生的轴向推力以使针阀开启,故此锥面又称为承压锥面。针阀下端的锥面与针阀体上相应的内锥面配合,实现喷油器内腔的密封,称为密封锥面。针阀上部的圆柱面及下端的锥面同针阀体相应的配合面通常是经过精磨后再装配而成。上部圆柱面的配合间隙仅有 0.001～0.001 5 mm,这是使柴油建立高压的必要条件。由于长型孔式喷油器的针阀导向部分距燃烧室较远,这样就可避免在高温工作时引起针阀与针阀体孔配合处的变形和卡死。

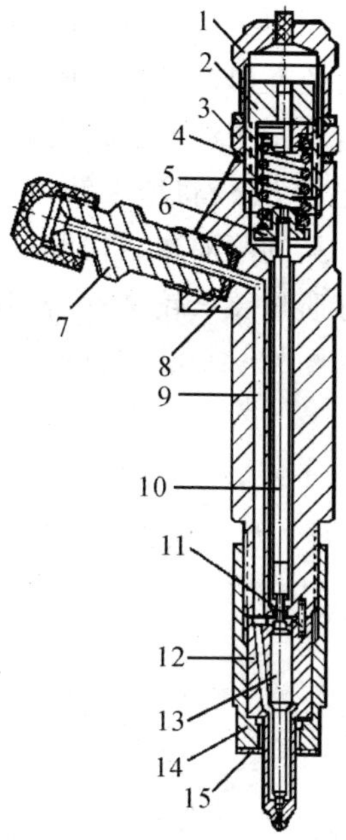

推杆与针阀为球面接触,可防止因顶杆弯曲而使针阀产生侧向压力。调压弹簧的弹力可以通过调整螺钉进行调节,调整后再由锁紧螺母 3 锁紧。锁紧螺母上、下端面均装有铜质垫圈进行密封。由于 135 系列柴油机的喷油器倾斜 15°安装在汽缸盖上,为了使 4 个喷孔喷射的油束均匀分布在"ω"燃烧室内,故针阀体与喷油器体由两个定位销 11 定位,装配时要特别注意。

进油接管头 7 拧紧在喷油器体上,与来自喷油泵的高压油管相连(有的喷油器在接头内还装有一个缝隙式滤清器,以减轻针阀偶件的磨损),高压柴油经喷油器体与针阀体中加工的油道 9 可进入喷油器头部油腔。针阀偶件也与柱塞偶件和出油阀偶件一样,采用精密加工和配研,使用和维修中不得单个更换。

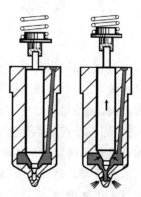

图 4-17　135 系列柴油机喷油器结构
1—护帽;2—调整螺钉;3—锁紧螺母;
4—垫片;5—调压弹簧;6—弹簧座;
7—进油管接头;8—喷油器体;9—油道;
10—推杆;11—定位销;12—针阀体;
13—针阀;14—喷油器紧帽;15—垫片

3. 喷油器的工作原理

如图 4-18 所示,当喷油泵停止供油时,针阀在调压弹簧作用下紧紧压在针阀体的阀座上而将喷孔关闭(左图)。供油时,来自喷油泵的高压柴油经高压油管和进油管接头进入喷油器内的油道并作用在针阀的承压锥面上。一旦向上产生的轴向分力超过调压弹簧的预紧力,针阀将克服弹簧力迅速升起,由于针阀密封锥面离开了阀座,喷孔开启,高压柴油呈雾状喷入汽缸。供油结束后,油压迅速下降,针阀在弹簧力作用下迅速关闭。

由此可见,针阀开启仅取决于燃油压力与调压弹簧力的大小,旋紧或放松调整螺钉,调压弹簧的预紧力随之改变,即可调整喷油器的喷射压力。135 基本型柴油机喷油器的开启压力为 17～18 MPa,135 增压型柴油机喷油

图 4-18　喷油器工作原理

器开启压力有 19 MPa 和 21 MPa 两种。

需要指出的是,偶件是用柴油进行润滑的,由于针阀与针阀体有间隙,针阀的不断上、下运动会将微量柴油向上泵出,故喷油器顶端装有回油管。平时应保持回油管及回油孔畅通,否则在预定压力下,将增大针阀上行的阻力。

常见的喷油器结构形式有多孔式和轴针式(单孔)两种,前者主要用于直接喷射式燃烧室,对喷雾质量要求较高;后者多用于分隔式燃烧室,要求喷油器工作可靠。

如图 4-19 所示为 135 系列柴油机喷油器的零件图,有助于读者正确理解喷油器的装配关系。

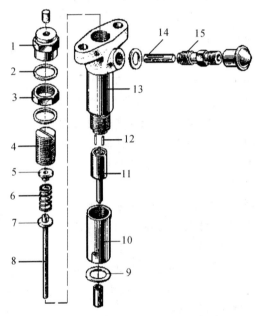

图 4-19　喷油器零件图

1—紧帽;2—垫圈;3—锁紧螺母;4—调压螺钉;5—上弹簧座;6—调压弹簧;7—下弹簧座;8—推杆;
9—垫片;10—螺套;11—针阀偶件;12—定位销;13—喷油器体;14—滤油器;15—进油管接头

4.3.5　调速器

1.概述

(1)柴油机为什么要安装调速器? 从喷油泵工作原理分析可知,每循环喷油泵向喷油器的供油量,主要取决于柱塞的供油行程,即柱塞的有效行程。发动机的负荷增大,对应的有效行程延长,供油量随之变大;反之,当发动机的负荷减小,对应的有效行程缩短,供油量随之变小。因此,当发动机的负荷变化时(如用电负载的增多与减少等),只需要转动柱塞改变有效行程,即可满足不同负荷的需求。

在柱塞式喷油泵上,转动柱塞是由油量控制机构(如齿条或拨叉)完成的。油量控制机构可以人工来操纵,也就是平常讲的"拉油门",但发动机负载的变化是随机的,有时甚至是突然的,人工操纵常常会顾此失彼,既费力,也难以满足精度控制,更不能保证供电的质量。如果设计一种机构,它能够随时感应外界负荷的变化并及时操纵油量控制机构,确保柴油机在各种转速下都能稳定工作,这就是调速器。它与喷油泵制造成一体,故又称为喷油泵总成。

调速器是一种能够随着外界负载变化而自动操纵油量控制机构工作,从而确保发动机转速稳定的自动反馈装置。它能够及时调整循环供油量以满足增大或是减小了的负荷需求;能够控制发动机的最高转速,防止出现超速或发生"飞车";能够维持发动机怠速稳定运转不至熄火;能够保证发动机在各种转速下都能稳定工作。

(2)调速原理方框图。调速器是一种自动反馈装置,如图 4-20 所示。当外界负载 M 不变时,油量控制机构拉杆的位移为 Z,循环供油量为 g_b,柴油机稳定运行的转速为 n。由于转速不变,$\Delta n = 0$,调速器不产生调速动作,柴油机处在一种稳定运行工况。

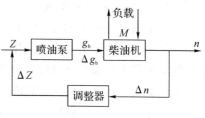

图 4-20 调速原理方框图

在某一时刻,若卸掉或是增加部分负载,柴油机的转速将随之升高或降低,使 Δn 不为零,转速的变化将使调速器开始动作,使油量控制机构产生附加位移 ΔZ,转动柱塞使供油量产生相应的变化 Δg_b,经历一个短暂的调速过程后,柴油机的转速基本恢复至原来的转速,并在变化了的负载下重新稳定工作。

也就是说,如果外界负载不变,调速器不产生调速动作,柴油机在此转速下稳定工作。只有当外界负载发生变化而引起柴油机转速改变时,调速器才开始工作并使供油量得到相应调整,以适应外界负载变化对供油量的需求,保持发动机转速重新稳定。

2. 调速器的分类

调速器也有两种分类方式,可以按用途进行分类,也可以按结构进行划分。

(1)按用途分类可分为单制式调速器、双制式调速器和全程调速器三类。

1)单制式调速器。又称单程调速器,只控制柴油机的最高转速,防止转速过高出现飞车。它没有调速手柄,因此,调速器调速弹簧的预紧力不可调,只有当柴油机在额定工况(柴油机发出额定功率并在额定转速运行)工作时,调速器才起作用。发动机在低速和中速运行时,随着外界负载的改变,油量的增大或减小只能由人工操纵进行调整。

2)双制式调速器。又称双程调速器,主要用于车用柴油机,其工作原理与单制式相同。单制式用来稳定发动机的最高转速防飞车,而双制式调速器不仅要稳定发动机的最高转速防飞车,同时还要稳定发动机的怠速防熄火。从怠速至最高转速的中间转速范围,调速器不起作用,操作手只能依据发动机负载(如路面和车流等)情况,通过脚踩"油门"来适时改变供油量,确保发动机运行的动力性和经济性。

3)全程调速器。顾名思义,从最低工作转速(怠速)到最高工作转速(通常指额定转速),在任何转速下它都能起调速作用,使发动机在选定的转速下,无论负载怎样变化都能稳定运行。因此,全程调速器也可看成是若干个单制调速器的组合,其特点是有调速手柄,调速弹簧的预紧力可通过改变手柄的位置进行调整。全程调速器虽然结构复杂,但调速范围宽广、功能强、易于控制、便于操作,故应用极为广泛。

(2)按工作原理分类可分为机械离心式调速器、液压调速器和电子调速器。

1)机械离心式调速器。应用十分广泛,我们平时所接触的几乎都是机械离心式调速器。它利用旋转的飞铁产生的离心力与调速弹簧进行平衡,从而控制油量控制机构工作。当发动机的负载从空载到满载之间发生变化时,机械离心式调速器难以使发动机恒速工作,只能将转速稳定在允许的范围内,即具有一定的调速不均匀度。

2)液压调速器。主要用于某些对调速精度要求较高的大功率柴油发电机组。它在机械离心式调速器的基础上,增加了液压机构和反馈机构,使感应元件输出的信号通过液压机构和执行机构驱动喷油泵的油量控制机构工作。调速器的不均匀度,可通过不均匀度调整机构人工调整,当调整为零时,柴油机可实现恒速运转,即无论外界负荷怎样变化,柴油机的转速始终不变,这对单台柴油发电机组运行十分有利。

3)电子调速器。20世纪80年代以来,随着微电子技术和计算机技术的突飞猛进,电子调速器开始在一些柴油机上得到应用,它具有调速精度高、控制性能好等特点。其工作原理是基于负载发生变化引起柴油机转速改变,比较电路将输出控制信号作用于调速器的执行元件,从而使循环供油量得到及时调整,满足负载变化对油量的要求。

实际使用中,以机械离心式全程调速器应用最为广泛。下面我们将以135系列柴油机使用的B型泵调速器为例,介绍它的基本组成、工作原理和构造。

3.机械离心式全程调速器的基本组成

它主要由感应元件、执行元件、操纵机构和驱动机构四部分组成,如图4-21所示。

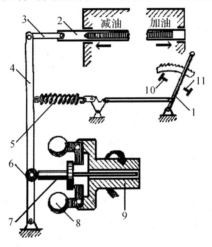

图4-21 机械离心式调速器组成

1—调速手柄;2—供油齿条;3—拉杆;4—调速杠杆;5—调速弹簧;6—滚轮;

7—滑套;8—飞铁;9—飞铁支架;10—低速限制螺钉;11—高速限制螺钉

(1)感应元件。两个飞铁(飞球)8通过飞铁销安装在飞铁支架9上,飞铁脚抵在执行元件滑套(又称伸缩轴)7的端面。它是调速器的转速感应元件,其质量及加工都有严格的要求,并通过滑套将飞铁旋转产生的离心力转变为轴向推力并作用在调速杠杆4上。

(2)执行元件。滑套7插在飞铁支架9的中心孔内,可沿此孔向左或向右轴滑动。滑套的右端凸肩与飞铁脚接触并承受飞铁旋转产生的轴向推力,左端抵在调速杠杆的滚轮6上。杠杆下端通过杠杆轴铰连在调速器壳体下部,可绕轴左右偏摆。杠杆的中上部挂着调速弹簧5,顶端通过拉杆销钉和拉杆3铰连,并与喷油泵齿条连接。

调速杠杆受调速弹簧向右的拉力和滑套向左的推力作用,当两个力的作用不平衡时,杠杆将向左或向右偏摆,从而带动喷油泵油量控制机构工作以改变供油量。

(3)操纵机构。主要由调速手柄1、调速弹簧5等组成。调速弹簧是调速器的控制元件,弹簧的一端与手柄相连,另一端挂在调速杠杆上。扳动手柄,即可改变弹簧的预紧力,从而改变柴油机的工作转速。手柄向右和向左扳动时,分别被高速和低速限制螺钉限位。

(4)驱动机构。主要包括飞铁支架和喷油泵凸轮轴,飞铁安装在飞铁支架上,并由旋转的喷油泵凸轮轴提供动力。凸轮轴与飞铁支架直接连接,或通过齿轮传动连接,后者通常采用增速传动以提高调速器的工作性能。

此外,机械离心式全程调速器上还装有高、低速限制螺钉和停车手柄等零件,调速器内装有机油,用来润滑上述元件和机构。

4.机械离心式全程调速器的基本工作原理

如图 4-22 所示,当作用在调速杠杆 3 上飞铁离心力的轴向分力 F,与作用在调速杠杆上调速弹簧 2 的弹力 P 保持平衡时,调速杠杆和齿条 1 的位置不变,供油量也不变,柴油机处于稳定运转状态。需要指出的是,离心力 F_0 的大小与飞铁旋转速度的平方成正比,而弹簧力 P 的大小与弹簧的预紧力(即操纵手柄的位置)和弹簧变形量的乘积成正比。离心力 F_0 越大,其轴向分力 F 也越大。

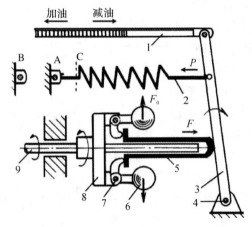

图 4-22　机械离心式调速器原理

1—齿条;2—调速弹簧;3—调速杠杆;4—杠杆轴;5—滑套;

6—飞铁;7—飞铁销;8—飞铁支架;9—传动轴

(1)当手柄位置不改,负载变化时的调速过程。在上述稳定状态,假设操纵手柄始终在"A"位置保持不变,柴油机转速为 n。如果某个时刻柴油机的负载增大,发动机转速将降低使飞铁离心力相应减小,此时弹簧力作用大于离心力作用,迫使调速杠杆绕杠杆轴 4 向左偏摆,带动齿条左移加油。由于供油量增大,发动机转速迅速回升直至离心力与调速弹簧的弹力作用重新得到平衡。此时,柴油机将在新的转速 n_1 下稳定运转,与负载变化前的转速 n 相比,n_1 略有升高。

反之,当负载减小,柴油机转速升高使离心力的作用大于弹簧力的作用,迫使调速杠杆右摆减油,发动机转速因此降低直至离心力与弹簧力的作用再次平衡。此时,柴油机将在新的转速 n_2 下稳定运转,与负载变化前的转速 n 相比,n_2 略有降低。

综上所述,当发动机负载变化后,调速器内部将经历一个短暂的调速过程,使调速系统从一种平衡状态过渡到另一种新的平衡状态,从而保持发动机转速稳定。调速过程所占用的时间对电站仅为 3~5 s。

（2）当负载不变，改变操纵手柄位置时的调速过程。在上述稳定状态下，假设柴油机的负载固定不变，柴油机的转速为 n_A，若将操纵手柄（也称调速手柄）从"A"位置扳动到"B"位置并固定，此时，由于调速弹簧的弹力作用大于离心力的作用，调速杠杆将向左偏摆，带动齿条左移加油。由于供油量增大，发动机转速将升高直至离心力与调速弹簧的弹力作用获得平衡。此时，柴油机将在新的转速 n_B 下稳定运转，与手柄位置改变前的转速 n_A 相比，n_B 有较大幅度的提高。由于负载未改变，此时所增加的油量仅用来克服柴油机转速升高所增大的机械阻力。

反之，如果将操纵手柄从"A"位置放松至"C"位置并固定，由于弹簧力减小，在离心力的作用下杠杆将向右偏摆减油，发动机的转速因此降低，直至离心力与调速弹簧的弹力作用获得平衡。此时，柴油机将在新的转速 n_C 下稳定运转。与 n_A 相比，n_C 有较大幅度下降。

由此可见，当发动机负载不变，如果扳动手柄改变其位置，发动机的转速会随之改变。因此，当需要变更发动机工作转速时，操作手只需扳动（或是通过远距离操纵）手柄即可。也可以理解为，操纵手柄的作用就是为柴油机选定一个工作转速，一旦工作转速选定（即手柄位置被固定），外界负载变化时，调速器都将按照前述的工作原理进行油量的调节，以确保负载变化前后的转速接近所选定的工作转速。

由于手柄的位置可以在高、低速限制螺钉（见图 4-21 中 11 和 10）之间的任意位置被固定，因此柴油机从低速到高速也有若干个工作转速，在每一个工作转速，都能起调速作用，故称为全程调速器。

5. 机械离心式全程调速器的构造

图 4-23 所示为 135 系列柴油机使用的 B 型泵机械离心式全程调速器结构图。调速器安装在喷油泵的右端，与喷油泵组装在一起，构成喷油泵总成。

（1）驱动机构。在喷油泵凸轮轴 15 的一端用半圆键固定有调速齿轮座，调速齿轮 12 通过缓冲弹簧片 13 与齿轮座连接，使调速齿轮与喷油泵凸轮轴之间变成弹性摩擦传动。这样可以减少凸轮轴传来的冲击负荷，并对转速的突然提高起缓冲作用，使飞铁旋转得更均匀，调速性能更稳定。飞铁支架 16 通过滚动轴承支承在托架 10 上，在飞铁支架上加工有一个小齿轮，与调速齿轮啮合并将凸轮轴的旋转增速传递给飞铁支架和飞铁。

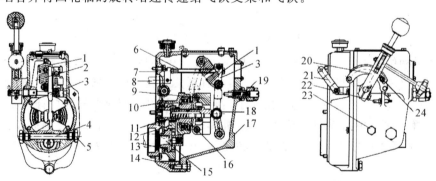

图 4-23 135 柴油机 B 型泵调速器构造

1—调速弹簧；2—摇臂；3—调速杠杆；4—杠杆轴；5—螺塞；6—拉杆；7—前壳体；8—齿条；
9—飞铁；10—托架 11—滑套；12—调速齿轮；13—缓冲弹簧片；14—放油螺钉；15—凸轮轴；
16—飞铁支架；17—后壳体；18—滚轮；19—低速稳定器；20—调速手柄；21—停车手柄；
22—高速限制螺钉；23—机油平面螺钉；24—低速限制螺钉

（2）感应元件。两块弧形飞铁 9 通过飞铁销装在飞铁支架上，两个飞铁脚抵在滑套 11 上的推力轴承端面，通过推力轴承把飞铁旋转产生的离心力变为推动滑套轴向移动的推力。调速器经初期使用，飞铁销和销孔会产生磨损，配合间隙增大将导致调速器工作性能降低甚至丧失。

（3）执行元件。滑套 11 插在飞铁支架 16 的中心孔内，可沿此孔左右滑动。滑套右端有一凸肩，推力轴承紧靠在凸肩左面，飞铁脚传来的推力可以使滑套向右移动，并推动调速杠杆向右偏摆。杠杆轴 4 穿过调速杠杆下端圆孔，两端支撑在调速器后壳体孔内，为了防止工作中杠杆轴脱出，在杠杆轴的两端孔内各旋有一个螺塞 5。

调速杠杆上装有一滚轮 18 并与滑套的一端相接触，以承受滑套的推力。杠杆上部挂有调速弹簧 1，杠杆顶端通过拉杆销钉与带有缓冲弹簧的拉杆 6 相铰连，拉杆左端通过拉杆接头与喷油泵齿条 8 连接。调速杠杆受到调速弹簧拉力和滑套推力的作用，当两个作用力不平衡时，杠杆将向左或向右偏摆，从而带动喷油泵齿条移动改变供油量。

（4）操纵机构。操纵机构由调速手柄 20、调节手轮、摇臂 2 和操纵轴等组成。调速弹簧 1 的一端挂在摇臂上，摇臂装在操纵轴上，调速手柄通过齿轮连接方式固定在操纵轴上。向上拉起调速手柄，可以快速调节转速，而转动调节手轮可进行转速微量调节。

调速器前壳体 7 上装有停车手柄 21，将手柄向右扳到底，可拉动齿条向右移动到底，喷油泵将停止供油。调速器后壳体上装有高速限制螺钉 22，调整好后用锁紧螺母锁紧并加有铅封，在不具备实验的条件下不得打开铅封，也不得进行调整。在扇形齿板的长形孔内，装有一个低速限制螺钉 24，用来调整柴油机的怠速，操作手可以根据需要进行调整。

（5）低速稳定器。低速稳定器 19 安装在调速器后壳体上，由顶杆、锥形弹簧和调速螺钉等组成，其作用是防止柴油机在低速时工作不稳定。因为柴油机在低速运转时，飞铁离心力减小，滑套的推力减弱，此时调速杠杆只受到调速弹簧较松的拉力，从而造成低速不稳定。因此，安装稳定器后，相当于给杠杆增加了一个向左的作用力，加强了调速弹簧的拉力，使杠杆的摆动量减少，有利于怠速保持稳定。当柴油机发生低速不稳定现象时，可将低速稳定器的调整螺钉缓慢旋入，直到转速稳定（允许转速波动在 ±30 r/min 范围内）后再用螺母锁紧。但必须注意，低速稳定器的调速螺钉旋入量不能过大，以免空车时转速过高引起飞车等事故。值得注意的是，低速稳定器主要用于 6135 柴油机的调速器，12V135 柴油机的调速器并未安装。

（6）调速器壳体。调速器的前壳体用螺钉安装在喷油泵左端，后壳体通过螺钉与前壳体相连（见图 4 - 23）。后壳体上部装有一个盖板，打开盖板可以观察调速器内部的工作情况。盖板上加工有一个机油加注口，平时用螺塞密封。后壳体下部设有一个放油螺钉 14 和机油平面螺钉 23，前者用来放油，后者用来向调速器内加注机油。加油时应打开此螺钉，一旦发现从螺钉孔开始向外泄漏机油，应停止加油。若调速器内加油过量，虽然有利于润滑，但会增大飞铁旋转的阻力，降低调速器的灵敏性甚至导致柴油机发生飞车；反之加油不足，会增大飞铁元件和驱动机构、执行机构零件的磨损。

在调速器前壳体上部，装有一个呼吸器，用来排出调速器内部的油气。

6.调速器的性能指标

调速器工作时，整个调速系统始终处于一种相对平衡的状态，这就构成了调速器的两种工作状态：静态和动态。前者只着眼于评价调速器的相对平衡状态；后者指从某一平衡状态被破坏直到新的平衡被建立的整个过渡过程。

（1）调速器的静态性能指标。

1）调速器静稳定性的概念指在某一平衡状态下保持稳定工作，它是对调速系统的基本要求，但是否能够达到并保持稳定，却取决于感应机构是不是静稳定。

所谓静稳定，是指调速器的感应机构中传动套筒（即滑套），由于某种原因（如机体振动、外界干扰）微小地偏离了原来的平衡位置时，能够迅速自动复位。

如前所述，作用在调速器传动套筒上有两个力，一个是调速弹簧的弹力，另一个是飞铁旋转的离心力。作为一对相互作用的力，调速弹簧力的作用总是使油量增大，而飞铁离心力的作用总是使油量减小，二力的大小决定了传动套筒的位置，也决定了油门拉杆的位置。当发动机负载不变时，弹簧力与飞铁离心力的作用达到平衡，传动套筒位置不变，循环供油量也保持不变。由于调速器的平衡是暂时的，当发动机工作时，尽管负载没有改变，但由于机身的振动或受到外界的干扰，都可能使调速器的传动套筒少许偏离原来的平衡位置，导致上述平衡状态被破坏。如果在设计和制造中能够确保调速弹簧弹力与传动套筒位移变化曲线的斜率总是大于飞铁离心力（确切应为"当量离心力"）与传动套筒位移变化曲线的斜率，一旦传动套筒偏离原来的平衡位置，调速弹簧的弹力（或飞铁的离心力），都会使传动套筒迅速回到原来的平衡位置。具有这种能够自动回复到原先位置能力的调速器，称为静稳定调速器。如果二者的斜率相同，传动套筒将失去自动回到原先位置的能力，就不能保证与柴油机一定负荷相适应的油门拉杆位置，因此，柴油机就不能稳定运转，很容易出现"游车"现象。

由此可见，欲得到稳定的静力特性，就必须使调速弹簧弹力曲线的斜率大于飞铁当量离心力曲线的斜率，斜率的差值愈大，系统愈稳定。

2）调速器的不均匀度 δ。对应于一定的调速手柄位置（即一定的调速弹簧预紧力），在一定的转速 n 下，传动套筒只有一个确定的位置。当柴油机负荷变化时，由于供油量与负荷不相适应，势必引起转速变化，从而使原来的平衡状态被破坏，驱使传动套筒（及油门拉杆）移动，通过改变油量来适应变化负荷的需求，并重新建立起油量与负荷、弹簧力与离心力之间的平衡，但转速已不是原来的转速，有了一个微小的差值。例如当柴油机负荷增大，

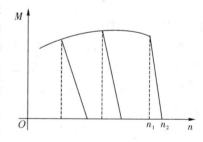

图 4-24　柴油机调速特性曲线

重新稳定后的转速会略有降低；反之则略有升高。故机械离心式调速器难以实现恒速工作，而只能控制柴油机在一定转速范围内工作。

对应于某个调速手柄位置，设柴油机空载时调速器所控制的最大转速为 n_2，在全负荷时所控制的转速为 n_1，则用最高转速 n_2 和最低转速 n_1 之差与平均转速之比的百分数来表示调速器的不均匀度 δ，并作为评价调速器的静态性能指标，则

$$\delta = \frac{n_2 - n_1}{\frac{1}{2}(n_2 - n_1)} \times 100\% \qquad (4-1)$$

全程调速器可以在各个转速下起调速作用，对应于不同的调速手柄位置，可以有不同的不均匀度。图 4-24 反映了调速器在三个不同手柄位置时的调速特性，其中，从左至右调速弹簧的预紧力依次增大。由图可见，弹簧预紧力愈大，它所控制的柴油机转速愈高，调速器的不均匀度也愈小。

在实际工作中,经常是根据调速特性或标定工况的突变负荷试验求出稳定调速率,并以此作为评价调速器静力性能指标。稳定调速率 δ_2 的表达式为

$$\delta_2 = \frac{n_2 - n_1}{n_e} \times 100\% \tag{4-2}$$

式中,n_e 为柴油机的额定转速;n_1 为柴油机突卸负荷前的转速,实际计算中可以取 $n_1 = n_e$;n_2 为突卸负荷后柴油机稳定后的转速。

稳定调速率是指在额定工况时,空载转速相对于全负荷的转速波动,即调速器在额定工况时的不均匀度。对柴油发电机组,δ_2 要求较高,一般为 $\delta_2 \leqslant 5\%$;对于工程机械、农用动力的柴油机,要求 $\delta_2 \leqslant 8\% \sim 10\%$。以 6135D 型柴油机为例,若稳定调速率按 5% 取,对应于额定转速为 1 500 r/min,则空载转速为 1 575 r/min。

影响调速器不均匀度 δ 有以下几个因素。

a. 弹簧刚度 C 对 δ 的影响:当弹簧刚度 C 增大时,不均匀度 δ 增大,调速器的稳定性提高。实际应用中为降低 δ 值,常采取适当增加飞铁(球)重量,或采用几个相继参加工作的弹簧,或采用变刚度的锥形弹簧等措施。例如,国产 Ⅱ 号泵调速器采用三根弹簧依次投入工作,低速时两个弹簧工作,到中速三个弹簧工作,弹簧刚度 C 增大,调速器工作的稳定性增强。

b. 调速弹簧预紧力 P_0 对 δ 的影响:预紧力 P_0 增大,不均匀度 δ 减小。故高速时调速器的不均匀度 δ 较小。

c. 两台机组并联运行对 δ 的要求:两台柴油发电机组并车运行时,不均匀度 δ 要求相同,且不均匀度 δ 值的大小要适当。

3)调速器的不灵敏度 ε。以上讨论都未曾考虑调速系统中的摩擦阻力,在这种理想情况下得出的结论是:转速一有变动,调速系统会立即起作用,使传动套筒移动并在新的平衡位置上重新稳定。但实际上,调速系统中总有摩擦阻力存在(包括喷油泵拉杆的摩擦力),需要有一定的力来克服摩擦力才能使传动套筒移动。加之存在传动间隙,故不论柴油机转速在

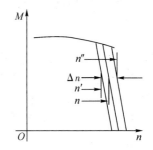

图 4-25　调速器的不灵敏区域

负荷已发生变化后略增或略降,调速器都不会立即移动供油拉杆使油量发生改变,必须在转速产生一个 Δn 的变化后,传动套筒才开始移动。也就是说,只有当飞铁离心力与调速弹簧力的差值能够克服系统阻力的影响时才开始起调速作用,这种现象称为调速器的不灵敏性,通常用不灵敏度来表示不灵敏区域(即不起反应的区域)的大小(见图 4-25),并用符号 ε 表示。

当调速手柄位置固定,柴油机负荷减小或增大时,调速器开始起作用的转速之差与平均转速之比的百分比称为不灵敏度 ε,其表达式为

$$\varepsilon = \frac{n'' - n'}{\frac{1}{2}(n'' + n')} \times 100\% \tag{4-3}$$

式中,n'' 为最大平衡转速,其值等于 $n + \Delta n$;n' 为最小平衡转速,其值等于 $n - \Delta n$。例如,柴油机的转速为 $n = 2\,000$ r/min,由于存在不灵敏度,当转速在 1 980 r/min 到 2 020 r/min 的范围内变化,调速器均不起作用。不灵敏度 ε 与系统摩擦阻力 f,与调速弹簧力 P 之间的关系为

$$\varepsilon = \frac{f}{P} = \frac{f}{P_0 + c \cdot x} \tag{4-4}$$

可见,系统摩擦阻力越小,调速器就越灵敏。设计和制造中,可以通过改善调速系统的润

滑,提高零件的加工精度及减小传动零件的间隙,从而降低调速器的不灵敏度。一般规定在额定转速下,不灵敏度 $\varepsilon \leqslant 1.5\% \sim 2\%$;在最低转速时,$\varepsilon \leqslant 10\% \sim 13\%$(这是因为低速时调速弹簧 P 值较小,故执行元件移动的阻力较大)。

（2）调速器的动态特性。当外界负荷增大或减小时,调速器都将经历一个加、减速运动,需要经历一个过渡过程才能重新达到平衡。因此,对调速器的要求既要有好的静态性能,同时还要有好的动态特性。

图 4-26 所示为突卸负荷时转速的变化情况。开始时柴油机在全负荷下以稳定转速 n 运转,这时转速的微小波动是由于柴油机工作过程的特点所引起的发动机旋转的不稳定。当在 A 点时突然卸去全部负荷,转速马上升高,最高瞬时转速达到 n_2。此后经过数次波动,到达 B 点才稳定在空载转速 n_3 下运转。从 A 点到 B 点的过程称为调节的过渡过程,过渡过程的好坏决定了调速系统的动力特性,一个好的调速系统,其过渡过程应满足三条:一是过渡过程的转速波动应是收敛的;二是过渡过程转速瞬时波动的幅度要小;三是过渡过程所经历的时间要短。

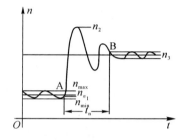

图 4-26　突卸负荷调速过程的变化

评价过渡过程的主要指标是瞬时调速率 δ_1 及过渡时间 t_n,则

$$\delta_1 = \frac{n_2 - n_1}{n} \times 100\% \qquad (4-5)$$

式中,n_1 为突卸负荷前的转速;n_2 为突卸负荷时的最大瞬时转速;n 为额定转速。一般柴油机,瞬时调速率 $\delta_1 \leqslant 10\% \sim 12\%$,过渡过程时间 $t_n \leqslant 5 \sim 10$ s;对柴油发电机组,要求 $\delta_1 \leqslant 5\%$,$t_n \leqslant 3 \sim 5$ s。

什么叫做柴油机的"游车"?所谓游车,是指柴油机转速忽高忽低有较大波动,且发出"鸣、鸣"的声音的一种状态。造成游车的原因,主要是调速系统动力稳定性不好。实际工作中,常见的是工艺性游车,其次是高速游车和低速游车。当喷油泵凸轮轴轴向间隙过大(例如,Ⅱ泵调速器凸轮轴轴向间隙大于 $0.1 \sim 0.5$ mm)、调速器传动间隙过大、飞铁传动部件磨损、调速弹簧久用变形等皆可导致游车现象发生。此时,可以观察到齿杆(或拉杆)在柴油机工作时抖动,特别当调速器弹簧刚度不足或更换的弹簧不符合要求时,柴油机将失去正常工作的能力。

4.4　PT 燃油系统的组成与原理

4.4.1　PT 燃油系统的基本原理与特点

PT 燃油系统是美国康明斯发动机公司的专利,1954 年研制成功并投入生产。与传统燃油系统相比,无论是结构还是工作原理都有本质上的不同。PT 燃油系统故障少、柴油机工作可靠、易于实现电子控制,可以说是一种性能更为完善的燃油供给系统。PT 燃油系统根据燃油泵的输出压力 P 和喷油器的计量时间 T 的相互配合来控制循环供油量,以满足柴油机不同工况的需要。"P"和"T"是英文压力(Pressure)和时间(Time)的第一个字母,PT 燃油系统的名称即由此而来。

1. PT 燃油系统的基本原理

PT 燃油系统供油量的调节是基于如下液压原理:一是在充满液体(燃油)的系统中,任何压力的变化立即等量地传给整个系统;二是液体通过某一管道的流量,与液体的压力、允许流过的时间和管道的截面积成正比。

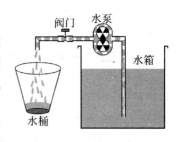

图 4 - 27　抽水原理

为了说明"压力←→时间"原理,以图 4 - 27 抽水过程为例。每次抽水量的多少,仅取决于水泵的压力(P)、阀门的开度(S)以及抽水的时间(T)。当阀门开度一定(即流通截面积一定)时,抽水量仅取决于水泵压力和拧开阀门的时间;如果阀门开度一定且泵水的压力不变,抽水量只与抽水的时间成正比;如果阀门开度一定且每次抽水的时间恒定,则抽水量的多少仅与水泵的压力成正比。PT 燃油系统就是据此原理设计和工作的。

在康明斯发动机上,每次的"抽水量"相当于"每循环喷油量 Q";"阀门开度"即喷油器"计量量孔的尺寸";"打开阀门的时间"即喷油器"计量燃油的时间 T"(喷油器计量量孔开启的时间);"压力"指喷油器入口燃油压力 P,即"PT 燃油泵的供油压力",它与燃油泵中旋转油门的开度和调速器所控制的出油压力有关。

2. PT 燃油系统的工作特点

如前所述,柱塞式燃油系统产生高压燃油、喷油正时和油量调节均由喷油泵总成完成。PT 燃油供给系统则不然,油量调节由 PT 燃油泵完成,而高压的产生、燃油的计量和定时喷射则由 PT 喷油器来完成。归纳起来它具有下述几个鲜明的特点。

(1)PT 燃油泵只提供低压燃油,高压燃油的产生和喷射均由喷油器独立完成。PT 燃油系统取消了柱塞式燃油系统中的高压油管,有效地消除了在高压和高速下供油时燃料的可压缩性、管路的容积变化和压力波动给燃油喷射带来的不良影响,从而可以采用比传统燃油系统(喷油压力一般在 20 MPa 左右)更高的喷油压力(60～150 MPa,甚至达到 200 MPa),这不仅可以满足发动机强化所需的高喷油压力和高喷射速率,而且雾化好、充气效率高(气流流动损失较小),有利于燃烧并提高发动机动力性和经济性。

(2)循环供油量主要靠油压来控制,精密偶件稍有磨损后可借助减少旁通油量来补偿。各缸油量的分配均匀性易于集中调整,也比较稳定,改善了发动机工作的平稳性。此外,PT 燃油泵还装有扭矩校正装置,扭矩适应性好,能够满足发动机对扭矩储备的要求。

(3)进入 PT 喷油器的燃油只有 20% 左右经喷油器喷入汽缸内燃烧,余下的 80% 对喷油器进行冷却和润滑后流回油箱,在冷却喷油器的同时也排除了油路中的空气,有利于提高喷油器的可靠性和使用寿命。传统燃油系统中,经喷油泵压送到喷油器的燃油几乎全部喷射到汽缸内,只有微量的漏泄燃油流回油箱,针阀头部工作温度较高。而且传统燃油系统对油路中的空气比较敏感,空气的存在不仅降低了发动机运转的动力性和经济性,也是运行中自动熄火的一个常见原因。

(4)PT 燃油泵结构紧凑,零件数(尤其是精密偶件数)较少,减小了对零件加工工艺的过高要求。此外,燃油泵适应能力强,只需更换其中个别零件即可为不同系列、不同机型的柴油机配套,易于实现产品的系列化。

(5)与柱塞式喷油泵不同,PT 燃油泵与柴油机无正时关系。由于 PT 喷油器的喷油凸轮与进、排气凸轮同轴加工,因此,安装燃油泵无需校准正时。在大多数康明斯发动机上,PT 燃油泵的转速和转向与发动机曲轴相同。

(6)发动机停止转动时,PT 燃油供给系统利用燃油泵上的断油阀来切断燃油流动,断油可靠、停机效果好且易于控制,同时兼有手动操作。

(7)由于不存在高压油管,燃油不易泄漏,密封可靠。与柱塞式燃油系统相比,有利于减少燃油系统的故障率。

(8)PT 燃油供给系统还具有工作可靠、维修方便、体积小和重量轻等优点,更易于实现电子控制。此外,PT 燃油系统对使用和维修也有如下一些具体要求:①循环供油量靠调节燃油压力来改变,因此,PT 燃油泵和喷油器的调试必须要在专用试验台上进行,需要掌握一套与传统调整不同的调试程序和方法,对调试人员的技术水平和能力也有一定的要求。而且,PT 燃油泵试验台和喷油器试验装置的价格昂贵;②PT 燃油泵内充满柴油,各结合部位密封不良会影响燃油泵中的燃油压力,从而影响循环供油量,因此,平时必须要注重对燃油供给系统进行精心维护和保养;③PT 燃油泵和喷油器对装配要求高,必须使用专用工具严格按照装配工艺进行。

4.4.2　PT 燃油系统的基本流程

PT 燃油系统的基本流程如图 4-28 所示。在 PT 燃油泵齿轮驱动下,齿轮油泵将燃油从油箱经燃油滤清器和进油管吸入泵内,增压后分两路输出:一路与脉冲减震器的油道连通,压力油作用在减震器的膜片上,能够使油压波动保持平稳;另一路燃油经燃油泵泵体内油道流向网式磁芯滤清器进行过滤。

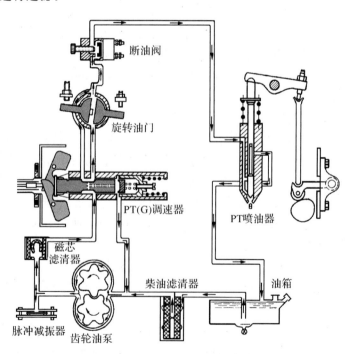

图 4-28　PT 燃油系统基本流程

PT 燃油泵内装有一个机械离心—液压复合式两极调速器(PT(G)调速器)。经网式磁性滤清器过滤后的燃油进入调速器,调速器柱塞套筒上沿轴线加工有三排径向油孔,分别为怠速油孔、主油孔和进油孔。其中,进油孔通过进油道与网式磁芯滤清器出油口接通。怠速油孔和主油孔通过油道与旋转油门相通,调速器柱塞套筒上还设有旁通油道,燃油可经旁通油道返回齿轮泵的进口。当发动机工作时,调速器柱塞随发动机转速和负荷的变化而左、右移动,可使进油道与上述某个出油口接通。

当 PT 燃油泵同时装有机械离心式全程调速器或 EFC 电子调速器(后者主要用于电站)时,发动机在不同工况运行的情况下,燃油的压力和流量主要由全程调速器或 EFC 电子调速器进行控制。此刻,从旋转油门流出的燃油直接进入调速器进行调节,然后再流向断油阀和PT 喷油器。

4.4.3 PT 燃油泵的基本构造

现在我们以常见的 PT(G)型燃油泵为例分析它的结构。图 4-29 所示是它的外形结构。燃油泵总成用螺栓固定在发动机附件驱动装置上,进、出油管分别与柴油滤清器和汽缸盖进油接头连接。

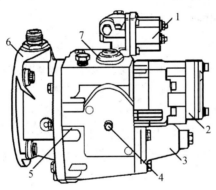

图 4-29 PT(G)燃油泵外形图

1—电磁式断油阀;2—齿轮油泵;3—调速弹簧罩壳;
4—旋转油门;5—泵体;6—前盖;7—网式磁芯滤清器

1. 燃油泵驱动装置

驱动轴前端通过三爪接合器与辅助驱动装置连接,并通过燃油泵传动齿轮驱动。驱动轴上装有直齿圆柱驱动齿轮,与飞铁部件驱动齿轮啮合,通过增速传动驱动调速器飞铁工作。驱动齿轮的内孔加工有花键,与齿轮油泵主动轴的外花键啮合,用来驱动齿轮油泵工作。调速器飞铁部件安装在驱动轴的下方,当发动机工作时,飞铁部件旋转时产生的离心力的轴向推力直接作用在调速器柱塞上。

2. 齿轮油泵

它由齿轮泵和燃油脉冲减震器组成,其作用是向燃油泵输送燃油,它的输出油量和供油压力随齿轮油泵转速的增加而增大,输油量约为燃油泵额定工况所需油量的 4～5 倍。

(1)齿轮泵。如图 4-30 所示,齿轮泵由泵体 9、泵盖 4、主动齿轮 7 和从动齿轮 5 等零件组成。泵体与泵盖之间装有垫片 8 并用两个定位销 3 定位,垫片除了密封作用,还可用来调整齿轮泵的端面间隙。主、从动齿轮的齿数相同,分别与主动轴和从动轴装配成一体。当两个齿轮啮合旋转时,吸油腔一侧由于燃油被不断带到压油腔而产生低压,油箱燃油经柴油滤清器不断被吸入到吸油腔;压油腔一侧,由于燃油压力升高,燃油经前、后出油孔分别压送至网式磁芯滤清器和燃油脉冲减震器。

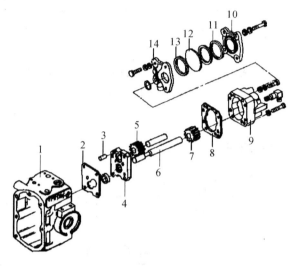

图 4 - 30　齿轮油泵

1—燃油泵泵体;2,8—垫片;3—定位销;4—泵盖;5—从动齿轮;6—主动轴;7—主动齿轮;
9—齿轮油泵泵体;10—盖板;11—尼龙垫圈;12—金属膜片;13—O 型橡胶圈;14—罩壳

　　(2)燃油脉冲减震器。齿轮泵出油口的后端与燃油脉冲减震器相通。减震器由壳体 14、盖板 10、金属膜片 12、O 型密封圈 13 以及尼龙垫圈 11 等组成。壳体上加工有一个油孔,燃油由此进入壳体并作用在膜片上。减震器的作用是吸收齿轮泵泵油过程产生的压力脉冲,借空气室中空气的气垫作用减缓油压的脉动,保持整个燃油系统的油流平稳。

3.滤网式磁性滤清器

　　滤网式磁性滤清器用来滤除齿轮泵输出燃油中的杂质和磨粒,然后将清洁的燃油输送至调速器柱塞。其组成如图 4 - 31 所示,PT 泵工作时,燃油由 A 口(进油口)进入,经滤网过滤和磁片吸附后,净化后的燃油再从下部 B 口(出油口)流出。弹簧 3 是一个宝塔形弹簧,其作用是压紧滤网以防止燃油不经过滤而流出。旋出紧帽 1 即可取出弹簧和滤网。

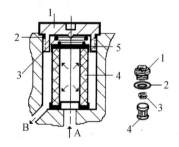

图 4 - 31　滤网式磁芯滤清器

1—紧帽;2—密封圈;3—弹簧;4—滤网;5—磁片

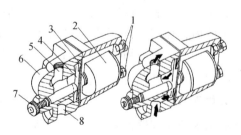

图 4 - 32　断油阀结构图

1—接线柱;2—电磁阀;3—弓形弹簧片;4—阀片;
5—出油口;6—阀体;7—手动控制螺钉;8—进油口

4. 断油阀

断油阀采用电磁阀结构,又称停车阀或断流阀。它用螺钉固定在燃油泵上部,进油口与旋转油门出油道连通,出油口接输油管。断油阀电磁铁有两个接线柱,一个接蓄电池正极,另一个搭铁(蓄电池负极)。如图 4-32 所示,断油阀由阀体 6、阀片 4、弓形弹簧片 3、密封圈、电磁铁 2、接线柱 1 和手动控制螺钉 7 等组成。

柴油机不工作时,电磁铁断电,断油阀在弓形弹簧片的弹力作用下紧压在阀体上,阻断了燃油的进、出通道,燃油泵停止供油。发动机启动时,电磁铁线圈通电,电磁铁克服弓形弹簧片的弹力吸开阀片使油路接通,燃油经输油管进入 PT 喷油器。发动机停止工作或出现超速、油压低或水温高报警停车时,在电路控制下,电磁铁断电使阀片复位,燃油供给中断。

为了避免控制电路出现故障使电磁铁无法正常工作,断油阀的阀体上装有一个手动控制螺钉。拧进螺钉可强制顶开阀片使油路接通,拧出螺钉可切断燃油的供给。

5. 旋转油门

旋转油门又称节流轴或节流阀,安装在燃油泵泵体中部,出油口通过油道与断油阀连通。旋转油门伸出泵体的轴端装有一个控制挡块,控制挡块被安装在泵体上的高、低速限制螺钉限位,高速限制螺钉加有铅封。旋装油门为操作人员提供了通过手柄控制发动机转速的方法。

如图 4-33 所示,油门轴上有一个轴向油道与径向油孔相通,转动油门轴 4,可使轴上通油孔与调速器柱塞控制的主油道 3 相通,不同的油门轴位置对应了主油道的不同开度,通油面积也因此改变。油门轴的通油面积,还可用油量调整螺钉 5 进行调整,旋进或旋出调整螺钉,改变螺钉伸向油道的长度可使通油面积变化。燃油泵出厂时油量调整螺钉已调整好,使用中不得擅自调整。油门轴的里端加工有一个环形槽,与调速器柱塞的急速油道 1 相通,其出口与油门轴出油口连通。

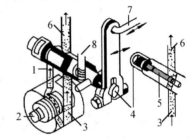

图 4-33　旋转油门和油门泄漏量调整
1—急速油道(进);2—调速器柱塞;
3—主油道(进);4—旋转油门轴;
5—油量调整螺钉;6—出油道(去断油阀);
7—控制板操纵臂;8—限位螺钉

6. PT(G)调速器

它是一个机械离心—液压复合式两极调速器,是 PT 燃油泵不可分割的一部分,用来稳定发动机的急速并控制发动机的最高转速。

4.4.4　PT(G)调速器的功用、组成和工作原理

PT 燃油泵所用调速器的构造和工作原理不同于机械离心式调速器,它是通过转速变化来控制输往 PT 喷油器的燃油压力,从而控制每循环的喷油量。

1. PT(G)调速器的功用

(1)旋转油门在急速位置时,调速器自动调节燃油压力以维持急速运行所需的油量,确保发动机急速运行稳定。

(2)旋转油门处于全开位置时,调速器自动调节燃油压力和燃油量以适应不同负荷的需求,从而稳定发动机的最高工作转速。

（3）当发动机出现超速时，调速器自动减小燃油压力直至断油，限制发动机转速继续升高。

2. PT（G）调速器的组成

其组成如图 4-34 所示。飞铁部件 1 是调速器控制转速的敏感元件，它通过飞铁座并经飞铁部件驱动，齿轮由燃油泵驱动齿轮驱动，飞铁脚直接作用在调速器柱塞 4 上，当发动机工作时，飞块脚通过驱动片带动柱塞旋转。

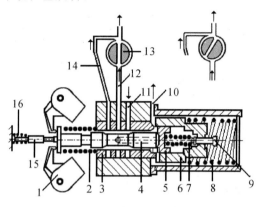

图 4-34　PT（G）调速器

1—飞铁部件；2—高速校正弹簧；3—柱塞套筒；4—调速器柱塞；5—怠速柱塞；6—套筒；
7—怠速弹簧；8—高速弹簧；9—怠速调整螺钉；10—旁通油道；11—进油道；12—主油道；
13—旋转油门；14—怠速油道；15—助推柱塞；16—低速校正弹簧

调速器柱塞左端主要承受飞铁离心力产生的轴向推力作用，右端装有怠速柱塞 5，并受怠速弹簧 7 和高速弹簧 8 的弹力作用。当柱塞两端作用力不平衡时，柱塞将产生轴向移动。调速器柱塞套筒 3 压装在泵体内，套筒上沿圆周方向加工有三排油孔，从左向右依次为怠速油孔、主油孔和进油孔。怠速油孔和主油孔通过油道与旋转油门连通，进油孔通过进油道与滤网式磁性滤清器的出油口连通。调速器柱塞中间细、两头粗，中段加工有径向油孔并与柱塞右段加工的轴向油道相通。当燃油泵工作时，柱塞内腔油压、右端旁通油腔油压以及进、出油道压力基本相同，旁通油道 10 通至齿轮泵吸油腔。发动机工作时，燃油在两条出油道和旁通油道中的流动取决于发动机的运行工况。

3. PT（G）调速器的基本工作原理

当发动机工作时，调速器飞铁在离心力作用下以飞铁销为圆心向外甩开，飞铁脚作用在调速器柱塞上并产生向右的轴向推力使柱塞右移。由于调速器柱塞右端通过怠速柱塞 5 作用着调速弹簧（怠速和高速弹簧）的弹力，因此，当轴向推力与调速弹簧弹力相平衡时，调速器柱塞在套筒中的位置即确定。

当发动机转速增加时，调速器柱塞所受轴向推力 F 随之增大，$F>H$（怠速柱塞作用力），使调速器柱塞右移；反之，当发动机转速下降，飞铁离心力减小，$F<H$ 使调速器柱塞左移，如图 4-35 所示。

当发动机工作时，来自齿轮油泵的压力油进入调速器柱塞内腔油道并将调速器柱塞和怠速柱塞向左、右推开，使二者之间产生间隙 Δ，部分燃油经此间隙和旁通油道流回齿轮泵吸油腔。除启动工况外，都有一部分燃油经此间隙旁流。旁通间隙（即旁通油腔）处的燃油压力，实际上取决于飞铁离心力的轴向推力 F，其受力情况可表示为

调速器柱塞作用力 F ←→燃油压力 P ←→怠速柱塞作用力 H

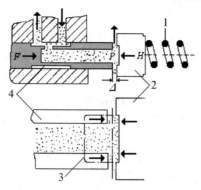

图 4-35　柱塞作用力与燃油压力的平衡及柱塞压力分布

1—调速弹簧；2—怠速柱塞；3—燃油压力分布；4—调速器柱塞

在图 4-35 中，发动机工作时，调速器柱塞 4 受到的推力 F 由间隙 Δ 处的燃油压力 P 来平衡，而燃油压力 P 由作用在怠速柱塞 2 上的调速弹簧 1 的弹力 H 所平衡。当上述力达到平衡时，调速器柱塞和怠速柱塞处于动态平衡状态，调速器柱塞的位置保持不变，发动机在对应工况下稳定运转。

如果发动机转速升高，飞铁离心力增大使 F 力瞬间大于间隙 Δ 处的燃油压力 P，迫使调速器柱塞右移，同时压缩调速弹簧至弹力与增大了的柱塞推力平衡为止。此时旁通间隙 Δ 变小，节流作用增大使燃油压力 P 随之升高，其结果是循环喷油量 Q 不因转速升高而减小，从而补偿了转速升高所带来的燃油计量时间 T 的缩短；反之，发动机转速下降，飞铁离心力减小使调速器柱塞作用力 F 瞬间小于燃油压力 P，调速器柱塞左移，间隙 Δ 增大使燃油压力 P 减小，循环喷油量 Q 不因转速下降而增大，抵消了转速降低所带来的燃油计量时间 T 的延长。

可见，怠速柱塞的作用就是在调速弹簧弹力的作用下使调速器柱塞内腔油压力 P 与飞铁离心力的轴向推力 F 成正比，使燃油压力随发动机转速改变而变化，起到了"压力调节"的作用：即转速 n ↑→F ↑，燃油压力 p ↑；反之则降低。这就是 PT 燃油泵调节燃油压力的原理。燃油压力 P 与转速 n 的关系如图 4-36 所示。

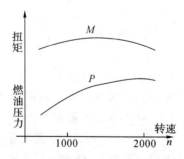

图 4-36　燃油压力 P 与转速 n 关系曲线

4. 对应发动机不同工况，PT(G)调速器的工作过程(见图 4-34)

(1)启动。启动时，旋转油门 13 开度较大，由于转速很低(190～250 r/min)，调速器柱塞 4 处在最左端位置，齿轮泵的流量和压力极小，不能使调速器柱塞和怠速柱塞 5 分离，旁通油道 10 关闭，全部燃油经怠速油道 14 和主油道 12 经旋转油门流往 PT 喷油器。由于喷油器在低转速下计量燃油的时间相对增加,从而使喷油量增大以满足启动所需。

(2)怠速。怠速时,将旋转油门关闭,燃油经怠速油道绕过旋转油门流往 PT 喷油器,此时,调速器柱塞稍右移,由于转速低,齿轮泵输出油压也低,使怠速弹簧稍有压缩,调速器柱塞与怠速柱塞略有分开,少量燃油从旁通油道流回齿轮泵。如果由于某种原因使发动机转速下降,则飞铁离心力减小,推力 F 瞬时小于旁通间隙处的燃油压力 P,使调速器柱塞左移。与此同时,在怠速弹簧推动下,怠速柱塞也向左移动,使怠速油道开度变大,喷油量随之增加,使发动机转速回升。反之,调速器柱塞右移将关小怠速油道,喷油量减少使发动机转速下降,以维持发动机在怠速下的稳定运转。

(3)中速。柴油机在最低与最高转速之间工作时,PT(G)调速器不起作用,由操作人员控制旋转油门的开度大小来实现加油或减油,以此来变更和稳定发动机的工作转速,适应负荷变化对喷油量的需求。

(4)最高转速的控制。当旋转油门固定在最大开度位置时,随着发动机转速升高和飞铁离心力增大,调速器柱塞右移,当转速升至额定转速时,高速弹簧 8 开始受到压缩。此时,调速器柱塞刚好处于开始要将通往旋转油门的主油道关小的位置。若转速继续上升,主油道将逐渐被关小,直至仅能维持高速空载运行。由于主油道流通截面减小,节流作用增强,燃油压力 P 下降(见图4-37曲线)。此时,压力 P 和时间 T 两个因素均减小,喷油量下降使转速升高得以控制。

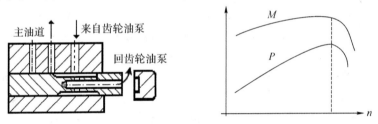

图4-37 高速限制起作用时发动机调速特性及调速器柱塞位置示意

如果发动机转速降低,飞铁离心力减小并使调速器柱塞左移,主油道开度增大,燃油压力升高使喷油量增加,发动机转速回升,直到推力、油压与弹簧力重新达到平衡,保证了柴油机高速稳定运转。

最高控制转速由高速弹簧 8 的弹力决定,增、减高速弹簧处的垫片,可以调整最高转速。垫片增加,最高转速升高;垫片减少,最高转速下降。高速时的燃油压力 P 及柴油机扭矩 M 变化见图4-36。

综上所述,PT(G)调速器只能控制怠速及最高转速,而在最高与最低转速之间必须通过人工调整旋转油门的开度来稳定发动机的转速。由于负荷的变化是随机的,有时甚至是很突然的,人工操纵难以满足控制精度,一旦外界负荷稍有变化就会引起转速的较大波动,如果在 PT(G)调速器的基础上再增装一个全程调速器,就能确保发动机在各种转速下都能稳定工作。在装有全程调速器的燃油泵上,旋转油门被固定在最大开度位置并始终保持不变。

4.4.5 PT(G)EFC 电子调速器

PT(G)EFC 电子调速器是 PT 燃油系统控制燃油供给的主控装置,也是一个用来调整和稳定发动机工作转速的全程调速器。如图4-38所示,整个调速过程形成了一个闭环控制系统。当发动机工作时,转速传感器将采集到的转速信号送往仪表箱控制板,控制板产生控制信号(控制电流)使安装在 PT 燃油泵上的执行器动作,通过控制和调节 PT 燃油泵的燃油流量和压力,确保发动机稳定运行。

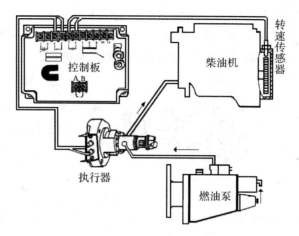

图 4 - 38 PT(G)EFC 系统组成

1. EFC 电子调速器基本组成

EFC 电子调速器主要由转速传感器、转速控制器和油门执行器三大部分组成,其控制原理如图 4 - 39 所示。

(1)转速传感器。转速传感器是一个磁电式传感器,它的外形类似一个螺杆,通过螺纹安装在柴油机的飞轮壳上,并用锁紧螺母锁紧。传感器永磁芯棒上绕有线圈,并通过导磁性外壳在端部形成磁场。当发动机运转时,飞轮齿圈上的每个齿在通过传感器产生的磁场时,由于电磁感应会在线圈内产生一个脉冲信号,单位时间内产生的电脉冲个数即表示了飞轮(发动机)的转速,传感器再将此信号通过导线传输给转速控制器。

安装转速传感器时,传感器头部与飞轮轮齿顶面应保持一定的距离(0.71~1.07 mm)。通常是先将传感器拧进并与飞轮齿圈接触,然后再拧回 1/2～3/4 圈。必要时可将塞尺插入传感器与飞轮齿顶之间进行检查和调整。拧进传感器,感应电压上升;反之则降低。

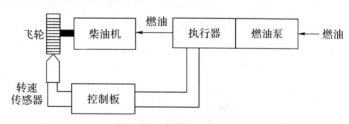

图 4 - 39 PT(G)EFC 电子调速器组成及控制框图

(2)转速控制器。转速控制器是一个单片机控制系统,又称控制板或调速板,是发动机转速控制的关键部件。它安装在仪表箱内,其功用一是设定发动机的转速;二是改善调速器的调速性能(静、动态性能)。当发动机工作时,转速控制器将来自转速传感器的电信号与现有的参考点相比较,如果两个信号不同,它将自动改变用来驱动执行器的控制电流,使执行器相应偏转一个角度。

转速控制器有 4 个电位器(运行、怠速、调速率和增益)供系统进行调整使用,此外,在仪表箱操作面板上还有一个微调电位器供调整转速使用。调速器控制所用的电压有 12 V 和 24 V 两种,控制器的电源电压必须与执行器的电源电压相同。在此要求常闭控制器与常闭执行器配套使用,常开控制器与常开执行器配套使用。

(3)执行器。执行器又称油门执行器,是一个加工精度高、装配间隙小、光洁度和硬度要求很高的精密部件。它装在 PT(G)燃油泵泵体内侧(靠近机体一侧)腔体内,并用三个螺钉固定在泵体上。其作用是将转速控制器的控制信号转变为执行器的机械动作,利用执行器的偏转来控制和调节燃油泵的燃油流量和压力,实现全程调速的目的。

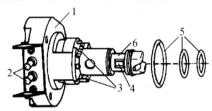

图 4 - 40　执行器

1—壳体;2—接线柱;3—弹簧;4—油孔;5—O 型密封圈;6—柱塞总成

执行器是一个电磁偏转阀,如图 4 - 40 和图 4 - 41 所示,主要由壳体(又称执行器法兰)、柱塞总成、O 型密封圈、弹簧、接线柱以及电磁线圈等零件组成。

电磁线圈 8(见图 4 - 41)封装在执行器壳体内,控制信号(电流)由两个接线柱引入。柱塞总成由柱塞 6(虚线表示)与柱塞套筒 5 组成,柱塞套筒与壳体 1 加工成一体。柱塞与执行器轴通过销钉(万向联轴节)连接,执行器轴与线圈相对的一端加工成"斜口",起着衔铁的作用。柱塞的右端加工有轴向油道,与泵体上的进油道 A 口相通,来自旋转油门的燃油可由此进入调速器。柱塞的中部在两个侧面分别加工有一个半圆形的油孔与轴向油道相通。柱塞套筒表面装有两道 O 型密封圈,用来密封泵体上的出油道 B。套筒的左端在直径不同的两个中空的圆柱面上分别加工有油孔,其中,右端的油孔加工成长方形,中部油孔加工成圆形,当将执行器装入燃油泵腔体内时,长方形油孔与泵体上出油道 B 口相通,用来控制输往喷油器的燃油压力。柱塞装在柱塞套筒内,二者具有一定的配合间隙,以保证发动机工作所必须的怠速油量。柱塞一旦发生偏转,即可改变柱塞与柱塞套筒上油孔的相对位置,引起通油面积改变并使 PT 燃油泵的流量和油压随之改变。

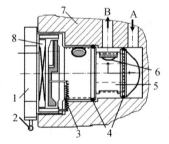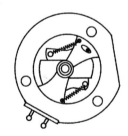

图 4 - 41　执行器结构示意图

1—壳体;2—接线柱;3—弹簧;4—O 型密封圈;

5—柱塞套筒;6—柱塞;7—燃油泵泵体;8—电磁线圈

A—来自旋转油门;B—去断油阀和喷油器

执行器有两种基本形式:一种是常开执行器,当电源切断时执行器轴处在油门全开位置,此时柱塞上的油孔与柱塞套筒上的油孔拥有最大的相对流通截面;另一种是常闭执行器,当电源切断时执行器轴处在油门完全关闭的位置。执行器的工作电压也有直流 12 V 和 24 V 两种。

2. EFC 电子调速器工作原理

当电子调速器不工作时，在两根弹簧的拉力作用下，执行器处在最大开度位置（常开执行器）或完全关闭位置（常闭执行器）。当工作时，转动转速调节旋钮，可变更发动机的工作转速。对应某个工作转速（旋钮位置不变），当外界负荷变化引起发动机转速改变时，转速控制器将根据转速是升高还是降低，产生相应的控制电流并作用在执行器电磁线圈上，线圈产生的电磁力吸动执行器轴的斜口端（衔铁），使执行器轴克服两根弹簧的拉力而偏转，直至偏转力矩与增大了的弹簧拉力相平衡。执行器轴的偏转带动了柱塞偏转，使通油面积随之改变，燃油流量和压力得以调整，确保了发动机转速稳定。

当发动机转速升高时，执行器的油门开度相应减小，节流作用增大，经断油阀流往 PT 喷油器的燃油压力降低，流量减少，抑制了发动机转速的升高；反之，当转速降低，执行器的油门开度增大，流往 PT 喷油器的燃油量增加，抑制了发动机转速的降低。

PT 燃油泵一旦装有全程调速器，旋转油门的位置（开度）即被固定（此时的旋转油门相当于一条具有一定截面的燃油通道）。在发动机所有工作转速范围内，对于确定的操纵手柄（或旋钮）位置，燃油流量和压力的调节控制（减油或加油）均由调速器自动完成，并维持发动机在这一转速下稳定运转。在这里，电子调速器起到了"旋转油门"的作用。

4.4.6　PT 喷油器

1. PT 喷油器的功用

发动机工作时，PT 喷油器将来自 PT 燃油泵的低压燃油在规定的喷油时刻定量并以极高的压力通过喷孔以雾状喷入燃烧室，与汽缸内的空气混合后燃烧。

2. PT(D)型喷油器的构造

PT(D)型喷油器在康明斯柴油机上应用较多，喷油器通过一个压板并用螺钉固定在汽缸盖上，喷嘴头部伸出汽缸盖底面。图 4-42 所示为喷油器构造，在喷油器体 18 的外表面装有三道 O 型橡胶密封圈 3，用来密封汽缸盖内部油道并分别构成燃油进、回油道。滤网 15 用卡环固定在喷油器体的进油孔上，并装有量孔塞 16，来自 PT 燃油泵的燃油由此进入 PT 喷油器。喷油器弹簧 2 的下端支撑在喷油器体上，上端作用在柱塞连接杆 17 上。连接杆与柱塞 14 压配在一起，连接体内插有与喷油器摇臂接触的顶杆 1。柱塞套 11、喷油嘴 8 通过喷油器紧帽 12 与喷油器体装配在一起。柱塞套与喷油嘴、柱塞套与喷油器体结合面之间的密封，主要靠精密研磨的加工方法予以保证。柱塞套与喷油器体用两个定位销 4 定位，以确保柱塞套上的油道与喷油器体上油道对准。

在 PT(D)型喷油器中，柱塞与柱塞套共同组成一副精密偶件，主要完成进油、回油和燃油的计量。柱塞套上采用精密加工的方法加工有计量油孔 7 和回油孔 5 和 6，计量油孔的孔径很小，它通过一个轴向油道与喷油嘴端面的环形油槽相通。柱塞套上还加工有一条轴向油道，它将喷油嘴端面的环形油槽与喷油器体上的进油道连通，其间装有一个止回球阀（钢珠阀）13，用来防止燃油倒流。喷油嘴又称油杯，其端面加工有环形油槽，当燃油流动时能够对温度较高的喷油嘴实施冷却。喷油嘴头部按照一定的角度加工有数个直径很小的喷孔，高压燃油经这些喷孔以雾状喷入汽缸，喷射压力可高达 150 MPa 甚至 200 MPa。

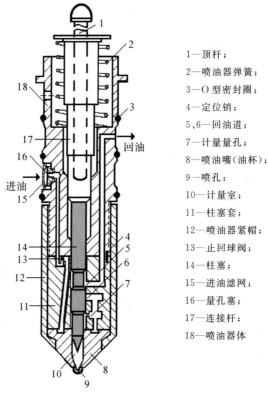

1—顶杆；

2—喷油器弹簧；

3—O型密封圈；

4—定位销；

5、6—回油道；

7—计量量孔；

8—喷油嘴(油杯)；

9—喷孔；

10—计量室；

11—柱塞套；

12—喷油器紧帽；

13—止回球阀；

14—柱塞；

15—进油滤网；

16—量孔塞；

17—连接杆；

18—喷油器体

图4-42 PT(D)型喷油器构造(非上止式)

3. PT(D)型喷油器工作原理

PT(D)型喷油器的驱动如图4-43所示,工作过程可分为4个阶段(见图4-44)。

(1)清扫(旁通)阶段。此时喷油器停止供油。喷油器柱塞在驱动机构作用下被压至最低位置(升程为零,喷油器凸轮工作在大基圆上),柱塞中部环形油腔将两个回油孔连通,来自燃油泵的低压燃油经汽缸盖进油道和喷油器进油滤网、量孔塞进入喷油器油道,在油压作用下顶开止回球阀进入柱塞套油道并流向喷油嘴端面的环形油槽,由于计量量孔此刻关闭,燃油便向上经两个彼此连通的回油孔返回油箱,回流的燃油对喷油器起到了冷却作用。柴油机在做功冲程和排气冲程,喷油器均处于这种状态。

(2)计量阶段。当喷油器凸轮继续旋转至进气冲程后不久,凸轮轮廓曲线从F点起发生改变(见图4-45),喷油器柱塞在喷油器弹簧力的作用下向上升起,逐渐关闭下边的一个回油孔,使清扫过程在E点结束。当柱塞上行并开启计量油孔(A点)时,燃油经计量孔进入喷油嘴油室,燃油计量开始。此时,由于燃油

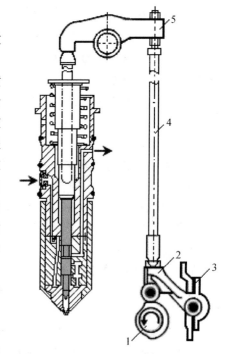

图4-43 PT(D)喷油器驱动示意

1—凸轮；2—滚轮摇臂；3—调整垫片；

4—推杆；5—摇臂

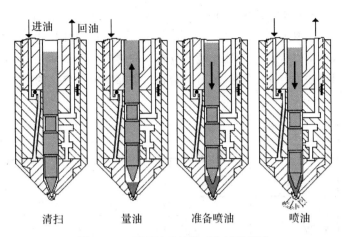

图 4-44　PT(D)喷油器工作过程示意

压力较低,喷嘴的喷孔直径很小,燃油不会经喷孔向汽缸泄漏。当凸轮工作在小基圆上时,柱塞上行到最高位置(升程最大)并保持一段时间,直到发动机进气冲程终了,压缩冲程过半,此后,凸轮外廓曲线又开始发生改变,在凸轮作用下喷油器摇臂通过顶杆压动柱塞下行,再次将计量油孔关闭,计量过程(即量油过程)在 B 点结束。

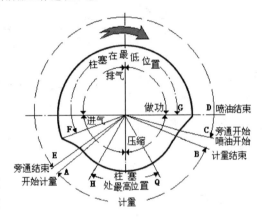

图 4-45　喷油器凸轮外廓曲线

(3)预喷射阶段。计量过程结束瞬间,柱塞关闭计量油孔时产生的压力波会将止回球阀关闭。与此同时,在计量室内截留了一定量(与发动机功率相对应)的燃油,发动机负荷增大,计量的燃油增多;反之减少。一般情况下,计量室内不会充满燃油,由于发动机转速很高,燃油的计量和喷射几乎是瞬间完成的。当柱塞继续下行,计量室内的燃油被强烈压缩。预喷射(即准备喷油)的时间长短,与计量燃油的多少有关,燃油多时,预喷射时间短;反之则长。在预喷射阶段,会有少量油雾从喷孔中喷出。

(4)喷射阶段。在发动机压缩冲程接近终了,即在该缸压缩冲程上止点前某个角度(C点),凸轮外廓曲线又突然改变,柱塞快速下行将计量室内的燃油以极高的压力喷入燃烧室。与此同时,柱塞中部的环形油腔再次将两个回油孔连通,具有一定压力的燃油冲开止回球阀,经回油孔和回油管道流回油箱,清扫过程开始。

由于喷油压力高、喷孔多、孔径小,燃油雾化很好,有利于汽缸内可燃混合气形成和燃烧,这也是 PT 燃油系统优于传统燃油系统的独到之处。

值得指出的是,当柱塞头部锥体占据了整个计量室之后,凸轮外廓形线设计使得柱塞还要下行一点,以便将计量室内的燃油强力挤净,防止残余燃油在高温下形成积炭或喷堵塞孔,影响喷油器的正常工作。

喷油结束后(D点),由于凸轮轮廓曲线凹下 0.36 mm,柱塞将稍微升起并在此高度(大基圆)保持不变,直到做功冲程和排气冲程结束。

图 4-46 所示为 PT 喷油器的工作情况,以及柱塞升程与发动机冲程、曲轴转角之间的关系。可见,在凸轮大、小基圆上工作时,柱塞升程不变。对应小基圆,柱塞升程最大并处在最高位置;对应大基圆,柱塞升程最小并处在最低位置。前者对应了燃油计量过程,后者对应了清扫(旁通)过程。而燃油的计量、喷射、旁通开始和结束都发生在变化的凸轮廓线段,即大、小基圆过渡段。

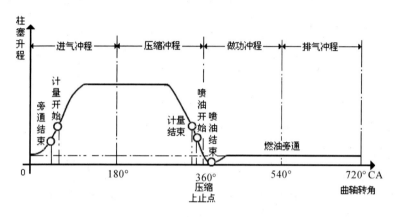

图 4-46 PT 喷油器柱塞升程曲线

第5章 润滑系统

5.1 机 油

柴油机润滑系统所用的润滑剂,主要包括润滑油和润滑脂两大类,它们都是从石油中经过提炼而得到的。其工艺过程包括常(减)压蒸馏、溶剂精制、脱蜡和白土精制等。

其中,常(减)压蒸馏的方法是把原油加热,在分馏塔里按沸点高低把各馏分分离出来。常压塔分离出来的馏分较轻,主要是燃料,余下的重馏分再进到减压塔中分馏,按不同沸点范围分离出来的为不同黏度的润滑油原料。这个过程是每个炼油厂最基本且最重要的过程之一。

溶剂精制是将从常(减)压分馏出来的润滑油馏分中含有的胶质、沥青质等非理想组分除去,通常采用硫酸精制和溶剂精制两种方法。

由于分馏出来的重馏分存在石蜡,在较低的温度下石蜡会凝固成具有网状晶格的固体,使油品的流动性能变差。脱蜡的过程就是将蜡从油中除去,以降低油的凝固点,改善油品的低温流动性。通常是将油品冷却到石蜡结晶析出,再加入选择性溶剂并进行过滤除蜡。

润滑油经上述加工后,油中会残存一些溶剂、胶质及酸等杂质,会影响油品的颜色、安定性、腐蚀性等,因此要通过白土精制过程将这些杂质除去。活性白土有很好的吸附性,当与油混合后能将油中的杂质吸附,然后再把吸附了杂质的白土过滤,即能得到品质良好的基础油。如果在基础油中加入不同的添加剂,即能得到性能符合要求的润滑油。常用的添加剂包括清净分散剂、抗氧抗磨剂、黏度添加剂、摩擦改进剂、抗泡剂和降凝剂。

5.1.1 机油的性能

润滑油又称机油,主要用于柴油机运动零件的润滑,固体润滑脂仅使用在极少数不能使用润滑油或液体润滑困难的场合,如水泵轴承、启动电机和发电机的轴承等。由于柴油机具有工作温度高、运动速度快、润滑条件差、载荷重以及易受环境因素(如尘埃、燃烧产物等)的影响,为使发动机可靠运行和延长使用寿命,对润滑油的品质如黏度、黏温特性、抗氧化能力、耐蚀性等都有很高的要求。因此,熟悉润滑油的性能指标、识别润滑油的牌号、正确选择和使用油品,是装备管理和使用维修人员应知、应会的基本内容之一。

机油的性能指标主要包括下述内容。

(1)黏度。表示同一种机油,油层与油层之间相对运动时油层间内摩擦力的大小。黏度愈大,机油内摩擦力愈大,就愈不容易流动。因此,黏度是评价机油性能的主要指标,也是机油分类的重要依据。机油的黏度,常用动力黏度 η 和运动黏度 υ 来表示。

动力黏度 η 表示两个面积为 $1~cm^2$ 的液体面,相距 $1~cm$,以 $1~cm/s$ 的速度作相对移动时所产生的阻力,是机油在一定剪切应力下流动时内摩擦力的量度,单位是 $MPa \cdot s$,又称厘泊(1 泊$=100$ 厘泊)。

运动黏度 v 是动力黏度与在同温度下该液体的密度之比,单位为 mm^2/s。柴油机机油通常用 $100\ ^\circ\!C$ 的运动黏度表示,它根据一定量的机油在规定的温度下,流经黏度计毛细管所用的时间 t 与黏度计常数 $c(0.478\ 0\ mm^2/D^2)$ 的乘积 $(v=tc)$ 所确定。流过的时间愈长,黏度愈大。运动黏度的单位有时也用厘斯(CSt)或厘泡表示(1 斯(St)$=1\ cm^2/s=100$ CSt)。

黏度大的机油承载能力大,易于保持液体润滑,摩擦力和零件磨损因此减小。此外,还能提高活塞环的密封性和减少汽缸内窜机油。但是,过大的黏度会增加柴油机启动阻力和流通阻力,机油的泵送性能差,冷却、清洗、散热的作用也受到影响。相反,若黏度过小(机油太稀),润滑性能变差,将增大零件的磨损和噪音,增加机油的泄漏和消耗量,影响发动机正常工作。

(2)运动黏度比。反映机油黏度与温度变化之间的关系,表示方法有两种。

1)运动黏度比。指机油在 $50\ ^\circ\!C$ 与 $100\ ^\circ\!C$ 时运动黏度之比。比值越小,表示机油黏度受温度影响变化小,对柴油机工作有利。常用 v_{50}/v_{100} 表示,国产机油运动黏度比一般为 $5\sim8$。运动黏度比的测定方法虽然简单但不准确。

2)黏度指数。为国际通用,指机油黏度随温度变化的程度与标准机油黏度随温度变化的程度的比值。黏度指数越低,黏温特性越差,机油黏度的改变受温度变化的影响也越大。黏度指数大于 100 的机油,具有良好的黏温特性。

(3)凝点和倾点。机油完全失去流动性时的最高温度叫凝点。凝点是低温下保证机油流动性和过滤性的指标,凝点高,则机油在低温下流动性能变差,难以保证发动机正常的润滑。为此,严寒地区和在寒冷季节应选用凝点较低的机油。

倾点也是评价机油低温流动性的指标。凝点是油品从能流动到不能流动时的温度,而倾点是油品从不能流动到刚能够流动时的温度。同一油品的倾点一般比凝点高 $2\sim3\ ^\circ\!C$。

(4)热氧化安定性和清净分散性。机油在使用中逐渐变质的主要原因是氧化,它取决于油品的化学组成、氧化温度、氧化时间、金属和其他物质的催化作用。其中尤以温度的影响最为突出。氧化变质机油,色泽暗黑、黏度和酸性增加、析出胶状沉积物,会在与高温接触的零件(如活塞、活塞环)表面生成积炭和胶膜,使活塞环粘结失去弹性,严重影响发动机工作。沉积物会堵塞滤清器和输油管道,影响正常供油。因此,要求机油在高温时抵抗氧化变质的能力(热氧化安定性)要好。

清净分散性好的机油,能够有效防止机油氧化生成胶质沉淀,能把活塞、活塞环表面形成的漆膜和积炭洗涤下来,同时可将机油在使用中形成的油泥(如灰尘、磨粒、油垢)分散开来,使其悬浮容易被滤清器过滤。

(5)酸值和闪点。酸值表示机油中酸性物质(有机酸和无机酸)的含量,它来源于油品在生产加工过程和使用中的氧化变质,是判断油品氧化变质的指标之一。酸值常用中和 1 g 机油中含有的酸性物质所需氢氧化钾的毫克数来表示。机油的酸值大,不仅对零件有腐蚀作用,而且会加速机油老化变质和降低油品的抗乳化能力。

机油被加热时,其表面即形成油气,当加热到某一温度时,散布在油面上的蒸汽遇到明火接近即开始闪火,开始闪火的最低温度就称为机油的闪点(闪火时间长达 1 min 以上的油温叫燃点)。国产柴油机机油的闪点一般为 $140\sim215\ ^\circ\!C$,一般的运输条件下不会燃烧,不属于易燃品。闪点是机油贮存、运输和使用中的安全性能指标,当机油中混入轻质油,闪点降低。因此,可通过测定机油闪点判断有无柴、汽油混入。

(6)残炭。机油在规定条件下加热蒸发后形成的焦炭状黑色残留物即为残炭,用重量百分数来表示。它反应了机油倾向于产生积炭的程度以及产生积炭的多少。残炭中的主要成分是胶质、沥清质、游离碳、机械杂质以及灰分等。由于积炭会引起活塞环咬死、轴承擦伤、机油变质等故障,故要求机油中残炭愈少愈好。

(7)低温启动性和低温泵送性。严寒条件下发动机启动比较困难,其中机油黏度变大、流动性变差使启动阻力增大是其中一个重要原因。低温启动性用来评价机油在低温下能允许发动机启动的最高黏度,通过大量试验研究,其值一般在 3 000~6 000 MPa·s。

机油的泵送必须同时符合两个条件:一是机油能够依靠自身的压头流至机油泵吸油管滤网处;二是机油要以足够的流动速度连续从滤网处进入吸油管,一个条件不满足就会泵送失败。它有两种表现形式:前者称成穴,后者称夹带空气。正常泵送,1 min 后主油道油压高于0.136 MPa;边界泵送,1 min 后主油道油压应等于或低于 0.136 MPa 而大于 0.04 MPa,当低于 0.04 MPa,称为泵送失败。一般情况下,机油低温边界泵送黏度为 40 000 MPa·s。

为了提高机油某些方面的性能,除了改进生产加工工艺和提高油品质量,还可加入适量的添加剂。添加剂是一种表面活性物质,具有分散和吸附、抑制氧化变质、中和酸性物质三大作用。常用添加剂有:黏度添加剂(改善黏温特性,添加量一般为 1%~10%)、降凝剂(降低机油凝点,使机油中石蜡析出的结构变网状为粒状,添加量一般为 0.1%~1.0%)、清净分散剂(分为清净剂和分散剂,添加量一般为 1%~15%)以及抗氧抗磨剂(由于强极性作用而在零件表面形成吸附膜,添加量一般为 0.5%~1.5%)等。

5.1.2 机油的牌号

我国早期的柴油机机油,牌号只按黏度大小划分,如 HC-11 表示 100 ℃时运动黏度为10.5~11.5 mm²/s 的柴油机机油,牌号未反映润滑油的质量等级。20 世纪 80 年代以来,随着发动机强化程度不断提高和工作条件更加苛刻,对油品的性能指标相应提出了更高的要求,国外相继开发了许多润滑油新品种、采用了新牌号,大部分旧的润滑油规格标准被废除,旧品种被淘汰,全面实现了润滑油品种质量的升级换代。为了适应市场经济的发展和进一步与国际标准接轨,我国也颁布了新的标准。新牌号按照黏度和质量进行分级(类),每一级油都有它特有的性能水平和用途。

1. 新、旧牌号柴油机机油的分类方法

(1)旧牌号分类方法。沿袭前苏联分类标准,我国柴油机机油是以 100 ℃时的运动黏度来划分油品牌号。按照国家和石油工业部颁标准,将其分为 8,11,14,16 和 20 号机油 5 个牌号(SY1152-71 和 SY1152-79),并用符号"HC"表示。

(2)新牌号的分级方法可按机油的黏度和质量进行分级。

1)机油的黏度分级。旧牌号仅用黏度大小来区别油品的级别,没有按照油品的工作条件和使用性能进行质量分级,因而不能如实反映油品的使用性能。80 年代以来,我国逐渐废除了原来的分类方法,采用了国际上通用的 SAE(美国汽车工程师学会)黏度分级法。按照 SAE 的黏度分级方法,将机油划分为单级油和多级油。

单级油是由润滑油基础油加入各种添加剂而制得,但不加黏度指数改进剂。单级油共两个组别11个黏度级别(见表5-1),前6个(带W,为Winter缩写)为冬用油,规定了油品100 ℃时最小运动黏度和两项低温性能指标。其中,100 ℃时最小运动黏度反映该油品在高温下的蒸发损失大小,即黏度较低,意味着蒸发损失较大。两项低温性能指标反映冬季发动机能否顺利启动并进入正常润滑状态的难易程度,即从0W到25W低温下,启动的难度将依次增大。

表5-1　内燃机机油黏度分级(参考 SAE J300APR97)

牌　号 (SAE级号)	相　当 旧牌号	低温黏度/M(Pa·s)		高温黏度	
		启动	泵送	100 ℃运动黏度/(mm²/s)	
		不大于	不大于	最小	最大
0W	—	3 250(−30 ℃)	60 000(−40 ℃)	3.8	—
5W	—	3 500(−25 ℃)	60 000(−35 ℃)	3.8	—
10W	—	3 500(−20 ℃)	60 000(−30 ℃)	4.1	—
15W	—	3 500(−15 ℃)	60 000(−25 ℃)	5.6	—
20W	6D	4 500(−10 ℃)	60 000(−20 ℃)	5.6	—
25W	—	6 000(−5 ℃)	60 000(−5 ℃)	9.3	—
20	6,8 号	—	—	5.6	<9.3
30	10,11 号	—	—	9.3	<12.5
40	14,15 号	—	—	12.5	<16.3
50	16,20 号	—	—	16.3	<21.9
60	—	—	—	21.9	<26.1

后5个级号表示夏用或非寒区用油,只规定了100 ℃时的最大和最小运动黏度,无低温性能指标。从20到50黏度逐级增大。可见,单级油的使用具有明显的地区范围和季节特点。

多级油是由馏分较轻的基础油加入黏度指数改进剂制得,也是一种节能型润滑油(比单级油能节约燃料消耗2%～5%),它能同时满足多个黏度级别的要求并具有良好的黏温特性(高温下有足够的黏度以保证润滑,低温下又能保持油品的流动性)。使用多级油能减轻零部件的磨损,能够节约燃油(2%～5%)和机油,由此提高发动机运行的经济性,在国外使用极其普遍。多级油用带尾缀和不带尾缀的两个级号组成并用斜杠隔开,如5W/20,10W/20,15W/30等,表示该油品能同时满足冬用和夏用两个级号的主要指标要求。例如15W/40,表示冬天使用其黏度相当于15W单级油,夏季使用其黏度相当于40号单级油,因此冬、夏皆可选用。又如10W/30,在−20 ℃的冬季使用时,与单级油10W的黏度相同;在100 ℃高温下使用时,与单级油30的黏度相同。即低温黏度好,高温下黏度又较大,故可在全年通用。

2)机油的质量分级。我国采用了API(美国石油学会)的使用条件分级方法。SAE黏度分级的优点是可根据气温选用适当牌号的机油,其缺点是不能够反映机油在发动机中的使用性能。API 分级方法(即质量分级法)是以机油在发动机内较长时间运转,然后根据运转结束后发动机的沉积物情况、磨损大小、腐蚀程度来确定机油的等级。质量分级能够避免用错机油和减少发动机因润滑不良诱发故障。国家标准中,分别用 S 和 C 作为首字母表示汽油机和柴油机机油。

2. 柴油机机油的牌号

按照 GB/T7631.3—1995 标准,柴油机机油的质量等级主要有 CC,CD,CE 和 CF‐4 四个牌号,CA 和 CB 牌号已经淘汰。其中,CC 油具有良好的清净分散性、抗氧抗蚀性、抗磨性和润滑性,适用于要求使用 CC 油的各种进口及国产柴油机上。CD 油优于 CC 油,具有良好的抗高温沉积、抗氧和抗蚀性能,兼有较强的中和酸性物质的能力,适用于重负荷增压柴油机。CE 和 CF‐4 油则具有更加优越的性能,如优良的高温剪切稳定性和清洁分散性。

需要指出的是,内燃机机油牌号是由质量等级和黏度等级共同组成的,每个质量等级包括有多个黏度等级。目前我国内燃机机油各品种所采用的 SAE 黏度等级见表 5‐2。

表 5‐2　我国内燃机机油各品种所采用的 SAE 黏度等级(☆)

品种 黏度 等级	SC	SD (SD/CC)	SE (SE/CC)	SF (SF/CC)	CC	CD
	汽油机机油,括号内为通用机油				柴油机机油	
	GB11121—1995				GB11122—1997	
10W						☆
20/20W		☆	☆	☆	☆	☆
30	☆	☆	☆	☆	☆	☆
40	☆	☆	☆	☆	☆	☆
50					☆	
5W/20	☆					
5W/30		☆	☆	☆	☆	☆
5W/40					☆	☆
10W/30	☆	☆	☆	☆	☆	☆
10W/40					☆	☆
15W/30						☆
15W/40	☆	☆		☆	☆	☆
20W/40					☆	☆
备注	表中未列入 CE 和 CF‐4 柴油机机油。					

表中"SD/CC"表示通用机油,能够同时满足汽油机和柴油机对机油的性能要求,既可用于要求使用 SD 级机油的汽油机上,也能用于要求使用 CC 级机油的柴油机上。多级油给用户使用和保管带来了极大方便,但价格较高,国外应用比较普遍。

5.1.3　机油的选用和保管

机油的选用主要从质量等级和黏度牌号两方面入手。

(1)质量等级的选择。质量等级的选择,可按照生产厂家推荐的等级再综合考虑发动机工作条件的苛刻程度(符合一条即可)决定是否需要提高一级选用或缩短换油期。苛刻的工作条件通常指:长时间低(或高)温、低(或高)速运行;尘土大的野外工作环境;发动机经常处于时开时停的使用状态(如公交车辆)等。在有些情况下,当机油容量大的发动机,其用油等级可酌情降低一级。

对柴油机机油,当发动机平均有效压力 P_e 在 $0.8\sim1.0$ MPa 和强化系数 K_ψ 在 $30\sim50$ 范围内时,可选择 CC 级油。P_e 在 $1.0\sim1.5$ 和强化系数 K_ψ 在 $50\sim80$ 范围内时,可选择 CD 级或 CF-4 级油。强化系数 K_ψ 等于柴油机平均有效压力 P_e 与活塞平均速度 υ_m 和冲程系数 z (四冲程 $z=0.5$,二冲程 $z=1.0$)的乘积。

(2)黏度牌号的选择。当质量等级确定后,选择合适的黏度等级更显重要。黏度牌号应依据以下原则选用。

1)根据地区、季节气温选用。冬季寒冷地区可选用黏度小、倾点低的油或多级油;气温较高的地区,选用的黏度应适当高些。黏度等级与使用气温的大致关系见表 5-3。

2)根据负载和转速选用。载荷高、转速低应选用黏度较高的机油,反之选低。

3)根据发动机的磨损情况选用。磨损较小或新发动机,黏度可选低些,反之选高些。

4)在保证润滑可靠前提下,应尽量选用低黏度的润滑油或多级油。

表 5-3　黏度等级与使用气温的大致关系

黏度等级	使用的大致范围/℃	黏度等级	使用的大致范围/℃
5W	$-30\sim-5$	15W/30	$-15\sim35$
5W/20	$-30\sim20$	15W/40	$-15\sim40$
5W/30	$-30\sim35$	20W	$-10\sim20$
10W	$-20\sim10$	20W/40	$-10\sim40$
10W/20	$-20\sim20$	20	$-10\sim20$
10W/30	$-20\sim35$	30	$0\sim40$
15W	$-15\sim10$	40	$20\sim$

机油的选用除执行上述原则外,尚应严格按照发动机使用说明书的规定选用。例如,对 135 系列柴油机,说明书推荐使用 CC 质量等级,黏度等级按环境温度不同可选用 30,40,5W/30,10W/30,15W/40 和 20W/40 几种。

对康明斯柴油机,应使用康明斯公司专用机油。其质量等级为 D 级(满足 API 分类的 CD 级)或更高等级 F 级(满足 API 分类的 CF-4),其黏度等级为 15W/40(通用油,温度在 -15 ℃以上选用)。当气温低于 -15 ℃时,-20 ℃以上用 10W/30;-25 ℃以上用 5W/30;-25 ℃以下应选用 0W/30。公司还规定,低于 D 级的机油一律不得使用,高原工作的发动机宜使用 F 级机油。D 级和 F 级油的运动黏度、闪点、倾点和总酸值分别为 $13.7\sim16.3$ mm^2/s,215 ℃,

—27 ℃和 0.05％。康明斯专用机油在全国各省、市都有经销,购买时一定要认准"重庆康明斯专用机油"注册商标标志,每个油桶内都配有带防伪功能的合格证。该公司承诺:凡使用新一代"重庆康明斯专用机油",因机油质量问题造成柴油机故障所产生的损失,由公司负责赔偿。

(3)机油的保管。桶装及罐装机油应尽可能贮存于库房内,库房内的温度不宜过热或过冷。已开用带包装的机油必须贮存于库房内。油桶以卧放为宜,桶的两端均须楔紧、以防滚动。如将桶直放时宜将桶略为倾斜,以免雨水渗漏进入桶内。康明斯专用机油桶加有防伪盖。

散装油贮存油罐内难免有凝结水份和污杂物渗入,这些凝结水份和污杂物聚集于罐底形成一层淤泥状物质,机油因此受污染。所以罐底设计应以窝蝶形或倾斜为宜。并需装有排泄旋塞,以便定期将渣滓和水分排出。可能情况下,油罐内应定期清理。此外,机油桶必须有盖并经常保持清洁,加油器械也应保持清洁。不同机油应有专用容器,并注明油品牌号。

5.2　润滑方式及润滑油路

5.2.1　润滑系统的作用

柴油机工作时,各运动零件接触面之间以很高的速度做相对运动,它们之间的凸、凹表面相互摩擦,不仅会增大发动机功率消耗,加速零件磨损,由于摩擦产生的高温还会使零件热负荷增大而出现损伤,致使发动机某些零部件无法正常工作。因此,必须对各相对运动表面施以润滑,确保摩擦表面有一层润滑油膜以形成液体摩擦。良好的润滑可使摩擦阻力减小,功率消耗降低,减轻零件的磨损,延长发动机的使用寿命。润滑系统的任务就是将具有一定压力和适宜温度的清洁机油输送至发动机各摩擦表面进行润滑,以实现如下主要功能。

(1)减摩作用。减轻零件表面的摩擦,减少零件的磨损和摩擦功率损失。

(2)冷却作用。通过机油冷却器使循环流动的机油带走部分热量,使零件温度不致过高。

(3)清洗作用。利用循环机油冲洗零件表面,带走由于零件磨损产生的金属磨粒和其他杂质,并由滤清器过滤。

(4)密封作用。利用附着于运动零件表面润滑油的黏性,提高零件的密封效果。

(5)防锈作用。机油附着于零件表面,能够有效的防止零件表面与空气、水分及燃气接触而发生氧化和锈蚀,减轻零件的腐蚀磨损。

(6)缓冲减振作用。机油具有阻尼作用,能够将振动能量转变成油液中的摩擦热而散发。此外,机油还具有减轻噪声的作用。

5.2.2　润滑方式

将润滑油输送到各摩擦表面上去所采取的方法叫做润滑方式。常见润滑方式包括以下4 种。

(1)压力润滑。柴油机工作时,依靠机油泵将一定压力和流量的机油压送至承载力大、相对运动速度高、要求润滑可靠的摩擦表面。如主轴承、连杆轴承、凸轮轴轴承和摇臂衬套等。压力润滑工作可靠、润滑效果好,并具有强烈的清洗和冷却作用。

（2）飞溅润滑。落到曲轴表面和从连杆轴承间隙中流出的机油,在离心力的作用下被甩出并形成细小油滴黏附在零件摩擦表面(如汽缸套、活塞和凸轮表面)进行润滑。飞溅润滑方式工艺简单、耗功少、成本低。但润滑能力、润滑效果和润滑的可靠性差,机油被飞溅成细小的油雾,处于高温空气中,容易氧化变质,缩短了机油的使用期限。

（3）复合润滑。压力润滑和飞溅润滑两种方式并存称为复合润滑。柴油机主要摩擦表面(如曲轴、凸轮轴、活塞销),以及压力油可达到的部位(如配气机构摇臂、惰轮轴)均采用压力润滑,其余部位(如活塞组与汽缸套、齿轮系)采用飞溅润滑。复合润滑工作可靠,润滑能力和润滑效果好。

（4）人工润滑。人工定期加注润滑油或润滑脂,主要用于与系统相对独立的零部件。如柴油机的水泵、风扇、喷油泵总成和电机的轴承等。

5.2.3 润滑系统油路

柴油机润滑系统一般由油底壳、机油泵、机油滤清器、机油冷却器(或机油散热器),以及具有限压、安全等作用的控制阀门、机油压力和温度测量仪表和油道等组成。

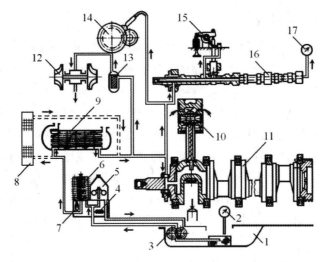

图5-1 6135增压型柴油机润滑油路

1—油底壳;2—油温表;3—机油泵;4—调压阀;5—离心式精滤器;6—刮片式粗滤器;
7—旁通阀;8—机油散热器;9—机油冷却器;10—活塞组件;11—曲轴;12—增压器;
13—机油粗滤器;14—齿轮系;15—摇臂组件;16—凸轮轴;17—油压表

1.6135增压型柴油机润滑系统油路

如图5-1所示,贮存在油底壳1中的机油经粗滤网被机油泵3吸出,再经机体油道压送至机油滤清器底座。在此分两路:一路(又称旁通油路)进入离心式机油精滤器5,滤清杂质后干净的机油回流至油底壳;另一路(又称主油路)进入粗滤器6,过滤后的机油经外部油管进入机油冷却器9(采用热交换器冷却的柴油机)或8(采用散热器冷却的柴油机)进行冷却,确保机油有一个适当的工作温度。冷却后的机油进入柴油机齿轮室内传动机构盖板油道,再分成两路:一路经曲轴11的前端油孔进入曲轴内部油道,分别润滑曲轴各连杆轴颈和轴承;另一路经凸轮轴推力轴承油孔进入凸轮轴 16 内部油道,润滑各档凸轮轴轴颈和轴承,并沿其中的三个轴承和机体油道向上压送至配气机构摇臂组件 15,润滑摇臂轴、摇臂衬套等零件。在传动机构盖板上装有喷嘴,一小部分机油经喷嘴上三个直径为 1 mm 的喷孔喷射至齿轮系 14,润滑传动齿轮。

　　润滑曲轴后从连杆大端轴承间隙流出的机油,借曲轴旋转离心力的作用飞溅至汽缸套内壁,用来润滑活塞表面和汽缸套。被活塞上油环刮下的机油飞溅至连杆小头上两个油孔内,用来润滑活塞销及连杆小头轴衬。由于 135 系列柴油机采用了大圆盘滚动轴承作为曲轴主轴承,故主轴承的润滑靠曲轴箱内油雾及曲轴旋转击溅起来的机油。凸轮轴各凸轮工作表面,则靠飞溅的机油和从摇臂组件沿推杆流回的机油进行润滑。

　　在图 5-1 中,用虚线表示的机油冷却器采用散热器形式,冷却介质为空气,主要用于车用、工程机械等发动机上。实线表示的是以冷却水作为冷却介质的机油热交换器。系统中,机油压力由安装在凸轮轴油道上的机油压力表 17 进行监测,机油温度由安装在油底壳内的机油温度传感器和表头进行监测和指示。

　　为了确保增压器轴承润滑可靠,油路上另装有机油粗滤器 13,来自主油道的机油再经过一次过滤后进入增压器中间壳,用来润滑浮动轴承等零件。

　　润滑系统在机油滤清器座中装有两个阀,即调压阀 4 和旁通阀 7。调压阀与主油道并联,所控制的压力可通过人工进行调整。当机油压力超过允许值时,油压克服调压阀弹簧力使调压阀打开,一部分机油流回油底壳,确保油压不致过高。柴油机在标定工况时(1 500 r/min),机油压力应保持在 0.3~0.35 MPa 范围内,怠速时不得低于 0.05 MPa。旁通阀又称安全阀,与机油粗滤器并联,在冬季启动,或粗滤器滤芯因过脏被堵塞时,粗滤器入口处机油压力增高,克服旁通阀弹簧力而顶开旁通阀,机油不经过滤直接进入主油道,避免了因滤清器堵塞而造成柴油机机油供油中断的危害。调压阀和旁通阀的原理如图 5-2 所示。

　　12V135ZD 型柴油机采用 V 型排列,润滑系统油路与图 5-1 基本相同。为了避免启动过程出现干摩擦,系统中增加了一个预供机油泵,由电动机驱动。预供机油泵的进油管与油底壳连接,出

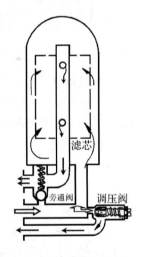

图 5-2　调压阀和旁通阀

油管接在机体上与主油道相通。柴油机启动前,先启动预供油泵工作,待机油压力升高到规定值后再启动柴油机。

2.康明斯柴油机润滑系统油路

康明斯发动机采用复合润滑方式。

(1)N 系列发动机润滑系统油路。如图 5-3 所示,当柴油机工作时,来自油底壳的机油经吸油管粗滤后被吸入机油泵内。在机油泵的作用下,压力油经过机体内单独油道和机油冷却器支座直接进入机油冷却器。冷却后的机油分为两路:一路经外部油管进入机油细滤器,过滤后流回油底壳;另一路进入机油粗滤器,过滤后经机油冷却器支座的另一个油孔分三路流出:第一路进入机体主油道;第二路经外部油管进入增压器中间壳体,润滑增压器轴承后经油管流回油底壳;第三路进入机体内活塞冷却油道,通过喷嘴冷却活塞内腔后流回油底壳。

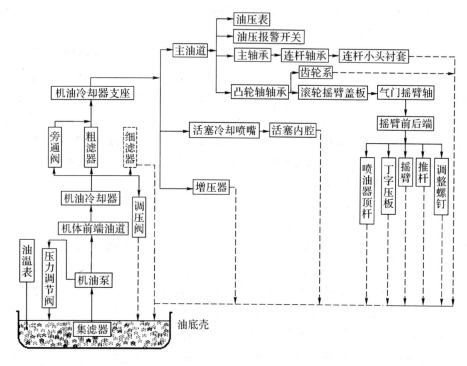

图 5-3 N系列柴油机润滑系统油路

　　来自机体主油道的机油,一路经机体油道分别润滑曲轴主轴承,并沿曲柄臂上斜向加工的油道润滑连杆轴承,再通过连杆杆身上加工的油道润滑连杆小头衬套和活塞销;另一路经机体油道分别通至配气凸轮轴衬套,润滑轴颈和衬套后流回油底壳。其中第2,4,6档凸轮轴衬套加工有油孔与机体油道相通,机油经此油道通至滚轮摇臂室盖板,可润滑滚轮摇臂轴、衬套、凸轮和球形垫块。还有三个垂直油道沿机体、汽缸盖油道(每个汽缸盖一个)进入气门摇臂轴部件,分别润滑摇臂轴、衬套、气门摇臂,喷油器摇臂、推杆,喷油器顶杆,调整螺钉和丁字压板部件,润滑后均流回油底壳。当柴油机工作时,活塞组件和汽缸套靠由曲轴、连杆小头和活塞冷却喷嘴甩出的机油飞溅润滑。

　　机油细滤器与润滑油路并联,经细滤器过滤后的机油直接流回油底壳。由于节流孔的限制,机油泵的压力机油只有部分(5%左右)经过细滤器过滤,通常在10 min内能够对全部机油过滤一次。机油细滤器并非每个型号的N系列柴油机都必须配套,通常根据柴油机的用途和需要安装。

　　机油压力和温度的测量,分别由安装在机体主油道上的油压传感器和安装在油底壳内的温度传感器进行测量,并由仪表板上的仪表指示。主油道上还装有油压报警开关,当柴油机工作中机油压力低于规定值时,油压报警开关电路动作,将自动切断发动机燃油的供给迫使柴油机停止工作。

　　图5-3中,在机油泵和机油冷却器支座上分别装有一个安全阀和调压阀,当机油压力超过规定数值,阀被顶开使一部分机油流回油底壳,以维持机油压力不变。为了防止粗滤器堵塞引起供油中断,与粗滤器滤芯并联装有一个旁通阀,当滤清器内机油因滤芯过脏而使流通阻力增大时,旁通阀开启,部分机油不经粗滤器过滤直接进入主油道,确保柴油机零件润滑可靠。

(2)KTA19 机型润滑系统油路。图 5-4 和图 5-5 所示为 KTA19 型柴油机润滑系统油路。当柴油机工作时,机油经吸油管粗滤后被吸入机油泵内,然后压送至安装在机体水套内两个并联的机油冷却器,冷却后的机油沿机体油道到达机体另一侧并进入机油滤清器支座后分为二路:一路进入机油细滤器,过滤后流回油底壳;另一路分别进入两个并联的机油粗滤器。过滤后的机油一路直接进入机体主油道;另一路在滤清器座内经过一个副油道调压阀流至副油道,为活塞冷却喷嘴提供压力机油。副油道调压阀平时关闭,发动机启动后怠速运转时,由于机油压力低,调压阀仍然关闭,此时温度低,活塞不需要冷却。只有当机油压力升高,克服调压阀弹簧力作用使调压阀开启时,机油才能进入副油道。

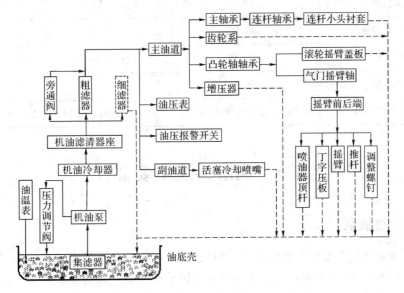

图 5-4 KTA19 型柴油机润滑系统油路

主油道的机油,一路经机体油道分别润滑曲轴主轴承、连杆轴承和活塞销;一路通至凸轮轴,分别润滑凸轮轴轴颈和衬套、滚轮摇臂部件。同时,经凸轮轴衬套上的 6 个油孔沿机体、汽缸盖油道到达摇臂室,润滑气门摇臂组;还有一路润滑齿轮系,并经齿轮室盖板上接头和油管进入增压器。

机油压力和温度的测量以及油压报警,与 N 系列基本相同。机油压力由机油泵上的压力调节阀进行调整。旁通阀与粗滤器并联。

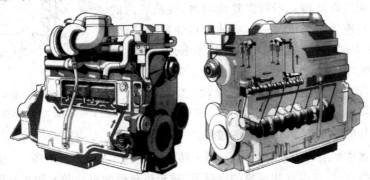

图 5-5 KTA19 型柴油机润滑油路示意

NTA855‑G2 和 KTA19‑G2 型电站用柴油机润滑系统主要参数见表 5‑4。

表 5‑4 康明斯柴油机润滑系统的主要参数

发动机型号	NTA855‑G2	KTA19‑G2	KT38G
机油泵形式	单级齿轮式	单级齿轮式	单级齿轮式
怠速机油压力/kPa	103	138	138
额定转速机油压力/kPa	241～310	345～483	310～448
最高机油温度/℃	121	121	121
润滑系统总容量/L	38.6	50	135
机油容量(L～H)/L	28.4～36.0	32～38	87～114
最大机油消耗量/(L/h)	0.30	0.35	0.35
油底壳允许倾角	前倾、后倾和侧倾均为45°	前倾、后倾和侧倾均为30°	

5.3 润滑系统主要部件

5.3.1 机油泵

机油泵用来升高机油压力和保证一定的流量,强制机油循环使发动机得到可靠润滑。机油泵按其结构不同,分为外啮合齿轮式和内啮合转子式两类。具有结构简单、工作可靠、使用寿命长、加工和维修方便等特点。此外,对机油黏度的改变不敏感,并能产生较高的泵油压力。

1. 机油泵工作原理

(1)齿轮式机油泵的工作原理。如图 5‑6 所示,它由主动齿轮 1、从动齿轮 3 和泵体 4 等组成。两个齿轮的齿数相同,安装在泵体内并与泵体、泵盖保持较小的径向和端面间隙。

主动齿轮由曲轴驱动旋转,从动齿轮空套在从动轴上,经主动齿轮驱动反向旋转。当两齿轮旋转时,吸油腔内的机油被齿轮不断地携带到压油腔。吸油腔机油减少、压力降低,在大气压力作用下,油底壳内机油被不断地抽吸到吸油腔,完成进(吸)油过程。

压油腔处,由于吸油腔不断送来机油,加之齿轮进入啮合时齿凹体积减小,使压油腔内油压升高,机油便从出油口不断压送至发动机油道,完成压(供)油过程。

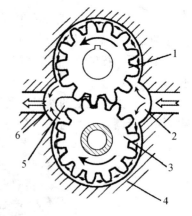

图 5‑6 齿轮室机油泵工作原理
1—主动齿轮;2—吸油腔;3—从动齿轮;
4—泵体;5—卸荷槽;6—压油腔

泵体端面通常加工有一个卸荷槽 5,用来防止机油泵出现"困油现象"。这是因为当压油腔处齿轮进入啮合时,在没有卸荷槽的情况下,被轮齿包裹的机油随着轮齿间隙逐渐减小而压力急剧升高,驱动轴和轴将因此承受很大的附加径向力,导致机油泵工作不平稳,增大轴承磨

损并产生噪音,油温升高。在有卸荷槽情况下,轮齿间被
困机油可以沿卸荷槽泄入压油腔内。

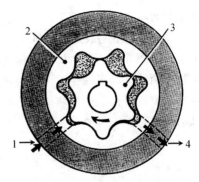

　(2)转子式机油泵工作原理。如图 5-7 所示,它由外
转子 2、内转子 3 和泵体等组成。内转子用键固定在转轴
上并由曲轴驱动,外转子可在泵体内自由转动。当内转子
旋转时,会带动外转子旋转。由于内转子比外转子少一个
齿,这就保证了任何时候只有一对齿能够进入啮合。当转
子转到任何角度时,内、外转子在齿形齿廓线上保持点接
触,从而将内部空间分隔成 4 个油腔。当某个油腔经过进
油口 1 时,腔内容积增大并产生真空,机油被吸进油腔。
随着转子转动,当该油腔转至出油腔 4 时,腔内容积减小、
压力升高,机油被压出。

图 5-7　转子式机油泵工作原理

1—进油口;2—外转子;3—内转子;

4—出油口

2. 机油泵的构造

　(1)12V135 型柴油机齿轮式机油泵。如图 5-8 所
示,主动齿轮 7 通过半圆键固定在主动轴 8 上。从动齿轮 12 松套在从动轴 13 上,其配合间隙
一般为 0.03~0.082 mm。泵盖 10 与泵体 5 由定位销 6 定位并通过螺栓连接,其间装有调整
垫片 9,用来调整齿轮的端面间隙,间隙值应为 0.05~0.115 mm。主动轴通过衬套 2 装在泵
体与泵盖上,其驱动端通过半圆键固定有传动齿轮 11,由曲轴主齿轮通过惰齿轮驱动。泵体
和泵盖上均加工有卸荷槽。泵体上的出(压)油口与机体上的油道连通,泵体侧面的吸(进)油
口与进油管连接,其间装有垫片 3,油底壳的机油可通过粗滤网、进油管吸入机油泵。

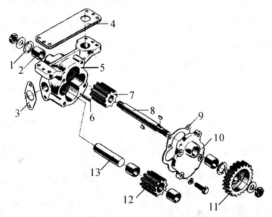

图 5-8　12V135 柴油机齿轮式机油泵构造

1—推力轴承;2—衬套;3—垫片;4—垫片;5—泵体;6—定位销;7—主动齿轮;

8—主动轴;9—垫片;10—泵盖;11—传动齿轮;12—从动齿轮;13—从动轴

　机油泵总成安装在机体下部,之间装有垫片 4。改变垫片的厚度,可以调整传动齿轮与惰
齿轮之间的齿隙。

　机油泵齿轮(主、从动齿轮)与泵体的径向和端面间隙对机油泵的使用性能有决定性影响,
特别是端面间隙更为重要。当此间隙过大时,机油泄漏严重、压力降低、油量减少,甚至不能供
油;反之间隙过小,齿轮与泵体出现碰擦而导致严重磨损。机油泵装配后,用手转动主动轴,应

转动灵活不得有卡滞现象,否则机油泵盖板上的定位销应重新配铰。

(2)康明斯 N 系列柴油机齿轮式机油泵构造。机油泵总成用螺栓固定在机体下部的齿轮室上。如图 5-9 所示,机油泵传动齿轮 15 与机油泵装配在一起。泵体 17 上有一个进油口,通过吸油管 2 和吸油接头 1 连接在油底壳上,经油底壳内吸油管粗滤后的机油由此进入机油泵吸油腔。泵体上的出油口与齿轮室油道相通,并经机油冷却器支座(冷却器前盖)直接进入机油冷却器。

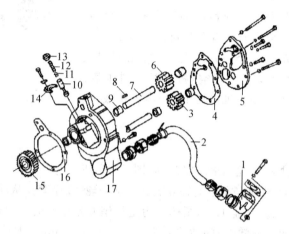

图 5-9 NTA855 型柴油机机油泵构造

1—吸油接头;2—吸油管;3—从动齿轮;4—垫片;5—泵盖;6—主动齿轮;
7—驱动轴;8—定位销;9—衬套;10—调压阀柱塞;11—调整垫片;
12—弹簧;13—阀塞;14—压板;15—传动齿轮;16—垫片;17—泵体

机油泵传动齿轮安装在机油泵主动轴上,并与柴油机凸轮轴传动齿轮啮合。机油泵主、从动齿轮均采用直齿圆柱齿轮,装配形式与 135 柴油机齿轮式机油泵类似。

机油泵在靠近传动齿轮的泵体内装有一个压力调节阀。它由调压阀柱塞 10(两头粗,中部细)、调整垫片 11、弹簧 12、圆柱形阀塞 13 和压板 14 组成。压板用螺钉固定在泵体上,主要用来压紧圆柱形阀塞。调压阀的调压原理如图 5-10 所示,当机油压力正常时,在弹簧力作用下,调压阀柱塞被推向左端,柱塞右端圆柱面封闭了泵体上通往油底壳的油道 B 口。此时,机油泵出油腔的压力油从 A 口进入柱塞中部环形油腔,并通过轴向油孔 2 进入左端油室作用在柱塞上。当机

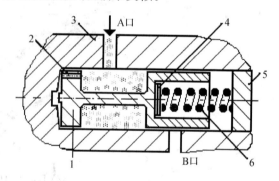

图 5-10 机油泵调压阀示意图

1—调压阀柱塞;2—轴向油孔;3—泵体;
4—调整垫片;5—阀塞;6—弹簧

油压力超过规定值时,柱塞在油压作用下压缩弹簧右移使 B 口开启,部分机油经 B 口流回油底壳,待机油压力降至规定值后 B 口重新封闭。机油压力的调节可通过增、减调整垫片 4 实现,出厂时已调整好。

KTA19 型柴油机机油泵构造与 N 系列类似,也由传动齿轮、泵体、泵盖、主动轴、从动轴、衬套、密封垫片、定位销和调压阀总成等零件组成。泵体表面套有两道 O 型密封圈,用来起密

封作用并构成机油泵的吸油腔。发动机工作时，机油经吸油管、油底壳连接体进入机油泵吸油腔，然后从泵盖上的油道压出。泵体与泵盖之间装有垫片并用两个定位销定位，主动轴与机油泵传动齿轮采用压配方式，调压阀总成装在泵盖内。

（3）转子式机油泵构造。如图 5-11 所示，在壳体 8 内装有两个不同心的内转子 7 和外转子 6。内转子有 4 个凸缘（4 个齿）并固定在主动轴 9 上。外转子有 5 个凹槽（5 个齿），它与泵轴采用滑动配合，在泵的壳体内可自由转动。内外转子有一偏心距，当机油泵传动齿轮 2 工作时，内转子便带动外转子沿同一方向转动。与齿轮式机油泵相比，转子式机油泵采用内啮合方式，使得结构十分紧凑。由于采用轴向进油和进油孔具有较大的面积，故在高吸头及高转速下不易产生气隙。此外，壳体的加工比较简单，但转子的加工要比齿轮的加工困难些。转子式机油泵在小型高速柴油机中应用比较广泛。

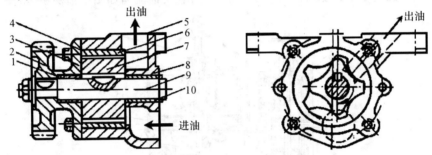

图 5-11　转子式机油泵构造

1—轴套；2—传动齿轮；3—盖板；4,5—调整垫片；6—外转子；
7—内转子；8—壳体；9—主动轴；10—轴套

5.3.2　机油滤清器

1. 机油滤清器的作用和分类

（1）机油滤清器的作用。机油滤清器用来清除机油中的机械杂质、溶解的酸性物质和沉淀的胶状物质，以减轻零件的机械磨损和腐蚀磨损，延长机油使用期，防止活塞组件发生胶结以及污垢堵塞油道而引起供油不畅或供油中断，避免发动机出现诸如抱轴、拉缸、烧瓦等严重故障。因此，机油滤清器性能的好坏，将直接影响柴油机的工作可靠性和使用寿命。试验表明，油底壳中的机械杂质总量达到或超过 0.5%，将大大加速发动机零件的磨损速率。

对机油滤清器的基本要求是滤清效果好和流通阻力小，但这二者是相互矛盾的。为使机油既能得到较好的过滤又不使流动阻力过大，即为了解决滤清效果与通过能力之间的矛盾，润滑系统中通常都装有多个机油滤清器，分别与主油道串联（全部循环机油都流过它，又称全流式滤清器）和并联（约占 $5\% \sim 30\%$ 左右的机油流过它，又称分流式滤清器）。

（2）机油滤清器的分类。按滤清能力和方式不同，机油滤清器可分为粗滤器和细滤器两类。粗滤器流通阻力小，但只能滤除机油中较大颗粒的杂质，通常串联在主油道中。细滤器对较小机械杂质、胶状物质都有良好的滤清效果，但流通阻力较大，通常与主油道并联。

按滤芯结构型式不同，机油滤清器可分为刮片式（又称片状缝隙式）、纸质、带状缝隙式（又称绕线式）、离心式多种。其中纸质滤清器成本低、滤清效果好，应用比较广泛。缺点是使用寿命较短、长期使用易被堵塞。

按装配形式不同,机油滤清器又可分为旋装式和中心螺杆式两种。前者具有结构简单、工作可靠、重量轻、更换方便和润滑系统维护保养简便等优点,使用到规定的工作小时,可将整个滤芯总成更换。后者可分解、清洗并重复使用,滤芯可单独更换。

2. 机油滤清器的构造

(1)刮片式机油粗滤器。如图5-12所示,滤清器壳体由铸铁上盖2和壳体4组成。滤芯总成(包括转轴及手柄1)安装在上盖上,它由为数很多的两种磨光的薄钢片滤片10和隔片11所组成,它们相间(相邻两滤片之间装有一隔片)叠装在特殊断面形状的滤芯轴12上,并用上下盖板及螺母压紧,使得相邻两滤片间被隔片隔开一缝隙(一般为0.06~0.10 mm)。工作时,压力机油从滤芯外围通过此缝隙流进滤芯中部空腔内,机油中所含的杂质就被阻隔在滤芯的外面使机油得到过滤。过滤后的机油由出油道流出(机油流向如图中箭头所示)。

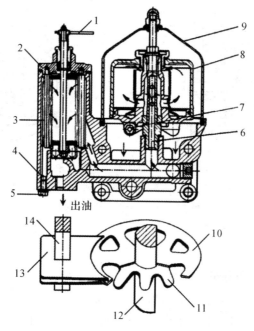

图5-12 刮片式粗滤器与离心式精滤器

1—手柄;2—上盖;3—滤芯总成;4—壳体;5—放油螺塞;6—转子轴;7—喷嘴;
8—转子体;9—罩壳;10—滤片;11—隔片;12—滤芯轴;13—刮片;14—刮片轴

在滤片间隙处,对应每个隔片装有刮片13,它叠装在矩形断面的刮片轴14上,刮片轴通过螺纹固定在上盖上。当滤清器使用一段时间后,滤片间隙处会积存较多的杂质污垢,造成滤芯流通阻力增大,此时可转动手柄1并通过滤芯轴12带动滤片和隔片组转动,利用刮片将嵌藏在滤片间隙处的脏物剔出,以保证滤芯的正常过滤作用。通常,在柴油机启动前,可按滤清器盖上箭头所示方向转动手柄,保持滤芯清洁。

刮片式滤清器的优点是:结构刚性高,工作可靠,使用寿命长。其缺点是流通阻力较大,装配工艺要求高,制造成本也较高。

(2)纸质滤清器。如图5-13所示为NTA855型柴油机用旋装式纸质机油粗滤器。铝质滤清器座3通过螺栓2固定在机油冷却器底座6上,其间装有橡胶密封圈4。滤清器座的下端加工有螺纹,用来旋装纸质滤清器滤芯总成1。机油冷却器底座中心油孔的圆周加工有数个进油孔,经过机油冷却器冷却后的机油由此经滤清器座进入滤芯。

滤芯采用合成纤维滤纸制作并经过化学处理,在高温、高压(1 MPa)和污垢堵塞情况下不会破损。有的滤芯采用滤片集叠并通过弹簧压紧,还有的滤芯采用折叠式波纹形状,可增大过滤表面积提高滤清效率。芯筒一般用薄铁皮制成,上面冲有很多圆孔,装在滤芯中起骨架作用。滤芯上、下盖板用铁皮冲制而成,滤纸芯与盖板间用黏合剂黏接在一起。

柴油机工作时,具有一定压力的机油从外向里通过滤纸进入滤芯内部,将混入机油中的各种杂质阻隔在滤纸外面从而使机油得到净化。过滤后的机油经中心油孔向上流出,沿机油冷却器体上加工的油道进入冷却器支座,再进入机体主油道。一般情况下,每分钟可使全部机油过滤三次。

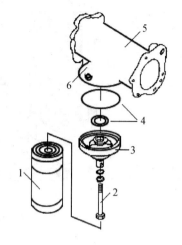

图 5 - 13　旋装式机油粗滤清
1—滤清器滤芯总成;2—螺栓;3—滤清器座;
4—密封圈;5—机油冷却器;6—冷却器底座

不同系列、不同用途的康明斯发动机,粗滤器的数量有所不同。NTA855 型柴油机用 1 个,KTA19 型用 2 个,而 KTA38 和 KTA5O 型柴油机分别安装有 4 个和 5 个。多个粗滤器并联使用,能够提高滤清效率,从而满足发动机功率增大对可靠润滑的需求。

KTA19 机型在滤清器座上并联装有两个粗滤器。滤清器座内加工有副油道并装有副油道调压阀,用来控制机油流向,使机油只沿着机体一侧装有活塞冷却喷嘴的油道流动,为活塞冷却喷嘴提供压力机油。此外,滤清器座内还装有一个旁通阀部件。

康明斯柴油机机油滤清器的调压阀,一般装在机油冷却器上。如图 5 - 14 所示,它由调压阀柱塞 5、弹簧 2、垫片 3 和固紧螺钉 1 组成。其结构和工作原理与机油泵调压阀相同。机油压力的调节可通过增、减垫片 3 实现,出厂时已调整好。

康明斯柴油机机油滤清器的旁通阀安装在机油冷却器上,并与粗滤器并联。它由弹簧、旁通阀柱塞和阀体组成。当滤清器内机油因滤芯过脏而使流通阻力达到某一差值(NT/NTA855 分别规定为 320～340 kPa;KT/KTA/KTTA19 规定为 207～276 kPa;KT/KTA38 和 KTA/KTTA50 规

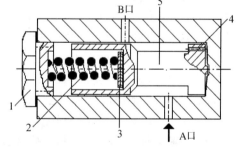

图 5 - 14　调压阀示意图
1—螺钉;2—弹簧;3—调整垫片;
4—油孔;5—调压阀柱塞

定为 351.6 kPa),压力机油克服弹簧力推动旁通阀柱塞使旁通阀开启,部分机油不经粗滤器过滤直接进入主油道,确保发动机零件可靠润滑。

(3)带状缝隙式粗滤器(又称绕线式粗滤器)。有的 135 型柴油机上采用带状缝隙式粗滤器(见图 5-15)。滤芯 4 由特殊断面形状的黄铜丝密集缠绕在波纹筒上构成,内外两个滤芯并联组成,以增大滤清面积。滤芯总成借粗滤器轴 3 固定在粗滤器盖 1 上,并安装于粗滤器体 2 和底座 6 内。当柴油机工作时,压力机油经过铜丝缝隙过滤后沿波纹状沟槽向上,再经波纹筒夹层汇集到粗滤器轴的中心孔内,经粗滤器盖和粗滤器体中铸出的油道流出至机油散热器。

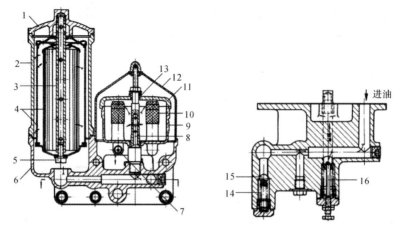

图 5-15 带状缝隙式粗滤器与离心式细滤器

1—粗滤器盖;2—粗滤器体;3—粗滤器轴;4—粗滤器芯子;5—螺钉;6—底座;7—喷嘴;
8—转子轴;9—转子体;10—滤油网;11—转子盖;12—离心式机油细滤器壳体;
13—青铜衬套;14—旁通阀钢珠;15—旁通阀弹簧;16—调压阀

滤清器底座上设有调压阀 16 以及旁通阀钢珠 14、旁通阀弹簧 15,其功用和原理如图 5-2 所示。

(4)转子离心式机油细滤器。又称离心式精滤器,其组成和构造如图 5-15 所示。精滤器与主油道并联,经离心净化(过滤)后的机油直接返回油底壳。离心式转子总成由装在转子轴 8 上的转子体 9、转子盖 11,以及滤油网 10、喷嘴 7 和上下青铜衬套 13 所组成。转子内设有两个油井,口部装有滤油网 10,其下部沿水平方向反向装有两个喷嘴 7。来自机油泵的压力机油进入滤清器座 6 后,少部分(大约为 1/3)机油经转子轴上的油孔流入转子内,并经滤油网进入油井,然后从喷嘴高速喷出。由于两个喷嘴分布在转子的圆周上且喷射方向相反,故形成一个力偶。在这一力偶的作用下,精滤器转子将以 5 000 r/min 以上的速度高速转动。此时,转子内的机油在旋转离心力的作用下将密度较大杂质甩向四周,使喷射出的机油得到净化,然后返回油底壳,机油中的杂质则沉积在转子内壁。

离心式精滤器的滤清效率,主要取决于转子的转速、转子旋转的阻力等,为此,一方面要定期清除沉积在转子内壁上的杂质;另一方面要确保转子总成的动平衡。装配时,要使转子体与转子盖上的两个箭头对准。此外,要保持喷嘴畅通,一旦发现堵塞,可以用小于孔径的细钢丝疏通。

离心式精滤器的优点:①滤清效果好,特别是对比重大而体积小的金属微粒和硬质磨料有很强的滤清能力;②通过能力好,不需要换滤芯,纳污容量大,清洗周期长,清除沉淀物质很方便;③流通阻力小,滤清能力基本上不受沉淀物积聚的影响。

离心式精滤器转子经拆装后,需做如下的检查:启动柴油机,将调速手柄置于高速位置,在正常油温、油压下,稳定运转一分钟后迅速停机,倾听转子转动声音(转子在惯性作用下旋转时发出嗡嗡声),计算从风扇叶片停止转动开始到转子停止转动为止的时间,响声应持续 25 s 以上。

3.机油滤清器的使用

如前所述,机油滤清器性能的优劣直接影响到柴油机的润滑和使用寿命。使用中应严格执行维护保养技术规范,做到正确使用、精心保养、适时更换,保持润滑系统经常处于良好工作状态。

机油滤清器的常见故障包括滤芯阻塞或损坏;弹簧弹力不足;密封圈失效;调压阀或旁通

阀失灵及油道阻塞等。当发现滤清器故障,应采取修复或更换的方法及时处理。当发现调压阀或单向阀失灵,可进行调整。当调压弹簧弹力不足或阀磨损应及时换新并调整压力。

5.3.3　机油冷却器

1. 机油冷却器的功用

柴油机工作时,除了冷却水带走热量,循环流动的机油也从曲轴、汽缸、活塞组件、齿轮副、轴承等零部件上带走大量热量使机油温度升高。油温升高容易使机油氧化变质和形成胶膜,还会使机油黏度减小影响润滑效果。因此,润滑系统中必须安装机油冷却器。

机油冷却器用来冷却机油,在发动机不同工况下使机油保持在适宜的温度范围内,以减少热损失、确保机油具有正常的润滑功能和延长机油使用期限。

机油冷却器分为两类:以空气为冷却介质的称为机油散热器;以水为冷却介质的称为机油冷却器。前者在移动式电站、车辆、工程机械等领域中应用广泛,后者由于换热效率优于散热器,加之体积较小,在大功率发动机中应用较多。

2. 机油冷却器的构造

(1)机油散热器。机油散热器与冷却系统散热器(水箱)基本相同,只是对散热芯管的强度要求较高。机油散热器一般串联在主油路中,可装在水箱的前面或后面,借风扇鼓风冷却机油。对于车用发动机,还可利用行驶中迎面冷空气对机油进行有效冷却。

(2)机油冷却器。图 5-16 所示为 12V135 柴油机机油冷却器装配图。在壳体 5 内装有机油冷却器滤芯总成 3,滤芯由数十根铜管、散热片和隔片组成。冷却水在铜管内流动,高温机油在管外与外壳的夹层间迂回流动,从而实现热量的传递。前盖 1 内侧的进、出水腔互不连通,通过两个接管头分别与进水管和出水管相连。壳体上加工有两个机油管接头 4,其中一个接进油管,另一个接出油管。为了防止机油泄漏和机油与冷却水混合,壳体与前、后盖结合面处装有垫片 2,后盖同时装有一根橡胶密封圈 6。后盖上还装有一个放水阀 8,用来排出滤芯内部的冷却水。机油冷却器总成通过支架 9 固定在柴油机机体或机组的底盘上。

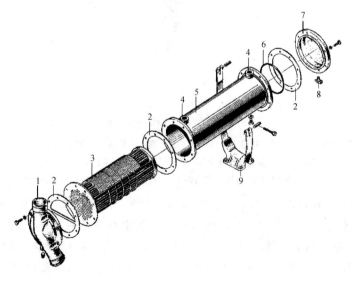

图 5-16　12V135 柴油机机油冷却器

1—前盖;2—垫片;3—滤芯;4—机油接管头;5—壳体;6—封油;7—后盖;8—放水阀;9—支架

当柴油机工作时,冷却水由进水接管头、进水腔流入一半芯管,而后从后盖 7 经另一半芯管流向出水管。来自机油泵的压力机油则从壳体上两个油管接头 4 中的一个进入壳体内,因受绕流片阻挡而在芯管外迂回流动并向芯管内流动的冷却水散热,然后经另一个油管接头流出。机油冷却器工作情况如图 5-17 所示。

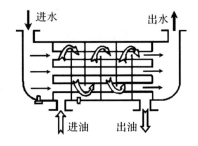

图 5-17 机油冷却器工作示意图

图 5-18 所示为电站用 NTA855-G2 柴油机机油冷却器和机油粗滤器装配图。冷却器芯 6 装在冷却器壳 1 内,冷却器壳的两端分别用螺钉固定有冷却器支座 3 和冷却器盖 9,其间装有密封垫片 2 和矩形密封圈 10。在冷却器支座内,装有一个温度控制调节阀 5,用来控制流经机油冷却器的机油量。当机油温度低于 110 ℃时,约有 50%左右的机油不经冷却直接进入机油滤清器;当温度高于 110 ℃时,调节阀全开使全部机油得到冷却。机油滤清器旁通阀由压力感应活塞 12、弹簧 13、旁通阀柱塞 14 和旁通阀活塞 15 组成,安装在滤清器座内。冷却器芯由芯管组成并分隔为两组,发动机工作时,机油在芯管外迂回流动,冷却水则由冷却器支座进入其中的一组冷却芯管流至冷却器盖,然后流经另一组冷却芯管并从冷却器支座流出。接头 20 用来与增压器进油管连接。

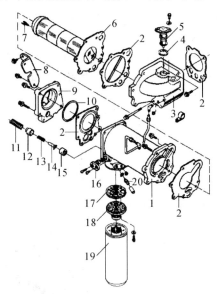

图 5-18 NTA855-G2 柴油机机油冷却器和机油粗滤器

1—冷却器壳;2—垫片;3—冷却器支座;4—O型密封圈;5—温度控制调节阀;6—冷却器芯;7—放水阀;
8—支架;9—冷却器盖;10—矩形密封圈;11—弹簧;12—压力感应活塞;13—弹簧;14—旁通阀柱塞;
15—旁通阀活塞;16—传感器总成;17—滤清器盖垫片;18—滤清器座;19—机油粗滤器;20—接头

如图 5-19 所示为 KTA19 机型机油冷却器装配图。它由冷却器壳体 13、冷却器盖 8、冷却器芯 1 和旁通水管 4 等组成。冷却器壳体用螺钉固定在柴油机机体上,壳体内固定有两个并联的冷却器芯(板式热交换器),浸入在柴油机机体水套内。冷却器盖用螺钉连接在壳体上,其间装有密封衬垫。冷却器盖上装有一个放水螺塞(也可兼作加热器螺塞)6 和 O 型密封圈 7,冷却器体下部有一个放水阀 12。发动机工作时,机油在冷却器芯内部流动,其外部充满了循环流动的柴油机冷却水。

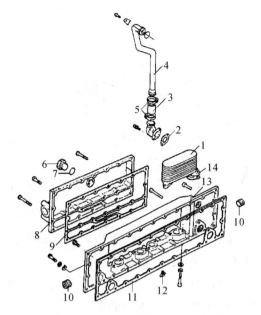

图 5-19　KTA19 柴油机机油冷却器

1—冷却器芯(2 个)；2—垫片；3—软管；4—旁通水管；5—卡箍；6—放水塞；7—O 型圈；
8—冷却器盖；9—衬垫；10—螺塞；11—壳体衬垫；12—放水阀；13—冷却器壳体；14—衬垫

3. 机油冷却器检修

在使用中，机油冷却器常见损伤为密封圈老化失效、芯管脱焊或腐蚀穿孔，引起漏油或油、水混合。机油冷却器应定期清洗和检查，装配中所有密封圈均应更换。当冷却器芯管有脱焊或穿孔时，可进行焊补修复，也可将损坏管子的两端孔口封堵后继续使用，但堵管数不得超过芯管总数的 5%。也可在损坏的管子内插入一根外径较细的新管，然后将管端切断保持平齐并将管口扩张成喇叭口，再将管子端部与冷却器芯焊接，最后检查密封性。

机油冷却器拆卸后，冷却器芯和冷却器体要用清洗剂浸泡和清洗。重点检查冷却器体、盖和支座有无裂纹、腐蚀或其他损伤；检查冷却器芯两个端面和铜管有无损坏或渗漏，如果铜管变形、损伤数超过 5%，应更换冷却器芯。检查冷却器芯时，可将芯管的一端堵死，从另一端向管内充气(气压可控制在 400 kPa 左右)，并把芯子放入水中，从冒气泡处判断渗漏部位，然后确定是用焊补或封堵的方法进行修复。

在复装冷却器时，新更换的 O 型密封圈表面要涂抹少许植物油润滑，并保持封油圈和金属挡圈平整和正确的密封位置。连接螺钉拧紧应均匀、适度以确保密封可靠。

5.3.4　润滑系统其他附属装置

1. 油底壳

油底壳安装在机体下部，既用来存储机油，又是发动机曲轴箱的组成部分。柴油机工作时，一方面通过浸入在机油内的吸油管向机油泵供应机油；另一方面收集各润滑表面回流的机油。吸油管的端口有的装有一个粗滤网(如 135 系列柴油机)，有的是封闭的(如康明斯柴油机)，后者在管子表面加工有几排小孔，在吸油同时起到粗滤的作用。康明斯 N 系列发动机油底壳结构如图 5-20 所示。

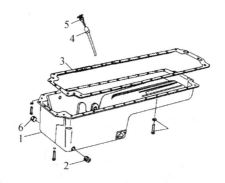

图 5-20　N 系列柴油机油底壳

1—油底壳；2—磁性放油塞；3—垫片；4—油标尺；5—油标尺管；6—管塞

　　油底壳上装有磁性放油塞 2、油尺部件 4 和 5，以及机油温度表传感器。磁性放油塞用来放掉油底壳内的机油，并可吸附机油中的金属磨粒。油尺部件用来指示油底壳内机油平面，其上设有"H"(高位标记)和"L"(低位标记)。正常的油平面应在 H 和 L 之间。油温传感器与安装在仪表板上的表头配合工作，用来指示机油的温度。油底壳与机体结合面间装有密封垫。

　　KTA19 机型使用的油底壳比 N 系列多一个油底壳连接体和连接体盖。连接体用螺钉固定在机体上，下部靠近飞轮端与油底壳连接，暴露的部分用连接体盖封闭。连接体与机体、连接体与油底壳、连接体与连接体盖之间分别装有衬垫起密封作用。

2. 曲轴箱通风装置

　　在活塞压缩和做功冲程中，汽缸内少量的压缩气体和燃气会通过活塞环间隙漏入曲轴箱，加之机油产生的蒸汽，如果没有通风装置，将使曲轴箱内气体压力升高，影响曲轴箱的密封，同时也增加了活塞下行的阻力。当曲轴箱内油气温度过高时，还会加速机油老化，油雾和泄漏的燃气也可能被引燃而影响安全。因此，需要安装通风装置，及时将曲轴箱内可燃气体排出。

　　12V135 柴油机设有两个曲轴箱通风装置，一个装在曲轴箱盖板上，另一个装在机体前端齿轮室上。也有的将通风装置设在气门摇臂室罩壳上。

　　康明斯柴油机曲轴箱通风装置主要设置在汽缸盖顶部摇臂室盖上，如图 5-21 所示。在本体 1 内装有上、下滤网罩 2，其间放有绒状滤芯 3。盖 6 用蝶形螺母 5 压紧，装有密封圈 4 和橡胶衬垫 7。滤芯可阻止机油外泄。KTA19 机型曲轴箱通风装置通过软管与通风管连接，曲轴箱气体可由此排出。通风装置内装有绒状滤芯和通风孔挡板。

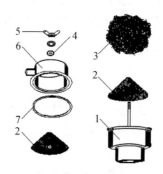

图 5-21　曲轴箱通风装置

1—本体；2—滤网罩；3—绒状滤芯；4—密封圈；5—蝶形螺母；6—盖；7—橡胶衬垫

5.4　润滑系统保养

润滑系统的维护保养十分重要,任何工作上的疏忽都可能影响柴油机正常使用和寿命。例如油面过低或更换机油不及时,油质不符合要求,运行中不注意机油压力,就可能引发抱轴、烧瓦、拉缸等事故。机油不清洁,油泥过多就可能造成供油中断。为此,康明斯发动机制定有严格的保养时限、程序、方法和要求。只有严格执行保养手册,才能预防事故发生、延缓零件磨损进程和延长发动机的使用寿命。润滑系统保养的主要内容包括维持正常的油面高度、保持正常的机油压力值、定期清洗或更换机油滤清器和及时更换机油。

5.4.1　维持正常的油面高度

机油在使用过程中,由于蒸发、烧损、漏油等原因而逐渐消耗,在换油周期内应及时补加相同牌号的新机油以维持正常的油平面。油平面可用机油标尺检查,无论发动机不工作或是工作中,机油平面都应保持在油尺 H 和 L 两刻线之间。

正常情况下,最大机油消耗量一般为 0.30～0.35 L/h。若消耗过大,即是故障表现,应停机检查和排除。

润滑系统保养中要克服"油多不坏菜"的错误认识。认为加油越多,润滑就越可靠、润滑的效果也就越明显。基于这种认识,柴油机的油底壳、调速器、空气滤清器的机油平面常常超标,滚动轴承内也经常添加过量的润滑脂。先不讲是否经济,仅过量加油就会诱发故障甚至使发动机因此损坏。

例如,当油底壳内机油平面超标时,虽然有助于改善汽缸的润滑,但通过活塞环泵入燃烧室的机油增多,不仅增大了油料消耗,由于机油馏分重、燃烧不完全,还会在活塞、气门和喷油嘴处形成积炭,从而造成气门漏气、喷油器雾化不良、压缩比提高和汽缸内局部过热。对汽油机,还会诱发表面点火和出现爆震燃烧。严重时,多余机油参加燃烧会使发动机超速甚至飞车。此外,还会在活塞裙部、环槽表面和汽缸套上部形成漆膜,造成活塞环黏结、活塞刮油孔堵塞,加剧了泵油过程和机油的消耗。

当惯性油浴式空气滤清器的机油盘中加油过量时,进气过程中汽缸的抽吸会使机油连同空气一起进入汽缸,虽然能够改善进气门的润滑条件,但过多的燃料加入燃烧,必然会导致发动机超速。同理,机械离心式调速器内机油平面过高,会对高速旋转的飞铁产生阻尼,降低了调速器的灵敏度,使柱塞供油量在发动机负荷减小时不能随之减少,从而引起超速和飞车,严重时造成毁机和人员伤亡。同样,在充电发电机、启动电机和水泵的轴承内装填过量润滑脂,会恶化轴承的工作条件,不仅引起轴承发热和增大转动阻力,还会造成润滑失效和轴承幅过早损坏。因此,润滑系统使用保养中必须严格把关,确保机油的添加量必须在油标尺规定的刻度范围内。对喷油泵和调速器,应定期拧开油平面螺钉进行检查。添加润滑脂时,只需加满脂腔的 1/3～2/3。

5.4.2　保持正常的机油压力值和定期清洗或更换机油滤清器

润滑系统的技术状态,也可用机油压力来判断,故在发动机运行中要密切注视机油压力。确保油压在规定的范围。

如果采用可维护清洗的机油滤清器(如绕线式、刮片式、转子离心式等),应按照柴油机实际工作状况,参考使用说明书规定的时限进行清洗和检查。清洗滤芯时,应将滤芯浸泡在干净的油中用毛刷仔细清除表面污垢,然后用压缩空气吹干。绕线式滤芯可放在碱水中煮洗(或用高压柴油喷洗),清洗后应检查通过能力:将滤芯端部用木塞或用橡皮堵塞,将其快速浸入温度高于 15 ℃的清洁柴油中,检查柴油经缝隙进入滤芯内部的时间,直到油面距上边缘 15~20 mm 时为止。通过的时间应不超过 1 min(新滤芯一般为 20~30 s)。若通过时间长,应重新进行清洗或更换滤芯

如果是采用一次性使用的旋装式机油滤清器,工作一定时间后应及时更换。安装新滤清器前,应先向滤清器内加注规定牌号的清洁机油,由于机油渗入滤芯内部需要一定时间,加油过程可重复多次,直到滤清器内没有空气并已充满为止。然后在滤清器密封圈上端面涂抹一薄层机油,再将滤清器安装到滤清器座上并使密封圈与滤清器座面接触,用手继续拧紧 0.5~0.75 圈。滤清器不可拧的过紧,以免损坏螺纹和产生变形。

此外,还应定期清洗或更换曲轴箱通风装置。清洗时,松开蝶形螺母,取下通风器盖、滤芯、挡板和衬垫,用洗涤剂仔细清洗上述零件并用压缩空气吹净,同时检查壳体有无变形或破裂。密封衬垫若有破损或失效应更换,最后再按拆卸的相反顺序装好。

5.4.3 及时更换机油

发动机工作中,机油在高温、污染、催化等作用下会发生复杂的物理、化学变化。其物理变化表现为燃料油的稀释、机械杂质污染、水乳化及剪切等。化学过程较为复杂,它与发动机运转状况、操作条件、机油与燃料的性质等有关,主要是烃类的氧化过程,并最终形成为漆膜和积炭等沉积物。长期使用的机油,油中所含主要添加剂也将逐渐被耗尽,从而影响机油的润滑性能。因此,用户应根据发动机的运转情况合理确定换油期。换油期一般有两种。

(1)推荐性换油期。是发动机生产厂进行产品试验后得到的经验值,或参照同类产品而确定的换油期。一般,在发动机使用保养手册上有具体规定和说明。推荐性换油期偏于保守,它没有充分考虑到发动机具体操作条件和工作情况,其实质是以时间为坐标的定期换油。一般情况下,实际换油期比推荐换油期延长 1~2 倍是有可能的。康明斯公司推荐:电站用柴油机连续工作 250 h 或使用 12 个月换油,要求在更换机油的同时更换机油滤清器。

(2)限制性换油期。按在用油某些性能指标的改变程度确定最佳换油的时间,其实质是以油品的质量变化为坐标的按质换油。它比前者更科学、更合理,但需要具备理化检验的条件和手段。由于单从指标变化有时还难以判断机油的降解程度,因而也存在一定的局限性。

换油指标在发动机使用保养手册和一些油料手册上都有说明。国标 GB/T 8028—94 和 GB/T 7607—95 分别对汽油机机油和柴油机机油换油指标做了明确规定。对柴油机机油,要求当 100 ℃时运动黏度变化率超过 +25% 或 -15%,KOH 酸值 mg/g 较新油增加 2.0,正戊烷不溶物大于 3.0%(对固定式柴油机为 1.5%)、铁含量大于 200~150 mg/kg(固定式柴油机为 100 mg/kg)、闪点低于 180 ℃(单级油)和 160 ℃(多级油)或水分大于 0.2%,其中任何一项指标达到,均应更换机油。机油性能指标的变化也可用经验方法直观判断。

1)抽出油尺,看油尺上油膜的色泽和透明度。如油膜呈黄色或亮褐色,油尺上的标记清晰可见,说明机油质量尚好;如果油膜呈暗灰色或黑色,透过油看油尺标记模糊不清,说明油质变差,可考虑更换机油。

2)在洁白的滤纸上先滴上新机油,然后再滴上在用的机油对比观察:若在用油滴中心黑斑大、边界清楚且含有较多杂质,说明机油中添加剂过量消耗,机油性能下降应更换。

3)用直径 0.5 cm、长 20 cm 的玻璃管,装入约 19 cm 高度的新机油并封好管口。用同样的玻璃管再等量装入在用机油并封好管口。将两管同时颠倒,记录气泡上升的时间,当机油黏度下降时,气泡上升快。若两者相差超过 20% 时,可考虑更换机油。

更换机油应在发动机达到工作温度停车后在热态下进行,以便使机油中的机械杂质和氧化物随油一起排出。放油时,卸下油底壳上的放油塞,并用干净的容器收集废油。同时清洗放油塞、吸油管部件和油底壳。新机油可从摇臂室盖上的加油口(N 系列)添加,也可从机体侧面滚轮摇臂室盖上的加油口(KTA19 机型)添加。

机油的更换一定要克服"机油发黑了就得更换"和"柴油机闲置时间长,推迟换油无防"两种错误认识。前者认为性能良好的机油透亮,颜色变黑说明机油已经氧化变质,仅凭色泽变黑提出换油;后者认为实际运行时间短且负荷较小,加之保养制度健全,柴油机工况良好,因此机油氧化变质比较缓慢,推迟换油经济性好。两种看法都反映了对润滑系统保养在认识上存在偏差。

我们知道,发动机工作时机油经受着高温、有害气体(氮、碳和硫的氧化物)、液体(燃油和水)、固体(金属磨粒、不完全燃烧产物)以及金属催化等作用,经历复杂的物理和化学变化过程并最终形成积炭、漆膜、油泥和烟炱等,加之机油自身的降解,使得机油的抗氧化性和抗磨性随着使用条件和工况的不同,不断下降衰败直至润滑功能丧失。机油变色是氧化的结果,试验表明在 300 ℃ 以上高温,一分钟机油即可变黑。但在柴油机技术状况良好,使用保养规范,油品选用正确和油质符合要求的情况下,在用机油色泽逐渐加深直至变黑属正常,也可以理解为是机油中清净分散剂(一种添加剂)对沉积物分散、吸附、抑制和中和作用的结果。此时,机油的主要性能指标仍在允许范围,尽管颜色变黑但尚可继续使用。机油变质分三种情况:①由燃油稀释、冷却水泄漏、曲轴箱大量窜气所造成;②油温过高、发动机时停时开或长期空载、超载运行所引起;③机油的自然降解。

第6章　冷却系统

6.1　冷却系统的功用与冷却方式

6.1.1　冷却系统的功用

燃料在汽缸内燃烧所产生的热量,一般只有40%左右转换为有效功,其余的热量,一部分被废气携带排入大气,另一部分通过冷却介质(冷却水、机油和空气)被带走。如前所述,做功冲程阶段汽缸内燃烧所产生的高温,瞬时可达$2\,000\sim2\,500\,℃$,循环的平均温度也有$697\sim1\,027\,℃$。直接与燃气接触的零件如汽缸套、活塞组件、汽缸盖、气门和喷油器喷嘴等被强烈加热,如不适当冷却,将会造成以下严重后果。

(1)在持续高温作用下,零件的机械强度和刚度显著降低,加速了零件磨损并产生变形、开裂,当零件受热不均匀时,过大的热应力常常是零件损坏的直接原因。

(2)零件过热膨胀使正常的配合间隙遭到破坏,活塞在汽缸中咬死就是其中一例。

(3)机油温度升高使黏度大大降低,影响摩擦表面油膜的形成,增大了摩擦和磨损。另一方面,高温下的机油易于氧化、分解,生成含氧化合物、漆膜、胶质、沥青质和形成积炭,不仅影响发动机正常工作,同时缩短了机油使用期和增大了机油消耗量。

(4)汽缸内温度过高时,进入汽缸的新鲜空气受热膨胀,充气效率降低、进气量减少,使发动机功率下降、油耗增大。

(5)由于汽缸内气体温度高,燃油蒸发快,容易产生早燃和爆燃。

冷却不足固然不好,但过度冷却也会产生如下不利影响。

(1)过冷使柴油燃烧的热量过多的被冷却水带走,造成发动机热效率降低。

(2)影响汽缸内可燃混合气的形成和燃烧,使发动机动力性和经济性下降。

(3)低温使机油黏度增大,增加了运动零件的摩擦阻力,从而使发动机的机械效率降低。

(4)在温度较低情况下,燃气中的水蒸汽易凝结成水,并与燃气中的S,SO_2,CO_2等形成酸性物质,造成金属零件的腐蚀。此外,过冷还会使喷入汽缸的燃油蒸发缓慢,稀释汽缸壁面的润滑油膜和油底壳中的机油,造成润滑不良。实践证明,发动机长期在过冷状态(冷却水温低于$50\,℃$)下工作,零件的磨损比在正常水温下工作增大好几倍。

综上所述,冷却系统的功用就是对发动机进行冷却,及时、适量地把在高温条件下工作零件所吸收的热量散失。对于水冷柴油机,要求出水温度控制在$90\sim95\,℃$;对于风冷柴油机,汽缸壁适宜温度为$150\sim180\,℃$。因此对冷却系统有以下基本要求。

(1)始终保持发动机在一个最适宜的温度范围内工作;

(2)冷却水流动畅通,避免产生死区和局部阻塞,管道布置尽可能短和圆滑,流通阻力小;

(3)发动机启动后能尽快加热到稳定运转状态;

(4)系统密封性好,结构紧凑、尺寸小、重量轻和耗功小,且便于制造和维修。

6.1.2　冷却方式

柴油机受热零件的传热由三个阶段组成:一是热量由燃烧气体通过对流放热的形式传递给受热零件内壁面;二是热量在受热零件壁内进行热传导;三是热量从受热零件外壁面再通过对流放热的形式传递给冷却介质。风冷和水冷发动机冷却方式的区别仅在于第三阶段不同,当冷却介质是空气,为风冷发动机;用水作为冷却介质的叫水冷发动机。

1. 风冷系统

风冷柴油机是用空气作为冷却介质。在风扇的作用下,高速流动的空气直接将发动机高温零件的热量带走,使柴油机保持一个适宜的工作温度。

风冷系统一般由风扇、导风罩和散热片等零件组成,如图 6-1 所示。导风罩的作用在于合理地分配冷却空气和提高风冷的效果。有的柴油机在汽缸和汽缸盖上铸造有散热片(见图 6-2),旨在增大高温零件的散热面积,获得最佳的冷却效果。

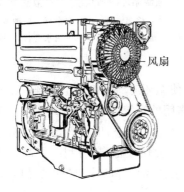

图 6-1　风冷发动机

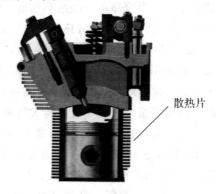

图 6-2　风冷发动机的汽缸和汽缸盖

风冷系统有以下优点。

(1)零件少、结构简单,柴油机重量较轻、制造成本低。

(2)不用冷却水,因而无漏水、冰冻、结垢等故障,使用维护方便。

(3)在部分负荷下不会有过冷现象,冷启动后也能在较短的时间内使主要零件温度升到正常温度,能以最短的时间使柴油机承受全负荷工作(即暖机时间短)。这一点对低温地区及用作应急的动力装置很重要。

(4)由于风冷时,柴油机与空气之间传热温度差较大,故冷却系统散热能力对大气温度的变化并不敏感,无论在严寒或酷热地区均可使用。

风冷系统主要有以下缺点。

(1)由于金属与空气的传热系数大大低于金属与水的传热系数,风冷发动机的热负荷较高,柴油机工作的可靠性较差。由于热负荷高,增压度较小,强化潜力不大,特别是汽缸盖冷却困难,发生局部热点的机会比水冷机型多,要保证热负荷较高的风冷柴油机工作可靠,要有很高的设计及工艺水平,而缸径越大,困难也越突出。

(2)风扇消耗功率较大。加之风扇圆周速度较高,风冷发动机的噪音较大。

2. 水冷系统

水冷系统根据冷却水循环的方法不同,可分为自然循环冷却和强制循环冷却两类。特别是强制循环冷却系统具有冷却效果好,冷却均匀,工作噪音小等特点。强制循环按照冷却水的来源不同,又分为闭式循环和开式循环两种。

（1）闭式循环冷却。如图6-3所示为中小型柴油机常见的闭式循环水冷系统(又称散热器冷却方式)。它主要由柴油机水套6(机体和汽缸盖水夹层)、水泵4、散热器(又称水箱)1、节温器8、风扇2等零部件组成。当柴油机运转时,风扇通过三角皮带由曲轴前端的皮带轮驱动。冷却水泵也通过皮带或采用齿轮由曲轴驱动,在水泵的作用下,冷却水从散热器(水箱)的下水室中吸出并被压入柴油机水套,冷却受热零件后,热水再经安装在汽缸盖上的出水管9和节温器进入散热器上水室。当冷却水流经散热器时,由于风扇的驱动,热量经散热管和散热片被流动的冷空气带走,使散热器内的热水温度降低。冷却水的不断循环流动和散热,确保了柴油机冷却水温度不致过高。与此同时,冷却水流经机油冷却器5时,使循环流动的机油也得到了冷却。

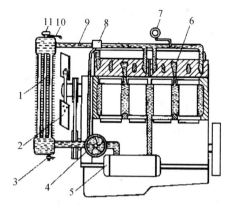

图6-3 强制循环冷却系统组成(散热器方式)
1—水箱;2—风扇;3—放水阀;4—水泵;5—机油冷却器;
6—水套;7—水温表;8—节温器;9—出水管;10—通气管;
11—水箱盖

闭式循环的特点是冷却水不直接与大气相通,水在密闭的系统内循环,冷却系统内的蒸汽压力略高于大气压力,水的沸点因此可提高到100 ℃以上。由于进、出口冷却水的温差较小(一般为7~15 ℃),进水温度较高,发动机受热零件工作温度比较稳定,有利于提高发动机运行的经济性。此外,闭式循环冷却耗水量少,可保持水质清洁和良好的冷却效果。但其缺点是结构复杂,驱动风扇和水泵需消耗发动机功率。

闭式循环冷却的另一种方式是采用热交换器散热,如图6-4所示。柴油机冷却水的热量,不是被在风扇作用下的冷空气强制带走,而是在流经热交换器11时被流经热交换器内的另一路冷却水(俗称海水)强制带走。如果我们形容前者是"风"冷却"水",则热交换器散热方式就是"水"冷却"水"。该方式省去了水箱和风扇,但增加了热交换器11、海水泵6和一个膨胀水箱1,同时需要外水源水池8。

（2）开式循环冷却。在开式循环冷却系统中,冷却水由外水源直接引入发动机冷却系统,对受热零件冷却后排至外界。其实质是以自然环境作为它的散热部分,因此具有冷却效果好、系统简单、零部件少、维修和管理方便等特点。适用于水资源充足的场合,多用于船舶柴油机和有冷

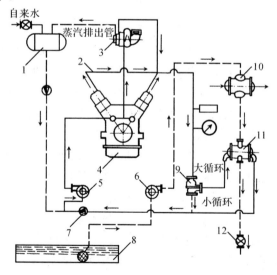

图6-4 强制循环冷却系统组成(热交换器方式)
1—膨胀水箱;2—出水总管;3—增压器;4—柴油机;
5—水泵;6—海水泵;7—单向阀;8—水池;9—节温器;
10—进一机油冷却器;11—热交换器;12—排水闸阀

却水源(如水库)的固定式柴油发电机组。主要缺点是外界水源与柴油机冷却系统相通,当水质较硬时容易在系统中产生水垢。此外,需要建造水池(库),增加水泵、水管和阀门,加大了安装工程的初期投资和维护费用。

在图 6-4 中,使柴油机的出水总管 2 和水泵的入水口,直接与水池(库)或江河相通即构成开式循环水冷系统。

3. 闭式循环冷却系统中水温的控制与调节

冷却系统设计时,应使系统的最大散热能力能保证发动机在最苛刻的工作条件下,即重载、低速和环境气温高的情况下都能获得可靠冷却。这一要求对轻载(或空载)、高速和低温环境工作的发动机,显然散热能力过大会使冷却水温度较低和延长发动机的暖机时间。因此,闭式循环冷却系统通常都装有水温自动调节装置——节温器。它可按出水温度高低自动调节通过散热装置的水量,使水温保持在所需范围。

在图 6-4 中,安装在汽缸盖出水总管上的节温器 9 有两路出水:一路不经散热装置(热交换器 11)散热,直接进入柴油机水泵 5,通常称为"小循环";另一路经过散热装置散热后再进入水泵,称为"大循环"。一般情况下,当冷却水温度低于 70～73 ℃时主要进行小循环;水温升至 80～83 ℃以上主要进行大循环;在 73～80 ℃之间大、小循环并存。

6.1.3　电站用发动机冷却系统流程介绍

如图 6-5 和图 6-6 所示均为康明斯柴油机冷却系统流程示意图。在图 6-5 所示散热器冷却方式中,风扇和水泵由柴油机附件驱动装置的两个皮带轮分别驱动,附件驱动装置的齿轮由曲轴齿轮通过凸轮轴传动齿轮驱动。水泵入水口分别通过水管与散热器(水箱)、节温器和水滤器的出水口连接;水泵出水口直接与柴油机水套相通。机油冷却器和空气中间冷却器的进水口都接在机体水套出水管接头上,他们的出水口共同接至节温器的进水端。水滤器的进水口也通过一根细软管接至节温器的进水端。

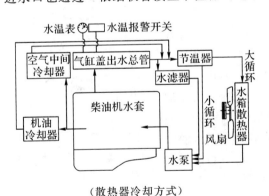

图 6-5　康明斯柴油机闭式循环冷却系统示意图
(散热器冷却方式)

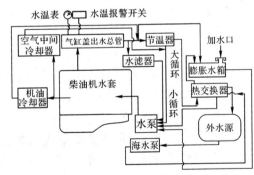

图 6-6　康明斯柴油机闭式循环冷却系统示意图
(热交换器散热方式)

发动机工作时,冷却水在水泵作用下从机体前端直接进入机体水套,然后分三路:一路冷却汽缸后沿机体和汽缸盖上的水道(孔)进入汽缸盖水套,冷却气门、喷油器后汇入汽缸盖出水总管;一路进入机油冷却器冷却机油,再沿出水管向上进入节温器进水口;一路经水管进入中冷器壳并沿芯管部件流动,冷却压缩空气后从中冷器盖上部出水管进入节温器进水口。当出水温度低于规定的下限时,节温器主阀门关闭、侧阀门开启,冷却水不经散热器散热直接进入水泵进行小循环;当出水温度达到规定的上限,节温器主阀门开启、侧阀门关闭,冷却水全部流经散热器散热后进入水泵进行大循环。出水温度在上、下限之间,两个阀门都处于开启状态,大、小循环并存。由于节温器两个阀门随水温不同而开启程度不同,因此能够自动调节水温并控制在适宜范围。

系统中安装有水滤器、温度表和水温高报警开关。水滤器主要用来过滤水中含有的杂质和释放化学添加剂,以减少汽缸、水泵叶轮的穴蚀和零件的磨损。这种方式多用于工程机械、移动式电站等。

在图 6-6 所示热交换器散热方式中,海水泵从外水源经过必要的过滤吸入冷水并压送至热交换器,冷却完柴油机的冷却水后再流回外水源。外水源在热交换器的芯管内流动,柴油机冷却水在芯管外流动。膨胀水箱上设有加水口,以便向柴油机冷却系统补充冷却水并同时排出系统内的气体,水面由一根玻璃管液位计指示。冷却系统的蒸汽可通过两根排气管经膨胀水箱排至外界。膨胀水箱和热交换器一般布置在柴油机前端并通过支架支撑和固定在柴油机上(见图 6-15)。

6.2 冷却系统主要部件

6.2.1 水泵

1. 离心式水泵工作原理

水泵是冷却系统主要部件,其作用是加速冷却水的流动速度,实现强制循环冷却。

发动机主要使用离心式水泵,具有结构简单、尺寸紧凑、工作可靠、供水量大和不影响系统内部水循环等优点;缺点是吸头低、扬程小。

如图 6-7 所示,离心式水泵主要由泵壳 4 和安装在水泵轴 2 上的旋转叶轮 1 组成。叶轮多采用半开式直叶片或半开式后弯叶片,前者制造方便,后者效率较高,叶片数目一般为 6~8 片。叶片数过少,降低水泵效率;过多会使流通截面减小和增加水与叶片之间的流动阻力。泵壳通常制造成出口断面渐扩的涡壳形状。

当叶轮旋转时,水泵中的水被叶片带动旋转,并在离心力作用下向外甩向叶轮边缘,水的压力和流速均升高,然后进入泵壳向出水口 3 流动。由于泵壳的水流断面逐渐扩大(类似蜗牛壳),使水的流速逐渐减小而压力进一步提高。与此同时,叶轮中心由于水被甩出而形成低压,水便经进水口 5 被不断吸入水泵。

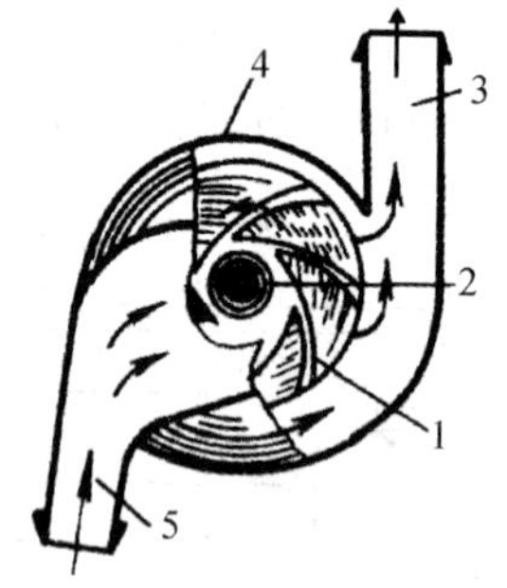

图 6-7 离心式水泵原理

1—叶轮;2—水泵轴;3—出水口;
4—泵壳;5—进水口

2. 离心式水泵构造

(1)12V135 型柴油机水泵的构造。图 6-8 所示为 12V135 型柴油机水泵装配图。水泵轴 7 通过两个滚动轴承 3 支撑在泵体 9 内,水泵轴上加工有两个键槽,通过两个半圆键与传动齿轮 1 和叶轮 15 相连,铸铁叶轮由锁紧螺帽 16 固紧。泵盖用螺栓固定在泵体上,其间装有垫片 10。泵盖上加工有两个进水管,分别与大小循环水管相连。泵体加工成蜗牛壳型,出水口与出水管连接。泵体下部装有一个放水阀 11。为了防止冷却水沿轴向泄漏,在叶轮的内侧装有水封装置,它由水封体 12,O 型陶瓷环 13 和 O 型衬圈 14 组成。水泵总成用螺钉固定在柴油机上,其间装有垫片。

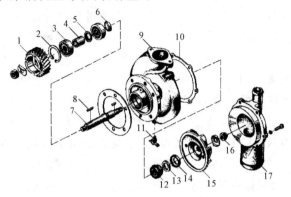

图 6-8　12V135 柴油机水泵装配图

1—传动齿轮;2—挡圈;3—滚动轴承;4—轴套;5—甩油圈;6—甩水圈;7—水泵轴;8—键;9—泵体;10—垫片;

11—放水阀;12—水封体;13—O 型陶瓷环;14—O 型衬圈;15—叶轮;16—锁紧螺帽;17—泵盖

　　柴油机工作时,应经常注意水封装置工作情况。若水封装置失效,冷却水将从壳体上的溢水孔漏出,若发现水流成线,应及时检修并更换水封装置。重新安装时,应保持封水圈密封面的平整并使接触线连续。在靠近叶轮一侧的滚动轴承两边分别装有甩水圈 6 和甩油圈 5,装配时不得漏装或错装,否则会引起冷却水与用来润滑轴承的润滑脂相混。安装叶轮部件时,应检查叶轮与水泵喇叭口之间的轴向间隙,可通过垫片 10 进行调整。水泵装配后,应用油枪向滚动轴承注入润滑脂。

　　(2)康明斯柴油机水泵的构造。如图 6-9 所示为 N 系列发动机使用的一种水泵结构。它由水泵体 7、叶轮 10、水泵轴 5 以及水封装置 11、传动装置、皮带张紧装置、密封装置和进水管接头等零件组成。

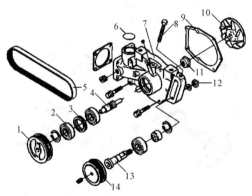

图 6-9　N 系列柴油机水泵装配图

1—皮带轮;2—滚动轴承;3—隔套;4—皮带;5—水泵轴;6—密封圈;7—泵体;8—调节螺栓;

9—垫片;10—叶轮;11—水封和水封座;12—锁紧螺母;13—张紧轮轴;14—张紧轮

　　水泵总成用螺栓固定在柴油机上,其间装有密封垫片 9。水泵轴通过两个滚动轴承 2 支撑在泵体上,水泵轴的前端装有皮带轮 1,由曲轴驱动。水泵轴的后端装有叶轮,叶轮采用半开式结构并有数个后弯叶片。叶轮可用酚醛塑料成型压制在水泵轴上,能有效防止冷却液的化学腐蚀和提高水泵的工作寿命。

　　水泵工作时,泵体里的冷却水会沿水泵轴往前端渗漏,影响油封和轴承润滑,并造成零件锈蚀。为此,在叶轮前端轴上装有水封装置11,它由水封和水封弹簧等共同组成,水封圈一般用碳化硅材料制造,能够有效防止冷却水渗漏和减少接触面的磨损。

　　水泵传动皮带的张紧力由张紧轮装置进行调整。张紧轮14安装在张紧轮轴13的一端,轮轴穿过泵体上的长形槽并用螺母12固紧。轴上加工有一个螺纹孔,皮带张紧力调节螺栓8穿入其中。当水泵传动皮带的张紧力不符合要求时,先松开轴上的锁紧螺母12,拧动调节螺栓即可上、下移动张紧轮使其位置改变,从而调整皮带张紧力。

　　如图6-10所示为KTA19机型水泵构造,水泵总成用螺钉固定在水泵驱动装置上并采用齿轮驱动。与图6-8的主要区别是水泵轴11的左端与花键轴8通过花键连接。泵体下部装有放水阀23,用来排放泵体内的积水。进水管接头14与泵体用螺栓连接,其间装有O型密封圈19。进水管接头通过水滤器座旋装有水滤器13,当不使用水滤器或更换水滤器时,可通过闸阀16将其关闭。

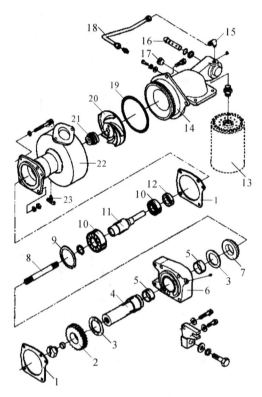

图6-10　KTA19机型水泵装配图

1—衬垫;2—水泵传动齿轮;3—止推轴承;4—花键套筒5—衬套;6—水泵支撑;7,9—卡环;
8—花键轴;10—滚动轴承;11—水泵轴;12—油封;13—水滤器1;4—进水管接头;15—联接器弯头;
16—闸阀;17—管塞;18—输水管;19—O型密封圈;20—叶轮;21—水封;22—水泵体;23—放水阀

　　水泵驱动装置由传动齿轮、花键轴、水泵支撑、花键套筒、止推轴承和水泵支撑等组成。传动齿轮2经中间传动齿轮(惰轮)由曲轴主动齿轮驱动,并将动力传递给与之连接的花键套筒4。花键套筒通过两个衬套5支撑在水泵支撑6上,后者用螺钉固定在齿轮室盖板上。花键轴

8 的两端加工有花键,中间为一端光轴,轴的左端插入花键套筒内,右端与水泵轴 11 连接并通过花键连接的方式驱动水泵工作。为了承受斜齿轮传动中产生的轴向力,水泵轴上还装有前、后止推轴承 3。

当发动机工作时,来自大、小循环的冷却水经进水管接头 14 进入水泵,提高压力后从泵体 22 上的出水口流出:一路接至机油冷却器盖板上的进水口;另一路接空气中间冷却器。

图 6-11 所示为 N 系列发动机用海水泵装配图。海水泵用来驱动外水源以实现热交换器冷却。它由泵体 11、水泵轴 7、叶轮 12、水封 1、油封 2、甩水圈 8 和盖板 15 等组成。水泵轴通过轴承 3 支撑在泵体内并与叶轮采用花键连接,轴上装有油封、甩水圈和水封组件(包括密封垫、座圈、石墨水封圈、O 型密封圈、套圈、平垫片和波纹垫片),用来防止冷却水沿轴向泄漏。为了防止外水源(例如海水)对叶轮造成腐蚀,叶轮常用铜材制作,并在热交换器内装有化学性质活泼的锌塞或锌棒。海水泵驱动齿轮(或皮带轮)通过半圆键固定在水泵轴上,由此输入动力。

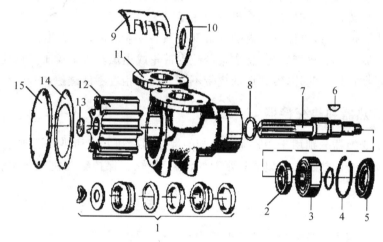

图 6-11　海水泵构造

1—水封;2—油封;3—轴承;4—卡圈;5—橡胶密封圈;6—键;7—水泵轴;8—甩水圈;
9—耐磨衬板;10—凸轮板;11—泵体;12—叶轮;13—橡胶塞;14—垫片;15—盖板

3. 水泵的检修

(1)水泵拆卸步骤(以 N 系列发动机水泵为例)。

1)拆下螺母和调整螺钉,取下张紧轮部件。

2)用专用工具拉下皮带轮和水泵叶轮。

3)从泵体内取出油封和卡环,然后将水泵放在工作台上,压出轴承和水泵轴。

4)用冲头冲出泵体内的油封和水封。

5)依次取出张紧轮部件的张紧轮轴、油封、卡环、密封圈和轴承等。

海水泵拆卸时,先用拉具拆下传动齿轮或皮带轮,依次拆下橡胶密封圈、卡圈、盖板、垫片、橡胶塞和叶轮,然后压出水泵轴,取出甩水圈并拆下凸轮板和耐磨衬板,最后取下水封组件。

(2)水泵的检查和修理。水泵分解后应仔细清洗并重点检查泵体、叶轮、叶轮轴有无裂纹、穴蚀或其他损伤;检查滚动轴承、轴承隔圈有无锈蚀和轴承孔的磨损情况,如果磨损超过极限值,应更换泵体;检查叶轮与叶轮轴配合是否牢固,压配过盈量应不低于 0.03 mm;采用花键连接的应检查花键连接处有无损伤;检查泵体下部的气孔有无堵塞,以防止积水过多使轴承产生锈蚀;如果采用皮带传动,应检查传动皮带的耐磨套有无磨损或损坏,耐磨套损坏,可用凿子将其破损后取出。检查皮带轮槽和皮带有无磨损以及传动皮带轮、张紧轮的孔与轴的配合情况。

泵体微小的裂纹,可用焊修或用环氧树脂胶黏接。泵体与机体结合面不平整,应予以修平。水泵轴与叶轮采用过盈配合,若叶轮松旷应进行修理。水泵轴不同轴颈处的磨损可通过喷涂或刷镀进行修复,并按修理手册的标准尺寸进行加工。运转时若发现水泵皮带轮摆动,可能是轴承松旷或皮带轮磨损,应检修。检修中,对严重损伤的零件、失效的水封和油封、密封圈和垫片均应更换。

(3)水泵总成的装配。装配之前,应将水泵各零件清洗干净并用压缩空气吹干。装配中应确保零件正确的安装位置和装配关系,使各配合间隙保持在规定范围,同时应更换润滑剂,确保轴承良好润滑。装配步骤一般可以按拆卸的相反顺序进行,水泵装好后应转动灵活、无噪音。海水泵在安装传动齿轮时,应先将齿轮加热至 93 ℃后装配。

当采用皮带轮传动时,检修中失效的皮带即使只有一根,也要成组更换。安装皮带时,先缩短皮带轮中心距后再装皮带,严禁将皮带翻越皮带轮或用螺丝刀之类工具硬撬,以免损伤皮带和导致皮带早期损坏。此外,安装后的皮带不应与任何相近零件碰擦。

6.2.2 散热器和热交换器

散热器和热交换器分别用于闭式循环冷却的散热器冷却方式和热交换器冷却方式。其功用是将冷却水所携带的热量在风扇或外水源的作用下散失,保持柴油机冷却水有一个适宜的温度。

1. 散热器

散热器又称为水箱。按散热器芯管部件构造不同(见图 6-12),一般有管片式图(a)和管带式图(b)两种。散热器芯起散热作用,它由许多芯管排列组成。芯管(多数采用铜管)焊接在上、下水室之间,多采用扁平流线型断面以减少空气流通阻力、增大传热面积和减少冻结时胀裂。为了提高换热效率和增强散热效果,在冷却管横向布置有许多薄的金属散热片。管片式散热器虽然制造复杂,但结构刚度好、耐压高和使用可靠而被广泛采用。

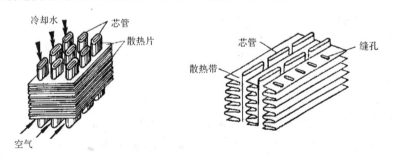

图 6-12 芯管部件

(a)管片式;(b)管带式

在管带式芯管部件中,波纹状的金属散热带与冷却管(芯管)相间排列,散热带上加工有类似百叶窗的缝孔,能够破坏空气流在散热带表面上的附面层,以增强散热能力。与管片式相比,虽然结构刚度不如前者,但制造工艺简单、散热效果好、重量轻,康明斯发动机采用这种结构。

如图 6-13 所示的散热器主要由芯管部件、水室和水管等组成。散热器通过支架和缓冲装置(橡胶垫或弹簧)固定在柴油机底盘的前端,里侧装有风扇护罩,上、下水室分别与进、出水管连接。柴油机工作时,冷却水从上水室沿芯管流向下水室,在风扇作用下,冷却水携带的热量经芯管表面和散热带(片)传出。

N 系列发动机的散热器里侧装有导风圈、风扇护罩和风扇防护板。其作用一是起安全防护作用,避免旋转的风扇叶片对操作人员造成伤害;二是使气流获得最佳的流动特性,保证良好的散热效果。

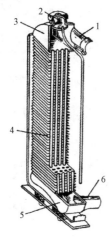

图 6-13　散热器构造

1—进水管;2—加水口;3—上水室;
4—散热器芯;5—下水室;6—出水管

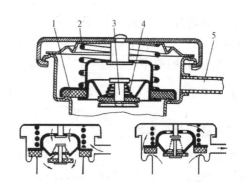

图 6-14　蒸汽空气阀

1—蒸汽阀;2—蒸汽阀弹簧;3—空气阀;
4—空气阀弹簧;5—蒸汽溢出管

使用中,打开加水盖要小心、缓慢,避免水箱内热水喷出造成烫伤。散热器的检修与空气中间冷却器相同。

上水室一般设有一个蒸汽空气阀(加水盖),其作用是使冷却系统保持一定的压力、抑制系统中的气囊产生和防止冷却水(特别加有防冻液时)损失。蒸汽空气阀兼作加水口,它所保持的压力由弹簧力确定。当发动机热状态正常时,阀门关闭使冷却系统与大气隔开。当散热器内部蒸汽压力大于蒸汽阀弹簧力时,蒸汽阀开启使气体排出(N 系列发动机,蒸汽阀开启的最小压力约为 0.05 MPa)。当水温下降使冷却系统压力降低时,空气阀克服空气阀弹簧力被吸开,外界空气经开启的空气阀进入散热器以防止水箱变形或损坏。其结构和工作过程如图 6-14 所示。

2. 热交换器

热交换器的构造与机油冷却器基本相同,也由冷却器体、冷却芯管部件、端盖和冷却水管等组成。在海水泵的作用下,外水源经端盖上的进水管接头流经芯管,再从端盖上的出水管接头流出。柴油机冷却水在水泵的作用下,从冷却器体上的进水管接头流入并在管外迂回流动,散热后从冷却器体上的出水管接头流出。如图 6-15 所示,热交换器上部装有膨胀水箱,并用一根细管与之相连,以排出热交换器内产生的气体。图中,A 口为海水进水口,B 口为海水出水口;C 口为柴油机冷却水进水口,D 口为柴油机冷却水出水口。

在采用热交换器散热情况下,一般都装有一个膨胀水箱。这是因为柴油机在大负荷工作时,高温区的冷却水常会出现沸腾而产生气泡并形成气囊,一般情况下,冷却系统中的气体可由加水盖处排出,若不能顺利排出就会在冷却系统中造成气阻,影响水泵供水,使冷却水的流速和压力降低,同时会引起水泵叶轮和汽缸套出现穴蚀、冷却系统过热。膨胀水箱作用是排出上述气体、抑制气囊产生、消除冷却系统中的气阻和构成冷却水的储备和补充空间。膨胀水箱一侧装有一根玻璃管,用来指示膨胀水箱内的液位。膨胀水箱的加水盖也装有蒸汽空气阀。

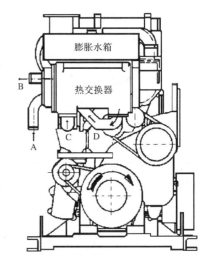

图6-15 热交换器散热方式安装图

有缺陷的零件可换件或修复(如重铆、焊修等)。风扇叶片轻微的变形可采用冷校正,校正后的风扇应进行静平衡检查:将风扇固定在专用轴上,将轴支撑在平台上的 Ⅴ 型铁上,用手转动叶片并观察每次停止的位置,若每次都停止在同一位置上,说明静平衡性能不好,可更换或通过金属磨削使其平衡。

6.2.3 节温器

1.节温器的功用和构造

节温器装在汽缸盖出水管上,其功用是自动调节进入散热装置(散热器或热交换器)的冷却水流量,通过调节大、小循环的水量以达到控制冷却水的温度。

常见的节温器有液体式(绉纹筒式)和固体式(蜡式)两种,后者应用更为广泛。虽然节温器有不同的外形结构,但其构造和工作原理基本相同。

(1)绉纹筒式节温器。绉纹筒式节温器的构造如图6-16所示。折叠式绉纹筒1是温度感应元件,由黄铜皮制成,筒内封装有低沸点易挥发液体(约1/3乙醇和2/3蒸馏水),其蒸汽压力随温度而变。当水温升高,筒内蒸汽压力增大,绉纹筒向上伸长就多。由于绉纹筒上部焊有侧阀门2和主阀门5,两个阀门也将随之上移。

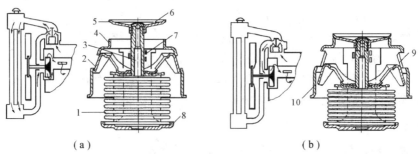

（a）　　　　　　　　　　　　　　　　（b）

图6-16 绉纹筒式节温器

1—绉纹筒;2—侧阀门;3—阀杆;4—阀座;5—主阀门;
6—通气孔;7—导向支架;8—支架;9—旁通孔;10—外壳

当柴油机刚开始工作时,冷却水的温度一般低于70℃,绉纹筒内蒸汽压力较低,节温器主阀门保持关闭状态,侧阀门保持开启状态。冷却水不能流入散热器散热,只能经节温器旁通孔流向水泵入水口,以实现小循环(见图 6－16(b))。当水温升高超过 70 ℃,绉纹筒内蒸汽压力逐渐上升,绉纹筒向上伸张并带动两个阀门同时上移,主阀门开度逐渐增大,侧阀门开度逐渐减小。此时,一部分冷却水经开启的主阀门进入散热器散热,开始大循环;另一部分冷却水仍然维持小循环。当温度超过 83 ℃,主阀门全开,侧阀门全关,冷却水全部流经散热器散热(见图 6－16(a))。

节温器主阀门上加工有一个通气孔 6,当向散热器(水箱)加水时,发动机水套内的空气可从小孔逸出,便于冷却水充满整个冷却水腔。由于绉纹筒式节温器阀门的开启是靠筒中易挥发液体形成的蒸汽压力实现的,故对冷却系统中的工作压力较敏感,工作可靠性差,寿命短,已被蜡式节温器所替代。

(2)蜡式节温器。蜡式节温器(见图 6－17)主要由推杆、感温体、上下支架、弹簧、阀门和阀座等组成。长条形的上支架 5 和下支架 12 铆接在一起,装进出水管后阀座 7 将水道分隔为两部分,只有当阀门 6 离开阀座时,冷却水才能由下至上流入散热装置进行大循环。推杆 1 紧固在上支架上,其下端的锥形部分插入胶管 11 中。胶管与感温体 8 之间的空腔充满了特种石蜡,为了提高导热性,石蜡中常混有铜粉或铝粉。感温体的密封靠垫圈 3 和垫片 4 实现,弹簧力的作用是保证平时和水温较低时阀门始终座落在阀座上,关闭大循环水路和保持小循环水路畅通。

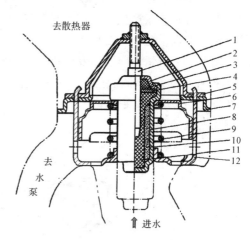

图 6－17　蜡式节温器

1—推杆;2—感温体罩;3—垫圈;4—垫片;
5—上支架;6—阀门;7—阀座;8—感温体;
9—弹簧;10—石蜡;11—胶管;12—下支架

蜡式节温器工作原理见图 6－18。常温时(见图 6－18(a)),封闭在金属筒状感温体 2 内的石蜡呈固态,弹簧 11 将阀门 10 向上紧紧压在阀座 9 上,关闭了冷却水向上通向散热装置的水路,柴油机出水管的冷却水此时沿图 6－18(a)所示箭头方向直接进入水泵进行小循环。

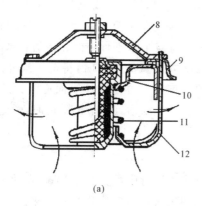

(a)

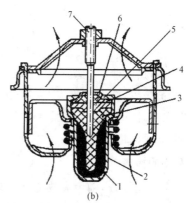

(b)

图 6－18　蜡式节温器工作原理

1—石蜡;2—感温体;3—胶管;4—垫圈;5—感温体罩;6—垫片;
7—推杆;8—上支架;9—阀座;10—阀门;11—弹簧;12—下支架

当温度逐渐升高时,在某一温度范围,石蜡逐渐熔化使体积膨胀,同时挤压胶管3使其收缩,并对推杆7的锥形端头产生向上的作用力。由于推杆上部被固定,其反作用力通过感温体向下作用在弹簧11上并开始克服弹簧预紧力向下强制将阀门10打开,使一部分冷却水向上流至散热装置进行冷却,另一部分冷却水仍保持小循环。随着温度继续升高,通向水泵的小循环水道被阀门逐渐关小,而通向散热装置的大循环水道被逐渐开大,此时大、小循环并存,水温一般在(72±2)~(83±2)℃之间。当水温升高超过(83±2)℃时,石蜡体积膨胀最大,节温器阀门呈全开状态,小循环水道被关闭,柴油机的冷却水全部流经散热装置散热。

可见,随着水温逐渐升高,大循环水量所占的比例越来越大,而小循环则越来越少,实现了水温的自动调节,从而保证柴油机冷却系统有一个正常的工作温度范围。节温器的工作原理,实质上是石蜡膨胀产生的作用力与弹簧预紧力之间的平衡,因此,当改变弹簧预紧力,节温器的工作温度也会随之改变。

图6-19所示为康明斯发动机采用的蜡式节温器。石蜡感温体部件5安装并支撑在阀座8上,推杆2的左端插在感温体内,右端固定在支撑套筒3上。大弹簧6的左端座落在弹簧支撑7上,另一端支撑在阀座上。小弹簧4的左端支撑在弹簧支撑7的右端,小弹簧的右端作用在圆筒形状的阀体1上。

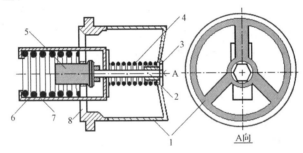

图6-19　康明斯发动机节温器构造

1—阀体;2—推杆;3—支撑套筒;4—小弹簧;
5—感温体部件;6—大弹簧;7—弹簧支撑;8—阀座

节温器装在节温器壳内,壳体上有大、小循环两个出水口。当发动机冷却水温度较低时,在大弹簧力的作用下阀体紧紧座落在阀座上,阀体表面遮盖了节温器壳上通向大循环的出水口,冷却水直接经节温器进入节温器壳并沿旁通水管流向水泵进行小循环。随着水温升高,感温体部件内的石蜡膨胀,当其产生的作用力能够克服大弹簧的弹力时,将挤压推杆向右移动。此时,大弹簧被压缩,弹簧支撑、小弹簧和阀体一起随推杆右移。阀体表面逐渐让开节温器壳上大循环出水口,同时遮盖节温器壳上的旁通水口。当水温达到调节上限值时,旁通水口被关闭,冷却水全部流向散热装置。

2. 节温器的检查

节温器应定期检查,以免失效造成冷却系统过热。运行中可凭感觉判断:发动机尚未走热时散热装置略发凉,当水温升高至70℃以上时,散热装置进水室应很快热起来。

检查时先拆下节温器并清除污垢,然后将节温器放在水里慢慢加热,用温度计观察水温并同时记录节温器阀开始张开和完全打开时对应的温度,此值应符合说明书规定。检查中,若发现节温器失效、弹簧断裂或开启温度不符合要求,应予以更换。

康明斯发动机使用的节温器一般分为"标准节温器"和"低温节温器",前者温度调节范围为 80～90 ℃,后者为 74～86 ℃,具体数值在使用说明书中有规定。电站用康明斯柴油机,节温器调节范围一般在 82～93 ℃范围。

6.2.4　空气中间冷却器

1. 功用与构造

空气中间冷却器简称中冷器,是将增压后的空气在进入汽缸前先进行冷却,从而提高进气密度和增加每循环的进气量。

如图 6-20 所示,中冷器主要由冷却器盖 1、冷却器芯 3、冷却器壳体 4、密封垫片、O 型密封圈以及进、出水管接头等组成。中冷器作为一个总成,通过螺栓固定在汽缸盖上并兼作柴油机的进气管。

中冷器芯用螺钉从两侧固定在冷却器壳体内,上端伸出部分被中冷器盖封装。中冷器壳体兼作柴油机进气管,与汽缸盖上的三个进气道连接。中冷器芯作为一个总成,两端为集水室。冷却水由安装在壳体上的进水管 5 和进水管接头 7 进入右集水室,冷却压缩空气后从左集水室流出,最后从位于中冷器盖顶部的出水管接头 14 和出水管 13 流至节温器。芯管部件由交错排列的十几根圆形截面的黄铜管组成,其上密集排列着铝质散热片。柴油机的冷却水在管内流动,压缩空气在管外流动,以此达到热交换的目的。芯管部件由 4 个铝质支撑板支撑。壳体下部设有加强筋板(横担),壳体与中冷器盖之间装有密封垫片 2。

柴油机工作时,来自增压器的压缩空气由中冷器上部进入,流经散热片和芯管的空隙时,将热量

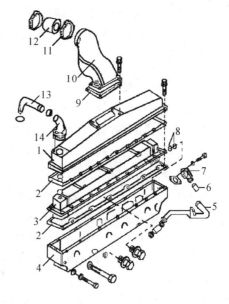

图 6-20　N 系列康明斯柴油机中冷器装配图
1—中冷器盖;2—垫片;3—中冷器芯;4—中冷器壳;
5—进水管;6—软管;7—进水管接头;8—O 型密封圈;
9—垫片;10—进气接管;11—卡箍;12—软管;
13—出水管;14—出水管接头

通过散热片和黄铜管传递给冷却水,进气温度降低后再从中冷器壳下部进入汽缸。

2. 中冷器的检修

中冷器拆卸和分解后应认真清洗所有零部件并用压缩空气吹干。使用中,中冷器的主要损伤和故障是中冷器芯管部件焊缝开裂、芯管破损、散热片变形、密封圈或密封垫片损坏等引起的漏水和冷却能力降低,以及频繁拧动螺钉引起的螺纹损伤。当怀疑芯管部件破损时,可用气压法检查渗漏点。方法是将芯管部件的进、出水管接头中的一个堵塞,用橡皮管把另一个接头与气泵或打气筒相连,将芯管部件放入一盛有水的容器中然后往里充气,若有气泡冒出,则冒气泡部位即为破损处。

当芯管损伤较小时可焊补修复,难以焊补的可将铜管两端堵塞,但堵管数目不得超过管子总数的 10%,否则会降低冷却效果。严重损伤或修复困难的应更换中冷器芯。铝质散热片变形会影响换热,可用镊子仔细梳直整形。修复后的芯管部件,应再次进行试验,合格后方可

装配。

中冷器重新装配时,应更换全部密封垫片和 O 型密封圈。装配时要严格装配工艺操作,O 型密封圈应先涂抹少许清洁机油后再准确装入并确保完好。中冷器芯装入后应检查安装间隙,先将芯子靠紧壳体的一侧,然后检查另一侧,其值(N 系列)应在 0.07~0.33 mm。

6.2.5　水滤器

在发动机冷却水中,一般都包含有灰尘、泥沙、污垢和腐蚀性产物等。它们的存在会引起冷却系统局部堵塞和零部件磨损,冷却水中添加剂的沉淀物还会加速系统中零件的腐蚀速率,因此需要对冷却水进行过滤。与一般发动机不同,康明斯发动机在冷却系统水路上并联安装了一个或多个(如 KTA38,KTA50 柴油机)装有一定量干式化学添加剂(粉剂)的水过滤器,简称水滤器。

1. 水滤器的功用

(1)通过向冷却系统补充(释放)化学添加剂,维持冷却水具有适当的添加剂浓度。从而在汽缸套外壁以及其他与冷却水直接接触的金属零件表面形成致密、坚固的保护膜,有效抑制冷却系统零部件被氧化、腐蚀、剥落和防止汽缸套、水泵叶轮出现穴蚀。

(2)能够有效滤除冷却水中杂质、污垢和沉淀物,减轻磨损,延长发动机使用寿命。

(3)可保持冷却水具有合适的酸碱性或 pH 值。同时具有抑制泡沫产生的作用。

(4)能够有效防止冷却系统出现局部堵塞和在管路、零件表面积垢。

此外,通过对水滤器检查和对残留物(如油、添加剂)的分析,能够直接或间接判断发动机或某个总成的故障。例如,水滤器残留物中有油料,应对机油冷却器、油路、喷油器进行检查;如有添加剂沉淀,表明添加剂浓度过大或水质过硬等。

2. 水滤器的构造和工作过程

如图 6-21 所示,水滤器总成通过螺纹接头 7 旋装在水滤器座 6 上,接合面装有矩形密封圈 5。折叠式纸质滤芯 3 封装在壳体 1 内,滤芯上、下盖板用铁皮冲制并与滤芯用黏合剂黏接在一起,滤芯内表面支撑在芯筒 4 上。芯筒用薄铁皮制成,上面冲有很多圆孔起骨架作用,芯筒内装有干式化学添加剂。芯筒下端支撑在弹簧 8 上,确保上端可靠密封。

发动机工作时,少量冷却水由水滤器座上的进水口流至滤芯外部,经纸质滤芯机械过滤后进入芯筒内,然后沿接头 7 和水滤器座上的出水口流出。冷却水在流动过程中,添加剂不断释放进入冷却系统,以维持系统中所需的添加剂浓度。

3. 水滤器的安装和更换

水滤器座一般用螺钉固定在支架上,座上旋装水滤器总成。水滤器的进、出水管采用内径

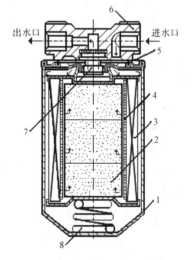

图 6-21　水滤器构造

1—壳体;2—化学添加剂;3—滤芯;4—芯筒;5—矩形密封圈;6—水滤器座;7—接头;8—弹簧

较细的软管或钢管,以限制流经水滤器的水量,进、出水管上均装有闸阀(开关),闸阀的作用是当不使用水滤器或更换水滤器时可将闸阀关闭。水滤器的进水口接发动机出水管,出水口接水泵进水口。由于水滤器支架提供了较大的安装灵活性,因此可远距离安装和布置水滤器。

更换水滤器时,首先关闭进、出水管上的两个闸阀(当水滤器与水泵同体布置时,只有一个闸阀),然后从水滤器座上旋下水滤器。安装新水滤器前,先在密封圈表面涂抹少许清洁润滑油,然后用手旋装,待密封圈与水滤器座面接触后,再用手或专用水滤器扳手拧紧 3/4~1 圈。通常,在水滤器上标注有零件编号、单位数和使用周期。当水滤器安装好后若暂不使用,应将两个闸阀关闭,使用时再开启至最大。应确保发动机冷却水能自由进、出水滤器,使得水滤器中 DCA 化学添加剂被逐步释放,保证冷却液中添加剂的浓度保持在允许范围。不允许用户擅自拆掉水滤器或在柴油机工作中关闭水滤器的闸阀。

6.3　冷却系统使用与保养

6.3.1　适时检查冷却水

发动机工作时,应经常注意检查冷却水的温度和散热器(或膨胀水箱)内的水位。水温过高、冷却水量不足会造成散热器开锅。使用一般的冷却水,禁止在散热器开锅和发动机过热时大量补加冷水,应待发动机温度下降并在低速运转状态下补加。加水不可过满,必须留出一定的膨胀空间,一是保证蒸汽空气阀能够正常工作;二是防止冷却水膨胀时溢出。

发动机使用的冷却水有两种,一种是自然水,一种是防冻液。使用自然水时,应是清洁的软水,因为硬水中含有大量的矿物质(Ca 和 Mg 盐类),发动机工作时由于水温升高,这些矿物质将从水中析出并附着在管路、水套、零件表面结成水垢,造成管道局部堵塞、散热困难、发动机过热。自然界中的雨水、雪水,以及蒸馏水和可饮用自来水都可作软水使用,而井水、泉水、河水硬度较高,必须进行软化处理后才能使用。对冷却水的要求是:PH 值为 7,氯化物和硫酸盐的含量均不得超过 100×10^{-6},水的总硬度不得大于 300×10^{-6}。一般推荐使用硬度在 150×10^{-6} 以下的软水,当硬度大于 150×10^{-6} 时应进行水质软化处理。从这个意义上讲,若非必要,发动机的冷却水不宜经常更换。

常用的硬水软化处理方法有煮沸和加入软化剂两种。前者是将硬水煮沸,使其中矿物质沉积后取上面的清洁水用。此法简便,但不能使水彻底软化。常用的软化剂为碳酸氢钠(纯碱)和氢氧化钠(烧碱),在需处理的硬水中,按 1 L 水加 0.5~1.5 g 碳酸氢钠或 0.5~0.8 g 氢氧化钠的比例,待生成的杂质沉淀后,取上面的清洁水注入冷却系统中。也可采用磁水器将硬水软化,磁水器内有环氧磁体,通过磁力线的作用使水中钙、镁离子析出,使用效果较好。

6.3.2　冷却系统防冻

我国幅员辽阔,南北气候差异很大,加之季节变化,当发动机不工作时,冷却水很容易在严寒条件下冻结,引起水管、机体、汽缸盖、散热装置等零部件冻裂。因此,冷却系统防冻也是发动机使用和保养的要点。一般情况下,严寒季节室外存放或需要停放一段时间,若是使用自然水,应在发动机停止工作后将系统内的冷却水全部放出。

为了防止冷却系统结冻,可使用防冻液。防冻液一般由水与甘油、乙醇、甲醇或乙二醇按一定的体积比或重量比配置而成。常见的防冻液组分和主要性能见表 6-1。

表 6-1　防冻液组分和主要性能

组　分	凝固点/℃	沸点/℃	比热容/(kJ·kg⁻¹·℃⁻¹)	70 ℃的传热系数(kW·m⁻²·℃⁻¹)
水	0	100	4.18	0.006 699
甘油	−17	290	2.43	0.002 763
甲醇	−117	64.5	—	0.001 817
乙醇	−97.8	78.5	2.43	0.001 298
乙二醇	−17.5~−11.5	197.5	2.72	0.002 512

可见,水和乙二醇的比热较其他的大,二者混合后的比热以及热传导系数也比其他几种大。因此,水与乙二醇的混合液是一种良好的防冻液。乙二醇的另一重要作用是可以提高冷却水的沸点,即可减少散热器开锅和增大散热装置与环境的温差,有利于散热和降低冷却系统的功耗,也有利于减少穴蚀和抑制气囊的产生。此外,还可以减少发动机的热损失而获得较好的动力性和经济性。通过调整水与乙二醇的混合比例可得到不同冰点防冻液。表 6-2 列出了乙二醇与水的体积比与冰点的关系。一般推荐防冻液中乙二醇的浓度在 40%~60% 为宜。

表 6-2　乙二醇与水的体积比与冰点的关系

冰点/℃	乙二醇:水	冰点/℃	乙二醇:水
−3.8	10:90	−55	60:40
−7.5	20:80	−60	62:38
−14.1	30:70	−64	65:35
−22	40:60	−70	70:30
−32	50:50	−76	80:20
−42	55:45	—	—

康明斯柴油机使用防冻液应注意以下几个问题。

(1)康明斯发动机使用的防冻液与一般汽车用防冻液不同,它要求防冻液中的硅酸盐(无水硅酸钠)、氧化物及醋酸的含量分别不得高于 $1\,000×10^{-6}$、$5×10^{-6}$ 和 $100×10^{-6}$。

(2)不允许使用添加有防(堵)漏剂的防冻液,以免造成水滤器堵塞而影响水滤器正常工作。

(3)防冻液中需要添加化学添加剂,但添加剂浓度不得超过每加仑冷却液 2 个单位添加剂(美制加仑,1 gal=3.785 L)。

(4)应选用比当地最低气温低 10 ℃左右冰点的防冻液。防冻液的存储时间一般为两年。存储时间过长,防冻液中的添加剂会在容器底部沉淀、析出。因此,在冷却系统使用和保养良好的情况下,防冻液更换周期为两年。

6.3.3　冷却系统清洗

更换发动机冷却液或大修后,必须对冷却系统进行清洗。市场上销售的清洗剂通常有两种,其中碱性清洗剂可清洗冷却系统中硅凝胶、"锡花"和油渣等。酸性清洗剂可清洗冷却系统中的油泥等。用它们清洗后必须再次用中和清洗剂清洗,防止酸性或碱性残留物对系统造成腐蚀。

常用的清洗剂有乙二醇(草酸)、碳酸氢钠、硫酸和盐酸等。可自行配置,也可购置。自行配置时可按每 30～57 L 冷却液,加碳酸氢钠等清洗剂 0.91 kg 进行清洗。若系统中存在油垢,则按每 30 L 清洗剂加 0.45 kg 进行清洗。具体有以下操作步骤。

(1)放净发动机冷却液,将清洗溶液加入冷却系统,启动发动机并在额定转速空载运行 0.5 h 左右。

(2)排净清洗液,向系统中加入适量酸的水溶液(用来清洗并中和),启动发动机待水温升至 85 ℃时,运行 5 min 后停车并排净清洗液。

(3)加入清洁水使发动机怠速运转 5 min 后停车并排净清洗液,最后根据需要加入冷却水或防冻液。

6.3.4　康明斯柴油机化学添加剂使用注意事项

1. 初次使用化学添加剂注意事项

在冷却水中初次使用化学添加剂时,要确保冷却系统每加仑冷却液至少有 1 个单位(1 单位 DCA4 添加剂相当于 22.68 g;1 单位 DCA2 添加剂相当于 42.52 g)添加剂的比例。允许添加剂的浓度维持在每加仑 1～2 个单位之间,这一比例可通过安装添加剂单位数比较接近的水滤器预加芯子来调整。例如,对一个冷却系统容量为 14 gal 的发动机,可装一个有 15 单位添加剂的水滤器(DCA2 或 DCA4 或 DCA4⁺),即可保证在发动机冷却系统中,每一加仑冷却液含有 1.07 单位添加剂。DCA4 与 DCA4⁺ 添加剂稍有差异,但可相互替代使用。

也可以使用水滤器并加干式化学添加剂或添加剂液体来达到。在上例中,可以在发动机上装一个只有 4 个单位添加剂的 DCA2 水滤器,另外再加一瓶有 20 单位的 DCA2 化学添加剂干粉,即可获得每一加仑冷却液含有 1.71 单位的 DCA2 添加剂。

值得注意的是,DCA2 型化学添加剂与 DCA4 型化学添加剂不能混合使用,以防止柴油机发生故障。实际使用中,用户可根据康明斯发动机冷却系统容量(包括散热器、膨胀水箱等容量)选择水滤器预加芯子。

2. 使用中注意事项

在首次"B"级保养(或更换机油)时,必须将水滤器预加芯子更换为水滤器工作(或维修)芯子。在以后的每一次"B"级保养检查时,都要重新更换水滤器工作芯子,但两种情况例外:一是若已经向冷却系统加入了配制的冷却液,则应安装水滤器预加芯子;二是每一次放空冷却系统时,必须安装水滤器预加芯子。

使用中若冷却液流失或泄漏,需向冷却系统补充化学添加剂时可按下式估算,即

$$A = B(C - D) \qquad (6-1)$$

式中,A,B,C 和 D 分别代表需要补充的化学添加剂量(g)、发动机冷却系统容量(L)、冷却液中添加剂的标准含量(g/L)和测得的冷却液中添加剂的含量(g/L)。对 DCA2 化学添加剂,标准含量 $C=11.24$;对 DCA4 则 $C=5.99$。

冷却液中 DCA2 和 DCA4 添加剂浓度的检查方法,依据《重庆康明斯柴油机冷却系统的化学保护和维护保养说明书》中规定的方法和步骤实施。康明斯发动机公司要求使用冷却液检测包检查冷却液(水或防冻液)中 DCA2 和 DCA4 添加剂浓度,它是一个可以测试钼酸盐和亚硝酸盐的浓度以及防冻液的冰点的三合一检测包。测试时,只需要执行三个简单的浸泡步骤,即可完成冷却液样品的全部测试过程。该测试包的有效期为一年,应注意使用和保管。

3. DCA 浓度的检查方法

(1)检查 DCA2 浓度的方法。其实质是对冷却液进行滴定,并将滴定结果与特制的推荐浓度控制表进行比较,然后确定冷却液中添加剂的现状,并以此来决定是否需要对冷却系统进行必要的维护和保养。

1)将 1 份发动机冷却液用 9 份自来水稀释并混合均匀。

2)将稀释了的冷却液加到混合瓶的刻线处。

3)滴入 2～3 滴亚硝酸盐显示剂溶液,摇晃混合瓶直到显示均匀的红色。

4)向瓶中加入实验溶液。每加入一滴都摇晃均匀,直到冷却液由红色变为淡蓝色、灰色或绿色。

5)累计向瓶中加入的实验液的滴数,应在 13～30 滴之内。若超过 30 滴,说明过浓,应放出部分冷却液并添加冷却水。反之低于 13 滴,应从散热器或膨胀水箱的加水口处补充添加粉剂式或水剂式 DCA2 添加剂。如果发动机使用防冻液,则滴数应在 18～30 滴之内。

(2)检查 DCA4 浓度的方法。DCA4 添加剂浓度检查采用混合系统检测方法,又称"试纸法",具有操作简便、快速(5 min 左右)等特点。检测包内主要有一瓶酸化冷却液的试验溶液、一筒亚硝酸盐试纸和一筒钼酸盐试纸、一张冷却液推荐浓度控制比色卡、两个塑料杯及一支取液吸管组成。方法如下。

1)用塑料杯取一定数量的发动机冷却液,并使其冷却至 10～50 ℃后进行测试;

2)用测试包中的取液吸管从上述塑料杯中吸入冷却液并将其注入到测试包中的小塑料杯中,直到杯中盛满半杯冷却液为止;

3)从测试包的试纸筒内取一条试纸,每次将试纸条上的一个粘贴纸片浸入冷却液中,经过一段时间(约 45～75 s)后取出试纸,观察试纸的颜色并与试纸筒上所印的标准表的颜色相对照。经过上述三次简单的浸泡过程,即可确定冷却液中亚硝酸盐和钼酸盐的浓度状况以及防冻液的冰点。

该检测包不仅可检测 DCA4,也可检测 DCA2(只是不检测钼酸盐的浓度)添加剂浓度。

康明斯发动机及其机组冷却液系统容量见表 6-3。

表 6-3　部分康明斯发动机及其机组冷却液系统容量

序号	发动机及其机组型号	缸数	用途	冷却系统容量/L(gal)		备注
				发动机自身	整个机组	
1	NTA855—G1	6	200kW 发电机组	21(5.5)	63(16.6)	散热器冷却
2	NTA855—G1	6	200kW 发电机组	21(5.5)	49(13)	热交换器冷却
3	NTA855—G1	6	CE220 发电机组	21(5.5)	63(16.6)	散热器冷却
4	NTA855—G2	6	250kW 发电机组	21(5.5)	63(16.6)	散热器冷却
5	NTA855—G2	6	250kW 发电机组	21(5.5)	49(13)	热交换器冷却
6	NTA855—G4	6	280kW 发电机组	21(5.5)	63(16.6)	
7	KTA19—G2	6	300kW 发电机组	30(8.0)	66(17.5)	散热器冷却
8	KTA19—G2	6	300kW 发电机组	30(8.0)	66(17.5)	热交换器冷却
9	KTA19—G4	6	CE440 发电机组	30(8.0)	66(17.5)	热交换器冷却
10	KTA/KTTA19—M	6	船舶推进主辅机组	30(8.0)	66(17.5)	热交换器冷却
11	KT38—G	12	CE550 发电机组	118(31.25)	196(51.75)	
12	KT38—G—500GF	12	500kW 发电机组	118(31.25)	196(51.75)	热交换器冷却
13	KT38—C&P	12	汽车和工程机械	104(27.4)	——	散热器冷却
14	KTA38—C&P	12	汽车和工程机械	118(31.25)	——	散热器冷却
15	KTA50—C&P	16	汽车和工程机械	153(40.3)	383(100.8)	
16	KTA50—G1	16	800kW 发电机组	161	——	

第7章 柴油机增压技术

众所周知,内燃机的迅速发展结束了19世纪以前的"蒸汽机时代",把动力机械的设计与生产推进到了一个新阶段,使得内燃机成为了一个国家工业、农业、交通运输等领域的重要动力机械。如何进一步强化内燃机和提高发动机性能一直是人们极为关注并为之努力研究的课题。增压技术萌生于19世纪,在20世纪初期得到初步应用。随着材料科学及制造技术的进步,柴油机的涡轮增压技术在20世纪中叶开始走向大规模商业应用,并逐步推广到汽油机中。涡轮增压在提高柴油机性能方面取得了极为显著的成效,越来越多的柴油机安装了涡轮增压器。据统计资料表明,国外大功率柴油机几乎全都采用增压技术,中小型柴油机有80%采用,汽油机中约有15%采用了增压技术。目前世界年生产增压器大约400多万台。我国自1958年开始研制,并逐步拥有了成熟的增压器设计和制造技术,多种系列的涡轮增压器为众多国产柴油机厂家配套,具有年生产30万台的能力。目前,我国增压器的生产规模、工艺水平和匹配技术等方面都在不断提高,加之新技术、新材料的推广与应用,使得增压技术将成为我国步入工业先进国家的重要标志之一。

7.1 概 述

7.1.1 提高柴油机功率的途径

柴油机输出的机械功是由燃料在汽缸中燃烧产生的热能转化而来的,输出功的大小取决于汽缸中燃烧燃料的数量和所产生热能的有效利用程度。为了提高柴油机的输出功率,可以通过以下五种途径:①柴油机采用二冲程;②加大汽缸尺寸和活塞行程,增大汽缸排量;③提高柴油机工作转速;④增加汽缸数目;⑤提高柴油机的平均有效压力。

上述基本途径中,二冲程柴油机由于特有的换气问题、热负荷大、扫气机耗功高且结构复杂等原因,在工程机械、电站和车用发动机上应用较少。柴油机由于结构尺寸受到严格限制,进一步增大汽缸工作容积和缸数还存在一定困难。提高柴油机转速固然能提高发动机功率,但容易使柴油机工作过程恶化,机械负荷和机械损失增大,零件磨损加剧。因此,提高平均有效压力是柴油机强化的主要途径。

7.1.2 什么叫柴油机增压

要提高柴油机的平均有效压力,只需向汽缸喷入更多的燃油并使它们充分燃烧。增大油量并不难,只要加大燃油供给系统每循环喷油量即可,但要使喷入汽缸的燃油充分燃烧却需要同时增加进入汽缸的空气量。在汽缸工作容积不变情况下,增大每循环的进气量就意味着增加进气密度,以便容纳更多的新鲜充量。进气密度与进气压力和进气温度有关,当压力升高时,气体分子间距减小使密度增加;当温度降低时,气体收缩也使气体分子间距减小,密度增加。因此,增加进气压力同时降低进气温度,都能够达到增加进气量的效果。实际应用中,主要采用增压的方法,而把降低进气的温度作为增压的辅助手段,即所谓的增压空气"中间冷却"。

综上所述,柴油机增压就是将空气预先在增压器内压缩后再送入汽缸,同时增加每循环的供油量,从而提高发动机的功率和改善发动机的性能。其增压压力(压气机出口压力 P_b):$P_b \leqslant$ 0.17 MPa 称为低增压;0.17 MPa$<P_b \leqslant$ 0.25 MPa 称为中增压;0.25 MPa$<P_b \leqslant$ 0.35 MPa 称为高增压;$P_b >$ 0.35 MPa 称为超高增压。

7.1.3　增压的方式

柴油机的增压按驱动增压器所用能量来源不同分为机械增压、涡轮增压和复合增压三种不同方式。

1.机械增压方式

增压器由柴油机的曲轴通过机械传动系统如齿轮、皮带、链条等直接驱动,将空气压缩后送入汽缸。增压器常采用离心式、罗茨式或刮片式压气机。机械增压方式应用最早,具有加速响应性好,低速时可以获得较好的转矩特性,对排气系统无干扰等优点。但由于要在柴油机上增加一套传动机构,使得结构复杂,消耗有效功率,机械效率有所下降。机械增压方式应用范围有限,增压压力一般不超过 0.15～0.17 MPa,仅用于个别增压度不高的发动机,且以汽油机应用为主。

2.涡轮增压方式

如图 7-1 所示,增压器的压气机是在柴油机的排气推动下由增压器的涡轮直接驱动的。离心式压气机将经过空气滤清器过滤后的空气进行压缩,再经过空气中间冷却器冷却(也可以不经过冷却)然后送入汽缸。由于增压器与柴油机没有任何机械联系,具有结构紧凑、体积小、效率高、排气噪声低、适应性好、增压范围宽、好布置和不消耗柴油机功率等特点。

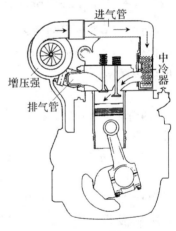

图 7-1　废气涡轮增压方式

采用涡轮增压,柴油机只需要经过某些改进和调整,如增加运动零件的刚度和强度、改变配气机构及配气相位、调整燃油供给系统等。由于增压前后汽缸工作容积相同,使得升功率得到大幅度的提高。柴油机采用增压后,同一种型号的发动机因采用不同的增压度,可获得几种功率指标,从而扩大了柴油机的应用范围。由于有效利用了柴油机排气的能量,热效率和机械效率较高,增压发动机的燃油消耗率比非增压发动机低,从而改善了发动机的经济性能。增压发动机一般是在过量空气系数较大的情况下工作的,燃烧比较充分,减少了废气中有害成分的排放量,并有利于降低排气烟度值。加之增压发动机比质量较低,使得涡轮增压在柴油机上得到了广泛的应用。

涡轮增压器可分为单级涡轮增压和二级涡轮增压两类。前者由一台涡轮机和压气机组成,或由几台涡轮增压器并联,多用于中、小型发动机。后者,空气经两台串联的涡轮增压器增压后进入柴油机汽缸。

因此,涡轮增压器的数量,一台柴油机可以有一个,也可以多于一个。V 型发动机一般采用两个,分别安装在左、右列的排气支管上。康明斯柴油机也有采用两级涡轮增压的(如 KT-TA),一个增压器作为低压,与之串联的另一个作为高压,可以大大提高汽缸的进气压力。其中,高压(P_H)增压器安装在柴油机排气管上,低压(P_L)增压器安装在排气进口的接头上。柴油机工作时,排气首先进入高压增压器的涡轮,推动高压增压器的压气机工作,压气机将来自低压增压器的压缩空气再次提高压力后送往进气接管。与此同时,高压增压器涡轮的排气管(出口)接至低压增压器涡轮的入口,从而推动低压增压器涡轮工作并带动低压增压器的压气机工作,压气机将外界空气(先经空气滤清器过滤)吸入并提高压力后送往高压增压器的压气机,从而实现两级增压。

3. 复合增压方式

除了应用涡轮增压外,同时还采用机械增压,称为复合增压方式。复合增压方式综合了机械增压和涡轮增压的优点,高速时主要以涡轮增压为主,启动时则采用机械增压。部分负荷时机械增压协助涡轮增压器工作,以便在低负荷、低转速时获得较高的进气压力,从而保证发动机在启动、低速和低负荷时所必需的扫气压力。复合增压方式多用于大型二冲程发动机。有时,对排气背压较高的水下工作的柴油机,要得到较高的增压压力也常采用这种增压方式。

复合增压方式有两种基本型式,一种是串联增压(空气先经涡轮增压,再经机械增压后进入汽缸),另一种是并联增压(空气同时由涡轮增压及机械增压后进入汽缸)。

7.1.4 增压柴油机的优势

(1)提高了柴油机的功率。柴油机采用增压后,提高了平均有效压力,最大平均有效压力可以达到 3 MPa。增压后的功率比原来能够提高 40%～60%甚至更多,也有效降低了发动机单位功率的造价。

(2)降低了燃油的消耗。增压柴油机进气压力提高,大大改善了汽缸的扫气效果和燃烧条件,燃油消耗率因此降低 3%～10%。

(3)提高了发动机的机械效率。柴油机增压后辅助系统耗功很少,虽然因爆发压力升高使各摩擦表面上的摩擦损失有所增加,但柴油机的功率增加更多,综合看机械效率有所提高,一般可提高 10%左右。

(4)降低了发动机的比质量。增压发动机的重量增加比其功率增加要小得多,提高了材料的利用率,使得单位千瓦发动机的质量因此降低。

(5)燃烧过程得到改善。增压柴油机提高了压缩终点的温度和压力,使得着火延迟期相对缩短,燃气压力升高率有所降低,有利于抑制爆燃,柴油机工作比较柔和。由于柴油机过量空气系数大,燃烧充分,不仅黑烟减少,各种排放水平总体上呈现下降趋势。

(6)有利于在高原稀薄空气下恢复柴油机的功率,以达到或接近平原上的工作性能。

上述优势的取得是以以下代价为前提:①增压后汽缸内的工作压力和温度提高,发动机的机械负荷和热负荷增大,过大的机械负荷和热负荷对零件的机械强度、刚度和耐磨性等都提出了更高要求,柴油机的可靠性受到严峻考验;②低速时排气能量不足,使发动机的低速转矩受到影响(低速工况性能变差);③增压发动机的加速响应性与非增压发动机相比较差(即瞬态特性较差)。其次,增压发动机性能上的进一步优化还受到诸如中冷器尺寸、材料的热强度以及润滑性能等因素的制约。

汽油机涡轮增压技术比柴油机出现早,但由于热负荷和爆燃等原因而发展不快。近 10 年来,随着直喷和电控技术的飞速发展,车用汽油机的性能得到了很大提高,使得涡轮增压技术得到了较好的应用。据报道,货车汽油机用的增压器,其寿命已达到 1 000 000 km,汽油机的升功率、最大平均有效压力等指标也有较大提高。

6135G 型柴油机增压前、后的性能比较见表 7-1。12V135 柴油机增压后,功率提高 58.3%,油耗降低 5.7%。

表 7-1　6135G 型柴油机增压前、后性能比较

性能指标	增压前	增压后	提高幅度/(%)
平均有效压力 P_e/MPa(kg/cm²)	0.5886(6)	0.932(9.5)	增大 58
功率 N_e/kW(HP)	88.3(120)	139.8(190)	提高 58
燃油消耗率 g_e/(g/(kw·h))(g/(HP·h))	238(175)	224(165)	下降 5.7
比质量 G_e/(kg/HP)(kg/kW)	13(9.67)	8.97(6.6)	下降 31

7.1.5　柴油机采用增压后的结构特点

为了保证增压柴油机可靠工作,必须在发动机的结构设计、选材和参数选择等方面采取适当措施。

(1)适当降低压缩比。增压后由于进气压力提高和每循环喷油量增加,汽缸内最大爆发压力也相应升高。计算表明,压缩比每增加 1,最高燃烧压力会增加 1.2 MPa 左右。为了避免过大的机械负荷和保证发动机工作的可靠性,可适当降低柴油机的压缩比。增压程度越高,压缩比降低的幅度也越大。

(2)优化燃油供给系统。供油系统匹配是否合理,对柴油机性能影响极大。可通过改变某些结构参数和调整燃油泵、喷油器,获得最佳匹配以满足增压发动机的要求。

(3)适当增大进、排气门的重叠角。增大进、排气门重叠角,延长扫气过程能够有效地冷却燃烧室壁和较好的清除废气,降低发动机的热负荷,涡轮机的工作条件也在一定程度上得到了改善。

(4)柴油机排气管分支。在柴油机增压系统中,按排气能量利用方式不同分为定压涡轮增压和脉冲涡轮增压两种基本系统,其他的增压方式可以认为是由这两种系统衍变和发展而来的。定压涡轮增压系统是把柴油机所有汽缸的排气通过一个体积较大的排气管(类似一个集气箱)汇集在一起,然后再引向涡轮机。尽管各缸是交替排气,但由于集气箱的稳压作用,排气总管内的压力振荡较小,进入涡轮前的压力近似不变。其主要优点是进气效率高,泵功损失小,气流引起的激振较小,叶片工作可靠,且排气系统简单,易于布置和维护。主要缺点是排气中的脉冲能量利用率较低,低速转矩特性和加速性能也较差。

脉冲涡轮增压系统比定压系统更能有效地利用汽缸中的排气能量,排气能量的损失小。由于涡轮是在进口压力有较大波动的情况下工作,故称为脉冲涡轮增压系统。为了尽可能将汽缸中的排气能量直接而迅速地送到涡轮机中,排气管设计的短而细以减小容积。而且,为了减少各缸排气压力波相互干扰,采用两个(或多个)排气支管将相邻发火的汽缸互相隔开。

脉冲涡轮增压系统由于排气管容积较小,当柴油机负荷改变,排气的压力变化能迅速传递到涡轮机,从而改变增压器的转速,以适应负荷变化的需求。其加速性能和低速时的转矩特性

都比定压系统要好。主要缺点是排气管结构复杂,涡轮机的效率略低于定压系统。

以采用脉冲涡轮增压的康明斯发动机为例,对发火顺序为 1—5—3—6—2—4 的直列式发动机,1,2,3 缸共用一个排气支管,4,5,6 缸共用另一个。由于每个排气支管相邻两缸间的工作夹角为 240°曲轴转角,与排气脉冲波的持续时间大致相同,排气间干扰不大。V 型发动机的排气系统也采用同样的布置。

(5)冷却增压空气。采用空气中间冷却器,能够降低增压后进入汽缸的空气温度,从而增加进气密度和适当降低柴油机的热负荷。在直列式发动机上,空气中间冷却器又兼作柴油机的进气管。

7.2 涡轮增压器的构造及工作原理

柴油机使用的涡轮增压器,尽管有多种不同规格,但通常都由压气机、涡轮机和中间壳(又称轴承壳)三个主要部分组成。压气机叶轮安装在涡轮轴上,当柴油机工作时,排气驱动涡轮高速旋转并带动压气机工作。此时,排气能量被转换成为涡轮机的机械能,涡轮机再将机械能传递给压气机叶轮,通过压气机的工作使进气得到增压。

本节以康明斯柴油机使用的涡轮增压器(见图 7-2)为例,介绍其构造及工作原理。

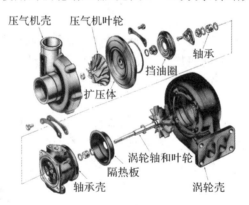

图 7-2 增压器零件图

7.2.1 压气机构造及其工作原理

1.压气机的构造

压气机由压气机壳、压气机叶轮和扩压器等组成。压气机采用离心式,工作时空气沿转轴方向进入叶轮,再沿径向叶轮、扩压器、压气机壳(蜗牛壳)流出。离心式压气机工作范围宽广,压力升高比较大,加之结构简单、制造成本较低,应用十分广泛。

(1)吸气壳。压气机的吸气壳又称为空气进气道,其作用是将来自空气滤清器的空气有秩序的导入压气机叶轮。

(2)压气机叶轮。压气机叶轮是压气机中唯一对空气做功的部件,它将涡轮提供的机械能转变为空气的压力能和动能。压气机叶轮分为导风轮和工作叶轮两部分,中小型增压器通常将二者制造为一体,大型增压器则分开制造并装配成一体。导风轮是叶轮入口的轴向部分,叶轮入口向旋转方向倾斜,直径越大处倾斜越多,其作用是使气流以尽量小的撞击进入叶轮。

常见的压气机工作叶轮如图 7-3 所示。其中封闭式叶轮的流体通道封闭性好,气体损失小、效率高,但结构复杂、制造成本高,多用于转速较低和增压比较小的增压器上。全开式叶轮没有轮盘,刚度差、效率低,工作中容易发生振动,很少采用。半开式叶轮性能介于二者之间,结构简单且具有一定的强度和刚度,应用十分广泛。

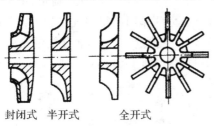

封闭式　半开式　　全开式

图 7-3　压气机叶轮的几种形式

图 7-4　长短叶片叶轮

根据叶片沿径向的弯曲形式,压气机叶轮又可分为前弯叶片、后弯叶片和径向叶片。实际使用中以后两者应用最多。按叶片的长短,压气机叶轮可分为全长叶片叶轮和长短叶片叶轮。前者进口流动损失小,效率高,但对于小直径叶轮,入口处气流阻塞较为严重。因此,小型增压器主要采用彼此间隔排列的长短叶片叶轮,如图 7-4 所示。

压气机叶轮对增压器性能有重要影响,同时它又是一个高速转动零件,对加工精度和表面粗糙度要求较高,通常采用熔模失蜡铸造。

(3)扩压器。扩压器设置在压气机工作叶轮的出口,按结构形式不同可分为无叶扩压器和叶片式扩压器两种。无叶扩压器(又称缝隙式扩压器或平板扩压器),它与压气机壳铸造为一体。如图 7-5 所示,扩压器类似一个环状平板,布置在叶轮的出口,其作用是进一步提高气体的压力。由于扩压器出口处的气体流通截面积比入口处的流通截面积大,因此气体流动时,流体膨胀使部分动能在扩压器内继续转变为压力能。

在叶片式扩压器中,相邻两个叶片之间构成气体流道,其入口对着叶轮的出口,由于入口通道截面积小于其出口通道截面积,与无叶扩压器一样,气体膨胀使压力得到提高,流体的部分动能被转变为压力能。康明斯柴油机使用 T-50,T-46,T-35,T-18A 型增压器,以及 135 系列柴油机使用的 J11 增压器均采用无叶扩压器,而康明斯柴油机使用的 VT-50,ST-50 型增压器则采用叶片式扩压器。

(4)出气壳。压气机的出气壳形同一个"蜗牛壳",又称出气涡壳(统称压气机壳),如图 7-6 所示。其出口截面积沿圆周逐渐扩大,使得气体在流出的过程中流速降低而压力不断升高。出气涡壳同时还兼有收集流出的气体以便向柴油机进气管输送的作用。截面的变化规律依据流体运动规律确定。变截面的出气涡壳工作中气流损失较小,而且不会出现气流分离现象。压气机壳常用铝合金制造以减轻重量。

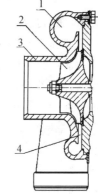

图 7-5　无叶扩压器
(平板扩压器)

1—出气壳;2—压气机叶轮;
3—吸气壳;4—平板扩压器

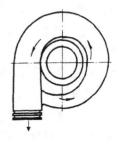

图 7-6　压气机出气壳

2. 压气机的工作原理

压气机的工作与鼓风机、水泵等有叶片的旋转机械工作原理相似。当增压器工作时,涡轮驱动压气机工作,过滤后的新鲜空气从入口沿截面收缩的进气道进入工作叶轮,气流略有加速(见图 7 - 7(b)中位置 1)。然后气流进入工作叶轮上由叶片组成的气流通道,由于叶轮的转速很高,一般每分钟几万转(有的高达十几万转),离心力的作用使得空气受到很大压缩,其压力、温度和流动速度均有较大程度地增加(见图 7 - 7(b)中位置 2)。这部分能量是由驱动压气机叶轮工作的机械功转化而来,而机械功又来源于与之同轴的涡轮。

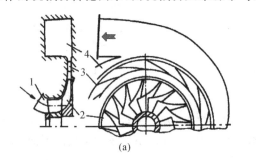
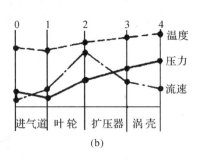

图 7 - 7 离心式压气机工作过程示意

1—进气道;2—工作叶轮;3—叶片式扩压器;4—出气壳

然后,压力提高后的气体又以很高的流动速度沿叶轮径向流出并进入扩压器和出气涡壳。由于扩压器和出气涡壳的出口截面都比进口截面大,气体所拥有动能中的大部分会在其中转变为压力能,使得气体的压力进一步升高,而流速进一步下降(见图 7 - 7(b)中位置 3,4)。

当气体以很高的速度从叶轮边缘流出时,工作叶轮的进口处产生低压(真空),以便外界空气不断吸入。可见,新鲜空气在压气机中完成了一系列的功能转换,并将涡轮机传给压气机工作叶轮的机械能尽可能多地转变为空气的压力能。

3. 压气机特性

压气机特性曲线类似一条抛物线,反映了不同转速下压气机的增压比 π_b(压气机出口压力与进口压力之比)和效率与压气机流量之间的变化关系,因此,压气机特性又称为压气机流量特性,见图 7 - 8。由曲线可得到以下几点。

1)在某一流量下,增压比和效率有一最大值。

2)当流量减小到某一数值时,压气机出现不稳定流动状态,强烈振荡的气流引起叶片振动并产生很大噪音,压气机出口压力显著下降并伴随很大的压力波动,这种现象称为压气机"喘振"。对应每一个转速都

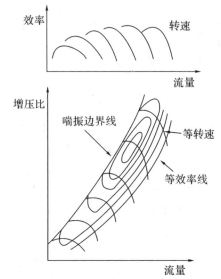

图 7 - 8 压气机流量特性

η_b—绝热效率;π_b—增压比

n_b—压气机转速(r/min)

有一个喘振点,对应的流量就是喘振流量。各喘振点的连线称为喘振线(又称稳定工作边界),喘振线以左的区域称为喘振区,压气机不允许在喘振区内工作。

出现喘振的原因是由于流量过小时,在叶轮进口处和叶片式扩压器内的气流与壁面发生分离,分离产生气流漩涡并使撞击损失增大。当流量小于某一数值后,分离现象会扩展到整个叶片式扩压器和压气机叶轮通道内,使气流产生强烈振荡和倒流,从而形成压气机喘振。

3)当流量增大到某一数值时,增压比和效率将急剧下降。换言之,即使以增压比和效率下降很多作为代价,流量也难以增加,意味着压气机出现了"阻塞"。此时的气体流量称为堵塞流量,它是在该转速下压气机所对应的最大流量,从而限制了压气机的流量范围。

产生阻塞的原因是在压气机叶轮入口或扩压器入口的喉口截面处,气流速度达到当地声速,从而限制了流量增加。由于阻塞点难以严格界定,一般规定当效率降低到 55% 时,即认为出现了阻塞。

在图 7-8 中,类似鸭蛋形状的曲线称为等效率线,其内圈的中心部分是压气机的高效率区。压气机特性曲线反映了压气机的性能,以及适合匹配什么样的柴油机。可见,压气机具有如下工作特点:在高转速时可能发生堵塞,在低转速时可能引起喘振。因此,保持压气机具有宽广的工作范围在增压器设计中十分重要。

7.2.2　涡轮机构造及其工作原理

1.涡轮机的构造

涡轮机主要由涡(轮)壳、喷嘴环和涡轮(轴)组成。

按柴油机排气流过涡轮叶轮的流动方向不同,可分为径流式向心涡轮、轴流式涡轮和混流式涡轮三种。径流式向心涡轮中,排气的流动方向近似沿径向由叶轮轮缘向中心流动,在叶轮出口处转为轴向流出。径流式涡轮工艺简单、结构紧凑、体积小,在小流量范围涡轮的效率较高,因此,在中、小型涡轮增压器上应用十分广泛。径流式向心涡轮在形状上很像离心式压气机,但气流的流动方向与压气机相反,在一定程度上可以把径流式向心涡轮的工作过程看成离心式压气机的逆过程。

轴流式涡轮中,排气近似沿与涡轮轴平行的方向流过涡轮。轴流式涡轮效率高、流量范围宽,在大流量工作范围的效率较高,多用于大型涡轮增压器。

混流式涡轮中,排气流动的方向介于径流式和轴流式之间,即沿与涡轮轴线倾斜的锥形面流动,其结构和工作原理与径流式涡轮类似。

(1)涡轮壳。也称涡轮进气壳或涡壳。在径流式向心涡轮中,一般与涡轮出气壳制造成为一体。康明斯和135系列柴油机所用增压器均采用径流式涡轮。在图 7-9 中,柴油机的排气沿径向进入涡轮壳 1 并冲击涡轮叶轮 2,然后从轴向流出。涡轮壳有两个作用:一是通过它把增压器与柴油机的排气管连接起来;二是引导柴油机的排气均匀地进入涡轮,以便更好地利用排气的能量。

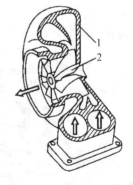

图 7-9　涡轮壳(径流式)
1—涡轮壳;2—涡轮叶轮

由于切向进气流动损失小,故涡轮壳常采用切向进气形式。涡轮壳一般有两个进气口,每个进气口分别与一个排气支管连接。由于排气温度较高,涡轮壳一般用合金铸铁制造并要求内表面平滑光洁。

(2)喷嘴环。又称导向器,流通截面呈渐缩型。其作用是使具有一定压力和温度的燃气膨胀加速并按规定的方向进入涡轮叶轮。径流式向心涡轮的喷嘴环,根据有无喷嘴叶片分为无叶喷嘴环和有叶喷嘴环。

无叶喷嘴环与涡轮壳做成一体,构成无叶涡壳。无叶涡壳(见图7-9)的径向截面向喷嘴出口逐渐缩小,它不仅担负着一般涡壳的功能,同时还起着喷嘴环的作用。无叶涡壳的特点是尺寸小,质量轻,结构简单且成本低,在变工况工作时效率变化比较平坦。有叶喷嘴环由喷嘴叶片和环形底板组成径向收敛的通道,由于叶片在喷嘴环出口有一定的安装角,使得气流经过喷嘴环导向后更有利于冲击涡轮做功。有叶喷嘴环的结构形式有整体铸造式和装配式两种,后者通过不同的安装角可适应不同流量和功率的发动机的需要,局部损坏时可单独更换叶片,但其零件数目多,加工及装配费工费时。采用有叶喷嘴只需更换喷嘴就可得到适应不同发动机要求的变型产品,有利于涡轮增压器的系列化。

(3)涡轮与轴。如图7-10所示,涡轮与轴安装在涡轮壳内,它的作用是将来自涡轮壳的柴油机排气中含有的动能和压力能转变为机械能,并通过涡轮轴驱动压气机叶轮旋转。

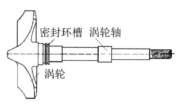

图7-10 涡轮与轴

径流式向心涡轮的叶轮,一般采用半开式结构。为了提高涡轮增压器在发动机变工况时的响应性,要求转子部件的转动惯量尽量小。因此,小型涡轮增压器通常采用开式叶轮。开式叶轮还可减少叶轮轮盘的离心应力,对叶轮轮盘的强度有利。但开式叶轮的自振频率较低,影响叶片的强度和刚度,故在叶片进口沿轴向取一较大的后弯角,并沿径向设计成等强度截面,即直径越小处叶片越厚。涡轮叶片的叶型目前大多采用抛物线叶型,因为抛物线叶型气动性能好,效率较高。

涡轮是增压器中十分重要的零件,其性能和结构对增压器工作有很大影响,加之工作中受热、受力和受到腐蚀,因此对工艺和材料都有较高要求,一般用耐热和耐腐蚀性好、强度高的高镍耐热合金材料精密铸造成型。涡轮与涡轮轴采用整体式连接方式(即不可拆式),工作中涡轮不会松动,动平衡不易破坏,但局部损伤后不易修复。也有的涡轮与涡轮轴采用装配式连接方式,它通过键连接,其优缺点与整体式相反。涡轮轴的作用是将涡轮与压气机叶轮连接为一体,实现扭矩的传递。

2. 涡轮机工作原理

涡轮机的工作原理类似流行在民间的走马灯和风车,如图7-11所示。当蜡烛点燃后,引起周围空气对流,热空气上升冲击质量很轻的叶片使叶片缓慢转动,同时带动了同轴安装的纸马转动,这就是走马灯的工作原理。风车和燃气涡轮也是利用流动的空气或高速燃气流冲击叶片(轮)使其旋转,从而对外输出动力。气流动能越大,做功越多,轮盘转动也越快。

走马灯   风 车   燃气涡轮

图7-11 走马灯、风车和燃气涡轮

当涡轮增压器工作时,在涡轮壳入口(即柴油机排气管出口),排气气流具有较高的压力、温度和一定的速度。由于涡轮壳有一定的膨胀、加速作用,而在喷嘴中又有相当多的压力能转化为动能,因此在涡轮壳和喷嘴环中,气流的压力和温度降低而速度迅速升高,至喷嘴出口,气流的速度达到最大。在涡轮叶轮中,当高速气流冲向涡轮叶片时,被迫沿着弯曲通道改变流动方向(见图 7-12),由于离心力的作用,气流质点投向叶片凹面,使该处压力增高,而凸面(背面)处压力降低。作用在叶片表

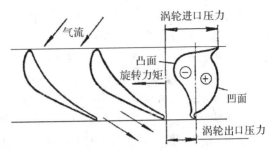

图 7-12　涡轮叶片上气流压力分布

面的压力的合力便产生一个旋转力矩,推动涡轮转动。此时,在涡轮出口处压力、温度以及速度均下降,出口处的气流速度也大大低于进口速度,使得柴油机排气中所拥有的能量(动能和压力能)大部分通过涡轮转变成了机械功,最终用来驱动压气机工作。

7.2.3　中间壳

中间壳(见图 7-13)装在压气机壳与涡轮壳之间,其外部套有 V 型箍带并用螺栓锁紧,用来连接压气机壳与涡轮壳。中间壳又称轴承壳,壳体内装有轴承,壳体的一侧装有隔热板,另一侧压装有密封圈支架。中间壳起支撑、润滑、隔热和密封作用。

1. 轴承

由于增压器的转速通常都在数千转以上,中、小型增压器多采用浮动轴承。浮动轴承安装在中间壳的轴承孔内,用来支撑涡轮轴,并通过轴承的润滑作用减少摩擦损失和减轻零件的磨损。

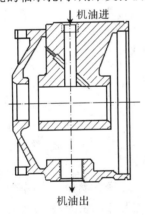

图 7-13　中间壳

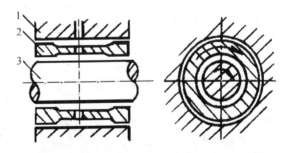

图 7-14　浮动轴承工作示意图
1—轴承座;2—浮动轴承;3—涡轮轴

浮动轴承也叫浮环,顾名思义是浮着运动的轴承。如图 7-14 所示,当涡轮轴高速旋转时,在压力机油的作用下,浮动轴承的外表面与轴承孔、内表面与涡轮轴之间的间隙都能够形成润滑油膜,在润滑油的黏附力和摩擦力作用下,轴承也会跟着转动但转速较慢(一般为轴转速的 25%～30%)。浮动轴承与普通滑动轴承相比,具有工作温度低、摩擦损失小、工作可靠、减振效果好和拆装维护方便等优点,特别适合在高转速下工作,故应用十分广泛。

浮动轴承在结构上有整体式和分开式两种,整体式浮动轴承的两个轴承由中间过渡段连为一体,两端面可兼作止推轴承,但质量大、惯性大,加工精度要求高。分开式浮动轴承的两轴

承分为两体,每个轴承两端由挡圈或垫片定位,质量轻,惯性小,易于加工。

还有一种被称为半浮动轴承。半浮动轴承工作中不转动,轴承采用整体式浮动套,结构如图 7-15 所示。主要用在 ST-50,T-50,T-35 等增压器上。有资料表明,在同样的情况下,半浮动轴承的机械损失要小于全浮动轴承。

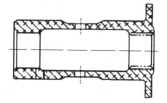

图 7-15 浮动轴承
（整体式浮动套）

浮动轴承上加工有径向油孔,经柴油机粗滤器过滤后的压力机油,通过一根软管和接头由中间壳上加工的油道径向进入轴承,润滑后从两端沿轴向流出至中间壳的油腔,再经接头和外部软管流回柴油机的油底壳。循环流动的机油也对增压器零件起到了良好的冷却作用。

除了采用浮动轴承,增压器上还装有止推轴承。常见的止推轴承有止推板、止推环或止推盘,主要用来承受涡轮轴工作中产生的轴向推力。止推轴承通常安装在压气机端(此端工作温度较低)。T-18A 型增压器采用止推盘、T-35 型采用止推环,均安装在压气机一侧。

2. 隔热装置

增压器工作时,高温排气推动涡轮旋转的同时,会将一部分热量通过中间壳传递到压气机端,使进气加热、密度减小,从而影响进气量。此外,过高的温度还会影响轴承正常工作。虽然,循环流动的机油能够及时带走一部分热量,但为了进一步减少传热对进气温度的影响,有的增压器在涡轮机和压气机之间装有隔热装置。

隔热装置包括一块隔热板和一个用金属皮制作的隔热包,隔热包内填满石棉材料,能够起到良好的隔热效果。隔热板为一个圆状平板,端面上沿圆周加工有四个凸块,安装时嵌入中间壳一端对应的四个缺槽内。隔热包放置在隔热板的里侧,靠隔热板压紧。

3. 密封装置

增压器的密封装置一般包括气封和油封。气封的作用是防止压气机端的压缩空气和涡轮端的柴油机排气泄漏,压缩空气泄漏会降低增压效果,而排气泄漏除了使涡轮机的功率降低,高温气体泄漏还会影响轴承工作和使轴承过早损坏。油封的作用是防止增压器轴承处机油泄漏,泄漏使油耗增大,还会引起轴承因缺油而得不到良好的润滑。此外,当机油泄漏至涡轮壳一旦燃烧,燃气温度升高会损坏叶轮。增压器采用的密封装置一般有密封环式、接触式或迷宫式等。

密封环式由密封套和密封环组成,又称为活塞环式密封装置。密封套紧套在涡轮轴上(或与涡轮轴整体加工),密封套上面加工有环形槽,内装一道或两道开口的密封环,安装后靠环自身的弹力紧紧贴在密封板(又称为油封板)的内孔上,从而有效防止气体和机油泄漏。

接触式密封装置应用较少,它用非金属材料制作密封圈并与涡轮轴(或壳体)直接接触,从而起到密封作用。这种密封装置结构简单,但密封圈容易失效使工作可靠性变差。

迷宫式密封装置如图 7-16 所示,是利用气体在流动过程中流通截面的突然变化所形成的节流作用而实现密封。当气流经过多次流通截面的收缩与扩张,气体压力不断降低,起到了密封的效果。这种密封装置因为密封元件不与涡轮轴直接接触,因此摩擦损失很小。迷宫式密封装置的结构形式较多,主要有轴向密封装

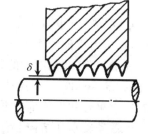

图 7-16 迷宫式密封装置

置、径向密封装置、轴向与径向混合密封装置和带有气封的密封装置。后者将少量压缩空气引入轴向密封装置，以加强轴向密封的效果。

　　康明斯柴油机所用增压器主要采用密封环式，分别设置在压气机和涡轮机一端。压气机端的密封套装入密封板的内孔，涡轮机端的密封套直接加工在涡轮轴上(见图 7-11)。有的进口增压器在密封套上加工有甩油螺纹，当涡轮轴旋转时，机油沿螺纹槽运动的方向与泄漏方向相反，具有较好的密封效果。此外为了保证密封，增压器上还装有 O 型密封圈。

7.2.4　几种增压器的结构介绍

1. J11 涡轮增压器

　　J11 涡轮增压器主要用于 135 系列柴油机上，其结构如图 7-17 所示。

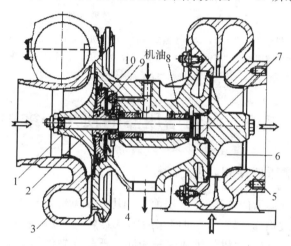

图 7-17　J11 型增压器剖面图

1—涡轮轴；2—压气机叶轮；3—压气机壳；4—中间壳；5—涡轮壳；
6—涡轮；7—密封环；8—浮动轴承；9—推力轴承；10—气封板

　　它由径流式涡轮、离心式压气机及带有支撑装置、密封装置、润滑和冷却装置的中间壳组成。压气机的半开式叶轮 2 用自锁螺母固定在涡轮轴 1 上，涡轮轴由两个浮动轴承 8 支撑在中间壳 4 上，涡轮和压气机叶轮工作中产生的轴向推力由设置在中间壳上的推力轴承 9 承受。压气机壳、涡轮壳分别与柴油机进、排气管连接。中间壳内设有润滑和冷却浮动轴承及推力轴承的油路，润滑油来自柴油机润滑系统并再次经过过滤，然后经油管和接头进入中间壳油腔内，润滑两个浮动轴承后从下部流出，经油管返回油底壳。此外，在涡轮和压气机叶轮内侧设有弹力密封环 7，起封油、封气的作用。

2. T-50 涡轮增压器

　　T-50 涡轮增压器用于康明斯柴油机上，其结构和装配关系如图 7-18 所示。增压器压气机采用半开式叶轮，安装在涡轮轴上并用锁紧螺母压紧。它由叶片和轮盘组成，前端弯曲的部分起导风轮的作用。压气机采用无叶扩压器(又称缝隙式扩压器或平板扩压器)，它与压气机壳铸造为一体。增压器采用径流式向心涡轮，涡轮与轴制造为一体，涡轮采用全开式叶片结构。增压器采用活塞环式密封，设有隔热板并在中间壳内装有浮动轴承。

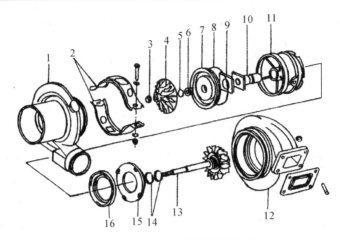

图 7-18　T-50 型增压器零件图

1—压气机壳；2—V 型箍带；3—锁紧螺母；4—压气机叶轮；5—密封环；6—油封环支撑座；
7—密封圈支架；8—O 型密封圈；9—轴承嵌片；10—浮动轴承；11—中间壳；12—涡轮壳；
13—涡轮和轴；14—油环；15—隔热板；16—隔热包

7.3　涡轮增压器的使用与维护

7.3.1　涡轮增压器使用注意事项

(1)新启用或经维修后的增压器,使用前必须用手拨动叶轮检查涡轮轴转动是否灵活。

(2)增压器在经过检修或较长时间停车后初次运转前,应通过进油管接头人工注入约 60 ml 的清洁机油,其牌号与柴油机的机油牌号相同。严禁在缺油情况下启动柴油机。

(3)启动后应倾听增压器运转是否正常,在额定工况下察听增压器有无异响。如有异常声响应停机检查。增压器工作时应确保润滑和密封可靠,不允许出现机油或气体泄漏。

(4)如果增压器出现振动现象,应停机检查压气机叶轮和涡轮叶片是否损坏。

(5)如果进气阻力过大(超过 635 mm 水柱),会导致进气不足和排烟增大。此时应检查空气滤清器是否过脏和清洁滤清器。

(6)必要时测量排气背压。排气背压高可能由外来杂质或排气管过度弯曲造成。

(7)按规定的周期、方法和步骤维护增压器。

7.3.2　涡轮增压器的维护

1.清洁

(1)用软毛刷沾上洗涤剂或溶剂彻底清除压气机叶轮、涡轮以及壳体上的污垢。不得使用钢丝刷或其他金属铲具强行清除,清洁时不得碰伤零件表面。

(2)如果增压器积炭严重,应按大修步骤拆卸、清洁、检查、修理或更换损伤零部件。

(3)不允许用腐蚀性的清洗液清洗零件。零件清洗后应用压缩空气吹净。

2.检查

(1)检查浮动轴承端面、内(外)表面磨损情况,表面损伤严重或磨损超过极限的应更换。

（2）检查中间壳两端面有无积炭和碰擦痕迹，轻微的损伤可用油石消除。检查压气机壳、涡轮壳有无损伤。

（3）检查涡轮轴，表面不应有明显的沟槽。检查涡轮叶片进出口边缘有无弯曲、断裂、裂纹或毛刺。检查并清除环槽处积炭和污垢。

（4）检查压气机叶轮有无变形、裂纹或其他损伤。

（5）检查密封环、推力轴承的磨损情况。

（6）检查涡轮轴轴向间隙。露出涡轮轴两端，将百分表固定在壳体上，将涡轮轴向后推到底并使百分表测量杆抵在轴端，将百分表校零，向前推涡轮轴到底，百分表的读数即为轴向间隙。此值应符合说明书规定。如果间隙值不在规定范围，应进行检修或更换。

3. 安装

（1）安装增压器到发动机上，使出油口向下或在下方位置的 30°范围。

（2）放上垫片，用螺栓将涡轮机进气口对准排气支管凸缘并固定。

（3）在进、出油管接头上缠绕聚四氟乙烯密封带，再将接头拧入中间壳上。

（4）安装进、出油管，安装空气滤清器和增压器排气管。

增压器的检修应严格按照使用说明书规定的步骤和要求进行，在此不再赘述。

7.4 涡轮增压器常见故障

7.4.1 涡轮增压器损坏原因的分析

造成涡轮增压器过早损坏主要有以下五方面的原因。

（1）润滑油不足或供油滞后。当润滑油压力过低、流量不足，或高速运转时机油供油滞后、短时供油不足时，难以使浮动轴承形成足够厚度的润滑油膜，造成干摩擦，严重时使轴承烧坏。此外，在更换机油和机油滤清器后，首次启动柴油机前没有向增压器加注机油，强行启动会使轴承缺油而损坏。当柴油机处于倾斜状态工作时（部分负荷或全负荷运转），如果油底壳机油油面过低或机油泵吸入空气时会造成机油压力降低，这种情况一旦发生也会导致增压器损坏。

（2）使用的机油不清洁。当外部杂质或污垢进入润滑系统时，或机油滤清器失效，或油质不符合要求而影响其润滑性能。

（3）机油氧化变质。机油氧化变质后会形成油泥或胶状物质，既加速了柴油机运动零件的磨损，也使增压器轴承和涡轮轴使用寿命缩短并导致增压器故障。增压器中间壳的工作情况可以从出油管接口观察。如果涡轮端出现漏油，可能是中间壳油腔油泥积累所致，严重时在中间壳内壁从机油出油管接口到涡轮端都有油泥结焦。此时，应拆检并清洗。

（4）外部异物进入柴油机进气或排气系统。增压器的涡轮和压气机叶轮工作转速很高，任何外部异物进入进、排气系统都将损坏叶片。因此，柴油机进、排气系统的维护保养不容忽视，所有进、排气系统连接应牢固可靠。

（5）装配工艺不符合要求。如使用了不符合要求的零件，检修中不细致，装配方法不当或间隙测量不正确，零件磨损超过了限度等都会诱发增压器故障甚至损坏。

7.4.2 涡轮增压器故障现象和原因

涡轮增压器常见故障现象及原因见表 7-2。

此外,增压器工作中还可能出现压气机喘振或强烈振动。产生喘振的原因主要包括进气系统通道(空气滤清器、中冷器、进气管)因脏污而局部堵塞;压气机叶轮和涡流壳通道局部堵塞;柴油机工况不良(负荷波动大、突卸负荷、紧急停车等);增压器与柴油机工作配合不协调等。出现强烈振动的原因主要包括转子组叶片损坏出现不平衡;轴承严重磨损;转子轴上严重积炭等。当增压器工作时出现增压压力降低,转子转速过高或过低等故障现象时,也应及时查明原因并视情进行检修。增压器噪音过大的常见原因是转动零件与壳体碰擦,此时应检查零件之间的配合间隙,必要时进行检查和调整。

表 7-2 涡轮增压器常见故障现象及原因

故障原因 \ 故障现象	功率低	冒黑烟	冒蓝烟	机油消耗过大	涡轮端机油过多	压气机端机油过多	润滑不足	排气管有机油	压气机叶轮损坏	涡轮叶轮损坏	转子总成有阻力或卡滞	轴承组件磨损	噪音大	中间壳过脏
空气滤清器过脏	○	○	○		○								○	
曲轴箱通风不良(滤芯过脏)				○	○	○	○	○						○
增压器前进气阻力过大	○	○	○		○								○	
进(输)气管损坏	○	○			○								○	
空气滤清器与增压器间有杂质	○								○		○	○	○	
排气系统有杂质	○	○			○			○	○		○		○	
增压器凸缘、箍带松开	○	○	○	○						○	○		○	
进气管和连接头裂纹、垫片失效	○	○											○	
排气管或垫片损坏,排气有阻力	○	○											○	
润滑不良或机油污染变质											○	○		
机油牌号不符合要求							○				○			○
进油管进油不畅						○	○	○			○			
出油管回油不畅					○	○								○
涡轮壳损坏或有阻力	○	○								○	○		○	

续表

故障原因 ＼ 故障现象	功率低	冒黑烟	冒蓝烟	机油消耗过大	涡轮端机油过多	压气机端机油过多	润滑不足	排气管有机油	压气机叶轮损坏	涡轮叶轮损坏	转子总成有阻力或卡滞	轴承组件磨损	噪音大	中间壳过脏
增压器密封失效			○	○	○	○		○						
轴颈、轴承磨损	○	○		○		○		○	○	○	○	○	○	
压气机壳积尘过多	○	○	○			○			○	○	○		○	
涡轮叶轮后有积炭	○	○	○			○			○	○	○		○	
启动时加速过快或走热时间过短							○					○		
柴油机气门损坏或活塞环磨损	○	○						○						
机油输油管渗漏							○				○	○		
油底壳机油过量			○		○									
发动机怠速运转过长			○	○	○	○		○						
增压器中间壳过脏			○	○	○			○	○	○	○			
机油滤清器堵塞			○	○	○	○	○		○	○	○	○		

167

第 8 章 启动电器系统及仪表

8.1 启动条件与启动方式

8.1.1 启动条件

柴油机不具备自启动性,要由静止状态转入运转首先要克服发动机的启动阻力,借助外力驱动曲轴,在各系统的配合下使汽缸内获得燃烧才能自动进行工作循环。柴油机由静止状态转入工作状态的全过程,称为启动过程。

能否迅速、可靠、方便地连续多次启动,是评价一台柴油机性能好坏的重要指标之一。启动不可靠,会给用户带来诸多不便,会因延误时机造成重大损失,会因反复启动而造成发动机零件磨损。常温下启动迅速、可靠的必要条件是启动转速和启动力矩。

1. 启动转速

保证柴油机顺利启动所必须的最低转速称为启动转速。启动转速低,进入汽缸的空气被压缩后达不到正常温度和压力,喷油雾化质量差,加之散热和漏气损失增加使汽缸内难以形成良好的可燃混合气,不满足燃烧条件而使发动机不能顺利启动。最低启动转速是鉴别发动机启动性能的重要标致,不同类型柴油机的最低启动转速有所不同,一般为 80~250 r/min。

2. 启动力矩

启动柴油机必须要有足够的启动力矩去克服启动时的阻力矩,这些阻力(矩)通常包括机械阻力、惯性阻力和压缩阻力。

(1)机械阻力。运动零件摩擦阻力和驱动附属机构(如泵、齿轮、凸轮轴、风扇等)所需力矩。机械阻力矩约占启动阻力矩的 65% 左右,其中,活塞组与汽缸以及曲轴各轴承的摩擦阻力矩所占份额最大。当润滑条件较差,润滑油黏度过大,机械阻力矩对柴油机启动的影响更为突出。

(2)惯性阻力。使运动零件由静止状态加速到某一转速时的惯性力矩。惯性阻力矩约占启动阻力矩的 10% 左右。运动零件的质量越大,所呈现出的惯性阻力矩也越大。

(3)压缩阻力。第一次膨胀做功前,压缩汽缸内的气体所产生的阻力矩。在多缸发动机中,压缩阻力矩一般不超过启动阻力矩的 25%。

上述阻力(矩)的大小主要与柴油机汽缸数目、汽缸直径、压缩比及排量等结构参数及机油黏度有关。温度越低,机油黏度越大,摩擦阻力矩也越大。

8.1.2 柴油机启动方式

1. 人力启动

借助摇把、绳索、踩动等方式,用人力通过增速传动直接转动曲轴完成启动过程。人力启动是一种简单而可靠的启动方式,但劳动强度大、启动力矩受限,适用于小型发动机。有些发动机虽然备有电力启动,但仍然保留有人力启动以备急需。

2. 电力启动

由蓄电池提供电力,通过启动电机旋转启动柴油机,是一种常见的启动方式。具有结构紧凑、重量轻、操作和控制方便等优点,但启动可靠性在一定程度上取决于蓄电池的性能。

3. 压缩空气启动

将压缩空气按柴油机着火顺序,通过空气启动阀在膨胀冲程初期依次引入各缸,借助高压气体膨胀推动活塞,从而达到转动曲轴实现启动的目的。它具有启动力矩大、受环境温度影响小、启动迅速可靠、便于遥控操作并可连续启动等优点。但结构复杂,需要空气压缩装置和高压气瓶,主要用于大型柴油机(如 12V180,6250 型柴油机等)。

4. 汽油机启动

先用人力启动一个小型汽油机工作,再通过离合器让汽油机带动柴油机,柴油机一旦着火燃烧再使汽油机停止工作。它具有低温启动性好、可连续多次启动、启动力矩大。但结构复杂,启动时间长和不便于遥控。适用于个别野外作业的农耕机械和工程机械。

8.2　电动机启动

电动机启动是以 24V 蓄电池作为启动电动机(以下简称启动电机)的电源,利用启动电机的控制特性实现机旁或远距离操作。启动电机常采用串激式直流电动机,它具有低转速时输出扭矩大,随着转速升高输出扭矩逐渐减小的特性,非常适合柴油机启动的需要。串激式直流电动机的输出扭矩与通过电动机电流的平方成正比,因此,只要蓄电池能供给足够大的电流,启动电机便能产生很大扭矩,十分有利于柴油机的启动。

启动电机与一般直流电动机的主要区别是启动电机仅在启动时使用,由于工作时间短,设计时没有散热装置,在额定负荷下允许连续运行时间一般为数 10 s。在结构上,启动电机一般均带有操纵机构和驱动机构,并采用滑动轴承。

启动电机的构造如图 8-1 所示,它主要由串激式直流电动机、操纵机构和驱动机构三大部分组成。

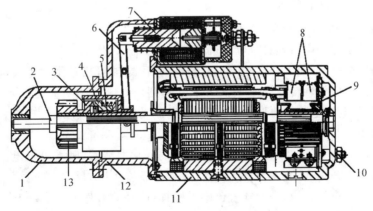

图 8-1　串激式直流电动机

1—前盖;2—电枢轴(转子);3—从动牙轮;4—主动牙轮;5—花键套筒;6—拨叉;
7—电磁开关;8—电刷;9—换向器;10—接线柱;11—壳体;12—连接体

8.2.1 串激式直流电动机

1. 串激式直流电动机的构造

(1)磁极。由固定在壳体上的磁极铁芯和磁场绕组组成。磁极的数目一般为 4～6 个,在四极中,两对磁极相对安装使 S 极对着 S 极,N 极对着 N 极而构成磁场。磁场绕组由绕在磁极上的 4 个相互串联(或每两极线圈分别串联后再并联)的线圈组成,并与电枢绕组串联。

(2)电枢。由电枢轴(转子)、铁芯、电枢绕组、换向器等组成。铁芯由硅钢片集叠而成并装在电枢轴上,为了能够通过大电流而得到大的启动转矩,电枢绕组一般用矩形裸体铜线绕制而成。为了防止绕组间出现短路,在铜线与铁芯、铜线与铜线之间用绝缘性好的绝缘纸隔开。为了防止高速下铜线因过大的离心力而甩出,在槽口两侧将铁芯轧纹挤紧。电枢绕组各线圈的端头均焊接在换向器上,通过换向器和电刷将蓄电池电流引入绕组。换向器又称整流子,由铜片和云母片相间叠压而成,表面与电刷接触。

(3)电刷。由铜与石墨粉压制而成,具有导电性和润滑性好等优点。电刷装在刷握(电刷架)内并由电刷弹簧紧紧压在换向器上,它的作用是接通外电路并引入电流,与磁极数目相等的刷握用螺钉固定在壳体上。

(4)轴承(衬套)。因启动电机工作时间短、通过电流大,并且承受着冲击载荷,一般采用青铜石墨轴承或铁基含油轴承。轴承压装在前盖和外壳的孔内用来支承电枢轴。

2. 串激式直流电动机工作原理

电动机是将蓄电池的电能转变为机械能的动力装置,它是基于通电导体在磁场中受电磁力作用即电磁感应原理工作的。当将电动机的电刷与直流电源(蓄电池)接通时,电流由正极电刷流入,经过磁场绕组和电枢绕组,由负极电刷流出。根据左手定则,电枢在磁场的作用下旋转并通过电枢轴输出扭矩。

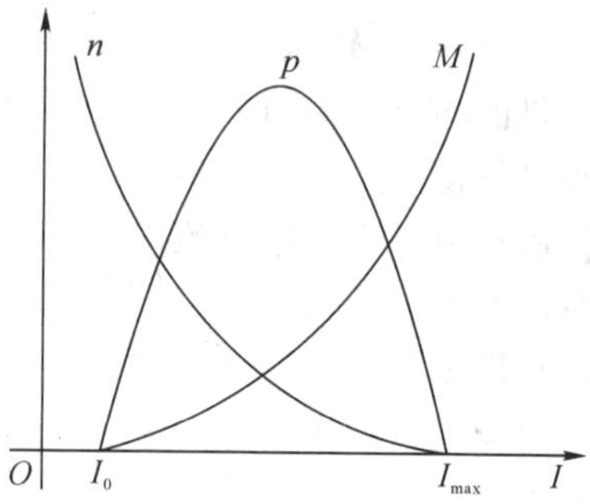

3. 串激式直流电动机特性

串激式直流电动机的转矩 M、转速 n 和功率 P 随电枢电流 I 的变化关系称为串激式直流电动机特性,如图 8-2 所示。

图 8-2　串激式直流电动机特性

(1)转矩特性($M=f(I)$)。在启动电机启动瞬间,因柴油机启动阻力很大,启动电机处于完全制动状态。此时电枢轴转速为零,电枢电流 I 达到最大值 I_{max},对应的转矩 M 也达到最大值。由于转矩 M 与电枢电流 I 的平方成正比,所以制动电流所产生的转矩很大,足以克服发动机的启动阻力矩使柴油机由静止状态进入启动状态。

(2)转速特性($n=f(I)$)。由图 8-2 中转速 n 的变化曲线看,随着电枢电流 I 的增大,串激式直流电动机输出转矩 M 增大,而对应的转速 n 却急剧下降;反之,在电枢电流 I 减小时,转速 n 却迅速升高。也就是说,串激式直流电动机具有"轻载转速高、重载转速低"的特点,这对保证启动安全可靠非常有利。但是,轻载或空载时的高转速,容易使启动电机超速,因此串激式直流电动机不可在轻载或空载状态下长时间运行。

(3)功率特性($P=f(I)$)。串激式直流电动机的输出功率 P,可以通过测量电枢轴上的输

出转矩 M 和电枢轴的转速 n，用公式 $P=\dfrac{Mn}{9\,550}$ 计算。由图 8 - 2 可见，在完全制动（$n=0$）和空载（$M=0$）两种情况下，启动电机的功率 P 均为零。由于启动时间很短，允许启动电机在最大功率下工作，因此又把启动电机在大约 $I_{max}/2$ 时的最大输出功率称为启动电机的额定功率（对应 P 曲线的峰值）。

4. 影响启动电机功率的主要因素

（1）蓄电池的容量。蓄电池容量越小，能够提供的启动电流越小产生的转矩也越小。

（2）温度。环境温度主要通过影响蓄电池内阻而影响启动电机的功率。环境温度越低，蓄电池内阻越大，容量减小使启动功率下降，故冬天应注意蓄电池保温。

（3）电阻。由于柴油机的启动电流很大，因此启动电机内阻、接触电阻以及导线电阻对启动电压有很大影响，进而影响启动电机的功率。一般要求导线短、线径粗，启动电机的内阻在 0.003 Ω 以下，启动电路各接头要牢固连接以减小接触电阻。

8.2.2　操纵机构

操纵机构又称电磁开关，用来接通或断开启动电路，并使启动电机驱动齿轮与柴油机飞轮上齿圈相啮合。

（1）操纵机构组成。如图 8 - 3 所示，固定铁芯 3 装在壳体内，铁芯外绕有吸动线圈和保持线圈 4，两线圈公共端接启动按钮。接线柱 1 固定在壳体上并与壳体绝缘，用来与蓄电池连接。衔铁 6 位于线圈中间，右端向内凹呈球面，以便与接触盘 2 的推杆 5 左端正确配合。衔铁左端通过连接杆 8 与驱动机构拨叉 9 连接。

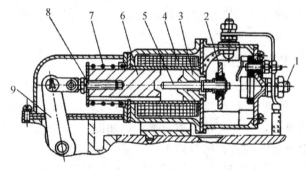

图 8 - 3　操纵机构

1—接线柱；2—接触盘；3—固定铁芯；4—线圈；5—推杆；
6—衔铁；7—复位弹簧；8—连接杆；9—拨叉

（2）操纵机构工作过程。如图 8 - 4 所示，当按下启动按钮时，电磁开关电路接通。电流从蓄电池 11 的正极→接线柱 8→启动按钮 10→吸动线圈 6→启动电机 9→蓄电池的负极。与此同时，流经保持线圈 3 的电流也流回蓄电池负极。由于吸动线圈和保持线圈内均有电流通过，两线圈产生的磁场极性相同，在其合成磁场作用下衔铁 2 被吸向固定的铁芯 5，向右推动推杆4 使电磁开关的接触盘 7 紧紧靠在两个触点上，接通了启动电机主回路。主回路一旦接通，吸动线圈即被短路，但保持线圈仍有电流流过以维持铁芯与衔铁的吸合。在衔铁右移使电机主回路接通的同时，拨叉绕支点顺时针摆动使驱动机构齿轮与柴油机飞轮齿圈接合。

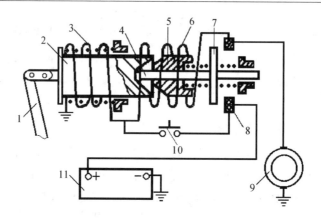

图 8—4　电磁开关工作过程

1—拨叉;2—衔铁;3—保持线圈;4—推杆;5—固定铁芯;6—吸动线圈;
7—接触盘;8—接线柱;9—启动电机;10—启动按钮;11—蓄电池

断开启动按钮,保持线圈失电使磁场消失,衔铁在回位弹簧作用下回到原位,接触盘与触点分开,启动电机工作结束。同时使驱动机构齿轮与飞轮齿圈脱离接合并回到初始位置。

8.2.3　驱动机构

1. 驱动机构的功用

驱动机构又称离合器。其功用是将启动电机启动时电枢轴所产生的转矩,通过驱动机构齿轮传递给飞轮启动柴油机。一旦发动机启动,保证发动机的扭矩不会通过驱动齿轮传递给电枢轴,从而保护启动电机。因此,启动机构具有单向传递扭矩的特点,故常采用单向驱动机构。

2. 驱动机构的组成和工作过程

不同型号启动电机的主要区别在于驱动机构组成和工作原理有所不同。发动机常用的驱动机构主要有牙轮式超越离合器、弹簧式离合器、摩擦片式离合器和滚柱式超越离合器几种。

(1)牙轮式超越离合器。牙轮式超越离合器总成如图 8-1 所示,它安装在启动电机前端并套在电枢轴上,由电枢轴上的直花键驱动工作。离合器主要由一对牙轮(主动牙轮和从动牙轮)和一个花键驱动套组成,牙轮起着棘轮的作用。当主、从动牙轮啮合时,主动牙轮能够将驱动力矩传递给从动牙轮,而从动牙轮却不能够将力矩传递给主动牙轮,因此具有单向传递扭矩的功能。

驱动齿轮为直齿圆柱齿轮并与从动牙轮制成一体。主动牙轮的内孔加工有斜花键,套在花键驱动套上并由花键驱动套上的斜花键驱动,主动牙轮后端装有缓冲弹簧和垫片,缓冲弹簧能使驱动机构柔和地传递动力,避免在啮合和打滑过程中产生撞击。花键驱动套套在启动电机的电枢轴上,内孔上加工有直花键槽与电枢轴的直花键配合。因此,当启动电机旋转时,通过花键传动使主动牙轮随同电枢轴一起转动。花键驱动套装在一个支撑筒内,支撑筒的左侧是滑环,支撑筒的右端装有一个挡圈用来防止驱动齿轮总成脱出。拨叉一端的两个叉耳作用在滑环内,在操纵机构作用下能够拨动驱动机构向前以便齿轮与飞轮齿圈啮合。此外,在主动牙轮和从动牙轮中间还装有垫片和碗形套。

当发动机启动时,在操纵机构拨叉作用下离合器被推向前方使驱动齿轮与飞轮啮合。此时,旋转的电枢轴通过直花键带动花键驱动套一起转动,花键驱动套再通过斜花键带动主动牙轮旋转,并将动力传递给从动牙轮和驱动齿轮使飞轮跟着一起转动。一旦发动机启动,由于传动比很大(康明斯发动机约为 9∶1～13∶1),啮合处飞轮的线速度将超过驱动齿轮的线速度使从动牙轮变为主动牙轮,导致两牙轮之间产生打滑,从而有效地保护了启动电机不会因高速而损坏。当操纵机构停止工作时,拨叉又将离合器拉向后方并与飞轮齿圈脱离啮合,启动过程结束。

(2)弹簧式离合器。如图 8-5 所示,花键套筒 6 套在启动电机电枢轴上的螺旋花键上,驱动齿轮 1 套在电枢轴前端光滑部分,两者间用两个半圆键 3 连接,使驱动齿轮与花键套筒之间不能做轴向相互移动,但却可以相对转动。在驱动齿轮和花键套筒外装有扭簧 4,它的两端内径略小分别箍紧在齿轮柄和花键套筒上。

当发动机启动时,电枢轴带动花键套筒稍有转动,扭簧顺着其螺旋方向将齿轮柄与花键套筒包紧,启动电机的转矩经扭

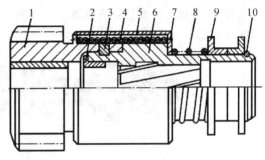

图 8-5　弹簧式离合器
1—驱动齿轮;2—挡圈;3—半圆键;4—扭簧;5—护圈;
6—花键套筒;7—垫圈;8—缓冲弹簧;9—移动衬套;10—卡簧

簧传给驱动齿轮并带动飞轮旋转。发动机启动后,一旦驱动齿轮的转速超过电枢轴的转速,扭簧将放松使驱动齿轮与花键套筒松脱打滑,发动机的转矩不能传递给电枢轴。弹簧式驱动机构主要用在一些要求启动功率较大的启动电机上。

(3)摩擦片式离合器。如图 8-6 所示,驱动齿轮 1 与外接合鼓制成一体并装有衬套,外接合鼓右端加工有 4 条切口。螺旋套管 10 内表面制有螺旋花键槽,与电机电枢轴上的花键配合。内接合鼓 9 的内表面加工有 3 条螺旋花键槽,与螺旋套管外表面的 3 条花键配合。主动摩擦片 8 内圆周上有四个凸耳,嵌在内接合鼓外圆上的 4 个直槽内,可随内接合鼓一起运动。各主动摩擦片之间装有从动摩擦片 6,从动片的外圆加工有 4 个凸耳,嵌在外接合鼓的切口内。螺旋套管的一端装有缓冲弹簧 13 和滑环 11,缓冲弹簧的作用与牙轮式离合器相同。摩擦片式离合器的连接关系可表述为:电机轴→通过四

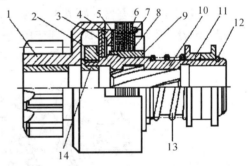

图 8-6　摩擦片式离合器
1—驱动齿轮与外接合鼓;2—螺母;3—弹性垫圈;
4—压环;5—调整垫圈;6—从动摩擦片;7,12—卡环;
8—主动摩擦片;9—内结合鼓;10—螺旋套管;
11—滑环;13—缓冲弹簧;14—挡圈

线右旋花键到螺旋套管→再通过三线右旋花键到内结合鼓→主动片→压向从动片(通过摩擦力力传递)→外结合鼓→驱动齿轮→飞轮。

柴油机启动时,在拨叉作用下螺旋套管边旋转边向左移动,主动摩擦片随之旋转左移并压向从动摩擦片,在摩擦力作用下迫使从动片带动外接合鼓和齿轮也旋转左移并与飞轮啮合。一旦操纵机构的接触盘使启动电机的主回路接通,电机转速升高,驱动齿轮便带动飞轮旋转。

当柴油机启动后,驱动齿轮的转速超过电枢轴的转速时,内结合鼓的转动将快于螺旋套管,在右旋花键作用下迫使内结合鼓右移,摩擦力减小使主、从动摩擦片产生打滑从而保护了电机。

如果发动机启动阻力很大,飞轮不能被驱动齿轮带动时,内结合鼓左移使主、从动摩擦片压的更紧,并将这一压力通过调整垫圈 5 和压环 4 沿外缘传递给弹性垫圈 3,由于弹性垫圈的内缘支撑在锁紧螺母 2 上,迫使弹性垫圈成喇叭形弯曲变形,阻力越大变形越甚,直至内结合鼓的左端与弹性垫圈接触。如果阻力矩再增大,内结合鼓不能够移动,片间摩擦力不再增大而出现打滑,从而起到了保护电机的作用。135 系列柴油机启动电机主要采用这种结构。

图 8-7 所示为摩擦片式离合器的装配图。上述零件作为一个总成装在电枢轴 4 上并通过花键 5 驱动。

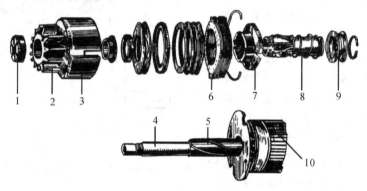

图 8-7　摩擦片式离合器装配图

1—锁紧螺母;2—驱动齿轮;3—外结合鼓;4—电枢轴;5—螺旋花键;

6—摩擦片;7—内结合鼓;8—螺旋套管;9—滑环;10—电枢

(4)滚柱式超越离合器。如图 8-8 所示,花键套筒 8 套在电机电枢轴的花键上,在花键套筒的一端固定着十字块 3,块内每个楔形槽内分别装有一套滚柱 4 及压帽和弹簧 5。驱动齿轮 1 与外壳 2 制成一体,外壳 2 与护盖 7 相互扣合密封。在花键套筒外面套有滑环 11 及缓冲弹簧 10。

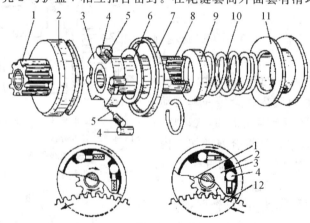

图 8-8　滚柱式超越离合器

1—驱动齿轮;2—外壳;3—十字块;4—滚柱;5—压帽与簧;6—垫圈;7—护盖;

8—花键套筒;9—弹簧座;10—缓冲弹簧;11—滑环;12—飞轮齿圈

启动电机工作时,拨叉通过滑环推动滚柱式超越离合器向前使驱动齿轮 1 与飞轮齿圈 12

啮合,扭矩由花键套筒传递给十字块使之与电枢轴一起旋转。此时,滚柱在弹簧力及摩擦力作用下紧楔在楔形槽的窄端而被卡死(见图 8-8 左下图),使得驱动齿轮总成和花键套筒成为一个整体,从而带动飞轮。

发动机启动后,由于传动比很大,驱动齿轮将被飞轮带着旋转,其转速大于十字块的转速。此时,驱动齿轮的转向虽然没变,但驱动齿轮由主动齿轮变为从动齿轮。在摩擦力的作用下,滚柱克服弹簧力而滚向楔形槽中较宽的一端并产生打滑(见图 8-8 中右下图),避免启动电机超速损坏。

8.2.4　启动电机型号编排规定

根据机械工业部部颁布标准 OC/T73—1993《汽车电气设备产品型号编制方法》的规定,启动电机型号由以下几个部分组成。

第一部分为产品代号。用"QD"表示"启动"。

第二部分为分类代号。以电压等级分类:"1"表示电压等级为 12 V,"2"表示电压等级为24 V。

第三部分为分组代号。以功率等级分组,数字含义见表 8-1。

第四部分为设计序号。代表产品的设计顺序,以一位数(1~9)表示。

第五部分为变形代号。表示产品结构做某些改变(但主要电气参数、安装尺寸和接线方法不改变),以汉语拼音的大写 A,B,C……表示。

举例:QD122D 表示启动电机,其工作电压为 12 V,功率≤2 kW,第 2 次设计的第 4 种变形产品。QD2853 表示启动电机,其工作电压为 24 V,功率≤8 kW,第 5 次设计产品。康明斯柴油机主要使用进口和国产两种启动电机,国产启动电机由广东五华汽车电器集团有限公司配套生产,N 系列和 M11 系列机型均用 24 V,8.1 kW 启动电机,K 系列为 24 V,11 kW。驱动齿轮齿数一般为 11,启动电机壳体接地(负极)。

表 8-1　启动电机的分组代号

分组代号	1	2	3	4	5	6	7	8	9
功率等级 (kW)	~1	1~2	2~3	3~4	4~5	5~6	6~7	7~8	>8

8.2.5　启动电机常见故障

(1)按下启动按钮后电动机不转动。首先检查蓄电池的充电情况和导线连接有无松动,如果蓄电池电量充足、导线连接正确且接触良好,应重点检查电动机或操纵机构的绕组、线圈有无断路或短路;检查接触盘与接线柱接触是否良好;倾听有无铁芯吸动衔铁的响声。

(2)电动机运转无力。检查启动电机电枢轴有无松旷或与磁极有无碰擦现象;检查绕组有无局部短路;电刷是否磨损严重或电刷弹簧压力不足;检查换向器表面是否烧蚀或脏污(表面烧蚀轻微的可用细砂布打磨)。此外,驱动机构打滑、蓄电池存电不足、导线或开关接触不良(接触电阻大)等也会造成电动机运转无力。

(3)驱动齿轮与飞轮齿圈啮合不良,且有撞击声。检查驱动齿轮或飞轮齿圈的轮齿是否损坏;检查拨叉的行程位置是否能保证驱动齿轮与飞轮齿圈完全啮合。对后者,如果拨叉中部设计有偏心调整螺钉(如135柴油机用启动电机),可通过转动偏心调整一个角度进行调整。牙轮式超越离合器可通过增、减操纵机构连接杆处垫片的数量进行调整。此外,当电动机轴线与齿圈中心线不平行或缓冲弹簧弹力不足时也容易出现此类故障。

(4)按下启动按钮启动电机空转。当离合器出现打滑、衔铁与拨叉脱开、缓冲弹簧折断、驱动齿轮与飞轮齿圈间距过大不易啮合或发动机启动阻力过大等都会引起电动机空转。

(5)松开启动按钮后电动机仍继续运转。此时应检查操纵机构接触盘是否与接线柱熔焊(烧结)在一起;检查弹簧是否折断、卡滞或过软,使衔铁和接触盘不能回到原来位置;检查启动按钮是否损坏。

除此之外,换向器火花严重也是常见故障之一。

8.2.6　启动电机使用的基本要求

(1)启动电机每次工作的时间和连续两次启动的间隔时间不应超过说明书规定的时限,否则会引起线圈过热、绝缘降低的后果,影响启动电机的使用寿命。

(2)启动时出现打齿、顶齿或空转等故障,应终止启动并检查故障原因。

(3)寒冷季节启动时,为避免电机过载或蓄电池过度放电,应根据实际需要采取预热、减压等方法减轻柴油机的启动阻力。

(4)发动机启动后又突然停转,在飞轮没有完全停止转动前不得再次按下启动按钮。

(5)启动电机安装部位不得有锈蚀或油污,以免造成搭铁不良。启动电机应牢固地固定在发动机上,其轴线应与飞轮轴线保持平行。

(6)驱动齿轮端面与飞轮齿圈端面应保持适当的安装距离,可以通过在启动电机突缘平面与飞轮壳座孔之间加、减垫片等方法进行调整。

(7)启动用的导线要短、线径要粗,使蓄电池与操纵机构之间线路电阻不超过 0.030 Ω。各接头连接必须牢固,经常保持接触良好。启动电机在使用中注意不要受潮。

(8)经常保持启动电机清洁和定期检查启动电机轴承的润滑情况。

8.3　压缩空气启动装置简介

将压缩空气按照柴油机的发火顺序,通过空气启动阀在做功冲程初期引入各缸,借助高压气体推动活塞下行,从而完成柴油机的启动。它具有启动力矩大,启动迅速、可靠,并可连续多次启动等特点。主要用于汽缸直径大于 150 mm 的发动机启动。

8.3.1　系统组成特点

空气压缩启动系统一般由空气压缩机、高压气瓶、空气分配器、启动阀等组成。

启动用的压缩空气,由独立装置的空气压缩机将高压空气压入高压气瓶,所贮存的压缩空气应能满足柴油机数次启动的用量。如图 8-9 所示,柴油机启动前,先启动空气压缩机向高压气瓶 1 充气达规定的压力(一般为 12 MPa 以上)。启动柴油机时,先旋开高压气瓶的阀门,使高压空气自空气瓶流出至开关阀 2。当打开开关阀后,高压空气便进入空气分配器 3,并按规定的时间和发火顺序流向安装在汽缸盖上的单向阀 5(启动阀),按发火顺序依次进入各个汽缸,推动活塞使曲轴旋转。一旦汽缸内发火,则迅速关闭开关阀。为了能够远距离启动柴油机,系统中往往设置有启动电磁阀(与开关阀并联),当需要遥控启动时,操纵启动电磁阀即可。高压空气是在做功冲程开始不久(10(°CA)左右)进入汽缸,进气的持续时间一般为 130~150(°CA)。

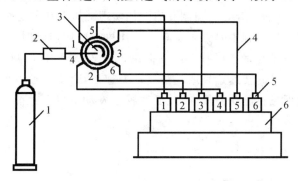

图 8-9　压缩空气启动系统示意图

1—高压气瓶;2—开关阀;3—空气分配器;4—高压空气管;5—空气启动阀;6—柴油机

8.3.2　空气启动系统主要部件

(1)空气压缩机。空气压缩机用来为高压气瓶提供压缩空气,它由电动机通过皮带驱动运转。空气压缩机根据所要求提供的空气压力值的不同分为多级(一级、二级、……)压缩,多级别压缩能够提供高的空气压力。压缩机的基本工作原理为:当电动机带动空气压缩机的曲轴旋转时,压缩机的活塞在连杆带动下在汽缸内做往复运动,使得外界空气经阀门进入压缩机汽缸被压缩,然后进入第二级、第三级汽缸再次压缩而获得高压,最后被压入高压气瓶。

(2)空气分配器。一般的压缩空气启动系统,都采用空气分配器将压缩空气按柴油机各缸发火顺序,定时地导入各个汽缸。空气分配器可由配气凸轮轴驱动。

(3)空气启动阀。空气启动阀一般安装在汽缸盖上,它是一个单向阀,其作用是将来自空气分配器的压缩空气导入汽缸内,压缩空气进气结束,阀门自动关闭。由于空气启动阀安装的位置接近高温燃烧室,工作温度较高,长期工作后,空气启动阀可能会结胶、卡住或堵塞,导致启动困难。因此,使用中应对启动阀定期检查清洗。

(4)开关阀。该阀安装在高压气瓶之后,用来接通与切断压缩空气通路,控制柴油机的启动过程。

8.4　柴油机辅助启动装置介绍

为了减小发动机启动装置的尺寸,降低启动功率和使低温启动更可靠,在一些发动机上装有用来改善启动性能的装置。其功用并非要直接转动曲轴,但有了它却能使启动过程更为迅速、方便和可靠,从而构成了发动机启动装置中的一个组成部分。其中常要用到的称为"启动辅助装置",仅在严寒条件下使用的称为"冷启动装置"。

启动性能的改善基于两点:即降低启动阻力(如减压启动装置)和使燃料容易着火(如启动预热装置)。

8.4.1 减压启动装置

减压启动装置一般都是通过装在发动机上的专门机构直接压下气门摇臂端，或提升气门摇臂端，或直接提升气门推杆等方法强制开启气门实现减压。其主要作用是实现减压启动，其次对发动机实施某些检查或调整时方便盘车。柴油机在减压启动时，人工操作减压机构迫使全部或一部分气门保持微开状态以减小启动时的汽缸压缩阻力（约减少 1/3），使启动时的转速得到提高。一旦发动机的转速达到或超过启动转速后，再迅速使这些气门恢复正常。尽管此时增加了压缩阻力但飞轮已获得惯性，从而改善了发动机启动性能。减压启动装置在一些小型柴油机上应用较多。

8.4.2 启动预热装置

用来加热吸入汽缸的空气、柴油机的冷却水或机油，以提高发动机的温度和减轻低温启动时的摩擦阻力，促进汽缸内可燃混合气燃烧。常见启动预热装置主要有以下几种。

1. 空气预热装置

使用乙醚作为辅助启动液的喷射装置。该装置将一定容量的乙醚喷入进气管内，随同空气进入汽缸并在汽缸中被压缩，由于乙醚具有较低的沸点，能够在较低的温度下燃烧。乙醚燃烧产生的热量加速了柴油的蒸发和雾化并点燃可燃混合气，有利于发动机在低温环境顺利启动。

喷射装置由一个喷雾器和一个乙醚压力喷雾罐组成，喷雾器接头安装在进气管上，以向各缸等量供给启动液。乙醚压力喷雾罐放置在空气滤清器出口附近，为喷雾器提供具有一定压力的启动液，从而使启动液能够通过喷雾器呈雾状喷入进气管内。使用乙醚辅助启动必须十分小心，应控制好喷射速率以防止发动机超速或汽缸内出现爆燃。必要时可以使用能够计量乙醚量的计量装置。需要强调的是，乙醚喷射决不能与进气预热装置联合使用，以免引起爆炸和引发事故。

空气预热的另一种方式是在发动机的进气管上安装电热塞或在进气管内安装加热器。发动机启动前，借助蓄电池或其他外部电源先使加热元件通电发热数十秒，然后启动发动机使流过进气管中的空气得到加热。12V135 柴油机在进气管上还装有一个油杯，内装柴油并通过塑料管引入电热塞，启动中通过燃油燃烧提高进气温度。也有的柴油机同时装有一个能够将柴油泵入进气管内的手油泵，发动机启动前，先接通电热塞开关加热进气管，15～20 s 后再启动柴油机，然后掀动手油泵使燃油喷入进气管并被灼热的电热塞点燃，柴油机启动成功后，停止泵油和关闭电热塞开关。

2. 冷却液加热器

冷却液加热器是一种安全、实用的低温辅助启动装置。被加热的冷却液在发动机冷却系统中循环流动，起到了暖机、预热的作用，有助于提高燃烧室的温度和减轻汽缸的磨损。加热器的最低功率一般为 2.5～4.0 kW。

3. 机油加热器

其作用是通过加热机油降低机油的黏度，减小柴油机的启动阻力。机油加热器采用浸入式，可安装在发动机的油底壳内并由外部电源供电。

8.5 蓄电池

8.5.1 蓄电池的构造

为了使柴油机迅速启动,蓄电池要在启动过程延续的时间内向启动电机提供 200~1 000 A 的启动电流。除此之外,有的还要向发动机的仪表箱和传感器件提供电能。

启动用蓄电池多为铅蓄电池(又称酸性蓄电池),具有制造工艺简单、内阻小(0.01~0.019 Ω)、启动性好、成本低和使用寿命较长等优点。通常由 6 个或 3 个单格电池串联而成,每个单格电池的标称电压为 2 V,从而构成 12 V 或 6 V 蓄电池。如图 8-10 所示,它由极板、隔板、电解液和壳体 4 部分组成。

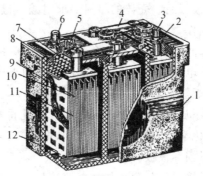

图 8-10 蓄电池构造

1—壳体;2—电桩衬套;3—正极接线柱;4—联接条;5—加液孔;6—负极接线柱;
7—保护片;8—封口料;9—隔板;10—负极板;11—正极板;12—棱条

1. 极板

极板是蓄电池的主要部分,蓄电池的充电和放电,就是通过正、负板上的化学活性物质与电解液中的硫酸进行化学反应而实现的。

正极板上的活性物质是深棕色二氧化铅(Pb_2),负极板上的活性物质是青灰色海绵状铅(P_b)。上述活性物质用涂膏工艺分别填充在铅锑(含锑 6%~8.5%)合金铸成的栅架上而构成极板(见图 8-11)。

国产负极板的厚度为 1.8 mm,正极板为 2.2 mm(薄型极板为 1.1~1.5 mm)。为了增大蓄电池容量,将多片正、负极板分别并联焊接在一根横条上组成正、负极板组。横条上联有电桩,各片间留有间隙。安装时正负极板相互嵌合,中间插入绝缘隔板。由于正极板上的活性物质机械强度较低,单格电池中负极板总是比正极板多一片,使每个正极板都处于负极板之间,其两侧放电均匀,以免工作时因极板拱曲而使活性物质脱落。

图 8-11 极板组

2. 隔板

为减小蓄电池尺寸,正、负极靠的比较近,为了避免彼此接触而短路,正负极板之间要用隔板绝缘隔开。隔板应耐酸蚀,应具有多孔性以便电解液自由渗透。常用材料有微孔橡胶、微孔塑料和玻璃纤维等。组装中,隔板带槽面应对准正极板以满足电化学反应中极板对硫酸的需求。

3. 电解液

电解液是蓄电池内部发生化学反应的主要物质,由化学纯净硫酸和蒸馏水按一定比例配制而成,其成分用密度表示。

电解液的纯度和密度对蓄电池寿命和性能有很大影响。配制电解液时,禁止使用工业硫酸和非蒸馏水,防止杂质引起蓄电池自放电并使极板过早损坏。电解液密度低,冬季易结冰;但密度过大,电解液黏稠使渗透性降低,并加快了隔板和极板的腐蚀。电解液密度一般为 $1.24 \sim 1.31 \ g/cm^3$,应根据气候条件和厂家要求选择或配置。

4. 壳体

壳体用来盛放电解液和极板组。壳体的材料要求耐酸、耐热、绝缘性好并有一定的机械强度,常用工程塑料或硬橡胶制作。

壳体为整体式结构,内部间壁成 3 个或 6 个互不相通的单格,每个单格中放入一对极板组并注入电解液,形成一个单格电池。壳体底部突起的棱条用来支撑极板组,棱条间的空隙用来积存脱落的活性物质以防极板短路。每个单格都有一个盖子,盖子与壳体之间的缝隙用封口剂密封。中间的加液孔用来添加电解液、检查液面高度和测量电解液密度。加液孔平时用盖拧紧,盖上有通气孔,蓄电池化学反应时产生的气体从此孔排出。蓄电池内,在极板组上方装有保护片,以防测量操作时损坏极板。

每个蓄电池均有正、负极接线柱各一个与外电路连接。各单格电池的极桩通过联接条串联成为一个整体电源。

8.5.2 蓄电池的充放电原理

蓄电池是一种化学电源,其充、放电过程即化学能与电能的相互转化是可逆的。当蓄电池将化学能转化为电能向外供电时,称为放电过程;当蓄电池与外界直流电源相连而将电能转化为化学能存储起来时,称为充电过程。

当充足电时,正、负极板上的活性物质分别是 P_bO_2 和 P_b,外电路一旦接通,在电解液作用下将发生放电化学反应:$P_bO_2 + 2H_2SO_4 + P_b \rightleftharpoons P_bSO_4 + 2H_2O + P_bSO_4$。如果电路不中断,上述电化学反应将继续进行,直至电解液中的硫酸因氢离子和硫酸根离子的迁移逐渐被消耗生成水,正、负极板上均生产硫酸铅(P_bSO_4),放电过程结束。

充电时,当外加电源电压高于蓄电池电动势时,电流将按放电电流相反的方向流过蓄电池,使蓄电池正、负极板发生与放电过程相反的充电化学反应:$P_bSO_4 + 2H_2O + P_bSO_4 \rightleftharpoons P_bO_2 + 2H_2SO_4 + P_b$。当充电进行到使极板上的活性物质和电解液完全恢复到放电前的状态时,充电过程结束。

8.5.3 蓄电池的容量和牌号

容量是表示蓄电池工作能力的一个重要指标。它表明蓄电池在充足电后,在给定温度、放电电流强度和终止电压下所能输出的电量。当电池以恒定电流值进行放电时,其容量 Q 等于放电电流 I_f 与放电时间 t 的乘积($Q = I_f t$),单位为安培·小时(A·h)。蓄电池的容量分为额定容量和启动容量。

1. 额定容量

额定容量是指完全充足电的蓄电池,在电解液平均温度为 30 ℃,以 20 h 放电率的放电电流(相当于额定容量的 1/20)连续放电至单格电压为 1.75 V 所输出的电量。例如 6 - Q - 195 型蓄电池,当电解液平均温度为 30 ℃时,以 9.75 A 的电流连续放电 20 h 后,单格电压降至 1.75 V,其额定容量即为 195 A·h。

2. 启动容量

启动容量反映了发动机启动时蓄电池的供电能力。它是在电解液温度为 30 ℃时,以 5 min 放电率的放电电流(相当于 3 倍额定容量的电流)连续放电至规定的终止电压(6 V 和 12 V 蓄电池分别为 4.5 V 和 9 V)时所输出的电量,其放电持续时间应在 5 min 以上。例如 6 - Q - 195 型蓄电池,在 30 ℃并以 585 A 的电流连续放电 5 min,电池的端电压降到 9 V,其启动容量即为:$585 \times \dfrac{5}{60} = 48.75$ A·h。

3. 使用条件对蓄电池容量的影响

(1)放电电流对蓄电池容量的影响。放电电流过大,电解液来不及渗入极板内部,极板表面易被生成的硫酸铅堵塞,致使极板内部大量活性物质不能参于化学反应,蓄电池实际容量减小。为此,规定发动机每次启动的时间不应超过 5~30 s,连续两次启动的时间间隔应大于 1~2 min,以促使电解液充分渗透和让更多的活性物质参加反应。

(2)电解液温度对蓄电池容量的影响。温度低,电解液黏度增大,离子运动速度减慢,电解液向极板孔隙内层渗入困难,蓄电池容量下降。一般情况下,当电解液温度低于 30 ℃时,温度每降低 1 ℃,小电流放电和大电流放电时蓄电池容量约分别减小 1% 和 2%。因此,冬季蓄电池的容量会大大减小,若总感到蓄电池电量不足,应注意蓄电池的冬季保温。

(3)电解液密度对蓄电池容量的影响。适当加大电解液密度,虽可提高蓄电池的电动势及电解液活性物质向极板内的渗透力,使电解液的电阻减小而蓄电池容量增加。但密度过大,黏度增加反而使端电压及容量减小。此外,电解液密度过高,蓄电池容易自放电并使腐蚀作用加强而影响使用寿命。一般来讲,密度偏低对使用有好处。此外,电解液纯度对蓄电池容量也有很大影响。

4. 蓄电池的牌号

蓄电池牌号一般都标注在壳体上。从左向右分别表示蓄电池单格数目、用途(用 Q,M,JC,HK 分别表示启动用、摩托车用、船用和飞机用铅蓄电池)、极板类型(A 表示干荷铅蓄电池,B 表示薄形极板铅蓄电池,无表示干封普通极板铅蓄电池)、额定容量和特殊性能(G 表示高启动率蓄电池,无表示一般性能蓄电池)。如 3 - Q - 90 蓄电池,表示有三个单格的 6 V 启动用蓄电池,额定容量为 90 A·h。6 - QA - 105G 蓄电池,表示有六个单格的 12 V 启动用干荷、高启动率铅蓄电池,额定容量为 105 A·h。

8.5.4　铅蓄电池的保养和检查

(1)日常保养。保持蓄电池外部清洁,防止杂质落入电解液;保持极桩接线紧固,避免因连接松动造成启动瞬间火花烧蚀;检查和调整各单格电池内电解液的液面高度;根据季节变化及时调整电解液密度;检查加液孔盖,保证通气畅通;检查蓄电池的放电程度;冬天蓄电池应注意保温,夏天勿在阳光下曝晒。

(2)液面高度检查。用一只内径为 3～5 mm 的玻璃管(见图 8-12)从加液口垂直伸入至与保护片接触,用大姆指堵住玻璃管上端后将其抽出,管内液柱高度应在 10～15 mm 范围。若液面过高,应用密度计吸出;液面不够应及时添加蒸馏水,若液面降低系溅出所致,应补加相应密度的电解液并充电进行调整。

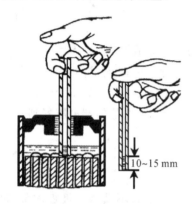

图 8-12 电解液液面高度检查

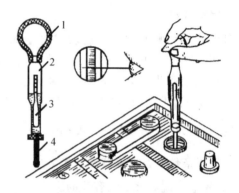

图 8-13 电解液密度测量
1—橡皮球;2—玻璃管;3—浮子;4—橡胶吸管

(3)电解液密度检查。电解液密度可用吸管式密度计检查(见图 8-13)。测量时先将密度计的橡胶吸管插入蓄电池的单格电池内,用手捏一下橡皮球再慢慢松开,电解液被吸入玻璃管中,此时密度计的浮子浮起,其上刻有读数,浮子与液面相平行的读数就是电解液的密度。

测量电解液密度应同时用温度计测量电解液的温度,然后将所测得的密度换算为 25 ℃时的密度才是实际的电解液密度。这是因为当温度变化时,电解液的密度随温度升高而降低。换算时可近似按温度每上升 1 ℃,密度减少 0.000 75 g/cm³ 进行修正。单格电池的电压与电解液密度有确定的关系,即:电压(V)=电液密度(ρ)+0.84。当测知蓄电池单格内的电液密度为 1.28 g/cm³ 时,此时相应的电压为 2.12 V。

电解液密度能够反映蓄电池的放电程度。经验表明,电解液密度每降低 0.01 g/cm³,相当于蓄电池放电 6%。粗略计算时,每减少 0.04 g/cm³,相当于蓄电池放电 25%。例如,已知在充足电时其电液密度为 1.28 g/cm³,放电后降低到 1.20,则放电程度为(1.28-1.20)×6%×1/0.01=48%。值得注意的是,在大电流放电和加注蒸馏水后,不应马上测量电解液密度,因为此时电解液混合不均匀使测量结果不准确。

(4)蓄电池放电程度检查。确定蓄电池放电程度的另一种方法是用高率放电计测量单格电池在强电流放电时的端电压,来判断蓄电池的放电程度。

高率放电计(见图 8-14)是由一个 3 V 的电压表和一个负载电阻(分流电阻,一般为 0.02～0.03 Ω 左右)组成,是按发动机启动时的大电流放电情况设计的一种检测仪表。测量时,将两个电叉尖用力压在单格电池的正、负极桩上(表面必须清洁),时间不超过 5 s,

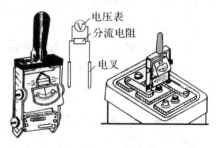

图 8-14 用高率放电计测量单格电池

观察在强电流(接近启动电流)放电时的端电压,并以此判断蓄电池的存放电程度。

技术状况良好的蓄电池,单格电池电压应在 1.5 V 以上且在 5 s 内电压保持稳定。若电压在 5 s 内迅速下降,或某一单格电池比其他单格要低0.1 V 以上时,表明该单格电池有故障,应进行检修。高率放电计的型号不同,其分流电阻的阻值也不同,测量时的放电电流和电压值也有所不同,使用时应按说明书要求进行测量。

8.5.5　蓄电池的充电和保养

1. 蓄电池充电方法

无论是新蓄电池、在用的旧蓄电池或是存放期间的蓄电池,都必须对其进行充电才能保证蓄电池的容量和使用寿命。常规的充电方法有两种,一种是恒电流充电,另一种是恒电压充电。非常规的充电方法主要指脉冲快速充电法。

恒电流充电时,可以通过及时调节充电电压使充电过程的电流值保持不变。当充到蓄电池单格电压上升至 2.4 V(电解液开始冒气泡)时,再将充电电流减小一半直到蓄电池充足电为止。用充电装置进行充电即属于这种情况。

恒电压充电过程中,加在蓄电池两端的充电电压保持不变。随着充电时间的延长,充电电流逐渐减小,充电终了将自动减小至零。恒电压充电速度快,一般在 4~5 h 内即可充电达到90%~95%,比一般充电时间大大缩短。特别适合对具有不同容量的蓄电池进行充电。主要缺点是不能调整充电电流,因而不能保证蓄电池完全充足电。

按常规充电,电瓶充电时间一般都在数小时、十几小时甚至数十小时。20 世纪 70 年代以来,随着电力电子技术的飞速发展,快速充电技术开始得到应用和发展。利用快速充电机进行脉冲快速充电,其充电时间只需 1~2 h,充电电流为 1~2 倍额定容量。快速充电是以正、负脉冲交替进行的,即:正脉冲充电—停充—负脉冲瞬间放电(反充去极化)—停充—再正脉冲充电的循环过程,直至电瓶充足电。脉冲快速充电具有如下优点:①充电时间大为缩短,提高了电瓶的利用率;②消除极化,化学反应充分,使电瓶容量有所增加,因此新电瓶初充电后,不必放电就可使用,简化了初充电操作;③具有明显的去极板硫化效果。因此,此项技术得到了广泛的应用。

2. 充电规范

(1)初充电。

1)按不同季节和气温选择电解液密度,然后将电解液从加液孔缓慢注入电池内,液面要高出极板上沿 15 mm。加入电解液后静止 6~8 h,让电解液充分浸渍极板。补充添加电解液,保持液面高度不变。待电池内电解液的温度低于 30 ℃时再进行充电。

配制电解液时,应先把蒸馏水倒进洁净的耐酸(玻璃或陶瓷)容器中,再缓慢倒进硫酸并用玻璃棒搅拌,严禁将蒸馏水倒入硫酸中,以免发生硫酸飞溅引起烧伤。

2)初充电分两个阶段进行:第一阶段的充电电流约为蓄电池额定容量的 1/15,充电至电解液中有气泡析出,端电压达到 2.4 V;第二阶段充电电流约为蓄电池额定容量 1/30。充电过程中,应经常测量电解液的密度和温度。充电初期密度会有降低,不需要调整,但应随时调整液面高度至规定值。如果电解液温度上升到 40 ℃时,应将充电电流减半;一旦超过 45 ℃应停止充电并对蓄电池进行冷却,然后再继续充电。初充电大约需要 60 h。

3)初充电接近终了时,若电解液密度不符合规定,可用蒸馏水或相对密度为 1.40 g/cm³ 的稀硫酸进行调整,再充电 2 h 直至单格电池端电压和电解液密度上升到最大值,并在 2~3 h 内不再增加。此时应切断电源避免过充电。

4)新蓄电池充足电后,应以 20 h 放电电流放电至单格电压为 1.75 V,再用补充充电的电流值充足,又以 20 h 放电。若第二次放电时蓄电池容量不低于额定容量的 90%,再次充电后即可使用。否则应进行第三次充放电。之所以进行多次充电、放电循环,目的是使新蓄电池能够达到额定的容量。

(2)补充充电。使用中发现单格电池电压降至 1.7 V 或电解液密度下降到 1.15 g/cm³ 时,应及时进行补充充电。充电分二个阶段进行:第一阶段充电电流约为蓄电池额定容量的 1/10,充电至单格电压为 2.3~2.4 V;第二阶段的充电电流约为 1/20,充至 2.5~2.7 V,电解液密度达到规定值并在 2~3 h 内基本不变,电池内产生大量气泡,时间大约需要十几个小时。为不使在用的蓄电池出现硫化,每 1~2 月宜进行补充充电一次。

应严格遵守充电规范,操作中要密切注意电解液温度、单格电池电压和密度的变化。初充电时应连续进行,不能长时间间断。此外,应打开单格电池的加液孔盖使气体逸出,并保持充电间通风良好和禁止使用明火。

8.5.6 蓄电池常见故障

1.蓄电池自放电

充足电的蓄电池,放置不用会逐渐失去电量,这种现象称为自放电。正常情况下(30 d 内),充足电的蓄电池每昼夜自行放电平均不应超过额定容量的 1%~2%。

引起自放电的因素较多,有电瓶制造方面的原因(如栅架中含有金属锑),但主要是使用保养方面的原因,如电解液不纯、金属杂质较多并通过电解液构成局部放电回路、电解液密度调整过高、电瓶表明污垢等。自放电严重时,不仅影响使用和白白浪费电能,也增加了操作人员的维护工作量。

电解液不纯引起的自放电,可将电解液倒出并用蒸馏水清洗,更换电解液并充电。

2.蓄电池电量不足

表现为柴油机启动无力,无法向负载提供足够的电能。此时可用高率放电计和密度计测量单格电池的电压和密度来判断蓄电池的存电量。

引起蓄电池电量不足的原因一是充电不足,如充电机电压调整过低、导线接触不良、极桩表面氧化或违背充电规范等;二是新蓄电池初充电不足,或因贮存过久而未及时补充充电;三是经常长时间大电流放电使极板损坏;四是电解液密度不符合要求或液面高度过低;五是过充电,加速了极板活性物质脱落;六是极板硫化。

3.极板硫化

极板硫化是指在极板上生成了白色粗晶粒状的硫酸铅(打开加液孔盖可看到极板上有白色霜状物),这种硫酸铅的晶体很难在正常充电时溶解还原。由于晶粒粗大,容易堵塞极板孔隙和影响电解液的渗透,增大了电池的内阻和使容量大大降低。极板硫化严重时,充电电压和电解液温度会异常升高并过早产生气泡(沸腾),电解液密度却增加缓慢甚至无明显变化,放电时电压下降很快。

产生极板硫化的原因有 3 种：①长期充电不足、过放电或放电后长期放置，由于温度升降变化，溶于电解液中的硫酸铅再次析出并以粗大的晶粒附着在极板表面；②电解液液面降低使极板的上部长期与空气接触而强烈氧化(主要是负极板)；③电解液密度过高或电解液不纯，环境气温的变化，促进了极板的硫化。

硫化不严重的蓄电池，可用密度不超过 $1.10\ g/cm^3$ 的稀电解液或蒸馏水，并用小电流较长时间充电以提高硫酸铅的溶解度。当极板硫化严重难以恢复时，应报废或更换极板组。

4. 极板活性物质脱落

铅蓄电池采用涂膏工艺，使用中活性物质逐渐脱落属正常现象。若活性物质脱落快，损坏严重则属故障。造成活性物质脱落的原因一是充电终了时电流过大或经常过量充电，或者充电时温度过高；二是持续大电流放电致使极板拱曲；三是电解液温度或密度经常过高；四是蓄电池固定不牢，极板常受到激烈振动造成活性物质脱落。

5. 蓄电池壳体破裂

严寒季节电解液冻结而胀坏或因磕碰而损坏。损坏严重的壳体应更换，若损坏轻微，可选用耐酸的黏接剂黏接修复。

8.5.7　干荷电铅蓄电池和免维护铅蓄电池介绍

1. 干荷电铅蓄电池

干荷电铅蓄电池与普通启动型铅蓄电池的区别是极板组在干燥状态条件下，能较长时间保存在制造过程中所得的电荷。即在规定的保存期内使用(一般为两年)，只要灌入符合规定密度的电解液搁置 $15\sim20\ min$，调整液面高度至规定值，不需要进行充电即可使用。

该电池之所以具有这种特性，主要在于负极板的制造工艺与普通铅蓄电池不同。正极板活性物质在空气中很稳定，而负极板上的活性物质由于面积大，化学活性很高的活性物质在与空气、水接触中容易氧化，会使极板的荷电性能下降。为此要在负极板的铅膏中加入松香、油酸、硬脂酸等抗氧化剂，并且在化成过程中有一次深放电循环或反复地进行充、放电，使之在极板深层也形成海绵状铅。化成后的负极板，先用清水冲洗再放入防氧化剂(硼酸、水杨酸混合液)中浸渍，使负极板表面生成一层保护膜，再采用特殊干燥工艺即可制成干荷电极板。对于超过保存期限的干荷电铅蓄电池，由于极板上有部分氧化，使用前应以小电流充电 $5\sim10\ h$ 后再用，以便消除硫化并延长电池使用寿命。

2. 免维护铅蓄电池

免维护蓄电池在使用中不需要添加蒸馏水，电桩腐蚀较轻或没有腐蚀，蓄电池自行放电少，贮存期间不需要进行补充充电。与普通蓄电池相比它具有以下特点。

1)栅架采用铅—钙合金或低锑合金，这就避免了普通蓄电池容易发生的自放电、过量充电、水分蒸发和热破坏。热破坏是指蓄电池工作温度高时所出现的栅架腐蚀和活性物质脱落等现象；

2)隔板采用袋式聚氯乙烯隔板，可将正极板整个包住，避免了活性物质脱落；

3)通气塞采用新型安全通气装置，可避免蓄电池内的蒸汽与外部火花接触发生爆炸，通气塞中还装入催化剂钯，可使排出的氢氧离子结合生成水再回到电池中；

4)单格电池间的连接条采用穿壁式贯通连接，内阻小，启动性能好。

此外,有的免维护铅蓄电池还使用一种消氢帽或在电池顶部装有充电状态指示器。

免维护蓄电池维护保养简单、贮存期长(两年以上)、使用寿命约为普通蓄电池的4倍。其耐过充电性能好,一旦蓄电池充满电,充电电流即接近零,减少了电和水的损耗。

8.6　充电发电机

充电发电机安装在柴油机上,既作为蓄电池的充电设备,也为其他用电设备(如仪表箱、传感器、指示灯、电热塞等)提供直流电能。常用的充电发电机,有直流发电机和硅整流交流发电机(以下简称交流发电机)两种。与前者相比,交流发电机具有体积小、重量轻、充电性能好、调节器简单、使用和维修方便等优点而被广泛应用。交流发电机按结构不同分为交流发电机(JF)、整体式交流发电机(JFZ)、无刷交流发电机(JFW)和带泵交流发电机(JFB)四种。电压等级一般有12 V和24 V两种,分别用于12 V和24 V电源系统。

8.6.1　交流发电机的构造

交流发电机的基本构造包括转子总成、定子总成、励磁绕组、整流元件、前后端盖和风扇。一般发电机的励磁绕组随同转子一起旋转,绕组的两个抽头分别接在转子轴上的一对滑环上,并通过电刷引入励磁电流。无刷交流发电机省去了电刷和滑环,按励磁方式不同又分为爪极式、永磁式和带有励磁机的无刷交流发电机。整体式交流发电机的调节器固定在发电机端盖内,与发电机合成为整体。带泵交流发电机的转子轴较长,其伸出部分通过花键与真空泵转子连接,主要用于车用柴油机有真空助力制动系统以及其他需要真空的装置。

如图8-15所示为一整体式无刷交流发电机的构造,与一般交流发电机的主要区别是励磁绕组8静止不动,爪极10在磁场绕组的外围旋转,磁场绕组的两根接线头9直接引出并与后端盖内晶体管调节器连接,从而省去了电刷和滑环。

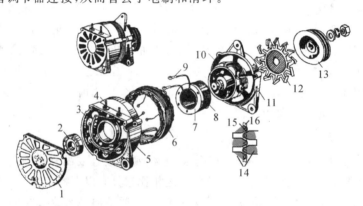

图8-15　整体式无刷交流发电机的构造

1—防护罩;2—轴承;3—元件板及硅整流二极管;4—接线柱;5—后端盖;
6—定子总成;7—磁轭;8—励磁绕组;9—接线头;10—爪极及转子总成;
11—前端盖;12—风扇;13—皮带轮;14—极爪;15—铆钉;16—连接环

(1)转子总成(见图8-15)。转子总成由转子轴、滚动轴承和一对爪形磁极组成。爪形磁极由低碳钢材料制成,每个爪形磁极沿圆周均匀分布有7个极爪14。其中,一个爪形磁极直接固定在转子轴上,另一个则用非导磁连接环 16 通过铆钉 15 固定在前述爪极上,极爪彼此镶嵌并构成一对爪形磁极。当转子轴旋转时,带动了整个爪形磁极一起在定子内转动。转子轴两端各有一个滚动轴承 2,分别支撑在前、后端盖上。

　　(2)定子总成(见图 8-16)。定子总成安装在前、后端盖之间,由定子铁心 1 和定子绕组 4 组成。定子铁心由相互绝缘的内圆带嵌线槽的圆环状硅钢片叠成。嵌线槽内嵌有三相对称的定子绕组。绕组的接线方式常见有星形和三角形两种,一般采用星形连接。即每相绕组的首端分别与整流器的硅二极管(一般为 ZQ 型)相接,而绕组尾端接在一起构成中性点(N)。

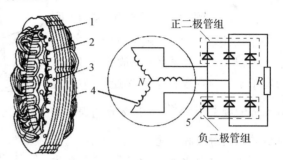

图 8-16　定子总成
1—定子铁心;2—定子槽;3—铆钉;
4—定子绕组;5—硅整流二极管

　　(3)端盖总成(见图 8-15)。端盖总成包括前端盖和后端盖。端盖用非导磁性材料铝合金制造,具有漏磁少、重量轻、散热性好等优点。前、后端盖上设有凸耳,螺栓穿过凸耳可将发电机固定在发电机托架上。防护罩 1 用螺钉固定在后端盖 5 上用来防尘。前、后端盖上设有通风口,当风扇旋转时,流经发电机内部的冷空气可对绕组、元件板以及调节器进行冷却。

　　后端盖又称整流端盖,外侧用螺钉固定有两个铝质元件板、一个密封的晶体管调节器等。元件板上分别压装有 3 只硅整流二极管,分别构成正二极管组和负二极管组(见图 8-16)。其中,正二极管组的元件板与后端盖绝缘。

　　硅整流二极管接成三相桥式全波整流电路,用来将发电机发出的交流电转变为直流电输出。励磁绕组 8 通过一个磁轭(托架)7 固定在后端盖内侧,发电机组装后,励磁绕组正好置于爪形磁极内。

　　整流元件、定子和励磁绕组以及调节器之间的连线均在后端盖内,端盖外部的两个接线柱分别表示电枢和接地(负极接地)。

　　(4)风扇和皮带轮(见图 8-15)。风扇 12 靠近前端盖安装在转子轴上,它用 1.5 mm 厚的钢板冲制,其上点焊有直叶片。为了防止叶片旋转时与前端盖摩擦,转子轴上装有一个套筒。充电发电机由柴油机曲轴通过皮带驱动,皮带轮 13 套在转子轴上并用一个平垫片、弹簧垫圈和螺母紧固。

8.6.2　交流发电机的工作原理

1. 三相交流电动势的产生

　　如图 8-17 所示,当励磁绕组有电流流过时,产生的磁场使爪形磁极磁化,形成了七对相间排列的 N,S 磁极。磁极的磁力线经过转子与定子之间的空气隙、定子铁心形成闭合磁路。具体磁路为:左边爪极的磁极 N→主气隙→定子铁心 5→主气隙→右边爪极的磁极 S→转子磁轭 8→附加气隙→磁轭(托架)2→附加气隙。

　　转子旋转时,爪极形成的 N 极和 S 极构成旋转磁场,磁力线在固定的定子绕组内交替通过,使定子槽中的三相绕组感应出交变电动势,产生三个频率相同、幅值相等、相位互差 120°

电角度的正弦电动势 e_1,e_2,e_3,其瞬时值分别为:$e_1 = E_m \sin\omega t$,$e_2 = E_m \sin(\omega t - 120°)$,$e_3 = E_m \sin(\omega t - 240°)$。

相电动势的最大值 E_m 与有效值 E_φ 的关系为 $E_m = \sqrt{2} E_\varphi$,$E_\varphi = 4.44 K f N_\varphi$。公式中,$K$ 为绕组系数(一般 $K=1$)、N 为定子绕组的匝数、φ 表示磁通,f 为感应电动势的频率($f = \frac{pn}{60}$,p 和 n 分别表示发电机的磁极对数和转速)。

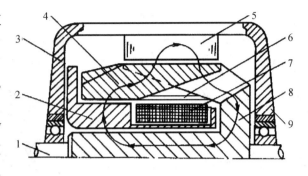

图 8-17　交流发电机磁路

1—转子轴;2—磁轭(托架);3—后端盖;4—爪极;5—定子总成;
6—非导磁连接环;7—励磁绕组;8—转子磁轭;9—前端盖

上式也可简化为 $E_\varphi = Cn\varphi$,式中 C 为与发电机结构有关的常数。公式表明,对一定的发电机,每相绕组的电动势有效值与发电机转速和磁通的乘积成正比,当发电机转速升高或励磁电流增大,发电机的电压也随之升高,这是很重要的结论。

2. 整流原理

在交流发电机中,交流变直流是利用硅二极管的单向导电性实现的。即给二极管加上正向电压(正极电位高于负极电位)时,二极管导通允许电流流过;加上反向电压(正极电位低于负极电位)时,二极管截止不允许电流流过。

在图 8-18 中,发电机三相绕组采用星形接法,首端 a,b,c 分别与二极管 $D_1 \sim D_3$ 的正端和二极管 $D_4 \sim D_5$ 的负端连接,三相电压的波形如图 8-18 中(b)所示。当发电机工作时,电流将连续并交替地从 a,b,c 端流经正向导通的二极管和负载构成回路。例如在 $t_1 \sim t_2$ 时间内,A 相电压最高,B 相电压最低,只有 D_1 和 D_5 符合导通条件,此时电流由 $a \rightarrow D_1 \rightarrow R \rightarrow D_5 \rightarrow b$。在 $t_2 \sim t_3$ 时间内,依然是 A 相电压最高,但 C 相电压最低,二极管 D_1 和 D_6 符合导通条件,此时电流由 $a \rightarrow D_1 \rightarrow R \rightarrow D_6 \rightarrow c$。在 $t_3 \sim t_4$ 时间内,B 相电压最高,C 相电压最低,只有 D_2 和 D_6 符合导通条件,依次类推,不同时间内二极管轮流导通的情况如图 8-18(b)(c)(d)所示。发电机工作时,经过二极管整流就能在负载 R 两端得到一个比较平稳的脉冲直流电压(d)。这就是三相桥式整流电路的工作原理。

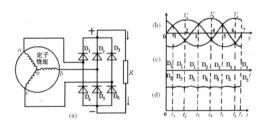

图 8-18　整流电路波形图

在发电机空载运行时,若忽略绕组和二极管的内阻压降,则发电机输出的直流电压(即负载 R 两端得到的电压平均值)为三相交流线电压的 1.35 倍,也是三相交流相电压的 2.34 倍。在三相桥式整流电路中,一个周期内每个二极管只有 1/3 时间导通,因此流过每个二极管的平均电流只有负载电流的 1/3。每个二极管所承受最大反向电压为输出电压的 1.05 倍。

3. 发电机的励磁

并激式直流发电机建压需要满足三个条件：一是要有剩磁；二是励磁电流产生的磁场方向必须与剩磁一致；三是内阻要小。交流发电机建压也需要磁场，但发电机爪形磁极的剩磁较弱，发电机在低速运转时加在二极管两端的电压很小。另一方面，二极管在电压很低（死区电压）时又基本不导通，因此交流发电机在低速时自励建压很困难，只有在较高转速或外界充磁后才能使电压迅速上升。如果蓄电池一开始先给发电机提供一个励磁电流（它励），建压后再由发电机自己提供励磁电流（自励），就能满足使用的要求。

图 8-19 所示为具有磁场二极管的整流电路。增加的三只小功率硅二极管（磁场二极管）$D_7 \sim D_9$ 专门用来供给励磁电流。

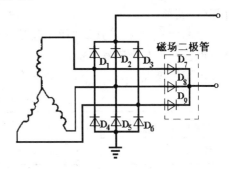

4. 交流发电机工作特性

指发电机经整流后输出的直流电压 U、电流 I 和转速 n 之间的关系，包括空载特性、输出特性和外特性。

（1）空载特性。发电机空载运行时，输出电流 I 为零，发电机端电压 U 与转速 n 之间变化的关系称

图 8-19　具有磁场二极管的整流电路

为发电机的空载特性，见图 8-20 (a)。空载特性可以判断发电机低速充电性能的好坏。

（2）输出特性。输出特性又称负载特性，是指发电机输出电压一定（U 为常数）时，输出电流 I 随转速 n 变化的规律，见图 8-20(b)。对于 12 V 系列的的发电机，规定输出电压为 14 V；对 24 V，规定为 28 V。由曲线可见，当转速低于空载转速 n_1 时，电压低于额定值，发电机不能向外供电，只有当转速超过 n_1，发电机才开始向负载供电。此后，输出电流 I 随转速 n 升高而增大。当转速达到 n_2 时，发电机输出额定功率，n_2 称为发电机的额定转速。

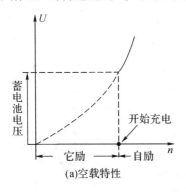
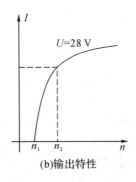
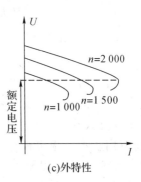

(a)空载特性　　　　　　　　(b)输出特性　　　　　　　　(c)外特性

图 8-20　交流发电机工作特性
(a)空载特性；(b)输出特性；(c)外特性

当转速达到一定值后，输出电流几乎不再继续增大，因此交流发电机自身具有限制输出电流的能力。这是因为定子绕组的阻抗（主要是感抗）随转速升高而增大；另一方面由于定子电流增加，电枢反应的去磁作用增强也使感应电动势下降。因此，交流发电机不需设置限流器。交流发电机的额定电流一般约为最大输出电流的 2/3。

（3）外特性。指转速 n 一定，发电机端电压 U 与输出电流 I 的变化规律。从外特性曲线（见图 8-20 (c)）可见，转速变化时，发电机端电压有较大变化。转速恒定时，输出电流的变化

对端电压也有很大影响。因此,要使输出电压稳定,必须配用电压调节器。此外,高速时发电机突然失去负载,急剧升高的端电压会造成电子元件损坏。

8.6.3 交流发电机的使用与检修

1.交流发电机型号编排规定

依据我国汽车行业标准(QC/T73—93)《汽车电气设备产品型号编制方法》的规定,交流发电机型号编排用一串字母和数字表示,分别表示产品代号、电压等级代号、电流等级代号、设计序号、变形代号。

产品代号中"JF""JFZ""JFW"和"JFB"分别表示交流发电机、整体式交流发电机、无刷交流发电机和带泵交流发电机。

电压等级代号只有1和2,分别表示12 V和24 V。电流等级代号表示方法见表8-2。

表8-2 电流等级代号

电流等级代号	1	2	3	4	5	6	7	8	9
电流等级/A	~19	≥20~29	≥30~39	≥40~49	≥50~59	≥60~69	≥70~79	≥80~89	≥90

设计序号按产品设计先后顺序用1～2位阿拉伯数字表示。

交流发电机以调整臂位置作为变形代号。从驱动端看,在中间不加标记;在右边时用Y表示;在左边时用Z表示。

举例:JF152表示12 V交流发电机,电流等级为≥50～59 A,第2次设计;JFZ1913Z为12 V整体式交流发电机,电流等级为≥90 A,第13次设计,调整臂在左边的整体式交流发电机(用于桑塔纳和奥迪100型轿车);JFZ231表示24 V整体式(无刷)交流发电机,电流等级为≥30～39 A,第1次设计(NTA855-G1柴油机采用了这种交流发电机);JFW231表示24 V无刷交流发电机,电流等级为≥30～39 A,第1次设计。

2.交流发电机的检查

(1)二极管检查。不分解发电机,将万用表的红表棒接发电机"电枢"接线柱,黑表棒接触后端盖,用万用表 $R\times1$ 档测量之间电阻值,若阻值在40～50 Ω以上可认为无故障;若阻值在10 Ω左右,说明有二极管失效,须拆开检查;阻值为0则说明有不同极性的二极管击穿。

此时应从后端盖上取下元件板对二极管逐个检查。检查时,将万用表的一根表棒与元件板接触,另一根表棒与二极管的中心引线接触(见图8-21)。读出阻值后将两表棒交换并再次测量,若二次测量值一次大(10 kΩ以上),另一次小(8～10 Ω),说明二极管性能良好。若两次均在1 kΩ以上说明二极管断路,若都很小说明二极管被击穿。断路或击穿的二极管必须更换。更换二极管时必须正确识别管子的正、负极性和正确安装。此外,使用不同型号万用表所测得的二极管正向电阻值会有所不同,检查时应注意。维修中,禁止用220 V交流电或兆欧表检查二极管,以免造成二极管损坏。

(2)定子和励磁绕组检查。将定子总成平放在垫有橡胶板

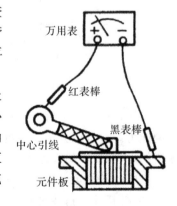

图8-21 二极管检查

的工作台上,使三组线圈接线端(首端)朝上并保持其与铁芯不接触,用 220 V 试灯一端接铁芯,一端分别接三个接线端,凡灯亮,表明绕组有搭铁故障。也可用万用表 $R \times 1K$ 档将两表棒分别接触铁芯和接线端,表针应不动并指示无穷大,否则说明有搭铁故障。若发现搭铁,可将三相绕组末端(尾端)解焊分开,重复上述检查以确定搭铁发生在哪相绕组。用万用表 $R \times 1$ 档测量定子绕组三个线头,两两相测(阻值在 1 Ω 以下为正常)可以检查绕组有无断路或短路。

励磁绕组就是一个线圈,检查方法比较简单。励磁绕组断路、短路故障可用万用表判断,所测电阻值应符合发电机技术标准。对 12 V 和 24 V 交流发电机,励磁绕组电阻值约为 3.5~6 Ω 和 15~21 Ω。阻值小于规定值说明线圈短路,阻值无穷大说明线圈断路。

(3)滑环和转子的检查。在有滑环和电刷的交流发电机上,滑环工作表面应清洁、平整、光滑,且无明显烧蚀或严重磨损痕迹。电刷与滑环配合位置应正常,如发现接触部位偏移应进行调整。要求电刷在电刷架内活动自如无卡滞现象,电刷弹簧弹力应符合要求。当电刷磨损超过原高度 1/2 以上应予以更换。转子主要检验有无弯曲和轴颈磨损,严重损伤时应更换。

此外,还应检查接线柱的绝缘情况、电刷架有无破损和变形、前(后)端盖有无裂纹或变形、轴承有无损坏以及配合间隙是否正常等。

交流发电机的装配工艺、试验方法和发电机修理此处不再赘述,需要时可查阅有关资料。

3. 交流发电机的使用与维护

发电机运行中不要拆卸蓄电池或其他用电设备与发电机间的连线,以免造成发电机整流元件损坏。不要用发电机"电枢"接线与机壳刮擦检查是否产生火花来判断发电情况。也不要用搭接发电机"电枢""磁场"接线柱的方法检查发电机发电情况,以免产生过高的电压使二极管损坏。

发电机搭铁极性应与蓄电池的搭铁极性相同。发电机必须与调节器配合使用,单独运行也会造成整流元件损坏。使用中,发电机不发电或充电电流很小时,应及时分析原因和排除故障,不得带故障工作以免造成更大损坏。

交流发电机结构简单,一般不需特别维护。使用中应保持外表清洁和通风道畅通。对有刷发电机,应定期观察电刷与滑环接触情况,检查电刷磨损和紧固情况。发电机使用的滚动轴承应按使用说明书要求定期清洁和更换润滑脂,润滑脂牌号应符合要求(可用锂基 2 号润滑脂),润滑脂填充量要适当,一般以填满 2/3 空隙为宜。

8.7　交流发电机调节器

8.7.1　概述

1. 功用和调节原理

由于公式 $E_\varphi = Cn\varphi$ 也可以写成 $U = Cn\varphi$,因此,发电机的输出电压 U 是和发电机转速 n 与磁通 φ 的乘积成正比。一旦转速变化,输出电压也会随之改变,这与要求输出恒定电压不相符。为了使输出电压在转速变化时基本保持不变,需要相应减小磁通 φ,这可通过减小发电机的励磁电流 I_L 实现。发电机调节器即可实现这一功能,它能够随着发电机转速变化而自动增、减励磁电流,使发电机电压在工作转速范围内基本保持不变。

2. 发电机调节器的分类

发电机调节器按用途不同,可分为直流发电机调节器和交流发电机调节器。按工作方式和构造不同,可分为有触点的振动式调节器和无触点的晶体管调节器以及集成电路调节器。

(1) 直流发电机调节器。一般装有调压器、限流器和断流器。调压器通过调整励磁电流的大小来稳定发电机输出电压;限流器是发电机的过载保护装置,用来限制发电机的输出电流使之不超过额定值,它也是通过减小励磁电流使输出电压降低来达到限流的目的;断流器是发电机与负载(蓄电池)之间的电磁开关,当发电机端电压略高于蓄电池电压时,断流器及时接通使发电机向负载供电。当发电机端电压低于蓄电池电压时,断流器及时断开,防止蓄电池通过发电机绕组放电而损坏发电机。

(2) 交流发电机调节器。一般只装一个调压器和一个继电器。调压器的作用与上述相同,也是通过改变励磁电流来稳定发电机输出电压。由于交流发电机自身具有限流保护的功能,因此不安装限流器。加之二极管的单向导电性,能够阻止蓄电池向发电机放电,因此也不需要安装断流器。继电器的作用是自动接通和保持蓄电池及发电机与励磁回路的连接。

(3) 有触点的振动式调节器。主要用在直流发电机调节器和部分硅整流交流发电机调节器中。调压器和限流器的触点串联在励磁回路中,并与附加电阻并联。当发电机端电压超过额定值(或输出电流超过额定值),触点断开使附加电阻串入励磁回路,励磁电流减小使端电压降低。当端电压低于额定值,触点再次接通使附加电阻被旁路,励磁电流增加使发电机端电压回升。触点反复振动,使发电机电压基本保持在 28 V(对 24 V 电系大约为 27~29 V)左右。随着柴油机转速不断升高(或发电机负载不断增大),触点振动在每个周期里断开的时间增加,使平均励磁电流不断减小,确保发电机电压基本保持不变。

(4) 晶体管调节器。它没有触点,通过检测发电机电压变化,并利用这种变化来控制晶体管的导通与截止,进而调节发电机的励磁电流达到稳定输出电压的目的。它克服了触点式调节器振动频率低、使用寿命短、调节可靠性差和存在电磁干扰等缺陷。由于在开、关过程中晶体管不会产生火花,不存在机械惯性和电磁惯性,因此开、关速度快,调压效果好。此外还具有重量轻、体积小、工作可靠、密封性好、免于维护和便于修理等优点,得到了更为广泛的应用。

(5) 集成电路调节器。利用集成电路(IC)组成的调节器,可分为全集成电路调节器和混合集成电路调节器两类。前者是将晶体管、电阻、电容等电子元件同时制在一块硅基片上;后者是用厚膜或薄膜电阻与集成的单片芯片或分立元件组装而成,厚膜混合集成电路应用比较广泛。集成电路调节器除具有晶体管调节器的优点,还具有耐高温和耐振性好、使用寿命长的优点,由于体积小,可直接安装在发动机内部或壳体上成为整体式交流发电机的一个部件,省去了部分连接线,因此减小了线路损失和线路故障。其工作原理与晶体管调节器相同。

晶体管调节器的电路设计原理大致相同,结构也基本相同,一般采用印制电路并将电路元件封装在一个壳体内,有的表面加工有散热片。壳体外部通常有三个接线柱,分别为"+"(电枢)接线柱、"−"(搭铁)接线柱和"F"(磁场)接线柱,它们分别与发电机上对应连接。调节器有的通过支架安装在柴油机上,有的用螺钉固定在发电机后端盖内。

我国习惯采用内搭铁式发电机。所谓内搭铁控制方式,是将励磁绕组负极端直接接在发电机上(搭铁),调节器只控制励磁绕组的正极端(火线)。硅整流交流发电机也采用外搭铁控制方式,即将励磁绕组的负极端通过调节器搭铁,调节器只控制励磁绕组的搭铁线。

8.7.2　晶体管调节器工作原理

1.电路基本组成

如图 8 - 22 所示为一种 JFT 型晶体管调节器与 JFZ 型整体式无刷交流发电机接线原理图(发电机采用了三只小功率磁场二极管)。电子元件焊接在一块印刷电路板上,电路板封装在一个用绝缘材料制成的盒内并通过螺钉固定在发电机后端盖内。外部有三个接线柱,分别标有"F""＋"和"－"。调节器采用负极内搭铁。

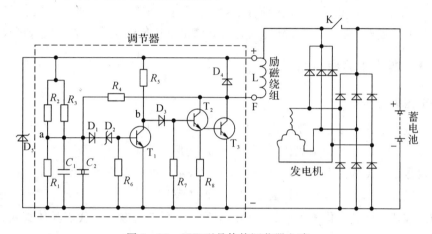

图 8 - 22　JFT 型晶体管调节器电路

电路由电阻 R_1,R_2,R_3 构成分压器。R_3 是调整电阻,合理选择 R_3 可以提高调节器的稳定性。R_6 和稳压管 D_2 构成电压敏感电路,R_6 同时限制稳压管 D_2 的击穿电流。三极管 T_1 与复合三极管 T_2,T_3 构成两个开关电路,开关控制由 T_1 承担。R_4,R_5,R_6 和 R_7 是晶体三极管的偏置电阻,保证三极管正常工作。

二极管 D_4 反向并联在励磁绕组 L 两端起续流作用。当 T_3 截止时,由于励磁绕组中电流突然减小,会产生较高的自感电动势,此时 D_4 构成自感电流闭合回路,能够有效保护 T_3 管。

D_1,D_3 为温度补偿二极管,可减少温度对调压器调压值的影响。

二极管 D_1 接在稳压管 D_2 之前,当发电机端电压过高时,能限制通过稳压管电流不致过大而损坏管子。当端电压降低时,二极管 D_1 能迅速截止,从而保证稳压管 D_2 可靠截止。

R_4 是正反馈电阻,用来提高 T_3 导通和截止的速度,使调节电压稳定。

滤波电容 C_1 和 C_2 用来降低 T_3 的开关频率和减少管子的功率损耗。

稳压管 D_5(有的采用一个电容器)装接在发电机的输出端,当负载发生变化时可使调节电压保持稳定。

2.调节器的工作过程

接通点火开关 K,发动机启动过程以及启动后转速较低时,发电机电压低于调压值,蓄电池电压经点火开关作用在分压器两端,使稳压管 D_2 承受反向电压。由于蓄电池电压低于调压值,反向电压低于 D_2 的反向击穿电压,此时 D_2 截止,三极管 T_1 也截止,"b"点电位近似为电源电位,二极管 D_3 承受正向电压而导通,使三极管 T_2,T_3 也导通,接通了发电机的励磁回路:蓄电池"＋"极→点火开关 K→调节器"＋"接线柱→励磁绕组 L→调节器"F"接线柱→T_3集电极→T_3发射极→搭铁→蓄电池"－"极。

随着柴油机转速不断升高,发电机转速上升使发电机端电压升高到调节电压值时(12 V电系为 13.8～14.6 V;24 V 电系为 27～29 V),作用在分压器"a"点的电压(即稳压管 D_2 所承受的反向电压)超过稳压管 D_2 的反向击穿电压而使稳压管 D_2 击穿导通,使三极管 T_1 导通。T_1 导通使"b"点电位降低,二极管 D_3 承受反向电压而截止,T_2,T_3 随之截止,切断了发电机的励磁电路,励磁电流迅速降低使发电机端电压下降。当电压下降到规定值以下时,稳压管 D_2 又重新截止,于是 T_1 截止,T_2,T_3 重新导通,发电机电压重新升高。如此反复交替工作,控制励磁电路接通或断开,使发电机在转速变化时其输出电压始终在规定值上保持稳定。

8.7.3 调节器的使用与检修

1. 调节器型号编排规定

类似交流发电机的型号编排规定,调节器型号编排也用一串字母和数字表示,分别代表产品代号、电压等级代号、结构型式代号、设计序号、变形代号。

产品代号中"FT"表示发电机调节器,"FTD"表示发电机电子调节器。

电压等级代用"1"和"2"分别表示 12 V 和 24 V。

结构型式代号中,"1"代表单联、"2"代表双联、"3"代表三联、"4"代表晶体管式、"5"代表集成电路式。

设计序号按产品设计先后顺序用 1～2 位阿拉伯数字表示。变形代号用汉语拼音大写字母 A,B,C……顺序表示。

举例:FT221 表示 28 V 双联电磁振动式调节器,第一次设计;FT152C 表示 12 V 集成电路调节器,第二次设计,第三种变型产品;JFT246 表示 28 V 晶体管调节器,第六次设计(JFT是旧标准中的产品代号)。

2. 晶体管调节器的检修

对整体封装的晶体管或集成电路调节器一般不需维护和修理,一旦判明损坏应整体更换。用灵敏度较高的万用表测量晶体管调节器两两接线柱之间的静态电阻值,可大致判断调节器的性能状况,不同调节器电阻值的正常范围有所不同,可查阅专门资料。

晶体管调节器的动态检查可用通电试验检查开关管的"开""断"功能是否正常。对可拆式分立元件的晶体管调节器,可在整体性能判断后进一步检测并找出故障元件后更换。

8.7.4 充电系常见故障简要分析

1. 不充电

故障现象:柴油机工作时电流表指示为零。

故障原因:发电机驱动皮带打滑;发电机励磁回路不通;发电机不发电,此时应检查整流管有无损坏,检查滑环与电刷接触是否良好和电刷有无卡滞现象,检查定子绕组是否断路或搭铁,检查励磁绕组是否断路以及与滑环接线是否断开;调节器工作不正常。

2. 充电电流过小

故障现象:在蓄电池亏电情况下,发电机在各种转速运行时充电电流均较小。

故障原因:充电线路接触不良,接触电阻过大;发电机驱动皮带打滑使发电机转速过低;发电机个别整流管损坏;滑环与电刷接触不良使励磁电流过小;发电机定子绕组断路或短路,励磁绕组局部短路,转子与定子碰擦或间隙不当;调节器工作不良。

3. 充电电流不稳

故障现象:发电机转速较低时时而充电,时而不充电,电流表指针摆动。

故障原因:驱动皮带打滑;充电线路接触不良;发电机定子或转子绕组有局部断路或短路;滑环与电刷接触不良,电刷弹簧弹力过弱。

8.8　柴油机电路分析

8.8.1　12V135 柴油机电路分析

12V135 柴油机采用串激式直流电动机(ST110 - H 型)、硅整流交流发电机(JF1000N - 1 型)和晶体管调节器(JFT201A 型)。24 V 启动电路由两块 6 - Q - 195 的铅酸蓄电池(极板片数为 6×27)串联供电,电路接地方式采用双线制。接线时,调节器插座上标记的"1""2""3"分别与发电机的"-""F""+"接头连接。电动机、发电机和调节器的主要参数见表 8 - 3。

表 8 - 3　电动机、发电机和调节器主要参数

ST110 - H 型串激式直流电动机		JF1000N - 1 型硅整流交流发电机		JFT201A	
电压/V	24	电压/V	28	额定电压/V	28
功率/kW(HP)	8.1(11)	容量/W	1 000	调整电压/V	27～29
最大扭矩/(N·m)(kgf·m)	78.5(8)	电流/A	36	负载电流/A	18

1. 柴油机启动电路分析

如图 8 - 23 所示,柴油机启动时,首先接通蓄电池 1 并将电钥匙 4 扳向右侧使 1—2 点接通。然后按下启动按钮 5,电磁开关 6 通电。此时,拨叉使启动电机小齿轮与柴油机飞轮啮合,同时使启动电机的主回路接通,启动电机带动柴油机旋转。当柴油机启动后,松开启动按钮,电磁开关停止工作并返回初始位置。启动电路为:蓄电池正极→接线柱→电钥匙的"1"点和"2"点→启动按钮→电磁开关的保持线圈和吸动线圈,最终回到蓄电池负极。一旦启动电机的两个接线柱被接触盘接通,蓄电池端电压直接加在启动电机上使主回路接通。

2. 充电电路和励磁电路

当柴油机启动后,迅速将电钥匙扳向左侧使 1—3 点接通。此时,发电机的正极通过电流表 7 与蓄电池相连(充电回路),同时通过电流表、电钥匙和调节器 8,并经"F"点和发电机的励磁绕组"L"返回发电机的负极(励磁回路)。

当发电机转速很低时,发电机建压所需的励磁电流由蓄电池提供。此时,蓄电池电压经电

路钥匙和 R_1 同时加到由 R_2，R_3，R_4 组成的分压器及晶体管 T_2 的偏置电路电阻 R_8，R_{10} 上。此时分压器加在稳压管 W 上的反向电压低于稳压管的击穿电压，反向电流为零，即晶体管 T_1 基极电流为零，T_1 管截止。T_2 管因正向偏置而导通，蓄电池通过 T_2 管给励磁绕组 L 供电（它励）。电路为：蓄电池正极→电钥匙"1"点和"3"点→电阻 R_1，R_9 和晶体管 T_2（导通）→"F"接线柱→励磁绕组"L"→蓄电池负极，发电机开始建压。

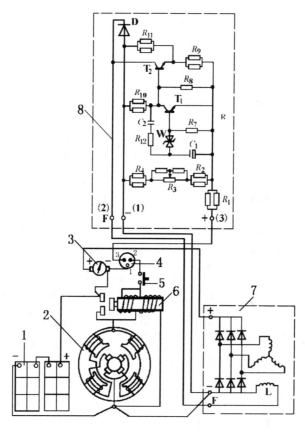

图 8-23　12V135 柴油机电路

1—蓄电池；2—串激式直流电动机；3—充电电流表；4—电钥匙；
5—启动按钮；6—电磁开关；7—硅整流交流发电机；8—晶体管调节器

一旦发电机输出电压超过蓄电池端电压，励磁电流由发电机自己提供。励磁电路为：发电机正极→充电电流表→电钥匙"1"点和"3"点→电阻 R_1，R_9 和晶体管 T_2（导通）→"F"接线柱→励磁绕组"L"→发电机负极。此时，发电机向蓄电池充电，充电电路为：发电机正极→充电电流表→蓄电池正极→蓄电池负极→发电机负极。充电电流大小由电流表指示。

3. 调节器工作过程

随着柴油机转速升高，发电机电压升至调节器的调节电压（27～29 V）时，从分压器 R_2，R_3，R_4 取出的电压足以击穿稳压管 W，使 W 导通工作，晶体管 T_1 因产生基极电流而导通。此时 T_1 管的发射极与集电极之间的电压骤然下降，使 T_2 管的基极电位上升，T_2 管因此而截止，切断了发电机的励磁电路，使发电机电压迅速下降。一旦发电机电压低于调节电压时，稳压管 W 再次截止，使 T_1 管截止、T_2 管导通，励磁电路接通，发电机电压升高。如此反复，使发电机的电压稳定在分压器和电位器预先调定的数值上。

电路中,电容器 C_2、电阻 R_{12} 是为了提高调节器的调节灵敏度而设置的反馈电路。当 T_2 管趋向截止时,集电极电压下降,通过 C_2、R_{12} 反馈给稳压管 W,使 T_1 管可靠导通,T_2 管可靠截止,由于大大提高了 T_2 管的截止速度,使调节电压更加稳定。

电容器 C_1 用来降低晶体管的开关频率,减小管子损耗。因电容器两端电压不能突变,即电容充放电需要一定时间,这就推迟了稳压管的接通与断开时间,从而降低了晶体管的开关频率。

二极管 D 主要起续流作用,用来保护晶体管 T_2。电阻 R_9 是电流负反馈元件,它能有效遏制因环境温度变化而造成晶体管静态工作点的偏移。

在分压器前设置电阻 R_1,用以改善发电机的负载特性。当发电机的负载增大时,电枢反应和电枢压降将导致发电机端电压下降,分压器两端电压也随之降低,使稳压管 W 两端反向电压减小,由于稳压管的击穿电压是一定的,负载电流的增加将使 T_1 管截止时间和 T_2 管导通时间相对延长,故励磁电流有所增大并在电阻 R_1 上产生压降 ΔU,使分压器加到稳压管上的反向电压减小 ΔU,这样就使发电机电压在增加 ΔU 以后,方能恢复稳压管的反向击穿电压,使调节器工作,有效补偿的结果大大改善了发电机的负载特性。

8.8.2　康明斯柴油机电路分析

康明斯柴油机采用串激式直流电动机(QD28 系列)、整体式无刷交流发电机(JTZ 系列或 JFW 系列)和晶体管调节器(JFT 系列),启动电路由两块 6 - Q - 195 的铅酸蓄电池串联供电。柴油机电路除了用来完成发动机的启动和蓄电池的充电,同时要向仪表箱供电。仪表箱是康明斯发动机操作、指示、控制、调整的重要装置,仪表箱一旦出现故障,会给柴油机工作造成很大影响甚至不能正常工作。本节主要以电站用康明斯柴油机电路系统为例,介绍电路的功用、组成和控制原理。

康明斯柴油机电路如图 8 - 24 所示,主要包括柴油机启动电路、蓄电池充电电路、指示仪表电路和报警电路。电路中元器件代号、零件号和规格见表 8 - 4。

表 8 - 4　主要电器元件代号、零件号和规格

序　号	名　　称	电路代号	零件号	规　格
1	蓄电池	—	—	6 - Q - 195(两块)
2	启动电机	QM	3021036 3021038 3050692	N:24 V,8.1 kW K:24 V,11 kW 接触器
3	充电发电机	GF	3016627 3000347	N:28 V,35 A K:28 V,60 A 额定转速:4 500 r/min 始发电转速:1 800 r/min 空载电压:50 V,负极接地
4	启动按钮	QA	3035150	自动复位

序　号	名　称	电路代号	零件号	规　格
5	启动开关	QK	102057	单边自动复位
6	电压表	V	3015235	20～32 V
7	断路器或熔断器	ZKK	3034953	10.0 A 快速断开 国产仪表箱用 5 A 保险丝
8	微调电位器	R	3015105	—
9	怠速/运行开关	ZK	104215	2×1
10	计时表(小时计)	H	3035766	六位数
11	转速表 转速传感器	n ZSC	3031734 3034572	0～3 000 r/min
12	油压表 油压传感器	OP YC	3015232 3015237	600 kPa
13	油温表 油温传感器	OT 1WC	3015233 3015238	60～160 ℃
14	水温表 水温传感器	WT 2WC	3015234 3015238	40～140 ℃
15	报警开关	WJ YJ	3056353 3056344	高水温 低油压
16	电磁阀总成	YF	3018453	24 V　28 Ω
17	执行器	ZX	3085218 3090742	常闭 常开
18	报警灯板	D	3053060	带开关
19	试灯开关	TK	—	—

1. 柴油机启动电路

(1)启动电路的功用和组成。启动电路用来完成柴油机的启动,它主要由串激式直流电动机 QM、启动机电磁开关 MK、启动继电器 QJ、启动按钮 QA、启动开关 QK 和蓄电池组成。启动开关 QK 为三位开关,如图 8-24 所示,当 QK 在中档(图示位置)时为"运行"(Run)状态;在上档位置时为"启动"(Start)状态;扳至下档为"停机"(Off)状态,此时燃油泵电磁阀电路断开,柴油机因燃油供给终止而停机。电磁开关 MK 即启动电机操纵机构的电磁线圈。启动继电器 QJ 与启动电机一起固定在飞轮壳上,启动按钮 QA 和启动开关均装在操作面板上。

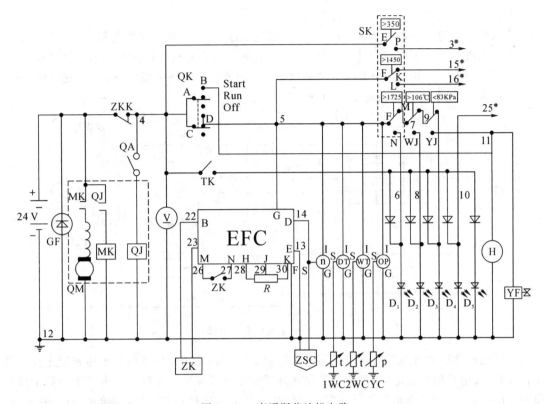

图 8 - 24　康明斯柴油机电路

（2）启动电路的工作过程。柴油机启动时，首先接通启动继电器 QJ，向上扳动启动开关 QK 的同时按下启动按钮 QA，如下电路接通：A→B，C→D 接通，蓄电池 24 V 电压通过断路器（或熔断器）ZKK 加在燃油泵电磁阀 YF 上，阀门开启使燃油能够通往喷油器。

当发动机还没有转动时，机油压力为零，24 V 电压经 ZKK→C→D→F→M→9→D₃，使油压低报警灯亮。

由于 QA 接通使启动继电器 QJ 工作，QJ 的常开触点接通使启动电机电磁开关 MK 通电，拨叉动作使驱动齿轮与飞轮齿圈啮合，同时接通启动电机主回路使柴油机启动。随着启动过程进行，当机油压力≥83 kPa 时，低油压报警开关 YJ 动作，D3 失电灯灭且 9 与 11 点接通。

柴油机启动成功后，松开 QA 和 QK，启动开关自动弹回至中档（Run）位置。由于 QJ 失电，电磁开关断电使启动电机停止工作。此时，虽然 A→B 断开，但 9 与 11 点是接通的，确保燃油泵电磁阀 YF 正常工作。

2. 柴油机充电电路

（1）充电电路的功用和组成。充电电路用来向蓄电池补充电，同时向仪表箱和传感器等提供电能。充电电路主要由硅整流交流发电机 GF、晶体管调节器（安装在发电机内）、电压表 V、蓄电池和接线柱等组成，如图 8 - 25 所示。

（2）充电电路工作过程。发电机输出的三相交流电，经三相全波整流电路整流后输出为直流电并由操作面板上的电压表显示。励磁电流由三只磁场二极管提供。

当柴油机启动和启动后转速较低时，蓄电池电压加至调节器使调节器三极管饱和导通，励磁电流由蓄电池提供（它励）。电路为：蓄电池（＋）→调节器 1 点和 2 点→发电机励磁绕组 L

→调节器 3 点→三极管→4 点→蓄电池（一）。

当发电机转速升高，发电机端电压超过蓄电池电压时（调节器三极管仍然饱和导通），励磁电流由发电机自己提供（自励），同时发电机向蓄电池充电和向仪表箱供电。励磁电路为：发电机（＋）→调节器 1 点和 2 点→发电机励磁绕组 L→调节器 3 点→三极管→4 点→发电机（一）。充电电路为：发电机（＋）→蓄电池（＋）→蓄电池（一）→发电机（一）。

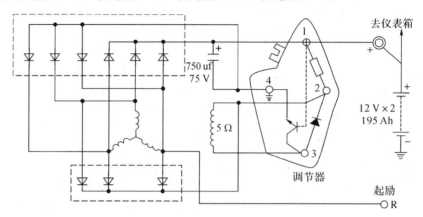

图 8 - 25　柴油机充电电路

当发电机转速上升使发电机端电压升高超过 28 V 时，调节器的三极管由饱和导通变为截止，中断了发电机的励磁电路，励磁电流迅速降低使发电机端电压下降。当电压下降低于规定值的下限时，三极管重新饱和导通使发电机电压回升。就这样，调节器时而接通、时而断开，使发电机在柴油机转速变化时其输出电压始终稳定保持在 27.7～28.3 V。

当发电机不能迅速建压（即不能起励）时，可将起励端子 R 用导线碰一下蓄电池的正极，即可促使发电机迅速建压。

3. 报警电路

（1）报警电路的组成及功用。报警电路由柴油机上的两个报警开关、超速板和面板上的指示灯组成。报警系统用来控制燃油泵上的电磁阀，实现超速、低油压或高水温时的报警和自动停机，从而保护柴油机。

（2）报警电路的工作原理。当柴油机正常工作时（见图 8 - 24），电源通过断路器 ZKK、启动开关 QK 和三保护加至燃油泵断油阀 YF 上，使通往喷油器的燃油保持畅通。一旦柴油机出现高水温或低油压或超速，三保护中对应的一个报警装置动作（断开）使 YF 失电，喷油器燃油供应中断，柴油机停机起到了保护作用，同时操作面板上对应的指示灯点亮，提示操作手注意。三种报警装置的技术参数见表 8 - 5。

表 8 - 5　三种报警装置的技术参数

名　　称	报警值		报警方式		安装位置
	名义值	偏差	报警	保护	
超转速/(r/min)	1 725	＋35	灯	停机	仪表箱内(下)部
机油压力低/MPa	0.083	－0.03	灯	停机	机油主油道
水温高/ ℃	106(老机型为98)	－3	灯	停机	汽缸盖出水管

8.9　柴油机常用仪表介绍

柴油机常用仪表主要包括温度表、机油压力表和转速表。它们主要由传感器、指示仪表和连接导线组成。传感器分别安装在柴油机的出水管、油底壳、主油道和飞轮壳上，仪表装在操作面板或仪表箱上，之间用导线连接。

8.9.1　温度表

用来指示柴油机工作中冷却水的温度和机油的温度，前者称水温表，后者称油温表。

1.电阻式温度表

电阻式温度表由一个热敏电阻（传感器）和一个正交线圈型表头（指示仪表）组成。热敏电阻具有负的温度系数，即当温度升高时，电阻的阻值反而减小。热敏电阻灵敏度高、结构简单、体积小，且连接导线引起的误差一般可以忽略。主要缺点是互换性较差，电阻值与温度的关系一般是非线性的。热敏电阻可以做成各种形状，如薄片形、圆形、珠状、杆状等。康明斯柴油机使用电阻式温度表。

（1）传感器。如图 8 - 26 所示为电阻式温度表传感器的构造。传感器用螺纹拧紧在测量部位（搭铁），壳体 7 下部装有一个垫片 5 和圆形薄片热敏电阻 4，弹簧 6 紧紧压在电阻 4 上，弹簧表面的镀层具有良好的导电性。为了防止垫片、热敏电阻、弹簧、接线螺钉与壳体接触而短路，壳体内壁装有一个绝缘纸套 3，头部封装有绝缘材料 2。接线螺钉 1 用来将一根导线与指示仪表 S 端相连，从而将与温度对应的阻值变化信号传递给指示仪表。

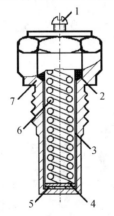

图 8 - 26　电阻式温度表传感器

1—接线螺钉；2—绝缘材料；3—绝缘纸套；
4—热敏电阻；5—垫片；6—弹簧；7—壳体

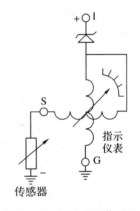

图 8 - 27　温度表工作原理

（2）温度表的工作原理。如图 8 - 27 所示，指示仪表有两个正交（90°）的线圈，一个线圈通恒定电流并产生一个恒定的磁场，另一个 90° 的线圈和传感器串联，其电流随传感器的阻值（即温度的变化）而改变，并产生一个可以变化的磁场。当柴油机工作时，对应不同的温度，磁场力的合成方向不同，在磁场力的作用下使仪表的磁性指针偏转一个角度从而指示出相应的温度值。

传感器和指示仪表均由蓄电池或充电发电机供电,传感器的一端搭铁(接地),另一端接在指示仪表的 S 端。指示仪表的 G 端均接地,I 端接至电源线。

2. 膨胀管式温度表

如图 8-28 所示,它由感温管 4(传感器)和膨胀管 5(表头)两部分组成。感温管内装有低沸点的乙醚液体(乙醚的沸点为 34.5 ℃),其余为空气。膨胀管采用扁圆形弹簧弯管,它的一端固定在表头上,另一端为封闭的自由端,通过连杆机构 8 与指针 6 相连。膨胀管与感温管之间用一铜质导管 2(又称毛细管,直径一般为 0.35~0.6 mm)连通并形成低沸点液体膨胀的空间。12V135 柴油机使用膨胀管式温度表。

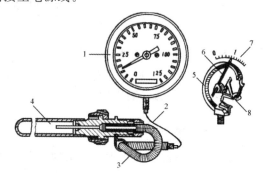

图 8-28　膨胀管式温度表

1—表头;2—导管;3—保护套;4—感温管;
5—膨胀管;6—指针;7—刻度盘;8—连杆机构

柴油机工作时,感温管内低沸点液体受到水(或机油)的加热,封闭的管内将产生蒸汽压力,温度越高,蒸汽压力值越大。此压力通过导管的传递使膨胀管的自由端向外膨胀,并通过连杆机构使指针偏转一个角度,在刻度盘 7 上指示出相应的温度值。膨胀管式温度表的指示精确度一般为 ±5 ℃。采用导管的目的旨在减少从感温管到膨胀管的容积,以避免周围环境温度变化而引起测量误差。为了防止导管弯曲折断,导管的外部有保护套 3。

3. 电热式温度表

电热式温度表的感温管为一密封的黄铜管,头部有螺纹可旋入柴油机出水总管(或油底壳)内以感受介质的温度,如图 8-29 所示。管内装有一条双金属片 1,其上绕有加热线圈 3(阻值约为 7 Ω)。加热线圈的一端接在活动触点 10 上,另一端接在接触片上并与接线柱 4 相连,固定触点通过底板 9 搭铁。

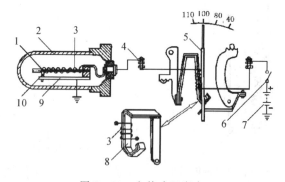

图 8-29　电热式温度表

1—双金属片;2—感温管;3—加热线圈;4—接线柱;5—指针;
6—开关;7—蓄电池;8—双金属片;9—底板;10—活动触点

指示仪表(表头)内也装有一个双金属片 8 并绕有加热线圈,当有电流通过时,双金属片受热拱曲,推动指针 5 偏转指示出相应温度值。

由于感温管内的双金属片在安装时与底板上的固定触点有一定预紧力,使两触点紧密接触。当介质温度较低时,感温管内双金属片被通电的加热线圈加热而向上拱曲(因膨胀系数大的一片在下方),使触点分开。但此时由于介质温度低,双金属片散热快,触点很快又闭合。由于触点闭合时间较长,线路中的平均电流较大,表头内双金属片被加热的时间长,向右拱曲变形较大,使指针指示在低温侧。

当介质温度升高时,感温管内触点断开的时间变长,线路中的平均电流值减小,表头内双金属片的加热时间变短,拱曲变形减弱使指针指向高温侧。当介质温度为 100 ℃时,触点开关频率一般为 5~20 次/min。

8.9.2　机油压力表

机油压力表用来指示柴油机工作中主油道的压力。

1.电阻式机油压力表

电阻式机油压力表的油压传感器安装在机体主油道上。如图 8－30 所示,当柴油机工作时,作用在膜片 1 下方的压力油顶动压力销 2,并通过摇杆 3 使滑臂 6(相当于滑线电阻)移动,电阻值也随之改变,油压升高阻值减小,反之则增大。机油压力的改变在指示仪表上显示。

2.电热式机油压力表

它由安装在主油道(或机油滤清器座)中的感压器和面板上的表头两部分组成,二者之间用导线连接。

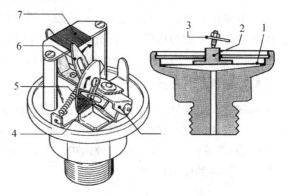

图 8－30　油压传感器

1—膜片;2—压力销;3—摇杆;4—移动接地;
5—报警装置;6—滑臂;7—线绕电阻

电热式机油压力表的结构如图 8－31 所示,感压器内装有膜片 3,膜片的下方腔体与柴油机主油道相通(箭头所示),压力油直接作用在膜片上。膜片的上方顶有一弯曲的青铜弹簧片 2,弹簧片的一端与表壳固定且接地,另一端焊有触点且平时总是与"Ⅱ"形双金属片 1 上的触点保持接触。双金属片上绕有加热线圈 4,线圈的一端与双金属片上的活动触点连接,另一端经接触片 5 和接线柱 6 与指示仪表相连。校正电阻 7 与加热线圈并联。感压器上通常有"↑"标记,安装时必须使该标记向上,以免影响读数的准确性。

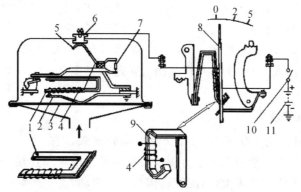

图 8－31　电热式机油压力表

1—双金属片;2—弹簧片;3—膜片;4—加热线圈;5—接触片;6—接线柱;
7—校正电阻;8—指针;9—双金属片;10—开关;11—蓄电池

表头用来指示机油压力值,内部也装有一双金属片9并与指针机构8连接。双金属片上也绕有加热线圈,一端连至电源11,另一端连至接线柱。

柴油机工作时,电流由蓄电池11的正极→开关10→接线柱→表头双金属片加热线圈→接线柱→接触片→感压器双金属片加热线圈→双金属片触点→弹簧片→搭铁→蓄电池负极。

当机油压力较低时,膜片变形很小,触点间的接触压力较小,加热线圈通电时间不长,温度略有升高双金属片就向上拱曲(因膨胀系数大的一片在下方),使触点断开,电路被切断。一旦温度降低,双金属片回复又使触点闭合电路接通。如此反复,频率约为每分钟5～20次。由于油压低,触点分开时间长,使流过表头加热线圈的平均电流值较小,表头双金属片变形小故指示压力值较低。

当机油压力升高,膜片向上拱曲使触点间的接触压力增大,此时要使触点分开,就必须使感压器双金属片的温度增高,因此触点接通时间延长,使流过表头加热线圈的平均电流值增大,表头双金属片变形大故指示的压力值升高。

3.膨胀管式机油压力表

膨胀管式机油压力表只有一个表头,表头的构造和原理与膨胀管式温度表相同。表头膨胀管的固定端通过一根铜管直接接在主油道上(135系列柴油机接在飞轮壳处)。当机油压力变化时,膨胀管的自由端将向外或向内变形,并通过连杆机构使指针偏转一个角度,在刻度盘上指示出相应的压力值。

8.9.3 转速表

转速表用来监视柴油机的转速,通常安装在操作面板上。

1.康明斯柴油机转速表

康明斯柴油机转速表也采用正交线圈形成转角磁场并由磁性指针指示。转速表由安装在飞轮壳上的转速传感器从飞轮齿圈上获得转速脉冲信号,经过电路处理后输出与频率大小变化相关的电信号作用在线圈上,从而产生与转速变化对应的指针偏转,指示出相应的柴油机转速。

由于电站用康明斯柴油机飞轮齿数不同,在转速表的背后设有转换开关并分为四档。对于康明斯N系列和K系列机组,其飞轮齿数分别为118和142,转换开关数目均为6档。校准转速表时,可用2 mm六角板手伸入调整孔内,N系列机组输入2 950 Hz,K系列机组输入3 550 Hz,并将柴油机转速调至1 500 r/min上进行调准。

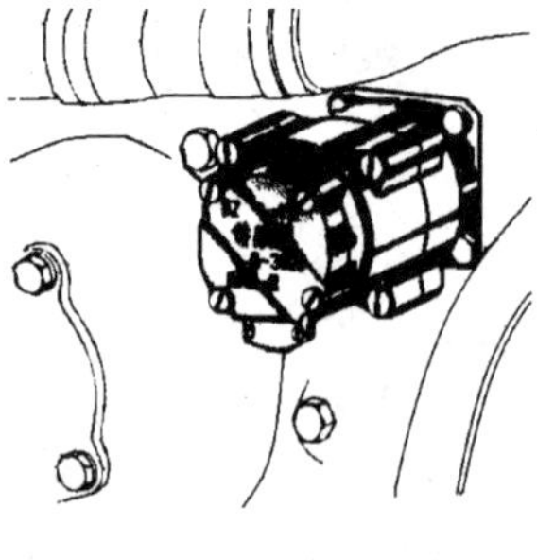

图8-32 转速表传感器

2.12V135柴油机转速表

12V135型柴油机采用SZD-31三相交流电动转速表。它由转速表指示器和转速表传感器两部分组成,二者间用三根导线连接。转速表传感器(见图8-32)安装在柴油机齿轮式盖板上,由配气机构凸轮轴驱动,由此产生的转速信号被送往转速表指示器显示。柴油机工作时,如果发现指示器指针反向指示,可将三根导线中的任意两根对调。

第9章 内燃机的特性

内燃机的特性是内燃机性能的综合反映,本章主要介绍柴油机的负荷特性和速度特性。研究内燃机的特性,不仅是为了评价其性能,从而正确、合理地选用内燃机,而且还可以对影响内燃机特性各种因素的进行分析,提出改进的各种技术措施,以优化整个动力装置的性能。

9.1 内燃机的工况

在研究内燃机的特性之前,首先应对内燃机的工况分类、不同用途内燃机工况的变化特点有所了解。顾名思义,内燃机工况就是指内燃机实际运行的工作状况。由第1章内容可知,表征内燃机运行工况的参数可由式(1-1)给出,式中的三个参数为有效功率 N_e、内燃机的扭矩 M_e 和内燃机的转速 n,三者中只有两个是独立变量,即当任意两个参数固定后,第三个参数就可以通过该式求出。比较常用的是利用扭矩与转速或功率与转速两组参数来表征内燃机稳定运行的工况点,原因在于转速表示内燃机工作过程进行的速度快慢,而扭矩或功率说明内燃机发出功率或承受负荷能力的大小。内燃机的负荷,通常是指内燃机所遇到的阻力矩的大小,由于平均有效压力正比于扭矩,故有时也用平均有效压力来表示负荷的高低。

以 N_e—n 为坐标绘出内燃机可能运行的工况图如图9-1所示。由图可以看出,内燃机的工作区域被限定在一定范围内,其边界限制线包括:上边界线3为内燃机油量控制机构处于最大位置时,不同转速下内燃机所能发出的最大功率;左侧边界线为内燃机最低稳定工作转速 $n_{\min}$ 限制线,低于此转速时,由于曲轴飞轮等运动部件储存能量较小,导致转速波动大,内燃机无法稳定工作;右侧边界线为最高转速 $n_{\max}$ 限制线,它受到转速过高所导致的惯性力增大、机械摩擦损失加剧、汽缸充量系数下降、工作过程恶化等各种不利因素的限制。因此,内燃机可能的工作区域就是上述边界线加上横坐标轴所围成的区域。

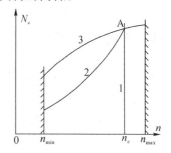

图9-1 内燃机的工作区域

内燃机的工作区域取决于内燃机的用途。用途不同时,工作区域将有很大的差异。为了便于讨论,通常把内燃机的工况分为以下三类。

(1)第一类工况。其特点是在内燃机的功率变化时,转速几乎保持不变。该工况又被称为固定式内燃机工况。例如,发电用内燃机,其负荷呈阶跃式突变,并没有一定的规律,然而内燃机的转速必须保持稳定,以保证输送电压和频率的恒定,反映在工况图上就是一条垂直线(图9-1中的曲线1),称为线工况。灌溉用内燃机,除了启动和过渡工况外,在运行过程中负荷与转速均保持不变,称为点工况(图9-1中的A点)。

(2)第二类工况。其特点是内燃机的功率与转速接近于幂函数关系,如图9-1中的曲线2所示的三次幂函数($N_e \propto n^3$)。当内燃机作为船用主机驱动螺旋桨时,内燃机所发出的功率必须与螺旋桨吸收的功率相等,而吸收功率又取决于螺旋桨转速的高低,且与转速成幂函数关系,因此,内燃机功率就呈现一种十分有规律的变化。该类工况常被称为螺旋桨工况或推进工况,也属于线工况。

(3)第三类工况。其特点是功率与转速都在很大范围内变化,它们之间没有特定的关系。汽车及其他陆地运输用内燃机,都属于这种工况。此时,内燃机的转速决定于行驶速度,可以从最低稳定转速一直变到最高转速;负荷取决于行驶阻力,在同一转速下,可以从零变到全负荷。内燃机可能的工作区域就是该种类型内燃机的实际工作区域,相应的工况区域称为面工况。

为了评价内燃机在不同工况下运行的动力性指标(如功率、转矩、平均有效压力等)、经济性指标(燃油消耗率)、排放指标以及反映工作过程进行的完善程度指标等,就必须研究内燃机的特性。所谓内燃机的特性,就是指上述性能参数随参数调整情况或运转工况变化的规律。其中,性能指标随调整情况变化的特性称为调整特性,如汽油机的点火提前角调整特性、柴油机的供油提前角调整特性等;而性能指标随运行工况变化的特性称为性能特性,如内燃机的负荷特性、速度特性和调速特性等。用来表示特性的曲线称为特性曲线,它是评价内燃机的一种简单、直观、方便的形式。

需要说明的是,上述有关特性的讨论均是针对内燃机的稳态工况而进行的。换句话说,只有在内燃机工况稳定时,功率、转速和转矩这些基本量才有确定的关系,才能满足关系式;而当内燃机处于非稳态工况时,即当内燃机处于两个稳态工况之间的过渡状态时,至少有一个基本参数值呈变化状态,此时上述关系式不再成立。显然,非稳态工况要比稳态工况复杂得多,而且在内燃机总的工况中所占的比重也相当大(据统计,车用发动机的非稳态状态占其总工况的80%以上)。但是,由于瞬态工况是建立在稳态工况的基础上的,这里仅讨论内燃机的稳态工况,且以柴油机稳态工况为例介绍。

9.2 内燃机的负荷特性

负荷特性是指当转速不变时,内燃机的性能指标随负荷而变化的关系,用曲线的形式表示出来称为负荷特性曲线(见图9-2)。驱动发电机、压缩机、风机、水泵等动力装置的内燃机,就是按负荷特性运行的。

负荷特性曲线是在发动机试验台架上测取的。试验时,调整测功器负荷的大小,并相应调整油量调节机构位置以保持发动机的转速不变,待工况稳定后,依次记录不同负荷下的有关数据,并整理得到性能曲线。

由于负荷特性可以直观地显示发动机在不同负荷下运转的经济性以及排气温度等参数,且比较容易测定,因而在内燃机的调试过程中,经常用来作为性能比较的依据。由于每一条负荷特性仅对应内燃机的一种转速,为了满足实际应用的要求,需要测出不同转速下的多个负荷特性曲线。

对于一条特定的负荷特性曲线而言,转速是固定不变的,这样有效功率 N_e、有效扭矩 M_e 与平均有效压力 P_e 互成比例关系,均可用来表示负荷的大小。因此,负荷特性的横坐标通常是上述三个参数之一,较为常用的是有效功率或平均有效压力。纵坐标主要是燃油消耗量 G_B、燃油消耗率 g_e,以及排温 T_r 等,如图9-2所示。从负荷特性曲线上可以看出,内燃机的最低燃油消耗率越小,经济性越好;油耗曲线变化越平坦,表示在宽广的负荷范围内,都能保持较好的燃油经济性,这对于负荷变化较大的车用发动机来说尤为重要。此外,无论柴油机还是汽油机,在低负荷区,燃油消耗率均显著升高。因此,为使内燃机在实际使用时具有良好的经济性,不仅要求油耗低,更希望常用负荷接近经济负荷,这对于节省燃料具有很大的意义。

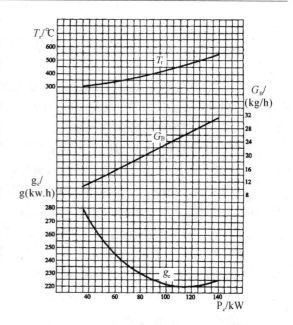

图 9-2　某柴油机的负荷特性

1. 燃油消耗率 g_e 的变化趋势

以柴油机为例,对于非增压柴油机而言,当柴油机按负荷特性运行时,由于转速不变,其充量系数基本保持不变。当负荷变化时,通过燃料调节机构调整循环供油量以适应负荷的变化,负荷增大时油量增加,反之则减少。这样,过量空气系数(可近似理解为实际进入汽缸的空气量与汽缸内的燃料完全燃烧所需要的理论空气量之比,柴油机的过量空气系数恒大于1)随负荷的增加而减小,这一负荷调节过程被称为"变质调节"。

当负荷为零(空载)时,因无动力输出,平均有效压力为零,故机械效率为零,意味着柴油机所发出的功率完全用于自身消耗,这时的燃油消耗率为无穷大。当负荷逐渐增大时,由于平均机械损失压力在转速不变时变化不大,而平均有效压力随负荷提高而增大,因此机械效率随负荷的增大而快速上升。因此,燃油消耗率曲线在负荷增加时迅速下降,并且在某一负荷时达到最低值。

随着负荷的进一步增加,过量空气系数变得更小,混合气形成与燃烧开始恶化,燃油消耗率开始上升。如果继续增加负荷,则空气相对不足,燃料无法完全燃烧,从而使燃油消耗率上升很快,且柴油机大量冒黑烟,导致活塞、燃烧室积碳,发动机过热,可靠性以及寿命受到影响。如超过该极限再进一步增大负荷,柴油机大量冒黑烟,功率反而下降。

由此可知,柴油机存在一个"冒烟界限",为了保证柴油机寿命及安全可靠地运行,一般不允许它超过冒烟界限工作。

2. 燃油消耗量 G_B 的变化趋势

当转速一定时,燃油消耗量的变化取决于每循环供油量,它随负荷的增加而增加,在中、小负荷段近似呈线性增大,在接近冒烟界限前后,由于燃烧的恶化,上升的幅度更快一些。

3. 排气温度 T_r 的变化趋势

由于负荷增加,汽缸内燃烧的燃油量增多,因此,随着负荷的增大,柴油机的排气温度逐渐升高。

对于增压柴油机而言,由于随负荷的增大,排气能量加大,增压器转速上升,从而使增压压力变大、进气密度提高,所以在高负荷时,燃油消耗率曲线较为平坦。

9.3　内燃机的速度特性

内燃机的负荷特性只反映发动机在等速工况下的性能变化,但对工作在面工况情况下的车用发动机(其载重量、路况、超速、爬坡等经常变化),不仅要求经济性良好,动力性也要求良好,故可用内燃机的速度特性进行评价。

内燃机速度特性,是指内燃机在油量调节机构(油量控制齿条、拉杆或汽油机节气门开度)保持不变的情况下,主要性能指标(转矩、油耗、功率、排温、烟度等)随内燃机转速的变化规律。

速度特性也在内燃机试验台架上测出。测量时,将油量控制机构位置固定不动,调整测功器的负荷,内燃机的转速相应发生改变,然后记录有关数据并整理绘制出曲线,一般是以发动机转速作为横坐标。当油量控制机构在标定位置(即额定工况)时,测得的特性为全负荷速度特性(简称外特性);油量低于标定位置时的速度特性,称为部分负荷速度特性。由于外特性上反映了内燃机所能达到的最高性能,确定了最大功率、最大转矩以及对应的转速,因而十分重要,所有发动机出厂时都必须提供该特性。

1. 扭矩 M_e 的变化趋势

以柴油机为例,在图 9-3 中,扭矩 M_e 随转速 n 的变化比较平缓。如果不考虑摩擦影响并认为每循环供油量保持不变(不考虑柱塞偶件的节流和泄漏损失),加之进气系统的阻力较小,则每个循环所做的功相等,力矩 M_e 理论上应是水平直线。但实际上各种损失不可避免,这使得 M_e 曲线出现了两头稍低、中间略高的变化趋势。

(1)低速时:循环占用时间较长,汽缸内散热和漏气损失较大,M_e 较低。

(2)高速时:摩擦损失和后燃增加,由于转速高使得进气效率降低,导致 M_e 有所下降。但每循环供油量略有增加且汽缸内的涡流得到加强,又使得 M_e 略有增大。相互作用使 M_e 在高速时略有下降。

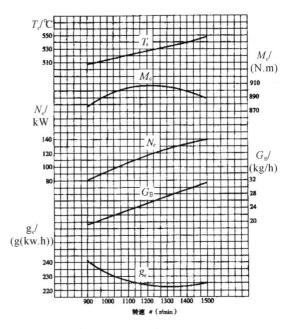

图 9-3　某柴油机的速度特性

由图 9-3 可知,最大扭矩并不在柴油机的标定(额定)转速时出现,而是在中间的某个转速范围。由于 M_e 变化平坦,难以满足车用和工程机械用发动机对扭矩储备的要求。当出现短期过载,柴油机难免会因负荷过大而熄火,故对此类柴油机要求要有较大的扭矩储备。扭矩储备可用扭矩储备系数 μ 表示,其表达式为

$$\mu = \frac{M_{emax} - M_e}{M_e} \times 100\% \qquad (9-1)$$

式中,M_e 和 M_{emax} 分别表示发动机的额定扭矩和最大扭矩,单位为 N·m。μ 值越大,发动机超载能力越强。如 6135Q-1 型柴油机,当发动机工作在 1 300 r/min 左右时,最大扭矩 $M_{emax}=$ 785 N·m,当工作在额定转速 2 200 r/min 时,额定扭矩 $M_e=700$ N·m,用上式计算,扭矩储

备系数 $\mu=12.14$。而适应性系数 $K(K=\dfrac{M_{emax}}{M_e})$ 为 1.12。

2. 燃油消耗率 g_e 的变化趋势

由图 9-3 可见,当柴油机从高转速降低时,由于发动机的机械损失和后燃损失减小,故燃油消耗率 g_e 下降。但当转速 n 再继续下降,虽然机械损失功率 N_m 减少了,但柴油机的进气涡流减弱,燃烧条件恶化,故燃油消耗率 g_e 回升。

3. 发动机功率 N_e 的变化趋势

发动机功率 N_e 正比于扭矩 M_e 与转速 n 的乘积,故功率 N_e 随转速 n 提高而增大(几乎呈直线变化)。

4. 燃油消耗量 G_B 和排气温度 T_r 的变化

当柴油机转速 n 升高,单位时间内的供油次数增加,产生的热量多,故燃油消耗量 G_B 和排气温度 T_r 均增高。

第 10 章　柴油机的使用与调整

正确使用、熟练操作和精心保养,不仅是柴油机操作人员必须要掌握的基本技能,也是避免或减少柴油机发生故障、延长发动机使用寿命和充分发挥其使用效能的基本保证。不同型号的发动机,尽管在总体布置、零件构造、性能参数等方面存在差异,但其使用与维修的基本步骤、方法和要求大致相同。操作人员必须在熟悉发动机结构和工作原理的基础上,严格执行操作及保养手册和柴油机修理手册中规定的操作方法和技术要求,严禁违章作业,确保柴油机的良好性能。

10.1　柴油机的使用

10.1.1　柴油机启动前的准备

(1)检查发动机固定零件有无松动;支架、管夹、接头紧固是否到位,传动皮带、风扇(对散热器冷却方式)等转动部件的保护罩(盖)是否完好;手柄、阀门、开关等操作是否灵活;使用盘车装置转动曲轴数转,检查有无异响、泄漏、卡滞等异常现象,若摇转时费力,表明汽缸压缩良好。

(2)断开蓄电池开关,检查仪表箱操作面板上的启动开关是否在"OFF"(关断)位置。

(3)检查燃油箱内柴油是否充足,不足时应添加规定牌号的清洁柴油。检查油箱盖上通气孔是否畅通,打开燃油箱开关阀。

(4)检查散热器水箱或膨胀水箱的水量是否充足,不足时应及时添加,冷却水和防冻液的质量应符合要求。膨胀水箱的冷却水不可添加过满,应留出足够的排气空间。对散热器冷却方式,应检查风扇皮带松紧度是否适宜。拧开水滤器的截流阀。

(5)抽出机油标尺检查机油贮存量,康明斯机型油底壳内机油静止平面应在"H"(高)和"L"(低)标记之间。对于其他机型油底壳内机油量应在油标尺上下刻度线之间或在静满线处为宜。油面过高,机油容易被带入汽缸燃烧,产生大量积炭,加剧机件磨损,同时也增加机油消耗量。油面低于"L"(低)标记,工作中会产生润滑不良或因缺油引起发动机故障或损坏。同时还应检查柱塞式喷油泵总成的机油存量,若是 B 型喷油泵须分别检查喷油泵及调速器内的机油量,不足时应及时添加,变质(变黑变稀)的机油要及时更换。

(6)检查燃油、机油、水管及接头处有无渗漏或泄漏现象,若有应检查原因并及时处理。

(7)检查蓄电池。蓄电池存电量应能满足冷启动所必需的电量,电解液的密度应符合要求。蓄电池接线桩上应无污垢,接线应牢固。检查电气线路接线是否正确、牢固,搭铁是否可靠。

(8)如果柴油机装有低温启动辅助装置,应检查电路接线是否正确,加热元件有无损坏,辅助启动液喷射装置是否完好。

(9)康明斯机型应检查 PT 燃油泵断油阀,如果电路控制系统有故障而又必须启动柴油机时,应顺时针转动手动控制螺钉顶开断油阀,使断油阀处于供油位置。

(10)增压机型的发动机如果停机时间较长,应向涡轮增压器添加适量清洁的润滑油,防止启动时因缺油而使增压器轴承过热损坏。

(11)如果柴油机装有冷却水和机油预热装置,按使用说明书规定的方法和步骤实施检查和操作。

(12)用压缩空气启动的柴油机,应检查供气设备工作是否正常,气瓶内存气量是否充足。若气瓶内气压过低,应先进行补充气。

10.1.2　柴油机的启动及运行

1.135 系列柴油机的启动及运行

(1)打开喷油泵或燃油滤清器上的放气螺钉,用手油泵泵油,将低压油管中空气排除干净。

(2)将操纵手柄放在转速约为 700 r/min 的位置。

(3)将启动电钥匙扳到启动位置(V 型机转向"右"),按下启动按钮。如果在 10 s 内未能成功启动,应松开按钮,两分钟后再第二次启动。特别要注意启动失败后,飞轮还没有完全停止运转时,严禁触按启动按钮。若连续三次启动失败,应停止启动,待查明原因并排除故障后再进行启动。

(4)柴油机启动成功后,应及时释放按钮,把电钥匙转回中间位置(V 型机转向"左"),接通充电电路。

(5)柴油机在运转中,应注意察看各仪表的读数,尤其是机油压力表的读值应在 49 kPa 以上,并检查各部分运转是否正常。

(6)在低温启动时,具有预热进气装置的柴油机,启动前在油杯内加满柴油,按下预热开关15 s 后再按启动按钮。启动后释放预热开关。

柴油机启动后,低速暖机运转一段时间,逐渐将转速提升至 1 000～1 200 r/min,待柴油机出水温度达到 70 ℃,机油温度达到 45 ℃,机油压力高于 245 kPa 时,把转速提升到 1 500 r/min,加载正常运转。柴油机转入正常运转期间,必须随时观察各仪表的读数,使之在规定的指示数值范围内。如发现异常情况,应停机检查,待查明原因并排除后,方可继续运行。

2.康明斯柴油机的启动及运行

启动前各项检查工作进行完毕,接通蓄电池开关,扳动操作面板(见图 10-1)上"ZK"开关在"Idle"(怠速)位置。扳动启动开关"QK"至"Start"(启动)位置,与此同时压下柴油机启动按钮"QA"启动柴油机。为了防止启动机损坏,每次启动操作的时间不宜超过 30 s。如果发动机不能在 30 s 内成功启动,再次启动必须间隔 1～2 min。连续启动 3～4 次仍不成功应查明原因,待故障排除后方可重新启动,严禁不查明原因或采取不适当的方法强行启动。如果发动机启动后又突然停转,在曲轴还没有停止转动时禁止接通启动开关,以防损坏发动机和启动电机。

当柴油机启动成功后,松开启动按钮和启动开关,启动开关将自动弹回"Run"(运行)位置。柴油机启动后应检查发动机运转情况,若发动机工

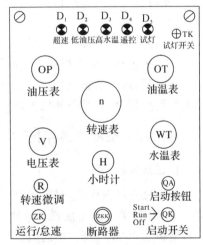

图 10-1　康明斯柴油机操作面板

作有异常声响或振动,机油压力低,应查明原因并果断处置。

柴油机启动后,应先在转速为 550～750 r/min 的怠速运转数分钟,此时机油压力应大于 70 kPa。怠速运行结束后,扳动"ZK"至"Run"(运行)位置,转速逐步升高至 1 545～1 560 r/min(空载最高转速)。柴油机工作中,调速动作和增、减负荷应均匀,尽量避免转速升、降过大和突然增加或突然卸去全部负荷。也不可使柴油机工作中骤热骤冷,以免引起零部件的损坏,绝对禁止不加冷却水启动柴油机。

柴油机启动后的怠速运转又称为"暖机"或"热车"。这是因为发动机刚开始工作时,汽缸温度和冷却介质温度都较低,机油黏度大,暖机则容易形成良好的润滑油膜以减轻零件的磨损。但柴油机也不宜在低速长时间运转,此时由于汽缸温度较低,柴油雾化质量不好,容易出现不完全燃烧而在喷油嘴、气门、活塞环等处形成积炭。此外,较低的汽缸温度也易使汽缸套产生腐蚀磨损。

柴油机工作中,如果调速动作过快、过猛,由于转速突然改变,过大的惯性力会对发动机正常工作造成影响,容易使曲柄连杆机构损坏和加速零件磨损。此外,瞬时升速由于进气量短时间供应不足还会产生燃烧不完全和冒黑烟等现象。

柴油机工作中应密切注意各仪表读数,同时还应进行下列检查。

(1)观察排气烟色有无蓝烟、白烟或黑烟,正常烟色为淡灰色。发动机短时间过载烟色变浓属正常现象。

(2)倾听发动机和涡轮增压器工作有无异常声响,感觉发动机工作有无异常振动和轴承有无过热现象。

(3)观察仪表读数,特别要注意机油压力有无突然改变。

(4)检查发动机燃油、机油和冷却液有无泄(渗)漏。检查汽缸、进(排)气管道有无漏气现象。

(5)及时检查油箱内燃油量,燃油量不足会造成柴油机运转中断。

(6)检查发动机负荷。最大负荷和以最大负荷运行的时间不能超过相应机型技术规范要求,否则将造成发动机损伤和降低发动机使用寿命。一般来说,当柴油机在最大扭矩工况工作时,全油门运行时间不得超过 30 s,否则会缩短发动机的使用寿命并可能造成损伤。

(7)检查各连接部位有无松动、脱落、断裂等现象。

柴油机运行中应严格按规定的格式和要求认真、及时、准确填写运行记录。内容应包括机组运行时间、运行状态、负荷情况、仪表读数、故障现象及处理方法等。运行记录是柴油机技术档案的组成部分,也是柴油机维修决策的基本依据。

10.1.3 柴油机的停机

1.正常停机

柴油机停机操作前应按上述要求做一次全面检查,然后逐步减小并卸掉负荷,康明斯机型应扳动 ZK 开关至怠速位置,(其他机型将操纵手柄手轮旋至停机位置,对 V 型柴油机,停机后应将电钥匙由"左"旋向"中间"位置,以防止蓄电池电流倒流),缓慢降低转速至怠速运行数分钟,以使活塞、汽缸、轴承、衬套和废气涡轮增压器充分冷却,然后将启动开关 QK 搬至"OFF"位置停机。如果停机控制电路出现故障(电磁阀"YF"线圈电路不通),通过启动开关不能实施停机操作时,可逆时针转动 PT 燃油泵上的手动控制螺钉,关闭断油阀人工停机。柴油机停机后,应确保断油阀处于关闭状态,否则当燃油箱位置较高时会使燃油倒流,从而引起液力锁闭。此外,在柴油机完全停止转动之前不得用启动开关将断油阀重新开启。

发动机停车要严格操作步骤,如果采取突然停机,由于冷却系统和润滑系统停止工作,热量不能被循环流动的冷却介质和润滑油带走,容易造成发动机过热。特别是增压器轴承和密封装置,由于温度升高可能发生咬死现象甚至失效。此外,严禁用关闭油箱开关阀的方法进行停车。严寒季节,未采用防冻液而用冷却水作为冷却介质的柴油机,停机后应根据需要按要求将冷却水全部放出至某一容器内,以免冻裂机体和冷却系统零部件。停机后应根据发动机运转情况和要求进行必要的维护和保养,以备随时启动。

值得指出的是,康明斯发动机上装有机油压力过低、冷却水温度过高和超速报警装置。柴油机工作中,如果水温超过 106 ℃ 或机油压力低于 83 kPa,水温高或油压低报警电路会自动接通,"YF"失电使 PT 燃油泵断油阀关闭,柴油机自动停机。当柴油机出现超速,转速超过设定值 1 725 r/min 时,在控制电路作用下断油阀关闭,柴油机也会自动停机。此时操作面板上报警指示灯($D_1 \sim D_3$)中对应的一个点亮,提示操作人员注意。

2. 紧急停机

当柴油机发生下列情况之一时,必须将启动开关迅速扳至"OFF"位置实施紧急停车。

(1)机油压力突然下降或无压力,油压低报警电路故障。

(2)柴油机有"飞车"现象,超速停机控制电路发生故障。

(3)出现异常声响或振动,传动机构工作异常。

(4)负载装置(如同步发电机)出现异常情况等。

此外,为了正确使用柴油机,在操作中应做到 20 个不准:不准长期怠速运转;不准长期超负荷工作;不准猛加油门;不准突然猛启动;不准长期低温工作;不准自行调高转速;不准任意加大供油量;不准在调速器失灵情况下工作;不准重负荷低转速低油压工作;不准先加油门后扳减压杆启动;不准带有杂声工作;不准带有故障工作;不准不暖机直接带荷工作;不准不加水就启动;不准使用硬水;不准高温后突加冷水;不准使用不合格不干净的柴油;不准使用不合格不干净的机油;不准不用空气滤清器;不准擅自改动进排气管及变换配气位置。

10.2　柴油机的维护保养

10.2.1　柴油机维护保养的基本要求

柴油机经过安装调试并投入使用后,其工作性能、故障频率、使用寿命以及运转安全性和经济性,不仅与柴油机的设计水平、制造工艺、可靠性及维修性等直接相关,也取决于柴油机使用管理的水平。同样的发动机,若能严格操作规程和正确使用,就能延缓零件的磨损进程,减少或避免突发性故障,提高柴油机的使用效率。而精心保养和适时维修则起着对发动机的积极"保健"作用。只有严格执行保养手册,在规定的时间内,按规定的项目和技术要求实施维护和保养,确保柴油机技术状态良好,就能延缓发动机的劣化进程,从而预防发动机故障或消除事故隐患,延长柴油机的使用寿命和提高系统运行的效益。

对柴油机正确实施维护保养应做到认真、及时、规范、完整,维护保养中应突出清洁、密封、润滑、冷却和调整。

（1）认真。要求保养操作中态度认真、工作细致，做到严格要求、工作有序、一丝不苟、严谨求实。

（2）及时。按维护保养的技术要求，在不同的时间实施不同级别的维护保养。包括及时更换柴油机易损零件、更换滤清器和失效的零部件；按要求及时更换油料和工作介质；及时进行检查和调整；及时填写保养日志等。保养日志内容应包括操作人员姓名、工作日期和运行时间、所有仪表读数、负荷情况、发动机工作及油料消耗情况，以及运行中的排气烟色、响声、振动以及故障情况及处理意见等。

（3）规范。应结合本单位实际，依据柴油机保养手册或使用说明书的要求制定柴油机使用和保养操作规程，使维护保养的时间，程序，方法，动作和手段科学化、规范化、制度化。

（4）完整。维护保养项目不遗漏，保养日志填写不缺项。做到零（备）件无丢失、工（检）具无损坏、附属设施配套、随机资料完好。

（5）清洁。柴油机、操作场地、工作台、使用的工（检）具和器械、零备件、附件、保养物资等要保持清洁；更换柴油、机油、冷却介质时要注意清洁；保养中零部件的清洗、检查、更换、装配、安装、调整操作也要注意清洁。清洁工作做得好，有利于提高装配质量，减少发动机隐患和减轻零件的磨损。

（6）密封。良好的密封是柴油机燃油供给、润滑、冷却和配气系统正常和可靠工作的基本保证。空气渗入燃油系统，会引起燃油泵工作不稳定，供油量和喷油器雾化质量降低，燃油系统故障率升高，使发动机功率不足、油耗增加、转速不稳。润滑系统不密封，出现泄漏，使机油压力降低和影响润滑效果，容易引起零件磨损和增加机油损耗，机油泄漏也会污染工作环境。冷却系统密封性能不好，也会引起介质损耗甚至造成机油被污染。同样，进、排气系统和汽缸密封不良，不仅会引起进气不足、压缩压力降低和燃烧过程恶化的结果，同时排气泄漏也会污染操作环境。因此，保养中必须严格操作步骤和注意装配要求，确保装配过程中零部件密封可靠。

（7）润滑。润滑不良可能引起抱轴、烧瓦等事故，能加速零件磨损并造成发动机早期损坏。因此，保养中必须严格保养程序、方法和时限。按规定的周期更换合适牌号的机油和润滑脂；确保润滑系统清洁和密封；严格执行装配工艺，确保零部件的装配间隙；保持曲轴箱通风良好；加强润滑管理，经常检查润滑系统工作状态。

（8）冷却。发动机过热是诱发柴油机故障和引起零件损坏的一个直接原因。因此，平时一定要经常检查柴油机冷却系统工作是否良好，检查零件、轴承有无过热等。保养中要掌握冷却介质中化学添加剂的消耗情况，及时更换水滤器；重视冷却系统的清洗、除垢和防冻；装配中注意清洁和保持密封。

（9）调整。正确、及时的检查和调整，是确保柴油机使用性能的关键。不及时调整或调整方法不当，不仅会诱发柴油机出现故障，也会影响发动机的动力性和经济性。不同级别的维护保养，一般都规定有相应的检查调整项目，如喷油正时检查与调整、PT 喷油器柱塞落座压力调整、配气机构丁字压板的调整、气门间隙检查与调整、风扇皮带张紧力的检查与调整以及PT 燃油泵和喷油器的调试等。检查和调整（试）中一定要使用专用工具，严格操作方法和步骤，正确读数，满足调整作业的技术要求。

10.2.2 柴油机维护保养的分类

135 系列柴油机的维护保养,通常分为日常维护(每班工作)、一级维护保养(累计工作 100 h 或每隔一个月,也称月保养)、二级维护保养(累计工作 500 h 或每隔 6 个月,也称半年度保养)、三级维护保养(累计工作 1 000~1 500 h 或每隔一年,也称年保养)。

康明斯发动机的维护保养分为日常维护、周保养和年度维护。年度维护按时间划分为半年、一年和两年。维护保养的检查项目、工作内容、技术要求和实施方法,在柴油机使用说明书和操作及保养手册中都有明确规定,操作中必须按要求的方法和步骤实施。对电站而言,备载机组柴油机的保养规程和常用机组柴油机的保养规程有些差异。此外,不同用途柴油机其维护保养的内容和要求也会有所不同。因此,使用单位应根据发动机使用情况、运行小时和工作环境,依据上述规定和要求并结合本单位实际制定出具体的维护保养计划、程序和组织实施方法。

对柴油机的正确保养,特别是预防性的保养,是最容易、最经济的保养,是延长使用寿命和降低使用成本的关键。因此首先必须做好柴油机使用过程的日报工作,根据所反映的情况,及时作好必要的调整和修理。据此并参照本章介绍的内容可按不同用户的特殊工作情况及使用经验,制订出不同的保养日程表。

日报表的内容一般有如下几个方面:①每班工作的日期和起止时间;②常规记录所有仪表的读数;③功率的使用情况;④燃油、机油、冷却液有否渗漏或超耗;⑤排气烟色和有否异常声音;⑥发生故障的前后情况及处理意见。

无论进行何种保养,都应有计划、有步骤地进行拆检和安装,并合理使用工具,用力要适当,解体后的各零部件表面应保持清洁,并涂上防锈油或油脂以防止生锈;注意可拆零件的相对位置,不可拆零件的结构特点,以及装配间隙和调整方法。同时应保持柴油机及附件的清洁完整。

10.2.3 维护保养的内容

1.135 系列柴油机维护保养内容

(1)日常维护(见表 10-1)。

表 10-1 135 系列柴油机日常维护项目及维护程序

序 号	保养项目	进行程序
1	检查燃油箱燃油量	观察燃油箱存油量,根据需要添足
2	检查油底壳中机油平面	油面应达到机油标尺上的刻线标记,不足应加到规定量
3	检查喷油泵总成机油平面	油面应达到机油标尺上的刻线标记,不足应加到规定量
4	检查三漏(水、油、气)情况	消除油、水管路接头等密封面的漏油、漏水现象;消除进、排气管、汽缸盖垫片处及涡轮增压器的漏气现象
5	检查柴油机各附件的安装情况	包括各附件安装稳固程度,地脚螺钉及与工作机械相连接的牢靠性
6	检查各仪表	观察读数是否正常,否则应及时修理或更换

序　号	保养项目	进行程序
7	检查喷油泵传动连接盘	连接螺钉是否松动,否则应重新校喷油提前角并拧紧连接螺钉
8	清洁柴油机及附属设备外表	用干布或浸柴油的抹布揩去机身、涡轮增压器、汽缸盖罩壳、空气滤清器等表面上的油渍、水和尘埃;揩净或用压缩空气吹净充电发电机、散热器、风扇等表面上的尘埃

（2）一级维护保养。除日常维护项目外,尚须执行表 10 - 2 所示的工作内容。

表 10 - 2　一级维护保养项目及维护程序

序　号	保养项目	进行程序
1	检查蓄电池电压、电解液比重和液面高度	用比重计测量电解液比重,应为 1.28～1.30 g/cm³（环境温度为 20 ℃时）,一般不应低于 1.27 g/cm³。液面应高于极板 10～15 mm,不足时应加注蒸馏水
2	检查皮带张紧力	先检查,必要时重新调整
3	清洗机油泵吸油粗滤网	拆开机体盖板,扳开粗滤网弹簧锁片,拆下滤网放在柴油中清洗,然后吹净
4	清洗空气滤清器	惯性油浴式空气滤清器应清洗钢丝绒滤芯,更换机油;旋风式空气滤清器,应清除集尘盘上灰尘,对纸质滤芯刷去脏物
5	清洗通气管内的滤芯	将机体门盖板加油管中的滤芯取出,放在柴油或汽油中清洗吹净,浸上机油后装上
6	清洗燃油滤清器	每隔 200 h 左右,拆下滤芯和壳体,在柴油或煤油中清洗或更换芯子,同时应排除水分和沉积物
7	清洗机油滤清器	一般每隔 200 h 左右进行。清洗绕线式粗滤器滤芯;对刮片式滤清器,转动手柄清除滤芯表面油污,或放在柴油中刷洗;在柴油或煤油中清洗离心式精滤器转子
8	清洗涡轮增压器的机油滤清器及进油管	将滤芯及管子放在柴油或煤油中清洗,然后吹干,以防止被灰尘和杂物沾污
9	更换油底壳中的机油	根据机油使用状况(油的脏污和黏度降低程度)每隔 200～300 h 更换一次
10	加注润滑油或润滑脂	对所有注油嘴及机械式转速表接头等处,加注符合规定的润滑脂或机油
11	清洗冷却水散热器	用清洁的水通入散热器中,清除其中沉淀物质至干净为止

（3）二级维护保养。除一级维护保养项目外，尚须执行表 10-3 所示的工作内容。

表 10-3　二级维护保养项目及维护程序

序　号	保养项目	进行程序
1	检查喷油器	检查喷油压力、观察喷雾情况，另进行必要的清洗和调整
2	检查喷油泵	必要时重新调整
3	检查气门间隙、供油提前角	必要时进行调整
4	检查进、排气门的密封情况	拆下汽缸盖，观察配合锥面密封、磨损情况，必要时研磨
5	检查水泵漏水情况	如溢水口滴水成流时，应更换封水圈
6	检查汽缸套封水圈的封水情况	拆下机体大窗口盖板、从汽缸套下端检查是否有漏水现象，若漏水应拆出汽缸套，更换新的橡胶封水圈
7	检查传动机构盖板上的喷油塞	拆下前盖板，检查喷油塞喷孔是否畅通，如堵塞，应清理
8	检查冷却水散热器和机油散热器、机油冷却器	如有漏水、漏油，应进行必要的修补
9	检查主要零部件的紧固情况	对连杆螺钉、曲轴螺母、汽缸盖螺母进行检查，必要时重新拧紧
10	检查电器设备	各电线接头是否接牢，有烧损的应更换
11	清洗机油，燃油系统管路	包括清洗油底壳、机油管道、机油冷却器、燃油箱及其管路、清除污物并应吹干净
12	清洗冷却系统水管道	可用每升水加 150 g 苛性钠（NaOH）的溶液灌满柴油机冷却系统，停留 8~12 h 后启动柴油机，使出水温度到 75 ℃ 以上，放掉清洗液，再用干净水清洗冷却系统
13	清洗涡轮增压器的气、油道	清洗导风轮、压气机叶轮、压气机壳内表面、涡轮及涡轮壳等零件的油污和积炭

（4）三级维护保养。除二级维护保养项目外，尚须执行表 10-4 所示的工作内容。

表 10-4　三级维护保养项目及维护程序

序　号	保养项目	进行程序
1	检查汽缸盖组件	检查气门、气门座、气门导管、气门弹簧、推杆和摇臂配合面的磨损情况，必要时进行修磨或更换
2	检查活塞连杆组件	检查活塞环、缸套、连杆小头衬套及连杆轴瓦的磨损情况，必要时更换
3	检查曲轴组件	检查推力轴承、推力板的磨损情况和滚动主轴承内外圈是否有周向游动现象，必要时更换

序　号	保养项目	进行程序
4	检查传动机构和配气相位	检查配气相位,观察传动齿轮啮合面磨损情况,并进行啮合间隙的测量,必要时进行修理或更换
5	检查喷油器	检查喷油器喷雾情况,必要时将喷嘴偶件进行研磨或更新
6	检查喷油泵	检查柱塞偶件的密封性和飞铁销的磨损情况,必要时更换
7	检查涡轮增压器	检查叶轮与壳体的间隙、浮动轴承、涡轮转子轴以及气封、油封等零件的磨损情况,必要时进行修理或更换
8	检查机油泵、淡水泵	对易损零件进行拆检和测量,并进行调整
9	检查汽缸盖和进、排气管垫片	已损坏或失去密封作用的应更换
10	检查充电发电机和启动电机	清洗各机件、轴承,吹干后加注新的润滑脂,检查启动电机齿轮磨损情况及传动装置是否灵活

2.康明斯柴油机维护保养内容

(1)日常维护(A级保养)。

1)检查发动机机油平面、冷却液液位和燃油箱油面,不足时添加。

2)对使用皮带传动的,检查皮带是否松弛或磨损(必要时检查皮带张紧力)。检查风扇是否松动、变形和有无裂纹。

3)检查发动机外观是否完好、各部件连接是否可靠。检查柴油机固定及与负载装置连接的牢靠性。

4)观察仪表读数或指示是否准确,检查报警指示灯和报警电路工作是否良好。

5)如果燃油滤清器底部设计有排污阀,旋开阀门排除滤清器内沉淀的水分和杂质。

6)检查发动机有无"三漏",消除油、水、气管路的接头、堵头、阀门及密封面的渗漏和泄漏现象。

7)清除发动机表面的油垢和尘埃。

8)认真填写保养日志。

(2)周保养(A级保养)。重复日常维护工作内容,并需增添如下工作。

1)对长期室外工作或工作环境灰尘较多时,应清洁空气滤清器和检查空气阻力指示器工作是否良好。

2)清洁蓄电池表面,检查电解液密度、液面高度和存电量。

3)观察水泵排水孔有无泄漏。

(3)6个月(或发动机运行250 h)维护(B级保养)。在完成周保养基础上增加以下检查和维护保养项目。

1)更换发动机机油和机油滤清器(备载发电机组放在一年度维护中进行)。检查和清洗曲轴箱通风装置。

2)检查发动机冷却液DCA浓度。当DCA4浓度每升水<0.32单位时更换水滤器,并在

每升冷却液中补充 0.33 单位的添加剂。当 DCA4 浓度每升水＞0.79 单位时,可不更换水滤器,直到 DCA4 浓度每升水降至 0.32～0.79 单位时再更换水滤器。

3)检查进气管路有无泄漏和接头卡箍有无松动。

4)检查空气滤清器阻力,如果滤芯阻力达到 365 mmH$_2$O 应更换。

(4)一年度(或发动机运行 1 500 h)维护(C 级保养)。在完成 B 级保养基础上增加以下检查和维护保养项目。

1)检查和调整配气机构丁字压板、喷油器行程和气门间隙。行程和间隙的检查与调整必须严格操作步骤,使用专用工具并由专门的维修人员实施操作。操作方法不当或调整数据不正确,都会影响柴油机正常工作甚至造成零件损坏。

2)检查外部连接软管,更换表面损伤、老化的软管和损坏的卡箍。

3)对散热器冷却的发动机,检查张紧轮装置工作是否正常,必要时应进行拆检。检查风扇和风扇轮毂,检查并调整皮带的张紧度。清洁散热器表面并用压缩空气吹除。

4)检查节温器,更换密封垫。由于康明斯发动机采用了低温、中温或高温节温器,节温器的初开和全开温度的测量值应符合不同机型的要求。

5)清洗柴油机冷却系统(根据发动机实际工作情况确定)。检查热交换器锌塞(如果有)并更换已经腐蚀的锌塞。

6)根据需要,检查曲轴的轴向间隙,其值应符合不同机型的要求。

7)更换燃油滤清器和油水分离器(如果有)。

8)检查并调整安装在飞轮壳上的转速表电磁传感器。

9)向有润滑脂润滑的部位补充符合规定的润滑脂。

10)清洁发动机表面和电器零件的接头。

(5)二年度(或发动机运行 6 000 h)维护(D 级保养)。在完成 C 级保养基础上增加以下检查和维护保养项目。

1)清洗 PT 喷油器。从柴油机上拆下喷油器,分解后认真清洗并仔细检查,更换 O 型密封圈、喷油器密封座圈和损伤的零件。

2)校准 PT 喷油器。喷油器试验需要在专门的试验台上由专业维修人员操作。喷油器在重新安装后应按 C 级保养要求进行喷油器行程的检查和调整。

3)根据发动机工作情况和实际需要清洗 PT 燃油泵。从柴油机上拆下燃油泵,分解后认真清洗并仔细检查,更换密封圈和磨损、失效的零件。

4)校准 PT 燃油泵。燃油泵调试需要在专门的油泵试验台上由专业维修人员操作。

5)检查水泵、硅油减振器和涡轮增压器。包括外观检查、连接和紧固情况检查、增压器主要间隙检查、水泵泄漏检查等,根据检查结果确定相应的保养和修理内容。如果水泵漏水严重,应检查原因并更换垫片和水封。

以上只是按保养种类不同规定了康明斯发动机维护保养工作的项目,具体保养方法和要求在教材其他章节中都有说明。需要强调指出的是,维护保养工作必须要严格执行柴油机使用及保养手册和修理手册上所规定的内容及方法,任何掉以轻心和违章作业都可能影响柴油机使用,并造成柴油机故障或损坏。

10.3 柴油机的调整

柴油机装配后或使用过一定时期,由于零件磨损需要对喷油器和气门以及喷油正时等进行必要的检查与调整。由于康明斯发动机采用了独特的 PT 燃油系统,气门的控制与 PT 喷油器的驱动共用一根凸轮轴,因此,调整的方法和步骤以及所使用的检查调整工具也与一般柴油机有所不同。需要调整丁字压板,检查和调整喷油器柱塞落座压力(即喷油器柱塞行程)以及气门间隙。喷油正时在更换过滚轮摇臂室盖板垫片(N 系列)或更换了凸轮轴正时键(K 系列)后也应进行检查和调整。此外,还应定期检查和调整传动皮带的张紧力。

10.3.1 康明斯柴油机配气机构丁字压板的调整

由于康明斯柴油机采用四气门结构,为了确保在同一个气门摇臂驱动下的两个同名气门(进气门或排气门)保持同步动作(同时打开、同时关闭),配气机构丁字压板必须要定期进行检查和调整(见图 10-2)。

丁字压板调整状态的改变,起因于柴油机工作中气门座磨损。磨损后的气门座使气门关闭位置提升,导致摇臂与丁字压板之间的预留间隙减小。此时,必须重新进行调整。丁字压板调整步骤如下。

首先拆掉汽缸盖上方气门摇臂室罩壳,用扳手松开丁字压板调整螺钉的锁紧螺母 1,并将调整螺钉 2 拧松一圈。其次,用手指轻轻压住丁字压板 4 上与气门摇臂接触的平面,使丁字压板与一只气门杆接触。拧进调整螺钉使螺钉与另一只气门杆也接触。如果是新装的丁字压板和导杆,考虑到丁字压板 4 与导杆 3 之间有间隙,以及为了补偿调整螺钉的松动,应将调整螺钉再拧进 20°。如果是

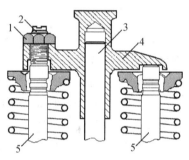

图 10-2 丁字压板调整
1—锁紧螺母;2—调整螺钉;3—导杆;
4—丁字压板;5—进气门(或排气门)

磨损的丁字压板和导管,必须拧进 30°。最后保持调整螺钉不动,用扳手拧紧锁紧螺母,拧紧力矩为 34~41 N·m。

10.3.2 康明斯柴油机 PT 喷油器柱塞落座压力调整

在喷油器喷油终了柱塞锥体占据整个计量室之后,柱塞还要稍稍下行一段距离,对喷油嘴头施加一定的压力以便将计量室内柱塞与锥形座面之间的残余燃油全部挤出,此压力称为 PT 喷油器柱塞落座压力。

该压力的大小,对喷油器的燃油计量时间和喷油时刻都有直接影响。落座压力值应适当,压力过大,柱塞锥面对喷油嘴锥形座面压力增大,驱动机构零件将因此承受过大的载荷而发生变形(如喷油器推杆产生弯曲),加剧了零件磨损,甚至顶坏喷油嘴。同时使燃油计量时间缩短,导致喷油量减少和喷油时刻提前;反之过小,计量室内燃油挤不净,燃油计量时间增加,导致喷油量增加和喷油滞后。此外,使柱塞与喷油嘴锥形座面密封不良甚至脱离接触,发动机工作时,高温燃气进入喷油嘴,容易在喷孔、计量孔和嘴头内部形成积炭和胶状物质,引起喷油嘴过热甚至使嘴头脱落。

柱塞落座压力一般在冷态下调整,冷调整应在柴油机水温为 60 ℃ 以下进行,发动机应在

环境温度下停机至少 4 h 以达到一个稳定的温度。如果需要再进行热调整,热调整应在柴油机机油温度为 88 ℃以上工况至少运行 10 min,或在达到正常油温后进行,调整过程必须迅速。"热调"数据主要用于柴油机测功试验时参考。热调数据依摇臂室材质不同而有所区别,铸铁摇臂室热态下的调整数据要比冷态下大些。

喷油器落座压力的调整方法有升程法和扭矩法两种。具体采用哪种方法和调整的数据,在柴油机铭牌中有明确规定。例如,200 kW 电站用 NTA855 - G1 型柴油机,铭牌中规定采用升程法,其调整行程为 5.79 mm;250 kW 电站用 NTA855 - G2 型柴油机,铭牌中规定采用扭矩法,其调整力矩为 0.678 N·m;KTA19 - G2 型柴油机为 7.72 mm。

1. 升程法

升程法又称自由行程法或仪表法,适用于非顶置式喷油器。它通过测量并调整喷油器柱塞的运动行程至规定值,间接地调整喷油器柱塞的落座压力。以发火顺序为 1—5—3—6—2—4 的六缸机为例,具体检查和调整执行以下步骤。

(1)拆下各缸气门摇臂室罩壳。

(2)转动曲轴使第 1 缸处于压缩冲程上止点后 90°位置。首先顺柴油机工作转向(面对自由端为顺时针)撬转柴油机(KTA19 机型应使用盘车装置转动曲轴),使附件驱动装置皮带轮上的 1 - 6TC 标记与齿轮室盖板上的铸制标记对准。在图 10 - 3 中,此时 1,6 缸同时处于上止点位置。有两种可能:一种是第 1 缸处于压缩冲程上止点,而第 6 缸处于进排气冲程上止点位置;另一种则相反。判断方法为:在此位置

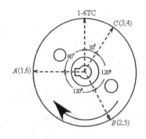

图 10 - 3　康明斯柴油机上止点标记

左、右转动曲轴并同时观察第 1 和第 6 缸的推杆和摇臂,如果推杆和摇臂均不动,则该缸为压缩冲程上止点;反之为进、排气上止点。如果第 1 缸不在压缩冲程上止点,应将曲轴继续转过 360°,确保第 1 缸为压缩冲程上止点。

(3)顺柴油机工作转向转动曲轴使附件驱动装置皮带轮上的 A(1,6)标记与与齿轮室盖板上的铸制标记对准,此时,第 1 缸处于压缩冲程上止点后 90°的做功位置(见图 10 - 4)。在此位置,可检查调整第 3 缸的喷油器落座压力。此时,该缸处于压缩冲程且喷油器驱动机构滚轮工作在喷油器凸轮的小基圆上,喷油器柱塞位于行程的最高点(见图 10 - 4)。

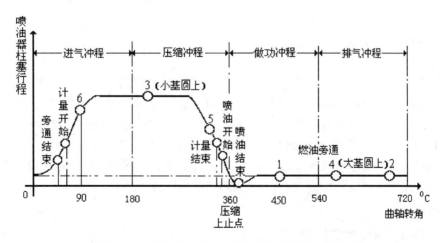

图 10 - 4　各缸工作状态在喷油器柱塞行程上的表示

(4)将百分表支架固定在摇臂室上,将百分表 5 的测量杆垂直顶在第 3 缸喷油器柱塞的顶端(见图 10-5)并保持有足够的预压量(保证当柱塞被摇臂压到底时,百分表仍有微小的预压量),检查中勿使百分表测量杆碰到摇臂。

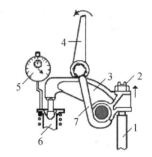

(5)驱动摇臂压杆 4 或用类似工具将喷油器柱塞 6 往下压到底(与喷油嘴锥形座面接触并将计量室内燃油挤净),然后松开摇臂压杆,依靠柱塞弹簧弹力使柱塞上升到最高点(顶点)。重复操作 2~3 次以提高测量的精度,然后将柱塞压到底并将百分表调"0",最后再次检查仪表是否确实在"0"位。

(6)慢慢放松摇臂,柱塞回升至顶点时百分表的读数即为喷油器的柱塞行程,其值应符合铭牌的规定。当读数不符合要求时,应拧松喷油器摇臂上的锁紧螺母,用起子拧动调整螺钉 2 使百分表上读数达到规定值。然后顶住调整螺钉不动,拧紧锁紧螺母至 54~61 N·m。重复检查一次,确保行程值符合要求。至此,第 3 缸检查调整完毕。

图 10-5 仪表法检查柱塞行程
1—推杆;2—调整螺钉;3—喷油器摇臂;
4—压杆;5—百分表;6—喷油器(柱塞)

(7)按表 10-5 的顺序,用上述方法分别检查调整其余各缸的喷油器柱塞行程。

上述步骤是以调整第 3 缸喷油器柱塞行程为例,实际调整工作可从任意一个缸开始。操作中应注意:柱塞锥面与喷油嘴内的积炭或污垢一定要清除干净,仪表精度要高且表头要固定可靠,仪表对"0"要正确,摇臂运动要灵活。

表 10-5 喷油器柱塞行程和气门调整顺序(缸号)

皮带轮位置	升程法		扭矩法	
	喷油器	气门间隙	喷油器	气门间隙
A(或 1—6)	3	5	1	1
B(或 2—5)	6	3	5	5
C(或 3—4)	2	6	3	3
A(或 1—6)	4	2	6	6
B(或 2—5)	1	4	2	2
C(或 3—4)	5	1	4	4

实际调整时,为了防止喷油器驱动机构零件过载和损坏,也可将调整螺钉 2 从正常位置拧松 1/2~1 圈,再拧紧锁紧螺母。按上述步骤将百分表调"0",放松摇臂,直接拧动调整螺钉使百分表达到规定值,然后顶住调整螺钉,拧紧锁紧螺母并重复检查 2~3 次即可。

造成用仪表法检查不准确的原因主要有:喷油嘴头座合面和柱塞锥面存在积炭或污垢,百分表精度不高或表头固定不牢靠,调整时摇臂不灵活有卡滞现象。

2.扭矩法

扭矩法是用专用扭力扳手将喷油器调整螺钉拧紧到规定的扭矩值,确保喷油器柱塞的落座压力。为此,调整工作必须在喷油器驱动机构滚轮工作在喷油器凸轮大基圆上方可进行。

此时,柱塞位于最下端,升程为零,柱塞锥体与喷油嘴锥形座面接触。从图 10-5 不难看出,在保持最小升程的区间(即在大基圆上),喷油器柱塞都与喷油嘴锥形座面保持接触,落在该区间的汽缸均可进行检查和调整,故称此区间为喷油器柱塞落座压力可调区。

采用扭矩法,可按发火顺序逐缸进行调整(六缸发动机需转动曲轴 6 次才能调完),也可按下述步骤进行调整。

(1)顺柴油机工作转向撬转柴油机,使附件驱动装置皮带轮上的 A(或 1—6)标记与齿轮室盖板上的铸制标记对准,并确保第 1 缸处于做功冲程 90°的位置(判断方法与前述相同)。从图 10-4 不难看出,在此位置,第 1 缸(做功冲程 90°)、第 2 缸和第 4 缸(均在排气冲程)的喷油器柱塞均处于柱塞落座压力可调区,因此,在此位置可同时调整第 1,2,4 缸的喷油器柱塞落座压力。

(2)松开喷油器调整螺钉锁紧螺母,拧紧调整螺钉直到喷油器柱塞与喷油嘴锥形座面接触。将调整螺钉再拧进 15°确保喷油嘴计量室中的燃油全部被挤出(此时柱塞升程为负值),然后将调整螺钉退出 1 圈。

(3)用专用扭力扳手(见图 10-6)将调整螺钉拧紧到铭牌上规定的扭矩值。松开调整螺钉再拧紧,重复操作 2～3 次,以确保调整的准确性。然后压住调整螺钉不动,拧紧锁紧螺母至 54～61 N·m。

(4)继续转动曲轴一圈(360°),并使 A(或 1—6)标记再次与齿轮室盖上标记对准。此时,第 6 缸处于做功行程 90°位置。第 6 缸(做功冲程 90°)和第 3,5 缸(均在排气冲程)的喷油器柱塞均处于柱塞落座压力可调区,

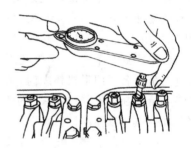

图 10-6　用 ST-669 接杆拧紧锁紧螺母

故可同时调整第 6,3,5 缸的喷油器柱塞落座压力。调整方法和步骤同前。

综上所述,升程法和扭矩法的调整结果均能使喷油器柱塞对喷油嘴达到规定的压紧力,调整方法都是通过调整喷油器摇臂上调整螺钉来实现的,两种方法的区别仅在于喷油器的可调位置和测量参数有所不同。

升程法是测量喷油器的柱塞行程,即凸轮轴上喷油凸轮小基圆到大基圆之间的径向距离。测量时,在大基圆处仪表校零,到小基圆上再读读数,单位为 mm。扭矩法是在喷油器柱塞被摇臂完全压到底,喷油器在喷油凸轮大基圆上工作时,用专用扭力扳手按规定的扭矩值进行调整。升程法比较精确,但需要量具。扭矩法只需要扭力扳手,但准确度较低。在实际操作中推荐采用升程法。

10.3.3　气门间隙的检查与调整

1. 气门间隙的概念

当气门处于关闭状态,气门摇臂与丁字压板或气门摇臂前端与气门杆上端面之间存在的间隙称为气门间隙。预留间隙是为了防止柴油机工作中,气门受热膨胀而使汽缸密封不良。但该间隙也不能预留过大或过小,若不留间隙或气门间隙过小,柴油机工作时,零件受热膨胀变长,气门关闭不严而漏气,造成汽缸压缩不良,燃烧不好,发动机启动困难和功率下降。同时,气门密封锥面容易形成积炭甚至使气门过热损坏。反之,气门间隙预留过大,将使气门开启时间相对变短(迟开、早关),气门升程减小,造成进气不足、排气不净,改变了正常的配气相

位,使发动机功率下降。同时使气门关、闭时的冲击载荷增大,引起噪音和使零件磨损加快。

2. 正确判断可调气门

在调整气门时,为了使检查调整工作准确迅速,有必要掌握一些有关气门调整的技能。

(1)掌握柴油机各缸工作顺序。不同型号的柴油机其各缸工作顺序是不同的,如六缸柴油机多数采用1—5—3—6—2—4,但也有少数柴油机的发火顺序为1—4—2—6—3—5。掌握了发动机的工作顺序,有助于判断气门不同工作时气门的开闭状态。

(2)明确汽缸的排列位置。柴油机汽缸的排列顺序,国家标准虽有明确规定,但有些生产厂家仍沿用以前的行业标准,所以不能达到统一规范化。如大多数直列式柴油机,靠近自由端的为第1缸(国家标准规定),靠近输出端的为最后一缸。也有少数柴油机汽缸序号的排列与上述规定相反,第1缸在输出端,最后一缸在自由端。V型柴油机汽缸顺序排列形式更多,有左列、右列之分。

(3)了解气门的布置形式。明确了汽缸排列位置之后,还应了解每只汽缸的进、排气门的布置形式,否则就不能准确无误实施调整。汽缸中进气门与排气门的布置形式也是多种多样的,有的柴油机气门的布置是按照进气门→排气门→进气门→排气门并依此规律排列;有的发动机则采用排气门→进气门→进气门→排气门规律排列。后一种排列,相邻两缸(如第1缸与第2缸,第3缸与第4缸)可以共用一个进气道,使汽缸盖的结构简化。对于每缸四气门的布置,有的是同名气门沿机体纵向布置,但也有同名气门横向布置的。由于气门的布置形式不一致,势必给判断可调调气门带来一定的困难,这就要求维修使用人员对不同型号的发动机应有深入全面的了解,以免误调。

(4)准确判断活塞上止点。在调整气门间隙之前,往往要把第1缸活塞转到上止点位置,对于六缸发动机,当第1缸活塞处于上止点时,第6缸的活塞也同时达到上止点,但必须确定哪一个缸的活塞处于压缩冲程上止点。其判断方法有两种。

1)观察配气机构。以六缸柴油机为例,当第1缸和第6缸活塞同时达到上止点位置时,用手捻动第1缸的进气门与排气门的推杆,若两气门推杆均可转动,且无滞涩现象,说明两个气门都处于关闭状态,该缸活塞位于压缩冲程上止点。也可用手上下提压气门摇臂前端,如两气门摇臂都有间隙感觉,该缸处于压缩冲程终点,否则为进排气冲程终点。还可用撬杠来回扳转飞轮,观察气门有无上下位移,气门没有位移的汽缸活塞在压缩冲程上止点位置;进排气门上、下轻微运动的汽缸活塞在进排气冲程上止点位置。

2)观察喷油泵。也以六缸柴油机为例,当第1缸和第6缸活塞同时达到上止点位置时,卸下喷油泵侧盖板,观察第1缸分泵柱塞弹簧,若弹簧受压,该缸一定处于压缩冲程上止点;若弹簧没有受到压缩,该缸为进排气冲程上止点。也可从喷油泵凸轮轴滚轮体升高程度来判断,滚轮体升高的为压缩冲程终了缸,反之就是进排气终了缸。必须强调的是,在判断时只需察看第1缸或第6缸即可。

(5)可调气门的条件。判断气门是否可调,严格讲应具备两个条件,①气门必须处于严密关闭状态;②气门挺柱落在凸轮轴凸轮的基圆上。实际上后者是决定气门间隙可以进行调整的唯一充分条件。只要挺柱处在凸轮基圆上,气门一定是严密关闭的,此时的气门间隙就是发动机正常工作所需的预留值。在气门间隙调整中,通常采用的二次调整法就是基于此原理。

3. 气门间隙的检查调整方法

(1)135柴油机气门间隙的检查与调整。首先打开汽缸罩壳,转动曲轴使第1,6缸活塞处

在上止点位置,然后按照表 10-6 规定的顺序进行检查和
调整。例如,当 6135 柴油机的第 6 缸处于压缩冲程上止
点时,可以检查调整第 3,5,6 缸的进气门间隙和第 2,4,6
缸的排气门间隙。

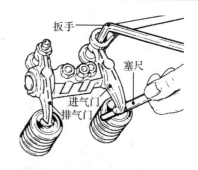

　　检查调整时,如图 10-7 所示将厚度相当于气门间隙
值的塞尺(厚薄规)插入气门间隙处,来回拉动塞尺,感觉
有轻微阻力为宜。如间隙不符合要求,可放松螺母,用起
子旋转调整螺钉进行调整。气门间隙偏小时,向外旋出螺
钉;间隙过大时,向里旋进螺钉,直到调至规定值为止。然

图 10-7　气门间隙的检查调整方法

后用起子保持调整螺钉位置不动,将锁紧螺母拧紧固定。最后复查一次,间隙如有变化,应按
要领重新进行调整。

表 10-6　当 1,6 缸分别处于压缩冲程上止点位置时可调气门的汽缸

柴油机型号		当第 1 缸活塞处于压缩冲程上止点	当第 6 缸活塞处于压缩冲程上止点
6135	进气门	1—2—4	3—5—6
	排气门	1—3—5	2—4—6
12V135	进气门	1—2—4—9—11—12	3—5—6—7—8—10
	排气门	1—3—5—8—9—12	2—4—6—7—10—11
6250	进气门	1—3—5	2—4—6
	排气门	1—2—4	3—5—6

　　(2)康明斯 N 系列和 K 系列柴油机气门间隙的调整。由于气门间隙的调整必须在喷油器
柱塞落座压力调整后方可进行,因此,随喷油器柱塞落座压力调整所用的方法(升程法和扭矩
法)不同,气门间隙调整也有两种方法。

　　1)升程法调整,首先转动曲轴使发动机皮带轮上 A(或 1—6)标记与柴油机前端齿轮室盖
上铸制标记对准,按前述的判断方法使第 1 缸处于做功冲程 90°位置(第 6 缸处于进排气冲程
90°位置)。按照表 10-5 的顺序,调整第 5 缸(该缸正在压缩)的进、排气门间隙。然后顺柴油
机工作方向转动曲轴使 B(或 2—5)标记与齿轮室盖上标记对准,此位置第 5 缸处于做功冲程
90°位置,可调整第 3 缸(该缸正在压缩)的进、排气门间隙。调整完毕,再使 C(或 3—4)标记与
齿轮室盖上标记对准,此位置第 3 缸处于做功冲程 90°位置,可调整第 6 缸(该缸正在压缩)的
进、排气门间隙。

　　当第 5,3,6 缸调整完毕,继续转动曲轴,使"A""B""C"标记再次分别与齿轮室盖上标记对
准,可依次调整第 2,4,1 缸的气门间隙。至此,6 个缸的气门间隙全部调整完毕。

　　2)采用扭矩法调整气门间隙,在调整好一个缸的喷油器后,接着调整该缸的气门间隙(不
允许先调气门,后调喷油器),调整顺序见表 10-5。

　　如果喷油器的落座压力不需要调整,气门间隙也可采用与前述 6135 柴油机相同的方法两
次检查调整完毕。冷态下,康明斯发动机进、排气门的间隙值,不同机型会有所不同,此数据可
从柴油机铭牌上查得。

（3）康明斯 K38 机型（KT38，KTA38）气门间隙的调整。该机型为增压 12 缸 V 型结构，从飞轮端向自由端看，分为左列（L）和右列（R），K38 也可看成为两台直列式 K19 型柴油机的组合。该机组的汽缸编号和气门排列如图 10-8 所示，图中 1R 和 1L 分别代表右列的第 1 缸和左列的第 1 缸，依此类推。图中圆圈"○"表示进气门；黑点"●"表示排气门。

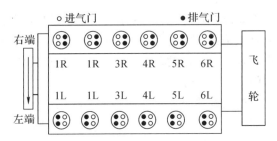

图 10-8 K38 机型汽缸编号和进排气门排列

可见，气门的排列从自由端开始，右列是按照进→排的顺序排列；左列是按照排→进的顺序排列。该机型的发火顺序为 1R→6L→5R→2L→3R→4L→6R→1L→2R→5L→4R→3L。与直列式（N 系列和 K19）相比，K38 型机组不仅结构复杂，气门间隙的检查与调整也有较大差异，其操作可按如下步骤实施。

1）找调整标记。为便于操作，该机型的调整标记分别设置在扭转减振器、飞轮壳窗孔"A"和飞轮壳窗孔"C"三处。图 10-9 所示为设置在曲轴端扭转减振器壳体上的调整标记，转动曲轴可使调整标记 VS 与固定在齿轮室盖上的指针对正。图 10-10 所示为设置在右列"A"孔内飞轮与飞轮壳上的调整标记，调整时，使用盘车装置从右列拨动柴油机曲轴，使飞轮上的"A"VS 标记与飞轮壳上的刻线对正。设置在左列 C 孔内 VS 标记与图 10-10 类同，调整时，使用盘车装置从左列拨动柴油机曲轴，使飞轮上的"C"VS 标记与飞轮壳上的刻线对正。值得指出的是，在扭转减振器和飞轮的圆周上沿圆周刻有 1R—6R，6L—1L，5R—2R，2L—5L，3R—4R，4L—3L 六个 VS 标记。检查调整时，飞轮上的刻线对准其中任何一个 VS 标记都可以，而要检查调整的汽缸号则按表 10-7 对应操作。

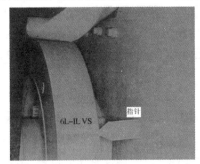

图 10-9 扭转减振器上的 VS 调整标记

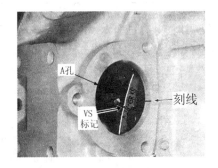

图 10-10 飞轮"A"窗孔上的 VS 调整标记

2）确定检查调整的气门。由于气门间隙的检查与调整，必须在气门处于关闭状态时才能进行，为此，首先要确定可调整的汽缸。转动曲轴使 1R—6R VS 标记与刻线对准，左右盘动飞轮同时观察 1R 与 6R 汽缸的气门摇臂，两缸（1R 与 6R）之中必有一个缸的进排气摇臂会随飞轮的左右盘动而上下摆动，但另一缸摇臂则不动。由此可判断摇臂不动的汽缸处于压缩行程上止点，该缸的进、排气门间隙都可以进行检查和调整。而摇臂上下交替摆动的缸处于进排气上止点，该缸的进、排气门都开启，不能进行检查和调整。

然后，按机组工作转向转动曲轴依次使其他标记与刻线对准，并按表 10-7 的顺序进行检查和调整。按照表 10-7，假若 1R—6R VS 标记与刻线对准，且右列第 1 缸（1R）位于压缩冲程上止点，则检查调整右列第 1 缸的进、排气门；转动曲轴使 6L—1L VS 标记与刻线对准，则检查调整左列的第 6 缸（6L）的进、排气门；再转动曲轴使 5R—2R VS 标记与刻线对准，检查调整右列的第 5 缸（5R）……直到曲轴转动一周，1R—6R VS 标记再次与刻线对准，此时检查调整右列的第 6 缸（6R），然后依次调整其他汽缸的进、排气门。

表 10 - 7　K38 机型的气门调整表

VS 记号	对应可调整的气门汽缸号	备　注
1R—6R VS	1R（右边 1 缸）	1R 缸为压缩冲程上止点
6L—1L VS	6L（左边 6 缸）	6L 缸为压缩冲程上止点
5R—2R VS	5R（右边 5 缸）	5R 缸为压缩冲程上止点
2L—5L VS	2L（左边 2 缸）	2L 缸为压缩冲程上止点
3R—4R VS	3R（右边 3 缸）	31R 缸为压缩冲程上止点
4L—3L VS	4L（左边 4 缸）	4L 缸为压缩冲程上止点
1R—6R VS	6R（右边 6 缸）	6R 缸为压缩冲程上止点
6L—1L VS	1L（左边 1 缸）	1L 缸为压缩冲程上止点
5R—2R VS	2R（右边 2 缸）	2R 缸为压缩冲程上止点
2L—5L VS	5L（左边 5 缸）	5L 缸为压缩冲程上止点
3R—4R VS	4R（右边 4 缸）	4R 缸为压缩冲程上止点
4L—3L VS	3L（左边 3 缸）	3L 缸为压缩冲程上止点

3）检查调整气门间隙。检查调整的方法与上述机型相同。

综上所述，12 个汽缸的气门间隙需要曲轴转动两周才能全部检查调整完毕。在上述检查调整中，可以从表 10 - 7 中的任一个 VS 标记开始进行，但必须要通过左右盘动飞轮判断两缸中哪个缸处于压缩冲程上止点。

10.3.4　柴油机喷油正时的检查与调整

1. 柴油机喷油正时的定义

从热力学观点看，总是希望燃料在压缩上止点附近迅速燃烧，汽缸内的最高压力能够在压缩上止点后 10°左右曲轴转角出现，以获得较高的热效率。但燃油的喷射、可燃混合气的形成和燃烧都需要一定的时间，因此，喷油器不是在压缩上止点才开始向汽缸内喷射燃油，而是在压缩上止点之前某个时刻开始向汽缸喷射燃油。这个时刻距离该缸压缩上止点的曲轴转角在一般发动机上称为喷油提前角，习惯上又称为喷油正时。由于喷油提前角是动态的不便于检查，而它的大小又与喷油泵的出油阀向高压油管开始供油的时刻（即供油提前角）有关，因此，检查和调整柴油机喷油正时，实质是在柴油机静止时，检查和调整柴油机的供油提前角。

喷油正时对柴油机的燃烧过程、压力增长率和最高爆发压力都有直接影响。喷油时刻过早（喷油提前），燃油一旦喷入汽缸，由于汽缸内压力及温度较低，着火前的准备时间会变长使着火延迟，在速燃期内将使压力增长率和最高爆发压力迅速升高，发动机工作粗暴，使柴油机的动力性和经济性变差,过大的喷油提前角还会造成发动机启动困难、压缩耗功增大和怠速运转不稳定等。反之,如果喷油时刻过小(喷油延迟),可燃混合气不能在压缩上止点附近迅速燃烧,由于燃烧滞后使后燃增加,造成排气冒黑烟、发动机过热,同样使柴油机的动力性和经济性变差。因此,喷油时刻过早或过晚(即供油提前角过大或过小)都不行,不同型号的柴油机在不同的转速总是存在着一个最佳的喷油正时。

2.135 柴油机喷油正时(供油提前角)的检查与调整

(1)利用手油泵和放气螺钉排除低压油路及喷油泵油路中的空气,并使其充满柴油。

(2)将喷油泵齿条(或拉杆)置于最大(或中等)供油位置。

(3)将第 1 缸高压油管卸下移开,也可以在喷油泵出油阀紧座上连接一个玻璃定时管。

(4)转动曲轴使飞轮上的 O 刻线对准飞轮壳上固定的指针,并确保第 1 缸活塞一定要处于压缩冲程上止点位置。使出油阀紧座出油口保持一定油面,若装有玻璃管,管内应有油但油面不宜过高。

(5)将曲轴逆柴油机工作转动方向转过一个稍大于供油提前角的角度(如 40°左右)。

(6)缓慢而均匀的按工作转向转动曲轴,同时密切注视出油阀紧座或玻璃管中的油面,当油面刚刚发生波动的瞬间立即停止转动曲轴。此时,指针所指飞轮上的角度即为该缸的供油提前角。

经检查,如果供油提前角不符合规定值(6135 柴油机为 28°～31°),或经装配后的柴油机,必须进行供油提前角的调整。供油提前角的调整方法有两种。

1) 松开喷油泵联轴器(见图 4 - 16)驱动盘上的两个螺钉,使曲轴与喷油泵凸轮轴脱开。缓慢转动曲轴,并带动驱动盘转过一个所要求调整的角度(驱动盘与中间盘上有分度线,每格实际表示曲轴转角为 6°),或保持曲轴位置不变,用手转动喷油泵凸轮轴带动中间盘相对驱动盘转过一个所需调整的角度。对 6135 型柴油机,当供油提前角小于 28°时,即供油提前角偏小时,可逆向转动曲轴,或顺向转动喷油泵凸轮轴;若供油提前角大于 31°时,即供油提前角偏大时,则顺向转动曲轴,或逆向转动喷油泵凸轮轴。调整好并重新紧固好两个螺钉后,按上述方法再检查一次,如仍不符合要求,应再次调整直至符合要求。

2) 拆下第 1 缸(或第 6 缸)喷油泵高压油管,按柴油机工作方向缓慢转动曲轴,同时观察第 1 缸(或第 6 缸)的出油阀紧座油平面变化,在油面刚一波动的瞬间立即停止曲轴转动。保持喷油泵凸轮轴位置不变,松开联轴器上的两个螺钉,使驱动盘与中间盘脱离连接。然后调整曲轴前后转动位置使飞轮壳上的指针指向飞轮刻线的 28°～31°范围之间。最后将驱动盘和中间盘连接起来并用螺钉紧固。复查一次,如不符合要求应重新调整。

3. 康明斯柴油机喷油正时的检查

首先安装好正时仪。康明斯发动机喷油正时的检查是根据活塞与 PT 喷油器驱动机构推杆的相对位置关系来进行的。为此采用一种专门检查喷油正时的仪器(正时仪),如图 10 - 11 所示。安装正时仪时,首先卸下气门摇臂室罩壳和摇臂室,取出被测缸的喷油器,装上正时仪。正时仪有两个百分表,一个用来指示活塞行程,另一个指示喷油器推杆行程。将活塞行程百分表 2 的测量杆插入汽缸盖上喷油器安装孔,再将推杆行程百分表的测量杆放在喷油器推杆的凹形球座内。正时仪的安装位置必须与汽缸中心线平行,否则影响测量精度。有的正时仪上还有两个行程标记,分别为 45°和 90°,供检查调整使用。然后按以下步骤检查喷油正时。

（1）以第 1 缸为例，按曲轴工作转向转动曲轴，使附件驱动装置皮带轮上的上止点标记 1—6TC 与齿轮室盖板上的标记对准。在此位置左右转动曲轴，如果第 1 缸的气门推杆一只向上、一只向下运动，说明该缸并非在压缩冲程上止点，而是在排气接近结束而进气刚刚开始的进气冲程上止点位置。应将曲轴再转动一圈使上止点标记再次对准，确保第 1 缸处于压缩冲程上止点。判断是否处于压缩冲程上止点还有一种方法：如果随着活塞向上运动，表 1 和表 2 的测量杆同时向上移动，指针顺时针方向旋转，则活塞的运动是趋向压缩冲程上止点。

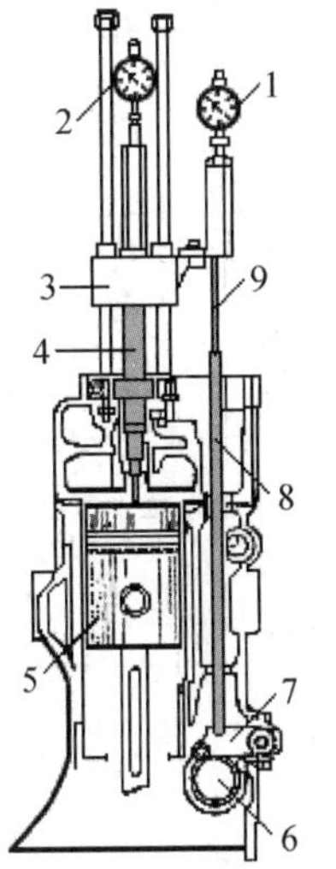

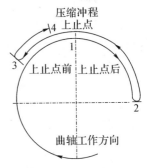

图 10 - 11　喷油正时仪

1—推杆行程百分表；2—活塞行程百分表；
3—正时仪；4—测量杆；5—活塞；6—喷油器凸轮；
7—滚轮摇臂挺柱；8—喷油器推杆；9—测量杆

（2）活塞行程百分表 2 调零。在此位置，确保活塞行程百分表测量杆与活塞顶面接触并使百分表表杆完全压缩后再升起 0.64 mm 左右，为下一步测量预留足够的量程，然后将百分表固定，转动百分表盘使指针对准"0"。

（3）推杆行程百分表 1 调零。顺曲轴工作转向转动曲轴使第 1 缸至压缩上止点后大约 90°位置（图 10 - 12 中 1→2），确保推杆行程百分表测量杆与喷油器推杆球面接触，压缩百分表表杆到底后再升起 0.64 mm 左右，为下一步测量预留量程，然后将百分表固定，转动百分表盘使指针对准"0"。推杆行程百分表的调零是在喷油器工作在大基圆上进行的，此时推杆行程为零。

（4）逆曲轴工作转向转动曲轴至压缩上止点前大约 45°的位置（图中 2→3），其目的是为下一步测量消除传动系统间隙（如齿轮啮合间隙），减少测量误差。如果 45°的位置不好判断，也可逆转曲轴的同时观察百分表 2，使指针转过的圈数大于 5.5 即可。至此，检查准备工作结束。

图 10 - 12　喷油正时检查顺序

（5）从点 3 位置开始，顺曲轴工作转向缓慢转动曲轴，并注意观察活塞行程百分表 2 的读数，当百分表读数（量程）显示为 −5.161 mm 时立即停止转动曲轴，此位置对应了活塞处于压缩冲程上止点前 19°的位置（图中点 4）。在此位置读出推杆行程百分表 1 的读数，此读数应符合本机型铭牌上规定的正时代号所对应的推杆行程范围。若读数大于规定范围，说明喷油正时晚（即提前角过小，喷油滞后）；若读数小于规定范围，说明喷油提前，喷油提前角大。例如，KTA19 - G2 铭牌上喷油正时代号为 CU，对应的推杆行程范围为 −3.32～−3.30 mm。NTA855 - G2 铭牌上的喷油正时代号为 GM，对应的推杆行程范围为 −2.54～−2.59 mm。

康明斯的 N，K 和 M 系列柴油机，正时检查统一规定在活塞位于压缩上止点前 5.161 mm 处进行，这只是为了统一检查的方法和便于记忆和检查。柴油机工作中实际的喷油时刻（即喷油提前角）是随着发动机转速高低和负荷大小在动态变化着。此外，不同用途的柴油机，其喷油时刻也会有所差异，只要我们熟悉并掌握 PT 喷油器的工作原理，对此也不难理解。

表 10-8 所示为康明斯发动机铭牌上正时代号所对应的推杆行程范围,供使用和维修人员检查调整时使用。

表 10-8　正时代号与调整数据

正时代号	推杆行程范围/mm	正时代号	推杆行程范围/mm	正时代号	推杆行程范围/mm
AX	−1.37~−1.42	GU	−2.67~−2.72	IQ	−5.18~−5.33
AZ	−1.47~−1.52	BU	−1.63~−1.68	CI	−2.85~−2.95
BT	−2.03~−2.08	CU	−3.32~−3.30	GY	−4.37~−4.47
GM	−2.54~−2.59	AM	−2.95~−3.05	TE	−4.72~−4.83
AW	−1.50~−1.55	CL	−3.60~−3.70	IC	−4.67~−4.78
BY	−1.75~−1.80	AE	−2.69~−2.79	HE	−2.69~−2.79
CD	−1.85~−1.90	AJ	−3.15~−3.25	—	—
CH	−1.30~−1.35	HC	−4.39~−4.50	—	—

4. 康明斯柴油机喷油正时的调整

由于喷油推杆行程的大小决定了汽缸内相对于活塞位置燃油喷射的时刻,推杆行程大,表明喷油滞后(喷油提前角小);推杆行程小,表明喷油提前(喷油提前角大)。康明斯发动机喷油正时调整有两种方法。

(1)通过调整垫片调整。如图 10-13 所示,调整滚轮摇臂挺柱盖板与机件结合面之间调整垫片的数量,即可改变滚轮摇臂挺柱与喷油凸轮的相对位置,使喷油提前或滞后。由于柴油机配气凸轮轴位置是固定的,因此增加垫片厚度,滚轮摇臂挺柱将右移,使喷油正时提前;减少垫片厚度,滚轮摇臂挺柱将左移,使喷油正时滞后。N 系列柴油机调整垫片有 4 种不同厚度,分别为 0.15~0.20 mm,0.36~0.51 mm,0.51~0.61 mm 和 0.69~0.84 mm,对应的喷油器推杆行程变化量分别为 0.04~0.05 mm,0.09~0.13 mm,0.13~0.15 mm 和 0.18~0.20 mm。维修中不可用一般垫片随意更换。

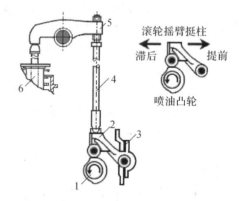

图 10-13　滚轮摇臂挺柱与喷油器凸轮位置关系
1—喷油凸轮;2—滚轮摇臂;3—调整垫片;
4—喷油器推杆;5—摇臂;6—喷油器

(2)通过正时键调整。喷油正时的调整,也可利用更换不同"偏位量"的配气凸轮轴正时键来实现。正时键分为直键和偏位键(见图 10-14),前者不改变正时,后者能够改变配气凸轮轴与凸轮轴传动齿轮(又称正时齿轮)的相对位置。在保持齿轮正时记号不变的情况下,通过更换不同的偏位键可使凸轮轴相对凸轮轴齿轮超前或滞后一个微小的角度,从而改变喷油正时。

偏位键顶部在凸轮轴旋转方向的偏移量越多,相当于凸轮轴(喷油凸轮)逆曲轴工作转向转过了一个角度,喷油正时越滞后;反之,偏位键顶部在凸轮轴旋转方向的逆方向偏移量越多,则喷油正时越提前。利用偏位键调整喷油正时,只调第 1 缸(六缸机)即可。

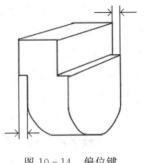

图 10 - 14　偏位键

N 系列发动机可通过调整垫片进行调整,由于两缸共用一个滚轮挺柱盖板,因此需要分别调整第 1,3,5 缸的喷油正时。K 系列发动机只能采用正时键调整。

当没有上述喷油正时专用仪器时,也可用精度为 0.01 mm 的深度尺替代活塞行程测量规,用带磁性底座的百分表代替推杆行程测量规。将深度尺伸入汽缸盖的喷油器孔并与活塞顶面保持接触,如果有条件,在曲轴前端也可装一个刻度盘用来指示曲轴转角。检查时,务必使测量杆和推杆与汽缸中心线保持平行。

5. 操作中应注意的几个问题

(1)喷油正时的检查与调整均在柴油机静止状态下进行。

(2)对于刚装配的柱塞式喷油泵,应确保各分泵供油间隔角度符合要求。该间隔角可在油泵试验台上检查,并可通过改变喷油泵滚轮体部件的高度实施调整。

(3)柱塞式喷油泵通常只检查第 1 缸开始供油的时刻是否与使用说明书的规定值相符,且供油提前角的检查至少要进行两次。操作时,转动曲轴的动作快、油面变化观察不准都将造成较大误差。此外,联轴器的两个螺钉应同时松开或固紧,不得拧紧(或松开)一个就转动曲轴,然后再拧紧(或松开)另一个,避免单个螺钉受力过大发生变形或断裂。

(4)为了减小测量误差,康明斯 N 系列发动机应保证滚轮摇臂挺柱盖板螺钉已拧至 41～47 N·m。由于康明斯 N 系列柴油机主要通过垫片调整喷油正时,使用和维修中尽可能不要拆卸滚轮摇臂挺柱盖板,以免垫片损伤引起喷油正时改变和密封性降低。确实需要拆卸时,应小心细致,三个盖板的垫片不得混用。

(5)采用正时键调整的康明斯柴油机,一旦发生凸轮轴损伤、正时键磨损变形、凸轮轴传动齿轮损伤等,换件维修后必须检查和调整喷油正时。

10.3.5　皮带张紧力的检查与调整

柴油机无论是采用散热器冷却或是采用热交换器冷却方式,通常都使用皮带传动,用来驱动风扇、水泵、充电发电机等工作。使用和维修中,传动皮带的张紧力一定要保持适当。张紧力过小,皮带与皮带轮之间会打滑,既加速了皮带磨损,同时也会影响到上述总成的正常工作,如造成冷却风量及循环水量不足,使发动机水温升高;反之张紧力过大,会引起轴与轴承及皮带的磨损,增加了功率消耗,也容易使皮带断裂。因此应定期检查皮带的张紧力。

1. 皮带张紧力的检查

皮带张紧力最好用张力计(见图 10 - 15)检查。检查时,首先将指示器臂 1 拨平放入量规,再将量规放在位于皮带轮之间的皮带 2 的中部,使量规底部法兰 3 紧贴皮带,然后按正确角度缓慢压下黑色凸缘 4 直到弹簧被锁定(此时可听到一声响声)。小心地取下量规,不要改变指示器臂的位置,最后读出指示器臂 1 的上平面与量轨相切所指示的刻度(张紧力的单位为N,牛顿),其值应符合说明书的规定。

若无张力计,也可用挠度法进行检查:在两个皮带轮之间皮带中部加 110 N(相当 11~12 kgf)的力,若皮带中心距上的挠度每 0.304 8 m(1 英尺)超过一个皮带厚度,则皮带张紧力必须要调整。也可采用经验方法判断:在皮带中部用姆指以 98 N 的力压下,皮带应离开原位 10~20 mm。康明斯柴油机几种皮带的张紧力值列于表 10 - 9 中。

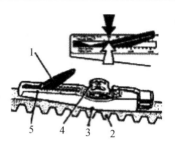

图 10 - 15　张紧力检查器
1—指示器臂；2—皮带；
3—量规底部法兰；
4—黑色凸缘；5—指示刻度

2. 皮带张紧力的调整

(1)带有张紧轮的皮带传动在进行张紧力调整时,应先松开托架上固紧张紧轮的螺母或螺钉,用一根撬杠调整张紧轮的位置直到皮带张力符合要求后再将螺母固紧或将螺钉锁紧。

(2)充电发电机皮带张紧力的调整,可先松开固定支板,扳动充电发电机改变其位置直到张紧力符合要求后再将固定支板重新固定。对康明斯 KTA19 柴油机,充电发电机皮带张紧力调整是通过转动发电机调节连接杆的中间段来调节皮带的松紧度。张紧力调整好后,拧紧连接杆的锁紧螺帽至 68~75 N·m。

(3)康明斯 NTA855 柴油机风扇皮带张紧力可通过风扇支架上两个长圆形螺钉孔进行调整。调整时,先松开两个固紧螺钉,转动支架直到皮带张紧力符合要求后再固紧螺钉,最后将安装在支架侧面的一个限制螺栓固定,以防止风扇支架工作中产生移动。

(4)对采用扭簧和阻尼器的张紧轮装置(如 KTA19 风扇皮带传动装置)一般不需要进行张紧力的检查与调整。

康明斯柴油机规定,对标准"V"型皮带,新皮带的初次张紧力一般应调整至在 618.03 N 左右。对运转后的皮带,应调整至 441.45 N 左右。皮带张紧力调整好并固紧后,应再次进行检查。新皮带在发动机运转 5 min 后,由于皮带变松应重新调整至 441.45 N 左右。

表 10 - 9　康明斯柴油机几种皮带张紧力值

皮带规格	新皮带张紧力/N	运转后皮带张紧力/N	备　注
ST—968	578.79~667.08	392.4~490.5	(标准 V 型)
ST—1274	578.79~667.08	392.4~490.5	(标准 V 型)
ST—1138	578.79~667.08	392.4~490.5	(标准 V 型)
ST—968	352.80~441.45	196.2~245.25	两皮带轮(风扇、发电机)
ST—1274	352.80~441.45	196.2~245.25	两皮带轮(风扇、发电机)
ST—968	539.55~627.84	343.35~441.45	三皮带轮(曲轴、水泵、风扇)
ST—1274	539.55~627.84	343.35~441.45	三皮带轮(曲轴、水泵、风扇)
ST—968	539.55~627.84	304.11~392.4	NT855(水泵带张紧轮)
ST—1274	539.55~627.84	304.11~392.4	NT855(水泵带张紧轮)

10.4　柴油机维修基本常识

柴油机的维修是由各种工艺作业组成的,按照一定顺序完成这些作业的过程称为工艺过程,或称维修工艺。在柴油机维修过程中,一般包括拆卸分解、零件清洗、检验、分类、修理、装配与磨合试验等工序。

10.4.1　柴油机的拆卸

维修中,如果对某一总成、部件不经拆卸即可确认其状态良好而不需要修理的,应尽量减少拆卸,既能节省时间、降低维修成本,也能避免拆卸过程中可能损坏零件和降低装配精度。对于不拆卸的部分,必须要经过整体性能检查和质量检验,确保零件的使用性能满足可靠性和使用性要求。对需要拆卸的部分,要按拆卸的方法和步骤认真、仔细、正确地操作,确保每一个零件在拆卸中不会加剧已有的损伤或出现新的损伤。拆卸进行的好与坏将直接影响到以后各工序的顺利进行。若不能正确进行拆卸,将会损坏零件,降低修理质量,增加维修成本。要提高拆卸质量和工作效率,就必须了解柴油机构造和工作原理,熟悉拆卸顺序,正确使用工具,且尽量使用专用拆装工具,熟悉拆卸的基本知识和技巧,才能保证拆卸工作进行的快、好、省。

(1)按顺序拆卸。通常先拆卸附件,再拆卸主机;先拆卸外部零件、总成和附件,后拆卸内部零件和总成;先拆卸简单的零件或总成,再拆卸复杂的零件或总成。遵循由上至下、由外至里,先总成、后零件的拆卸步骤。

(2)做好必要的标记。有特殊装配关系或拆卸后容易引起错装的零件和总成,拆卸前应在安装位置提前做好标记,以免装配时装错和破坏原有的配合性能。也可以绘出原有的安装位置草图并配合文字说明。在康明斯发动机上,主体机件、配气机构、电路系统等有许多零件和总成需要标记,特别在原有记号已模糊不清的情况下更要引起注意。所作标记必须清晰可辨,必须是在零件非工作表面和非受力表面,切忌为了标记而使零件受到损伤。

(3)拆卸后的零件应分类存放。拆卸后的零件应按系统分类存放并摆放整齐有序,严防丢失、错乱。特别是垫片、螺母、螺栓等小零件和长短不同、材质不同的螺纹连接件,必须与所属总成或部件存放在一起,最好用铁丝拴上或用干净布包在一处存放。

(4)正确使用拆、装工具。正确使用工具是保证拆卸质量的重要手段。拆卸螺栓(钉)、螺母时,应根据其 12 方或 6 方头尺寸大小选取合适的扳手,尽量不使用活动扳手、手钳等工具以免损坏头部棱角。拆卸衬套、齿轮、皮带轮、轴承、轴等紧配合零件时,应尽量使用专用拉力器或压力机。如无专用工具,可选用尺寸合适的铳头用手锤冲击。拆卸和安装汽缸套、活塞环也必须使用专用工具。严禁用随意加长接力杆的方法拆卸或安装螺纹连接件。

(5)重视特殊零件的拆卸。对用铝合金和橡胶材料制作的零件,应避免直接撬动和敲击,橡胶件还应防止油污老化。对燃油泵、喷油器的分解更需要认真、仔细,非专业维修人员或不熟悉其结构和工作原理时,不要随意拆卸或装配。多螺纹连接零件在拆卸螺栓(钉)或螺母时,应分步骤按对称、交叉的拆卸顺序进行。

(6)保持清洁,注意安全。保持工作现场清洁干净、工具摆放有序、人员忙而不乱。操作人员必须严肃认真、一丝不苟、互相配合、协同一致、确保安全。

(7)柴油机拆卸前,先打开发动机上所有的放水阀排净冷却水。旋开油底壳上的放油塞,排净发动机内的机油。如有压缩空气系统,还要把压缩空气放掉。

10.4.2　零件的清洗

拆卸下来的零部件需要进行清洗,清洗的目的在于清除零件表面的污垢、疏通孔道、暴露零件表面的损伤,为下一步的检查、检验和维修提供方便。

清洗时应根据对象不同(如铝质、钢质或非金属零件)和要求不同(如清洗油污、积碳、胶质、水垢、锈斑等)选用适宜的洗涤剂和采用不同的清洗方法以保证清洗质量。洗涤剂清洗的机理是先湿润金属零件表面,然后渗入零件与污垢接触的界面,使污垢从零件表面脱落、分散或悬浮成细粒,在清洗液中溶解或吸附并与水形成浮化液或悬浮液,达到清洁零件的目的。常见的清洗方法有高压清洗、蒸气清洗、喷丸(玻璃珠、果核、陶瓷砂粒等)清洗、浸泡后刷洗等。

清洗时,如果没有现成的洗涤剂,也可以自行配置,但清洗液的配方、浓度和用量应符合要求,应避免零件遭受腐蚀。对于挥发性较大、遭遇明火容易燃烧或溶剂对人体有危害的洗涤剂或清洗液,应严格控制使用和注意操作方法,避免因作业方法不当(如过分加热)或作业时间过长引起失火、人员中毒或污染环境。作业场地和使用的容器、器械也要保持清洁,清洗后的零件要擦净吹干并有秩序的摆放在干净的衬垫或工作台上,必要时加盖防尘罩。

清洗中,尽量不要使用钢丝刷等容易损伤零件表面的洗刷工具,以保持零件原有的形状和精度。清洗时先粗洗再精洗,粗洗用来清洗零件脏污表面和除去油泥,精洗旨在清洁零件。柴油机中使用的偶件和重要的零部件必须单独精洗并配对存放。清除积炭通常采用机械法(用刮刀、刷子等)和化学法(退炭剂),退炭剂的配方可查阅有关手册和资料。

清除水垢可采用单件和整机清除两种方法。清除零件上的水垢时,将零件浸泡在配制的化学溶液中,适当选择溶液的温度与浸泡时间。温度高、时间长,清除水垢迅速彻底。整机清除水垢可结合第 6 章介绍的冷却系统清洗方法和步骤实施。

10.4.3　零件的检验与分类

1. 零件的分类

清洗后的零件应进行检验和分类,它是柴油机维修的重要工序之一,直接影响到维修质量和维修成本。检验分类旨在确定零件的技术状况,一般可将零件分为可用、需修和报废三类。可用零件是指没有损坏或磨损仍在允许范围,不需要任何修复就可装配使用的零件。需修零件是指零件磨损或损伤超过允许极限,但经过适当的修理能够使零件合乎修理技术标准而且经济上划算,即能够修理又值得修理的零件。报废零件是指零件损坏严重无法修理,或虽能修复但维修成本过高,无修理价值的零件必须报废。

2. 零件的检验

零件的检验根据检验技术要求不同分为外部检视法、测量法和探伤法三种。

(1)外部检视法。这是一种不用仪表,仅凭人的经验和感官通过眼看、手摸、耳听来检查和判断零件的技术状态。这是最基本、简单易行的方法,柴油机不少零件的检验都可用检视法确定并进行分类。外部检视法包括目测检验(眼看或借助放大镜观察)、敲击检验(敲击时感觉声音变化)、比较检验(用新零件与被检验零件相比较来鉴别)和感觉检验(凭手感如晃动、触摸等进行判断)。

（2）测量法。适用于检验零件因磨损或变形引起尺寸和几何形状的变化，或者因长期使用引起技术性能下降等，一般应通过量具和仪器进行检查和测量，并对照相应的技术标准以确定零件的分类。零件尺寸的测量常常要用到卡钳、直尺、塞尺、游标卡尺、深度尺、角度尺、（内、外径）千分尺、水平仪、螺纹规等通用量具，有时也需要使用专用量具、铸铁平台和 V 型铁等。对零件几何形状误差的检验除用外径与内径通用测量工具外，使用较多的是百分表和千分表及其专用夹具和表座。常用的测量仪器主要用于弹簧弹力检查、高速转动零件的动静平衡试验、密封性检验、电路（元件）参数的检测等等。

（3）探伤法。适用于对零件隐蔽缺陷的检验，特别是曲轴、连杆、活塞销、飞轮、齿轮等重要零件细微裂纹的检验，对确保柴油机维修质量和使用安全可靠具有重要意义。检验的方法随着实践经验的积累和科学技术的发展而日益增多，常见的有显示（影）法和探伤法。

1）显示法是检验零件隐蔽缺陷的一种简便方法，比较常见的是用染色探伤法，通过染色和显影能够暴露零件表面裂纹的大小和走向。有时，也可先将零件浸入煤油或柴油中片刻，取出后将零件擦干并撒上一层红丹粉或白色粉末，用小手锤轻轻敲击非工作面，如果零件有裂纹，振动会使浸入裂纹的煤油或柴油渗出，使裂纹处的粉末清除地显示出来。显示法简便易行、使用效果较好。

2）探伤法包括磁力探伤、超声波探伤和射线探伤多种。具有测量准确、探伤迅速和无损零件等特点，在柴油机修理中应用比较广泛。以磁力探伤为例，其原理是使磁力线通过被检验的零件，如果零件表面有微观裂纹，在裂纹部位磁力线会偏散而形成漏磁极，此时若在零件表面上撒上磁性铁粉，铁粉会被磁化并吸附在裂纹处从而显现出裂纹的形状，使得肉眼看不见的裂纹清晰可见。值得指出的是，零件经磁化检验后会留下一部分剩磁，必须用直流或交流方法彻底退磁，否则一旦装配，工作中会吸附铁屑而加速零件的磨损。

10.4.4　柴油机维修介绍

修理是柴油机维修中的关键工序，发动机的使用寿命、工作性能、成本以及无故障工作的时间（平均故障间隔期 MTBF）在很大程度上取决于修理工作的质量。

1. 零件的基本修理方法

换件法。即当零件损伤严重不能修复或不宜修复或修理时间紧急时可以采用以新换旧。换件维修有利于提高修理质量和缩短修理时间，更换下来可修复的零件可成批修复以降低维修成本，这种方式又称为"维修浮动"。为了提高维修效率，还可采用部件或总成更换法，如燃油泵总成、水泵总成、活塞连杆组等的更换。

换位法。有些零件只有单边磨损或磨损有明显的方向性，如果结构上允许，可以将其更换一个方向安装后继续使用。例如汽缸套虽然磨损但未达到磨损极限，或缸套出现轻微的穴蚀，都可将汽缸套旋转 90° 安装后继续使用。

调整法。用增减或更换垫片，调整调整螺钉等方法来补偿由于零件磨损引起的配合间隙改变或对某些间隙进行调整，在柴油机修理和保养中常常采用。如喷油器柱塞行程调整、凸轮轴轴向间隙调整、喷油正时调整、机体缸套止口突起高度调整等。

修理尺寸法。柴油机有许多配合件经过长期工作，由于磨损而出现零件几何形状和配合间隙的改变，当磨损超过使用极限时，必须恢复其几何形状和配合间隙。修理尺寸法就是常见的一种修复方法，它是将配合件中较为贵重的一个零件用机械加工方法恢复其几何形状，并得到一个新的尺寸,然后以新尺寸为基准按照配合标准配制一个与之相匹配的零件,从而获得正确的配合关系。这时原有的尺寸已经改变,由此得到的新尺寸称为修理尺寸。如曲轴与轴瓦,通常是对曲轴进行磨削加工恢复其几何形状,使之达到某一级修理尺寸后再换上与此修理尺寸(级别)相适应的主轴瓦和止推轴承,此时的轴瓦称为加厚瓦。例如,N 系列发动机主轴瓦有四级,每级差 0.254 mm。

附加零件法。当配合件的两个零件都较贵重,不希望采取尺寸修理法修复时,可同时对孔和轴进行机械加工,除了完成整形任务外通常还将孔径加以扩大,然后镶配一个内径与轴有正确配合、外径与扩大了的孔径有一定过盈的轴套。这样,相对原结构增加了一个零件,故将这种方法称为附加零件法。如修复损坏的螺栓孔、镶配座圈等。

2. 零件的常用加工方法

压力加工修复法。在一定条件下(如加热)利用外力消除零件变形,恢复原有几何形状。如弯曲和扭曲零件的校正。若零件表面有裂纹或损伤,禁止采用这种方法。

焊修法。用焊接方法修复,如气焊、电焊等。能修复多种材料和存在多种缺陷的零件,且不受工件尺寸、形状和作业场地限制。焊修零件具有较高的结合强度,其主要缺点是可能引起金属组织的变化和产生热应力等。

喷涂与喷焊修复法。如氧—乙炔喷涂和喷焊技术,它是将金属粉末或线材加热到熔化或熔融状态后,用高速气流将其吹散成细小颗粒喷射至零件表面,从而形成一层覆盖层称为喷涂。若将喷涂层继续或第二次加热,使之达到熔融状态而与母材形成冶金结合称为喷焊。喷涂或喷焊的零件需经适当加工后才能恢复原来的形状和尺寸。

电镀修复法。用电解方法使金属表面获得覆盖层的工艺称为电镀。电镀时,电解液中的阳离子在电场作用下向阴极移动,在阴极得到电子还原为原子,呈金属析出并沉积在阴极表面,从而得到电镀覆盖层。

刷镀修复法。金属刷镀是在零件表面局部快速电化沉积金属的新技术。金属刷镀工艺灵活,操作方便。一套设备可镀多种单金属、合金或复合镀层。镀笔所能触及之处,均可镀上。可用来修复机械零件特别是精密零件等磨损量不大的表面,恢复其尺寸和几何形状。也常用于修复大型、贵重零件机加工中尺寸超差或修补其表面上的划伤、凹坑及斑痕等。金属刷镀需经历零件表面预加工、除油除锈、活化处理、镀底层、镀工作层。

黏接修复法。利用黏接剂把两个零件联结起来的一种工艺。主要用于零件相互之间的联接和对损坏零件修补,是机械维修中常用的一种工艺。

10.4.5 柴油机装配

柴油机的装配通常分为零件组装、总成装配和整机装配。

零件组装是指把一个以上的零件按装配要求组装成为一个部件,以便总成装配或整机装配使用。如压入衬套并装有调节螺钉和锁紧螺母的摇臂即可视为一个部件,活塞连杆组也可视为一个部件。有的部件只起着单一零件的作用。总成装配是将若干个零件、部件装配成一体,成为能够单独起作用的装配单元,如燃油泵总成、水泵总成、冷却器总成等。整机装配是将所有的零件、部件、总成以及附属装置、管路、仪表、导线等,按照一定的顺序和规定的步骤,依据装配工艺技术要求组装成为整体(机)。

在柴油机维修中,装配质量与发动机的最终质量紧密相关。为了保证柴油机的维修质量,柴油机维修中必须遵循以下基本要求。

（1）保证零件质量。柴油机维修中，用来进行装配的零件除了新件还有大量尚能继续使用的零件和修复件，对于这些零件，不仅需要进行几何尺寸的检查和表面质量的检验，更应特别注意几何形状的检查和隐蔽缺陷的探查以及某些回转零件的动平衡检查等，使得检查工作更加复杂和更为重要。为此需要有相应的检验手段和建立起相应的规范、标准和严格的制度，严防将不合格的零件安装到柴油机上，这是保证装配质量的前提。一般情况下，用过的 O 型圈、密封圈（带）、油封、锁紧垫片、非金属密封垫、汽缸垫、滤芯等不得重新使用，但在缺乏新件的情况下，如果经严格和仔细检查没有发现变形、磨损、损伤、老化、失效，尚可继续使用。连杆螺钉、曲轴主轴承固紧螺钉等重要螺钉（螺栓）如果没有新品，再次使用前一定要谨慎，应经过认真仔细地检查，确保使用安全、可靠。

（2）保证高度清洁。摩擦副中进入磨料会造成严重的磨料磨损，因此要重视装配时的清洁。柴油机修理时不可避免的会沾有尘土，用过的零件会黏有各种油污和脏物。拆卸后的零件，虽然都进行过清洗，但对于某些复杂零件，特别是机体和曲轴等，在其油道中常有磨料颗粒伴随油污而存在，具有难以清除的特点。因此，在装配时要特别注意进行最后的彻底清洗和清洁，包括清除装配表面的毛刺、锈迹等。各种油道、油孔、沟槽和拐角处要用压缩空气吹净，一般零件可用干净的擦布沾上清洁的清洗油擦拭干净或直接在清洗油中清洗。如汽缸套在装入活塞连杆组之前先要用绸布擦拭干净；吊装曲轴前，轴颈和轴瓦表面也要用绸布擦净等。此外，还应注意装配环境的清洁，必要时采取防尘等措旋。

（3）注意零件润滑。装配时的润滑主要是对零件摩擦表面施加润滑剂，以避免在试运转初期因缺油润滑而烧损。例如，在活塞表面和轴瓦表面涂油，在水泵轴承、风扇轴承加注润滑脂等。所用润滑剂应注意清洁，使用的牌号必须符合发动机修理手册的要求。

（4）执行装配程序。柴油机装配的过程是由零件到部件，由部件到总成，最后形成整体组装的过程，装配程序即体现在这些过程中。由于具体的零件、部件和总成在整体装配中的关系各不相同，因此，在装配中应遵循以下装配顺序：即由内及外、从下至上、先重后轻、先精后粗、先难后易、先坚固件后易损件、先主要零件后次要零件及附属件等，并注意逐一按装配基准面装配。

（5）遵守操作要领。装配的全过程都要严格执行操作工艺和要求。装配时不得强行用力和猛力敲打，必须要在了解结构原理和装配顺序的前提下，按正确的位置和选用适当的工具进行装配。有力矩要求的连接件（康明斯发动机所使用的主要螺栓、螺钉和螺母，在修理手册上都规定有扭矩值）必须按规定的力矩、拧紧次数和拧紧顺序拧紧。每一零件或部件装配完毕，必须进行检查和清理，以防漏装或错装。一般情况下，不得在垫片表面使用密封剂、黏合剂和肥皂等。有方向要求的垫片（如标记有"TOP""OUT""UPPER""LOWER""SH""OH"等）应正确安装。

（6）正确使用工具。为了减轻劳动强度、提高维修效率和保证装配质量，必须正确选用合适的工具和维修设施设备。对通用工具，要求工具的类型和规格符合被装配零件的要求，专用工具要尽可能使用康明斯公司提供的工具（工具的名称可查阅重庆康明斯柴油机修理手册）或自行加工制作。维修场地需配备起重吊装设备、工作台、清洗容器、垫木和垫板、足够的维修材料等。

（7）正确选用零件和满足装配精度。满足装配精度是装配工作的根本任务。为此，康明斯发动机所使用的零件都有规定的零件号,公司提供的零件图册上也有明确说明,更换新零件时必须注意。由于柴油机构造复杂,装配中还应特别注意某些结构的尺寸链精度和相互位置精度要求。

(8)正确使用锁紧装置。凡是需要锁紧的部位,必须采用锁紧装置,真正起到安全、可靠、保险的作用。

(9)装配与检查相结合。装配全过程中,要重视中间环节的质量检查,装一步、查一步,重要零件的装配更要如此,以便发现问题及时解决。要牢固树立"为下一道工序负责"的态度和意识,确保每一道装配工序的质量要求,避免因某一装配工序出现差错而导致装配失败,造成返工甚至导致试车中发动机损伤。

(10)重视装配的密封性。柴油机运行中由于密封失效,常常出现"三漏"现象,轻者会使发动机降低工作能力并造成环境污染;重者可能诱发事故。为此,在装配工作中必须给以足够重视。包括选用密封材料的性能要符合康明斯公司的要求;密封件在安装中要有适当的预紧度;装配中防松垫圈、垫片、O型圈等不可漏装;油封的唇口不得损坏;螺栓(螺钉、螺母)的预紧力矩应符合要求等。

10.4.6　磨合与试验

1. 发动机的磨合

柴油机是一种摩擦副多、润滑状态复杂、工作条件恶劣、偶件制作材料多样的动力机械,为了延长柴油机使用寿命、提高配合副零件的承载能力和防止发动机配合零件表面在重载工况下发生过热、擦伤、熔焊等现象,新发动机和大修后发动机必须要有一个带负荷的磨合过程,以达到配合副表面能够更好的承受负荷的目的。

磨合是指在摩擦初期,摩擦面几何形状和材料表层物理——机械性能的变化过程。新摩擦副表面具有一定的粗糙度,真实接触面积较小,磨损速度较快,磨粒较大。随着磨合过程的延续,表面粗糙度值有所下降,真实接触面积提高,磨损速度缓慢降低并逐步趋向稳定,磨粒细化,承载能力提高。因此,磨合的目的就是使配合副表面粗糙度的基本特性获得稳定。为了在保证磨合质量前提下尽量缩短磨合时间,柴油机要有一个最佳磨合规范,这些规范在康明斯发动机修理手册上都有明确规定,发动机出厂试车工艺卡上也有说明。

磨合的原则应是由低速到高速,由无负荷到有负荷,由小负荷到大负荷逐渐增加。合理的磨合工艺应使磨合零件表面有良好的适应正常工作的能力、磨合过程的金属总磨损量为最小、磨合时间短和磨合费用低。为了满足这些要求,柴油机的磨合主要采取冷磨合和热磨合,并在磨合过程中同时进行缺陷的检查和故障的排除,在此基础上最后进行性能试验。

2. 发动机的试验

维修后的柴油机,其性能是否符合说明书规定的技术要求或达到大修标准,还必须进行最终的性能试验才能得出结论。例如功率、扭矩、燃油消耗率、转速、温度、压力、排烟等都需要通过台架试验测得。因此,试验工序也是维修工作的重要环节。

柴油机的试验又称为试车,一般与热磨合在同一试验台架上进行。试验台架多为水力测功器或电涡流测功器,通过向水力测功器的制动鼓内供水或接通电涡流电路使之提供制动力矩,当柴油机输出动力与制动力矩平衡时,柴油机将获得稳定的运转工况。调节水力测功器供水量的大小或改变电涡流测功器激磁电流的大小即可改变制动力矩,柴油机工况随之改变,从而测得不同工况下发动机的有关性能指标。当测得的所有指标都在规定范围,柴油机运转无异常振动或异响,无"三漏",即可认为发动机试验合格。

发动机试车需要认真填写试车工艺卡或填写试车记录,它们是产品出厂和使用单位组织验收的重要依据,也是柴油机技术档案的重要组成部分。

第 11 章 柴油机故障分析

11.1 概 述

11.1.1 故障的分类

柴油机在使用过程中,由于零件的磨损和变形、使用和维修不当以及设计和制造中存在的缺陷等因素,会使发动机性能下降,出现异常甚至不能继续工作,这种现象称为故障。柴油机故障一般有以下三种情况。

(1)丧失了正常的工作能力。如柴油机连杆断裂,严重拉缸、抱轴、烧瓦,柴油机不能启动,运转不平稳,等等。

(2)性能劣化,并超过规定的故障判据。如零件严重磨损使配合间隙超过极限,柴油机工作中出现异响、漏气、漏油、漏水、烟色不正常、振动加剧等等。

(3)安全工作性能下降或可靠性降低。如安全装置失灵,柴油机停车装置失控,报警装置失效,润滑或冷却系统工作不良,等等。

失效与故障均指产品工作能力的丧失,但故障只指可修复产品,即产品出现故障后通过维修能够恢复其原有的工作能力;失效指不可修复产品,如密封圈、垫片的损坏,橡胶件的老化,电子元件等不宜修理也无修理价值,称其为失效。

事故与故障密切相关但含义不同。事故强调后果,即造成的危害和损失;故障强调产品本身的功能状态。例如,柴油机连杆大头螺钉折断是故障,但由于螺钉折断使大头盖飞出造成人伤机毁,由于后果严重,属事故而不能按一般故障处理。

柴油机的故障可按以下方法进行分类。

(1)按故障发生的时间分。

1)突发性故障。指突然发生的故障,它是各种不利因素和偶发的外界影响共同作用的结果。故障的发生具有偶然性,起始时间较明显而危害也往往立即产生。如曲轴断裂、燃油供应中断、出现拉缸和抱轴等,故障的发生一般与使用时间无关,故障难以预测。

2)渐进性故障。亦称自然性故障或退化性故障。它起因于零件的磨损、腐蚀、疲劳和老化,故障发生的概率与使用的时间有关,其起始时间较模糊而危害性逐渐加大。如柴油机功率逐渐降低即属此类故障。故障具有渐进性,可通过状态检测和适时维修进行预防。

(2)按故障的性质分。

1)功能性故障。指发动机或发动机的某个系统丧失了正常的功能或工作能力明显降低,这类故障可通过使用者的直感或对发动机某些性能参数的检测而得出判断。例如气门漏气、汽缸压缩不良、油道局部堵塞、阻力增大等均属功能性故障。

2)潜在性故障。它与渐进性故障有联系,没有明显的故障特征,但已接近萌发阶段,如果能够识别出来即称之为潜在故障。例如零件的疲劳破坏,裂纹是逐渐扩展的,一旦探测到裂纹存在并扩展到接近允许的临界值时,可判定为潜在性故障。对潜在性故障应认真分析、及时排除,避免故障进一步发展。这在使用维修中具有十分重要的意义。

3)隐蔽性故障。指用一般方法不易检测出的故障。这种故障一旦存在,可能演变为渐进性故障或突发性故障。例如,重要螺纹联接件因过度拧紧而导致微观变形,久之便会产生裂纹或断裂。

4)多重性故障。指接连发生两个以上的故障,它可以产生一个故障所不能产生的后果。例如连杆大头螺钉折断,大头盖又击穿机体;机油泵故障引起润滑不良,又导致其它零件异常磨损产生故障等。

5)危险性故障。指可能导致人或物重大损失的故障或故障组合。例如柴油机调速系统失控引起的"飞车",将导致整机严重损伤甚至报废。

(3)按故障产生的原因分。

1)人为故障。装配不规范或使用了劣质零件、油料,违章操作,维护保养不及时等诱发柴油机出现故障。例如,冬季未放冷却水引起的发动机冻裂;启动误操作打坏齿轮或齿圈;装配错误引起的油路堵塞;装配中汽缸掉进金属零件引起的砸缸、拉缸;机油添加不及时或油面过低引起的润滑不良等。此外,操作指挥错误、操作动作不协调、人员配合不好、操作者素质(心理、体能和技术)不良以及管理不善等都可能造成这类故障。

2)自然故障。使用过程中由于受到外部和内部各种不可抗拒的自然因素的影响而引起的故障称为自然故障。例如零件的自然磨损、老化、锈蚀等。

3)生产故障。由于工艺规范制定不当或没有严格执行工艺规范,使得零件加工、装配、调试不符合图纸和技术要求,检验不严格等原因造成并在使用中暴露出来的故障。它只能通过修改设计,严格制造工艺和操作程序或避免影响因素来消除,常规修理一般不能消除其故障原因。

11.1.2　故障产生的主要影响因素

(1)柴油机设计制造上薄弱环节的影响。如零件受热面温差过大或冷却腔布局不合理而产生热裂;零件刚度不足产生变形或卡死;零件断面设计不合理引起的应力集中及疲劳破坏;铸造件缺陷以及热处理不当、零件加工精度不高均会使发动机早期故障及随机故障增多。

(2)修理及装配质量的影响。柴油机修理是为了恢复整机性能,如果修理质量不高或未严格按修理规范操作,必然会导致发动机工作中再次出现故障。例如更换了劣质配件(如活塞环弹力不合标准,使用了硫化橡胶制作的封水圈,键槽位置的超差等)或自制配件不符合要求等,均能使发动机性能恢复受到影响。

此外,装配中装配关系错误、装配精度达不到要求或调整失准均可能引起附加应力、偏磨,从而加速零件失效并使故障率升高。例如活塞环开口位置未交错、扭曲环装反引起窜油;气门间隙或喷油正时失准而引起发动机启动困难、燃烧不良、功率下降;电路搭铁极性错误而引起的整流管损坏等。

(3)环境因素的影响。长期在野外或风沙环境工作的柴油机,会因磨料作用而加速零件的磨损和缩短发动机的维护周期。环境温度过低引起的柴油机启动困难,低温腐蚀以及潮湿环境使金属零件和电器元件锈蚀等。

(4)维护保养和操作因素的影响。维护保养和操作使用均属主观因素,可以通过健全保养制度、制定操作规程以及技术培训等方法来保证柴油机正常工作和延长其使用寿命。柴油机使用和保养中,因疏忽大意而诱发的种种故障并不罕见。

11.1.3　常见的故障征象

当柴油机发生故障时,往往会通过一个或几个征兆表现出来。这些征兆一般都具有可观、可听、可嗅、可触摸、可检测的性质。概括起来有以下几方面。

(1)工作不正常。如不易启动、转速不稳、振动加剧、不能带负荷、自动停车、报警装置失灵等。

(2)声音不正常。如发出不正常的敲击声、放炮声、吹嘘声等。

(3)温度不正常。如排气管过热、机油过热、冷却水过热、轴承过热等。

(4)外观不正常。如排气管冒白(黑或蓝)烟、漏油、漏水、漏气,显(指)示错误等。

(5)消耗不正常。如柴油、机油、冷却水消耗增加。

(6)气味不正常。如排气带很浓的柴油或机油味,有异常臭味和焦糊味等。

11.1.4　故障分析的一般原则

为了迅速、准确、有效地排除故障,要对故障产生的部位和原因进行正确的判断。因此要求在了解故障的基本征兆后,根据柴油机构造和原理上的特点,全面地分析可能产生故障的原因并逐个进行排查分析,最后找出故障的真正原因并加以排除。实际工作中,应遵循"弄清征兆、结合构造、联系原理、具体分析、从简到繁、由表及里、按系统分段、逐步检查"的基本原则。绝不能不经过认真分析就盲目拆卸或存有侥幸心理去排除故障。这样非但不能消除故障,还可能因此引发新的故障。

柴油机出现故障常常是一种随机事件,为此,每当发生故障时应重视下述的讨论。

(1)在故障发生之前有无异常征候?

(2)这种故障究竟会不会出现某种征兆?

(3)根据什么样的征兆,才能判断柴油机出现此种故障?

(4)如何才能捕捉到此种征候?

(5)为了掌握对这种故障征兆的识别,操作人员应具备什么样的知识和技能?

11.1.5　柴油机故障的直观经验判断

直到目前为止,以经验为基础的直观判断故障方法仍为使用单位广为采用,而且在今后一段时间内,还将做为发动机客观诊断的补充而继续存在。这种方法简单方便,但对复杂故障判断速度较慢,其判断的准确程度多取决于操作人员的经验和技术水平。实用中,这种方法主要用来查找比较明显的故障或适用于对发动机构造和原理十分熟悉的场合。

1. 基本方法

欲对柴油机故障进行判断分析,就要深入故障现场细致地进行观察。可用问、看、嗅、听、摸、想的方法直接判断。

(1)问。就是向操作者询问故障发生的经过,有无先兆。弄清故障是突发的还是渐发的,或者是设备维修后产生的,以及以前的处理方法。即便是经验丰富的维修人员,不问情况就盲目判断,也会影响柴油机故障诊断的速度和质量。

（2）看。就是凭视觉观察发生故障时零部件所处的位置，发动机的现行状况，当时的周围环境。零件的断裂和宏观裂纹，明显的弯曲、扭曲变形，零件表面的烧损和擦伤，严重的磨损以及连接松动，"三漏"等均可由肉眼直接鉴别。此外，机油颜色、粘度、机械杂质含量，排气的烟色，仪表指示情况等也可凭视觉发现。

（3）嗅。就是感觉故障现场有无气味异常。例如有无橡胶材料的糊味，对于判断电气线路故障是简单有效的。

（4）听。由于不同的零件在不同的条件下（如转速变化、温度高低、负荷的大小、油门位置等），产生声响的大小、音质和频率会有不同的特征，因此，凭借人耳听觉（也可借助金属棒）能够捕捉到柴油机运行中的异常声响和发生的部位，有助于柴油机故障诊断。例如，有些响声清脆、尖锐、短促，有些低沉、钝哑；有些粗暴，有些轻微；有些是有节奏的间响，有些是连续不断敲击；有些在高速时响声严重，有些在怠速时突出；有些在转速改变的瞬间清晰，有些在转速稳定时明显；有些在冷车启动时出现，有些随温度升高而增强；有些在重载时响声大，有些在空载时响声大。这些不同的声响对我们诊断柴油机某个系统、某个总成或零件是否正常工作都有很大的帮助作用。

（5）摸。就是用手触及零、部件表面，感知其冷热状况、振动情况以及通过摇动感知其配合的松紧程度等。例如，用手触摸机体、水箱、轴承处能够感觉温度是否正常。用手触摸靠近汽缸盖的各缸排气管，根据温度差异能够初步判断某缸是否工作，不工作的缸，其温度会比正常工作的汽缸低很多。通常，用手摸感到发热一般在 40 ℃左右；感到烫手在 50～60 ℃左右；十分烫手难以接触则在 80～90 ℃以上。

（6）想。综合以上所获得的故障现象，运用理论知识和实践经验加以思考、分析和讨论以做出正确的判断。

如了解到柴油机故障是维修后产生的，应可考虑故障可能发生在维修部位；若故障是渐发的，可考虑是否由零件严重磨损而引起；若故障是突发的，则要考虑周围环境，必要时，在允许情况下可通过现场再现故障方法做出进一步的分析和判断。

2. 经验方法

（1）停缸法（又称断缸法）。依次停止向某缸供油，观察故障征兆变化的情况，以判断某缸是否有故障。例如，怀疑柴油机冒黑烟是由于某缸燃烧不完全而引起或柴油机的功率下降起因于某缸工作不良，常用逐缸断油方法，即"停缸法"直观判断。如果断至某缸黑烟消失，或断至某缸柴油机转速变化相对甚小，则此缸即为故障缸。

（2）比较法。分析故障时，若对某零部件产生怀疑，可将其用新的备件替换，若故障现象消失，分析的重点即可放在此零部件或总成上。比较法只适用于易拆装的零件及部件总成，其优点是可缩短排查故障所占用的时间以减少柴油机故障停机造成的影响和损失。

（3）试探法。在分析故障原因时，往往由于经验缺乏而不能肯定故障产生的原因，此时可以进行某些试探性的调整和拆卸，以观察故障征兆有无改变来寻找或反证故障产生的部位。如怀疑活塞组在汽缸内磨损严重，可向汽缸内注入少许清洁机油，若汽缸压缩性变好，说明分析是正确的。试探时必须遵守少拆卸的原则，并在确有把握恢复原有状态的情况下才能进行。

（4）变速法。在升、降柴油机转速的同时，注意观察故障征兆的改变，从中选择出适宜的转速，使故障征兆表现得更为突出。一般情况下多采用低速运转，因为这时柴油机转动慢，故障征兆持续时间长便于观察和检查。如检查配气机构由于气门间隙过大引起敲击声时，常采用此法。

3.仪器诊断法

利用专用检测仪器,如汽缸压力表、万用表、转速表、油质分析仪、振动仪、发动机综合性能测试仪等定量接受故障信息,并与规定的判别标准进行比较得出结论。

在实际分析中,常将上述方法综合运用以达到相辅相成的效果。由于柴油机是一种典型的动力机械,结构复杂、影响因素多,使得故障分析有时也变的错综复杂。一种故障征兆可能由几个故障所反应,一个故障可能由多种原因所引起。同样,一种原因也可能引发多种故障的出现。

11.2　柴油机常见故障分析

在以下的故障分析中,主要以常用康明斯机型为主,所介绍的方法和分析故障的思路,也适用于其他机型。

11.2.1　柴油机不能启动或启动困难

常温下柴油机一般应在 $10\sim30$ s 内顺利启动。若经多次启动而不能着火运转,则视为柴油机不能启动或启动困难。

1.启动方面的原因

(1)启动转速不够。柴油机的启动转速过低,汽缸里的散热量和漏气量相对增大,从而使压缩空气温度和压力降低,转速低也会影响喷油雾化的质量。此时应检查蓄电池电量是否充足和电解液密度是否符合要求;检查启动电机工作电压是否低于 20 V 和启动电机工作是否正常;检查柴油机启动阻力是否过大。若采用压缩空气启动,应检查气瓶内的气压。

(2)气温太低。寒冷季节冷车启动时,如果没有预热装置,发动机启动明显困难。此时应考虑采用低温辅助启动装置实现进气和机油预热,采取蓄电池保温等有效措施。

(3)启动电机工作不正常或电路连接错误。其故障征兆是按下启动按钮后启动电机电路不通,或电路虽通但启动电机不工作,或启动电机能转动但驱动齿轮不能与柴油机飞轮正常啮合等。此时应重点检查电路连接有无断路、短路或错接;检查磁力开关、电磁开关、燃油泵断油阀控制电路工作是否正常和触点接触是否良好;检查启动电机单向离合器是否损坏或拨叉行程调整是否符合要求。

2.燃油系统方面原因

(1)启动前未打开燃油箱开关或油箱油量明显不足。

(2)燃油系统中有空气或燃油质量低劣。此时应检查燃油泵各密封部位以及燃油系统管路接头是否松动或损坏,有无渗气或漏油,检查柴油牌号和燃油中有无水分或杂质等。

(3)油管或燃油滤清器或燃油泵内磁性滤网堵塞或油箱通气孔堵塞,从而影响柴油的供给,同时也降低了喷雾质量使发动机启动困难。此时应检查油管部件、油管接头和滤清器,必要时更换新的滤芯。油管或接头堵塞可用压缩空气吹除疏通,然后排除系统内积存的空气。

(4)喷油正时不正确。喷油正时过早或过迟都可能引起启动困难。此时应按第 9 章方法和步骤进行检查,不符合要求时可重新调整。

(5)喷油器或燃油泵或电子调速器工作不正常。如喷油器或燃油泵调整不当、喷油器喷孔堵塞、燃油泵断油阀失灵(应检查工作电压)、燃油泵驱动机构损坏、零件过度磨损或泵内有异物影响柱塞移动,以及电子调速器执行器存在机械故障或工作电压不正常等。

(6)如果按下启动按钮柴油机能工作,一旦松开启动按钮发动机又停转,则应检查电子调速器的控制板。当报警开关(超速板、高水温、低油压)中至少有一个损坏或插头不通均可能出现这种情况。如果是新更换的执行器或控制板,应该检查常开、常闭是否用错。

3. 汽缸压缩方面的原因

(1)进、排气门漏气。进、排气门一旦漏气,压缩冲程汽缸温度和压力难以达到燃料着火的条件,使汽缸不发火。此时应检查气门间隙是否正确,如果间隙正确气门仍漏气,应检查垫片是否密封或拆检气门组件,必要时需进行研磨。

(2)活塞环或汽缸套或凸轮过度磨损,或因积炭使活塞环卡在环槽内。此时应清洁活塞及活塞环,清除积炭;检查活塞环弹力并将环的开口位置均匀分布;检查凸轮轴。若是磨损过度可更换活塞环、汽缸套或凸轮轴。

(3)压缩比降低。原因是连杆小头衬套及连杆轴瓦严重磨损。可用压铅丝的方法检查。

(4)进气阻力过大使进气不充分、排气阻力过大、涡轮增压器工作不良。按"柴油机功率不足"中"汽缸压缩不良"进行检查和处理。

4. 经验方法判断柴油机启动困难的原因

(1)排气无颜色,汽缸不着火。油箱无油或油箱开关未打开;油路堵塞或油路中有空气;燃油泵失灵等使柴油不能进入燃烧室燃烧。

(2)汽缸着火但排气冒白烟。气温低发动机预热不够。若持续排出白烟应检查喷油正时和喷油器。柴油中有水分或冷却水漏入汽缸;油路中有空气或油路不畅通,以及汽缸漏气等均可能引起白烟。

(3)汽缸短暂着火而不能连续工作。原因是油路中有空气或油路不畅通;喷油时间过迟;供油量不足;柴油中有水分;部分喷油器有故障;气门关闭不严;燃油泵工作不正常等。

(4)柴油机在冷机时容易启动,而热机时反而启动困难,并且冷机启动时敲击声较大,冒黑烟,运转吃力。这种情况多数是由喷油时刻过早所引起,因为冷机时汽缸内温度较低,着火落后期较长,能够保证柴油燃烧发生在压缩上止点附近,故易启动。热机后汽缸内温度升高,可燃混合气在压缩冲程后期就已开始燃烧,燃气压力作用在活塞上使活塞上行受到很大的阻力,造成启动困难。

11.2.2　柴油机功率不足

1. 故障征兆

柴油机发不出应有的功率,动力性能降低,或达不到规定的工作转速,或稍加负荷排气便冒黑烟,转速不稳,等等。

2. 故障原因

(1)燃油系统故障。

1)燃油系统内进入空气。虽然 PT 燃油系统供给喷油器的燃油有 80% 左右回流,空气会随回流的燃油返回油箱或 PT 泵入口,但如果有空气进入喷油器计量室内,就会影响燃油喷射压力、喷油量和喷油正时,导致柴油机功率不足。

2)柴油机低压油路阻塞或燃油质量差。此时柴油机载荷能力下降或达不到规定的转速。

3)喷油正时不正确。喷油正时提前或滞后都会严重影响柴油机的燃烧过程,工作中会伴随冒黑烟、发动机工作比较粗暴,有时伴有异响。

4)调速器工作不正常。如高速调整不当,旋转油门轴位置调整不正确,调速器弹簧弹力不足或弹簧折断等。当载荷加到一定值后,柴油机转速明显降低甚至出现陡降。

5)喷油器故障。如喷油器柱塞偶件磨损,喷嘴喷孔堵塞或喷油不畅,喷油雾化不良,喷油器调整不当、流量不正确,"O"型圈失效等。

6)达不到规定的喷油量。燃油泵或喷油器调整失准,喷油器柱塞偶件严重磨损,燃油泵的齿轮油泵有损伤等。

燃油系统工作不良是引起柴油机功率不足的最主要原因。如果是调整不当,应按康明斯发动机规定的燃油泵和喷油器调试规范,在专用试验台上进行调整,然后再将其装回柴油机上并调整喷油器柱塞落座压力、气门间隙,必要时重新检查和调整喷油正时。

燃油系统总成(燃油泵和喷油器)的维修,必须由熟练的维修人员操作,要严格装配工艺和保持清洁。维修中,对每一个零件都要认真清洗和检查,对损伤严重的零件必须更换,更换的零件号必须符合该型燃油泵的要求。

(2)汽缸压缩不良。

1)进、排气门漏气。导致汽缸压缩压力和温度降低,排气门漏气会影响涡轮增压器工作,从而降低了增压压力。气门漏气的原因一是气门间隙过小,二是气门与座密封不严。对此,可进行检查调整与研磨修复。

2)汽缸盖螺栓未拧紧或汽缸垫损坏。此时转动曲轴,在汽缸盖与机体结合面处能感觉到漏气声。如果是螺栓松动,应重新按装配要求固紧。如系汽缸垫损坏,必须更新。

3)活塞、活塞环与汽缸过度磨损,或活塞环黏结及开口重叠。此时曲轴箱漏气量相对增多并伴随机油消耗量增大。应检查活塞组与汽缸套的磨损,清除燃烧室内积碳。如果汽缸磨损超限,柴油机应大修。

4)汽缸盖上喷油器安装座孔漏气。原因包括喷油器座套损坏、喷油器压板松动、座孔内有杂质等。清洗、检查并更换损伤零件,重新调整喷油器。

(3)进、排气系统故障。

1)空气滤清器过脏,最大进气阻力超过 635 mmH$_2$O。当装有进气阻力指示器时,会显示红色标志。此时应拆下空气滤清器清洗。进气系统进气阻力的检查方法如下:首先将刻度值范围为 762 mmH$_2$O 的水压计接入到增压器的进气管上(尽可能接在进气管的直管段而不要接在有压力的进气管上),避免进气气流的脉动冲击对检查带来不良影响。然后启动柴油机使之在全负荷和额定转速下稳定工作一段时间,记录压力表读数即可。

2)排气不畅,在全负荷和额定转速下测得的最大排气背压超过 76 mmHg。排气背压过高会使柴油机实际输出功率降低,空燃比减少、燃油经济性能下降、排气温度升高。此时应检查排气管部件包括弯管、接头和增压器涡轮有无局部阻塞,管路走向是否合理等。排气系统背压的检查方法如下:首先将刻度值范围超过 1 041 mmH$_2$O 的压力表接入排气管路中(尽可能接在汽缸盖排气管出口的直线段上),将一连接凸台焊接在管上并在凸台中心钻一个 3.125 mm 的小孔,将其与压力表连接。然后将一个 1 270 mmH$_2$O(或更大)的压力表接入空气跨接管的管道内。然后启动柴油机使之在全负荷和额定转速下稳定工作一段时间,直到附加在空气跨接管的压力表读数稳定,然后记录下排气背压表的读数,即得到整个排气系统管路的总背压。如果测得的数值大于 76 mmHg,应改进管路布置使排气背压满足要求。

3)增压器工作效率降低。如涡轮壳损坏、轴颈和浮动轴承磨损、压气机积尘过多、有积碳等。此时应按第 7 章规定的方法和步骤清洗、拆检增压器,更换磨损严重的零部件。

3. 经验判断方法

(1)外观看柴油机工作正常,但功率低、承载能力降低,多为燃油系统供油不足所致。

(2)柴油机功率不足,排气冒黑烟。诊断的重点应放在燃油系统和配气系统,汽缸套和活塞组件的磨损不能排除在外。

(3)在(2)的情况下若排气带有火星或火焰喷出,应检查喷油正时和喷油量是否过多。

此时可以盘车感受汽缸压缩情况或用汽缸压力表测定启动时(汽缸不要着火)的汽缸压缩压力;启动柴油机观察排气烟气;通过断缸观察转速变化情况;倾听有无异常声响等。

11.2.3 柴油机超速

1. 故障征兆

柴油机在运转过程中转速愈来愈高,超过最高空载转速。转速一旦失控,容易造成曲柄连杆机构和其它运动机件因巨大惯性力而损坏,并直接威胁着操作者的安全。

2. 故障原因

(1)过多的机油进入汽缸燃烧。当油底壳机油过量或油浴式空气滤清器油盘中机油过多,造成机油大量进入汽缸参加燃烧。当活塞、活塞环与汽缸套严重磨损;活塞环装反或"走对口";曲轴箱通风装置失效;喷油量过多;多次启动使汽缸内柴油积存过多等,都可能引起柴油机超速。

(2)最高转速的限定值设定过高、断油阀关闭不严或控制失灵、调速器故障等也会引起超速。对柱塞式喷油泵总成而言,调速机构发生故障,如调速弹簧卡住;调速杠杆脱落;调速器内加入机油太多或有柴油漏入使油面升高,影响飞锤的动作;冬季机油如果冻结,飞锤不能飞开也易造成超速;调速器内缺油润滑,内部零件被卡住;高速调整螺钉变动;调速器操纵机构各连接处卡滞或松脱;调速弹簧力减弱或折断,都是导致柴油机超速的直接原因。

(3)柴油机在高速满负荷工作时,未降速而突卸负荷也容易引起飞车。

3. 停车措施

可以通过切断柴油油路或关闭油箱开关,切断空气供给或用橡胶板直接堵住进气口,采用减压启动的柴油机将减压手柄扳到减压位置使汽缸内无压缩,都可起到抑制转速继续升高和强制发动机停机。

柴油机一旦出现超速,应实施紧急停车。发生飞车以后,应及时查明原因,并对主要零件进行检查,特别是连杆螺栓,如果比原来拉长时应立即更换。

11.2.4 柴油机运转不平稳

故障征兆表现为转速忽高忽低,发动机运转不平稳,尤其在怠速时更为明显,有时还伴随黑烟和明显振动。汽缸内燃烧不稳定和运动零件不平衡是故障产生的主要原因。

（1）调速器工作不正常。当机械离心式调速器柱塞、旋转式油门或飞铁等零件发生卡滞；调速弹簧变软；调速器飞铁销孔与销严重磨损；怠速调整过低等都会引起柴油机转速不稳。当电子调速器控制器未调整好、执行器卡滞、执行器回位弹簧折断或松脱、"O"型圈损坏、工作电压低于 19 V 等，也会使发动机出现游车。此时，应按维修工艺对有故障或工作性能不良的总成进行拆捡并在试验台上重新调试。

（2）柴油机温度过低，致使燃烧不良，个别汽缸断续着火。

（3）燃料方面的原因。如燃油质量差，燃油中有水分或油路中进入空气，造成柴油机运转不稳。此时应更换规定牌号的燃油，排除油管和接头处存在的渗（漏）气现象。

（4）燃油系统方面的原因。如个别汽缸的喷油器雾化不良或喷孔局部堵塞；旋转油门过度磨损或调整不当；怠速弹簧装配不当；燃油泵总成或喷油器总成调试不符合要求；个别缸喷油正时不一致；油路不通畅等。如果故障是由总成工作不良引起，应拆捡、清洗并重新调试和检查。

（5）个别汽缸压缩不良。如存在漏气，个别凸轮、气门磨损或损伤严重。压缩不良汽缸一旦找准，应进行必要的拆检和维修。

（6）曲柄连杆机构平衡性不好，各缸活塞连杆组重量超差，硅油减振器失灵等也会造成发动机运转不平稳。

11.2.5 柴油机工作中自行停机

自行停机也叫自动熄火，除了油路故障，运动机件突然卡滞或损坏是常见原因。

（1）柴油机运行中转速逐渐降低直至停机。

1）油箱内燃油用完或油路堵塞。添加燃油并寻找堵塞部位疏通之。

2）燃油质量差，严重影响柴油机的燃烧过程。更换规定牌号的柴油。

3）油管破裂，燃油系统内吸入大量空气。检查燃油连接管路和接头，确保燃油系统密封可靠。

4）负载过大、柴油机过热。检查发动机过热的原因，减小柴油机的负载。

（2）柴油机运行中突然停机。

1）柴油机带动的工作机械出现严重故障（如卡死），迫使柴油机自动停机。盘车检查工作机械故障的原因。

2）多个主轴承抱死或个别汽缸出现严重拉缸，活塞连杆组卡滞在汽缸而迫使柴油机迅速熄火。此时，往往伴有曲轴箱大量串气，发动机停机后盘车困难，需拆检甚至大修。

3）喷油时间过早或过迟。柴油机虽可启动，但连续工作时由于燃烧室温度不断提高，着火时间提前很多，使活塞在压缩冲程向上运动受阻而熄火。反之喷油时间过迟，当高速运行时，因着火时间推迟很多，以致因上止点过后的燃烧室温度和压力过低而使燃油不能着火。

4）燃油泵驱动轴断裂，调速器飞铁装配不正确，调速器柱塞卡滞等。此时应检查是否有机械杂质混入燃油；检查燃油泵驱动轴轴向间隙；检查调速器的装配是否正确；检查喷油器工作是否正常。重新调试燃油泵和喷油器总成。

5）气门弹簧折断或气门锁夹脱落、气门断裂。柴油机温度过高或弹簧的质量差，都会使弹簧疲劳折断，使气门不能关闭而熄火。气门锁夹脱落或气门断裂，掉进汽缸的气门与活塞碰撞迫使发动机停机。此时必须对发动机进行检修并更换损伤零部件。

6)电子调速器工作失灵或报警装置产生误动作,使断油阀关闭切断了燃油供给。

11.2.6　冷却水温度过高

1. 故障征兆

水温高,超出说明书规定的允许范围,水箱经常开锅,柴油机过热。过热容易使零件膨胀变形、机油黏度降低以致烧结、产生积炭、润滑不良和加快机件的磨损,长期过热还会使受热零件开裂、汽缸进气量不足会导致柴油机功率降低和油耗增大。

2. 故障原因

(1)冷却水量不足。散热器中未加满水或水泵、水管处有漏水;散热器的蒸气空气阀关闭不严造成冷却水蒸发散失过快。此时应补充冷却水、排除漏水点、更换水封和检查蒸气空气阀关闭状态。对难以修复的破损散热管可堵塞,但堵管数不得超过管子总数的 10%。

(2)水套(管道)内水垢过多。水垢过多使热量传导受阻,引起受热零件温度升高。当散热器(或热交换器)管内结垢严重时,不但散热差而且使流量减小。此时应按冷却系统保养方法进行除垢和清洗。

(3)节温器失灵。节温器失去水温控制作用,大循环受阻,冷却水不能得到及时散热使水温升高。此时应将节温器拆下检查,损坏的节温器应更换。

(4)风扇装反。风扇的鼓风量主要取决于转速、叶片倾斜角和叶片的数目。风扇装反会达不到冷却系统的设计要求,使风量减少、水温升高。

(5)风扇皮带松弛,转速降低或出现打滑。此时冷却水循环不良,温差增大,水箱容易开锅,发动机过热。此时可按第九章方法检查、调整皮带的张紧力。

(6)水泵故障。如叶轮、轴承或水封损坏,叶轮与泵壳摩擦,水泵工作效率因此降低,冷却水循环受阻。此时应拆检水泵总成,更换损坏的叶轮、轴承和水封,检查叶轮与泵壳的配合间隙。

(7)冷却系统有空气。检查蒸气排气管有无堵塞、膨胀水箱是否加水过多、冷却系统中有无水流死区等。

(8)润滑系统工作不良,局部干摩擦产生大量热量。如油底壳机油量不足;油路局部堵塞使供油不足;机油泵磨损或机油压力调整不当;机油稀释、变质影响润滑性能等。

(9)汽缸燃烧不良。如喷油时间过迟、喷油雾化不良、燃烧不完全或进气不足,导致严重后燃和排气温度升高;燃烧室内积炭过多,零件散热困难等。此时应检查喷油器和喷油正时,清除燃烧室内积炭。

(10)柴油机负荷过重。由于燃料燃烧放热多,使汽缸的平均温度和柴油机排温升高,也是造成冷却系统水温升高的一个原因。

(11)零件配合间隙太小,摩擦产生的热量增多使冷却水温度升高,这种情况多发生在维修之后。此外,柴油机工作中如果冷却水温度指示偏低,应检查节温器是否失效。

11.2.7　机油温度过高

1. 故障征兆

机油温度高,超过说明书规定的允许范围。油温过高易使机油氧化、变质而失去正常的润滑作用。同时使机油黏度降低,造成油膜过薄,容易发生烧瓦和拉缸等故障。

2. 故障原因

(1)柴油机长时间超负荷工作,燃烧过程后燃严重,造成发动机整体温度水平过高。此时应减轻柴油机负荷,必要时检查柴油机喷油正时。

(2)活塞环密封不良使曲轴箱漏气量增多,容易污染机油和促使油温升高。此时应检查活塞环有无磨损、是否"走对口"。

(3)机油泵泵油量不足,机油循环散热作用减弱。此时应检查机油泵配合间隙、密封性能、调压阀工作是否正常和齿轮有无磨损,同时检查油底壳内吸油管网孔是否被油泥堵塞。

(4)机体水套、汽缸盖水套、水箱或热交换器内壁水垢过多,热量不能传给冷却水,使受热零件温度上升,油温也随之上升。需按维护保养要求清除冷却系统水垢。

(5)凡是引起柴油机水温过高的原因,也是使油温升高的直接原因。如风扇皮带松弛或折断、水泵或风扇机械故障、节温器失效、冷却水量不足等。

(6)机油冷却器过脏或局部堵塞,降低了散热效果使油温升高。清洗机油冷却器。

(7)机油冷却器内温控装置工作不正常,大部分机油未经冷却器散热而直接流入主油道使油温升高。应检查温控装置阀门开启情况,失效者及时更换。

(8)曲轴箱通风装置工作不良。通气不畅使曲轴箱内高温气体不能及时排出,使油温升高和曲轴箱内压力增大。应清洗呼吸器,保持清洁畅通。

(9)机油温度表指示偏高。检查仪表传感器是否损坏或指示仪表是否准确。更换失效的温度表。

(10)油底壳中机油过少。用油尺检查机油平面高度,不足时补加。

11.2.8 机油压力过低

柴油机工作中机油压力如果过低,摩擦表面将得不到良好润滑,轻者会加剧零件磨损,重者会引起零件卡滞、烧蚀、曲轴或汽缸抱死等故障。运行中,一旦发现机油压力指示过低,应立即停机进行检查。否则,在很短时间就会导致上述故障发生。

1. 故障征兆

机油压力表指示值低于规定的下限或机油压力表无指示。

2. 故障原因

(1)油底壳内储油量不足。储油量不足使机油泵吸入和压出的油量减少,造成油压降低。此时应检查油底壳机油平面,检查机油有无泄漏,储油量不足时可补充添加至规定液位。

(2)机油黏度过低或机油牌号、质量不符合要求。机油过稀时,各配合零件的摩擦表面难以形成足够厚度的润滑油膜,零件润滑不良、机油容易流失,导致机油压力下降。检查机油黏度并更换规定等级牌号的机油。

(3)机油泵调压阀故障。当调压阀关闭不严、调压弹簧调整压力过低,或调压弹簧刚度下降弹力减小时,部分机油顶开调压阀流回油底壳,使主油道机油压力下降。

(4)机油泵严重磨损或损坏。一般情况下,机油泵由于润滑条件好零件的磨损十分轻微,一旦机油泵轴和衬套、油泵齿轮端面与泵盖以及油泵齿轮之间产生异常磨损,机油泵驱动齿轮与轴松动都将会影响机油泵正常工作,使泵油压力下降。

如果是机油泵故障,应拆检机油泵总成并更换磨损、变形和失效的零件,更换密封垫片(圈),确保装配间隙符合要求。如果压力调整不当,应重新调整。

(5)机油滤清器(或机油冷却器)总成或管路堵塞。堵塞或局部堵塞会使机油通过困难,主油道的机油量相应减少、油压降低。此时应清洗机油滤清器座、冷却器芯、壳体、管道,更换过脏的滤芯,清洗并疏通堵塞的油道(孔)。

(6)油底壳内吸油管网孔局部堵塞,吸油量不足或有空气吸入。清洗机油泵吸油管部件,检查进油段管路有无密封不良。

(7)机体内(外)部油道(管)出现漏油。检查机体、汽缸盖的主油道有无裂纹,堵塞(头)有无松动或脱开,垫片(圈)是否损坏失效,外部连接油管有无破损和泄漏等。依据检查结果进行修复或更换损伤零部件。

(8)流经活塞冷却喷嘴的油量过多,怠速时油压较低。检查活塞冷却喷嘴控制阀柱塞和弹簧弹力。

(9)连杆轴承和主轴承配合间隙过大或轴瓦烧蚀,使机油流失过多。检查修复。

(10)指示仪表损坏。更换损坏的油压表。

(11)柴油机过热,冷却系统工作不良。此时机油温度升高,黏度变小使机油压力降低。应尽快寻找引起柴油机过热的原因,排除冷却系统存在的故障。

11.2.9　机油压力过高

1. 故障征象

机油压力表指示值超过规定的上限。机油压力过高,容易引起油管破裂和各密封部位出现漏油,易使机油上窜和使机油消耗量增大。

2. 故障原因

(1)机油黏度过大。机油黏度大容易使油压升高,此时应检查机油牌号是否符合要求。柴油机冷车启动后初期出现油压升高,但随着发动机温度上升而压力逐渐回复至正常属正常现象。

(2)机油泵(或机油滤清器)调压阀压力调整过大。拆检并重新调整。

(3)机油滤清器旁通阀关闭不严或开启压力过低,大部分机油不经滤清就进入主油道,由于阻力小使主油道压力增大。检查旁通阀柱塞有无磨损,弹簧是否变形和弹力有无下降。

(4)机油压力传感器后段油道局部堵塞,使主油道油压升高。

(5)主轴承或连杆轴承配合间隙过小,也会使机油压力过高。

(6)机油压力指示不准确。更换机油压力表。

11.2.10　机油消耗过多

1. 故障征兆

机油消耗量增大是柴油机常见故障之一,也是柴油机是否需要进行修理的主要标志之一。机油消耗过量常为汽缸严重磨损或活塞环密封不良所致,随着活塞上、下运动,部分机油被泵入燃烧室燃烧。外部征象是排气冒蓝烟,偶可见到排气管冒火星,严重时会从排气管淌出机油。油底壳机油油面明显下降,几乎需要经常补加机油。

2. 故障原因

(1)油环磨损过度。油环上的回油孔及相应的环槽通孔被积炭或杂物堵塞,油环刮油作用明显减弱。

(2)活塞环在环槽内被黏结,弹性降低和刮油作用减弱。活塞环过度磨损,与汽缸壁接触不良使密封性能下降,不能有效抑制机油窜入燃烧室燃烧。

(3)活塞与汽缸配合间隙变大、缸套失圆,造成大量机油上窜。

(4)汽缸纵向严重拉伤,机油沿梳齿状沟痕上窜引起烧机油,同时高温气体下窜至曲轴箱使油温升高。损伤严重时应更换新缸套,轻微拉伤可打磨修复。

针对上述几种情况,应拆下活塞连杆组仔细检查。检查内容包括活塞环开口间隙、侧间隙、漏光度,检查汽缸压力以及汽缸套和曲轴的磨损,根据需要安排柴油机大修和更换失效的零部件。

(5)机油外漏和油底壳机油平面过高。应检查曲轴前、后油封是否损伤(唇口和弹簧有无破损和断裂);检查与油封接触的轴颈表面有无损伤;检查润滑油路或接头处的垫片是否完好;检查油路上的堵塞有无松动。检查机油质量,保持机油平面在规定位置;更换失效的垫片和密封圈;拧紧松动的堵头和连接件;修磨结合面,必要时使用密封胶保证密封可靠。

(6)机油质量不符合要求。按规定的牌号更换机油。

(7)机油消耗与负荷也有较大关系。柴油机经常超负荷运转时,发动机温度升高,漏气量也相对增加,使机油烧损和蒸发损失增大。

11.2.11 燃油消耗量大

1. 故障征兆

柴油机工作中燃油消耗过大,常伴有发动机动力不足和冒黑烟。

2. 故障原因

(1)燃油质量差。更换牌号符合要求的柴油。

(2)燃油泵调试不准确。按规定的方法在专用试验台上重新校验。

(3)进气压力低或排气背压高。检查进、排气系统,视情修理。

(4)燃油管道局部堵塞或出现漏油。检查并排除。

(5)增压器压气机有污垢。清洗检查。

(6)喷油器或燃油泵故障。包括喷油器(或燃油泵)失调、喷孔局部堵塞、漏油等。清洗检查,更换严重磨损和失效的零件;重新调试喷油器或燃油泵;调整喷油器。

(7)喷油不正时。检查和调整柴油机的喷油正时。

(8)汽缸压缩不良。按"汽缸压缩不良"故障原因进行检查和排除。

11.2.12 油底壳机油平面升高

1. 故障征象

机油平面升高主要是冷却介质或柴油泄漏到油底壳所致。柴油漏入一般呈黄色,冷却水漏入呈灰色泡沫状。可取出少许机油放入玻璃试管内加热,若有水则会发出响声并在管壁有水蒸气凝结。水或柴油泄漏,会使机油稀释、变质而影响润滑性能。

2. 故障原因

(1)冷却介质漏入油底壳。一是柴油机汽缸套下部的水封圈(带)老化、损伤或安装不当(如水封圈扭曲、安装汽缸套时被切割);二是机体、汽缸套、汽缸盖水道(腔)存在铸造缺陷(砂眼、气孔);三是机体和汽缸盖有裂缝;四是发生过汽缸垫"冲垫"故障或汽缸垫密封圈失效;五是机油冷却器芯子破损(此种情况冷却水中可以见到"油花");六是违章操作(如在缺水情况下强行启动发动机或在过热状态下突加冷却水,导致机体、缸套和汽缸盖产生裂纹);七是严寒天气未放冷却水使机体、汽缸盖、机油冷却器、水泵等被冻裂。

上述原因均会导致冷却介质在发动机和机油冷却器(散热器)内进入油底壳。检查和排除的方法应针对具体情况具体处理。对于有裂纹的零部件,当修复比较困难时应更换。

(2)柴油漏入油底壳。主要表现为喷油器长期雾化不良、盘车次数过多、启动困难等,使多余的柴油经汽缸与活塞间隙渗漏到油底壳内。当汽缸盖内燃油腔和油道出现裂纹并与冷却水套沟通时,燃油也会混入冷却水漏入油底壳。

机油中是否存在水分和燃油,可以通过对机油进行理化检验或采用专用仪器(如机油污染度测试仪、油质分析仪等)检查,一般都可获得比较满意的定性或定量分析结果。

11.2.13　柴油机排烟不正常

柴油机排气的烟色一般能反应出汽缸内的燃烧情况。如果发动机技术状况良好,排气应当是无色或略带淡灰色。当发现排气烟色改变时,可以将这种现象当作故障分析的入门向导,有的放矢地进行检查和排除。引起烟色改变的原因是排气中含有液体或固体微粒。液体微粒由未燃烧完的柴油或机油所形成,固体微粒是燃烧过程中所生成的炭及其吸附的有机物质。在冒烟状态下工作的发动机,其动力性和经济性都有所下降,汽缸内容易形成积炭和胶状物质,燃料和机油的消耗增加,零件的磨损加快,因此应及时分析原因并排除。

1. 排气冒黑烟

黑烟生成的条件是高温和缺氧,由燃料不完全燃烧所致。由于柴油机混合气形成极不均匀,尽管总体上是富氧燃烧,但局部缺氧容易导致碳烟生成。碳烟是燃油中烃分子在高温缺氧的条件下发生局部氧化和热裂解形成的以碳为主的聚集物,其直径约在 $1~\mu m$ 左右。这种固体的碳烟比气化的燃油反应速度慢得多,来不及燃烧而呈黑烟排出。产生的主要原因有以下几种。

(1)喷油时间滞后。喷油过迟使喷油结束时间推迟,此时活塞已经下行,汽缸工作容积不断增大,汽缸内温度、压力和燃烧速度均降低,燃料不完全燃烧而出现黑烟,严重时排气管有火星冒出。

(2)喷油时间提前。喷油过早会使冷车时冒白烟,热车时冒黑烟。热车时,在压缩冲程中柴油几乎全部喷入燃烧室,随着活塞上行,汽缸的温度和压力升高。某个时刻,汽缸内的柴油几乎同时着火燃烧,部分未燃烧的柴油被燃气所包围而得不到足够的氧气,形成黑烟。

(3)喷油量过大或柴油机超负荷工作。柴油机超负荷工作时,由于每循环喷油量增加,过量空气系数相对减小使柴油燃烧不完全,排气冒黑烟。即使在中等负荷下,喷油量超过标定值也同样使柴油燃烧不完全并冒黑烟。此时发动机往往伴有过热、油耗增大等性征。

(4)喷油嘴雾化不良或滴油。此时喷入汽缸的柴油与空气难以形成良好的可燃混合气,使燃烧不完全并出现黑烟。此种情况下,有时发动机会伴有断续的敲缸声,排气声音也不均匀。应检查喷油器的喷孔是否堵塞、烧蚀或损伤。

(5)燃油质量差或燃油泵、喷油器调试不规范。

如果黑烟是由燃油系统工作不良所引起,应对燃油系统进行清洗和检查,根据需要重新调试燃油泵和喷油器总成,调整喷油器柱塞落座压力,检查喷油正时,更换牌号不符合要求的柴油。同时检查喷油凸轮及滚轮表面有无严重磨损或其它损伤。

(6)空气滤清器或进气管堵塞。影响进气量和使柴油机燃烧过程恶化、排气冒黑烟。此时应清洁空气滤清器和进气管道。

(7)气门间隙过大,配气凸轮严重磨损,气门推杆弯曲变形等。使进气量减少,残余废气增多,燃料燃烧不完全,排气冒黑烟。检查配气机构零部件有无损伤,检查和调整气门间隙。

(8)汽缸压缩不良。不仅进气量减少,压缩过程中气体的温度和压力降低,影响柴油机燃烧过程。检查进气系统的密封性,按"汽缸压缩不良"故障原因进行检查和排除。

(9)燃烧室和排气管积炭过多,燃烧室温度过高(使充气量减小),进气阻力和排气背压过大,均能影响柴油机的燃烧过程,使排气冒黑烟。

(10)涡轮增压器故障。如存在漏气、输气管损坏、压气机壳积尘过多、垫片失效和浮动轴承损伤等。应按第七章方法进行分析和排除。

(11)有 MVT 装置的,应检查该装置工作是否正常。检查电磁阀、检查密封性、检查 MVT 柱塞有无卡滞现象、检查通向 MVT 的气压管路有无堵塞等。

为了减少柴油机在工作中冒黑烟,关键要防止汽缸内燃烧不完全。从使用的角度看,应该做到"五个保持",即:一要保持汽缸压缩良好(气门间隙要正确,活塞组件与汽缸套密封良好);二要保持燃油系统工作正常(燃油泵和喷油器调试符合规范,喷油正时和喷油器调整正确,燃油系统清洁密封,偶件磨损在允许范围);三要保持进、排气通畅(严格执行维护保养项目和程序);四要保持正常的柴油机温度(水和机油温度应保持在最佳范围);五要保持柴油机按允许的负荷和时间运转(避免长期超负荷工作,避免突加负荷和习惯性轰油门)。

2. 排气冒白烟

当燃烧室温度过低(特别是寒冷季节启动时),柴油蒸发性不好,喷入汽缸的燃油一部分呈液态分布在燃烧室壁面上。在燃油自燃之前,喷入汽缸的燃油会以未燃 HC 形式以较高的浓度直接排出汽缸。燃油开始燃烧后,吸附在壁面上的燃油也不能完全燃烧,一部分蒸发后被排出,使排气呈白色烟雾,这就是我们看到的"白烟"。产生的原因主要有以下几方面。

(1)冷却水温度过低。冷却水温度过低使温差变大,循环水带走的热量多从而降低了燃烧室内温度。造成柴油机着火延迟,燃烧过程缓慢而冒白烟。一旦水温升高后,白烟即可消失。因此,柴油机启动后应有足够的预热时间,热机后再增加负荷以避免过大的白烟。

(2)柴油中有水。柴油中含有的水分在燃烧室被加热变成水蒸汽排出而形成白烟。如果柴油中有水,应及时更换柴油。

(3)汽缸垫损坏、汽缸盖或缸套有裂纹、汽缸盖变形或螺栓没有按规定的扭矩拧紧。此时冷却水会沿着沟通的水道(孔)窜入汽缸内。若个别缸窜入了水,则会间断的冒白烟。

(4)喷油时间过迟。喷油时间过迟冷车时会冒白烟,热车时冒黑烟。

喷油时间过迟、温度过低或柴油中有水都会影响发动机启动,而且都从排气管冒白烟,但三者有区别:由于喷油时间过迟而启动困难时,启动后柴油机运转无力,转速不平稳,排气管由白烟逐渐变为灰白烟或黑烟;由于温度过低而冒白烟时,启动后柴油机运转正常,白烟逐渐消失;柴油中有水时,不仅排气冒白烟,发动机的功率和转速也会受到影响。

(5)喷油器故障。喷油嘴滴油或雾化不良,使柴油燃烧不完全而呈白色油雾排出。此时应检查喷油嘴磨损和喷孔有无严重损伤,必要时重新调整(试)喷油器。

(6)汽缸内压缩不良。汽缸内压缩温度和压力较低,柴油燃烧不完全而形成白烟。

(7)有 MVT 装置的,应检查该装置工作是否正常。

3. 排气冒蓝烟

蓝烟主要由机油进入燃烧室燃烧所致。冒蓝烟时往往会带有刺鼻的臭味,它是未燃烧的机油因部分氧化形成的中间产物甲醛引起的。产生的主要原因有以下几方面。

(1)活塞环失去弹力、磨损过度或被胶结在环槽中而失效,刮油作用丧失使机油易于窜入燃烧室燃烧。磨损过度的活塞环因端面间隙变大,环的泵油作用增强导致机油上窜。

(2)活塞组件与汽缸套因过度磨损而使配合间隙增大,造成窜机油现象。

(3)活塞环装反或活塞环"走对口"。

(4)曲轴箱内机油平面过高,使飞溅到汽缸壁上的机油增多,有利于机油上串。

(5)如果采用了油浴式空气滤清器,若机油盘中油面过高,也容易使机油随进气进入汽缸。不仅增加了机油消耗,也易引起柴油机出现超速。

(6)曲轴箱通风装置阻塞使曲轴箱内压力升高,有利于机油进入燃烧室燃烧。

(7)新换活塞环或新车在磨合期由于配合面贴合不良,会出现烧机油现象,磨合结束后冒烟现象即消失。

4. 柴油机排气烟色不正常的经验分析方法

若发动机突然间断地冒白烟而没有其他异常现象,一般是个别喷油嘴工作不正常出现滴油现象。若长期使用后冒淡蓝色烟、曲轴箱漏气量增大、机油压力下降、机油消耗量增加,应检查汽缸组件是否磨损过大;若是间断地冒蓝烟或黑烟,可能是个别汽缸窜机油或喷油嘴滴油、雾化不良所致。连续冒黑烟的主要原因是燃烧不完全,应重点检查燃油系统和配气机构工作是否正常,也可能与柴油机转速、温度和负荷状况以及柴油质量等有关。

上述每一个问题又可能涉及到多种因素。例如,燃油系统可能是喷油量过大或喷油不均匀,也可能是喷油雾化不良或喷油不正时。多缸柴油机有时是一个缸有问题,有时却是两个以上的缸有问题。对此应认真分析并将不可能存在的因素逐个否定,最后准确地找出烟色异常的原因。如果柴油机工作时间不长,冒烟又是突然发生的,运转声音正常,分析的重点就不要放在配气机构上;如果空载也冒烟,说明与转速、负荷、温度无关;如果空气滤清器刚刚保养过,就没有必要检查空气滤清器是否阻塞,可把故障分析的重点集中在燃油系统上。多缸柴油机还可采取逐缸断油的方法来确定是哪一缸或几个缸喷油不良。若排气冒火,多是喷油时间过迟或气门关闭不严。若排气中带有火星则是汽缸中积炭过多或空气滤清器中有杂质堵塞。

值得指出的是排气烟色的观察会受到光线的影响,在强光下不易明显分辨出来。此时可用白纸或玻璃片放在增压器(或排气管)出口,若是窜机油,白纸上会有黑色油渍附着;若是柴油燃烧不完全,白纸上会有黑色干燥的细微碳粒;若是有水分,会使白纸湿润。

11.2.14　柴油机加速反应不灵敏

车用发动机改变油门升速时,转速上升缓慢。故障原因主要包括燃油输油管路漏气;输油管路或通气管阻塞;燃油质量不符合要求;空燃比控制器(AFC)未校准或柱塞密封失效、零件磨损;燃油泵或喷油器调试不规范,流量达不到要求;密封垫漏气等。检修的重点在燃油泵和喷油器。

11.2.15　柴油机减速反应不灵敏

故障原因主要包括燃油输油管路漏气;燃油输油管路或通气管阻塞;喷油器 O 型圈失效或止回阀泄漏严重;旋转式油门磨损或调整不当;急速弹簧装配不当;燃油泵调试不规范;密封垫漏气;气门调整不当等。检修的重点在燃油泵和喷油器。

11.2.16　柴油机工作中噪音过大

柴油机运转中噪音过大,主要由内部机件磨损、间隙过大或调整不当、修理质量不好等原因造成。异常的噪音具有多样性和复杂性,应根据响声大小、发生部位、振动程度、声音是连续还是间断、是尖锐还是钝哑、是在柴油机温度低时声音大还是在温度高时声音大、是在转速稳定时声音大还是在猛提转速时声音大、是在无负荷时声音听得清楚还是在有负荷时声音听得清楚等特点和长期积累的经验来检查、分析和判断。

检查响声最简易的办法是用一根长约 0.5 m 的细长金属杆或一把长起子抵在发动机产生响声的部位,另一端贴在人耳进行听诊和判断。

(1)燃烧过程产生的噪音。燃烧过程中由于某种原因使同时着火燃烧的燃油过多,汽缸内压力升高率增大,由于爆燃产生的高温、高压气体冲击活塞组件和汽缸而产生噪音。此种冲击同时会通过曲柄连杆机构作用在机体上,使柴油机产生明显的振动,从而影响柴油机使用寿命。

产生的原因一是喷油过于提前,燃烧过程的着火落后期延长,汽缸内容易出现爆燃;二是喷油器滴油或雾化不良。由于柴油蒸发慢,发火前积聚的柴油也多,汽缸内也容易出现爆燃。此外,供油量过多、柴油机温度过低、柴油质量差也是其中原因之一。

(2)进、排气产生的噪声。当风扇皮带松弛或与风扇罩壳摩擦;进、排气管部件拧紧力矩不够(常伴有漏气);散热器表面过脏;增压器叶轮与壳体碰擦、浮动轴承严重磨损或损坏、轴承润滑不良,或增压器出现喘振;车用发动机排气消声器阻塞等,都会使发动机工作中噪音增大。如果是增压器引起的,应按第七章的要求进行必要的检修。如果是风扇传动系统产生的,应检查原因并排除,同时清洗并疏通散热器风道和消声器。

(3)运转中的机械产生的噪声。当齿轮磨损使啮合间隙增大或齿隙调整不当;配气机构气门间隙调整过大;传动机构连接松动或固定零件松动;硅油减振器失效(柴油机振动明显);柴油机地脚螺钉松动;转动零件运转不平衡或运动零件配合间隙增大;等等,都会使柴油机在工作中机械噪声增大。

(4)活塞撞击汽缸产生的噪声。当活塞组件与汽缸因磨损使配合间隙变大,在燃烧压力的作用下,活塞在汽缸内摆动敲击汽缸发出响声。当连杆弯曲或扭曲变形、活塞销与衬套或连杆轴承与轴颈配合过紧,使活塞摆动受阻而敲打汽缸发出响声。

响声具有一种清晰的"铛、铛"声,当柴油机启动或转速突然改变,或低速运转时声音比较清晰。柴油机在冷态时响声明显,温度升高后响声减弱。要判断是哪一缸响,可逐缸断油,如响声显著减弱或消失的那个缸便是故障缸,应尽早检查和维修。康明斯 K 系列发动机在设计上采用活塞销偏心布置连杆,能够有效减轻活塞敲缸。此外,当汽缸内掉进异物,也会因砸缸而产生异常声响。

(5)主轴承产生的噪声。当主轴承盖螺钉松动,主轴瓦松动、烧蚀或合金层剥落,以及主轴瓦与轴颈径向配合间隙过大时,容易在主轴承处产生噪声。

响声音调低沉、有力,转速或负荷改变时比较明显,对温度变化不敏感。检查时可将油门放在中速位置,在机体中、下部靠近曲轴主轴承的两侧听诊。要确定是哪一道主轴承响,可逐缸断油。主轴承产生异常噪声应及时检查和维修。

(6)连杆轴承产生的噪声。由于连杆螺钉松动、变形或折断,连杆轴瓦松动、烧蚀或合金层剥落,以及连杆轴瓦与轴颈径向配合间隙过大时,容易产生噪声。

连杆轴承的噪声要比主轴承的容易判断,其响声比主轴承敲击声轻而响,对温度变化不敏感,容易觉察到。

11.2.17　柴油机工作中振动明显

(1)硅油减振器失效造成曲轴振动明显。检查硅油减振器,若变形或损伤应更换。

(2)曲轴平衡性能不好。检查曲轴的静平衡和动平衡。检查各缸活塞连杆组件的质量差别是否超过允许值。

(3)汽缸燃烧情况不好,出现爆燃。

(4)活塞组件与汽缸严重磨损,配合间隙过大。检查磨损情况必要时进行大修。

(5)主轴承与连杆轴承损坏。换件维修。

(6)飞轮端面和径向跳动值不符合要求,造成工作中振动明显。检查并重新调整。

(7)柴油机地脚螺钉松动、转动零件运转不平衡或运动零件配合间隙增大等。

11.2.18　曲轴箱压力过大

(1)曲轴箱通风装置工作不良,局部阻塞。清洗检查。

(2)涡轮增压器密封部位漏气,气体随机油泄回油底壳。拆检增压器,更换失效的密封环。

(3)活塞环折断或汽缸严重磨损,使漏气增多。更换活塞环和检查汽缸磨损。

(4)汽缸垫漏气。更换汽缸垫。

附录 I   柴油机规格及技术数据(附表 1～附表 4)

附表 1   135 系列柴油机规格

序号	型号	4135G	6135G	12V135	12V135Z
1	型式	直列式		V 型 75°夹角	
2	汽缸数	4	6	12	
3	冲程数	4			
4	燃烧室形式	"ω"形直接喷射式			
5	汽缸直径/mm	135			
6	活塞行程/mm	140			
7	压缩比	16.5		14	
8	活塞总排量/L	8	12	24	
9	12 h 功率/ [kW(HP)/(r/min)]	58.8(80) /1 500	88.3(120) /1 500	176.5(240) /1 500	279.5(380) /1 500
10	1 h 功率/ [kW(HP)/(r/min)]	64.7(88) /1 500	97.1(135) /1 500	197.2(264) /1 500	307.4(418) /1 500
11	持续功率/ [kW(HP)/(r/min)]	53(72) /1 500	79.4(108) /1 500	158.9(216) /1 500	251.5(342) /1 500
12	12 h 功率时燃油消耗率/ [g/(kW·h)(g/HP·h)]	≤231.2(170)	≤228.4(168)	≤231.2(170)	≤231.2(170)
13	12 h 功率时机油消耗率/ [g/(kW·h)(g/HP·h)]	≤2.04(1.5)			
14	标定转速时活塞平均速度/ (m/s)	7			
15	发火顺序 (从自由端起)	1—3—4—2	1—5—3—6— 2—4	1—12—5—8—3—10—6—7— 2—11—4—9	
16	曲轴旋转方向(面向飞轮端)	逆时针			
17	冷却方式	水冷			
18	启动方式	电启动			
19	增压方式	非增压			废气涡轮增压

258

序号	型　　号		4135G	6135G	12V135	12V135Z
20	平均有效压力/MPa （kgf/cm²）		0.598 6(6)	0.93 (9.5)		
21	最大扭矩/(kgf·m)		≥39	≥58.5	≥117	≥185
22	柴油机净重（允差＋50 kg)/kg		870	1 160	1 600	1 650
23	外形尺寸	长/mm	1 205	1 433	1 754	1 682
		宽/mm	777	797	1 145	1 310
		高/mm	1 198	1 236	1 370	1 206

附表 2　135 系列柴油机主要技术数据

柴油机型号	4135G,6135G,12V135	12V135Z
在 12 h 功率及标定转速时：		
排气温度/℃	≤500	≤580
油底壳最高机油温度/℃	≤95	≤95
循环冷却水温度		
进水最低温度/℃	≥55	≥55
出水最高温度/℃	≤95	≤95
机油压力读数		
标定转速时压力/MPa(kgf/cm²)	0.245～0.343(2.5～3.5)	0.243～0.343(2.5～3.5)
转速为 500～1 000(r/min)时压力/MPa(kgf/cm²)	≥0.49(0.5)	≥0.49(0.5)
配气相位(以曲轴转角计)：		
进气门		
开启始点(上止点前)	20°±6°	62°±6°
关闭终点(下止点后)	48°±6°	48°±6°
气门最大升程/mm	14.5	16
气门与摇臂的冷车间隙/mm	0.25～0.30	0.30～0.35
排气门		
开启始点(下止点前)	48°±6°	48°±6°
关闭终点(上止点后)	20°±6°	62°±6°
气门最大升程/mm	14.5	16
气门与摇臂的冷车间隙/mm	0.30～0.35	0.35～0.40
供油提前角 (上止点前以曲轴转角计)	28°～31°(新型 26°～29°)	28°～31°
喷油器伸出汽缸盖底平面高度 (喷孔中心到缸盖底平面距离)/mm	2.5～3(新型 1.5～2)	
活塞顶平面与汽缸盖底平面的距离 (存气间隙)/mm	1.2～2.1 (新型 0.8～1.7)	1.2～2.1

259

柴油机型号	4135G,6135G,12V135	12V135Z
机械离心全程式调速器调速性能:		
最低空载稳定转速/(r/min)	≤500	
最低空载稳定转速时转速波动/(r/min)	±25	
标定转速时的转速波动/(r/min)	±5	
12 h 功率工况时,突卸负荷:		
最高空载转速(标定转速的%)	≤110	
稳定调速率/(%)	≤5	
转速重新稳定时间/s	≤10	

附表 3　康明斯柴油机系列产品规格

序号	内　容	M11 系列	N 系列	K19 系列	KV 系列	
					KV38	KV50
1	机体形式	6 缸直列式			12 缸 V 型 60°	16 缸 V 型 60°
2	冲程数	四冲程				
3	燃烧室形式	ω 型直接喷射式				
4	汽缸直径×活塞行程	125 mm×147 mm	140 mm×152 mm	159 mm×159 mm		
5	排量/L	11	14	19	38	50
6	发火顺序	1—5—3—6—2—4			1R—6L—5R—2L—3R—4L—6R—1L—2R—5L—4R—3L	1R—1L—3R—3L—2R—2L—5R—4L—8R—8L—6R—6L—7R—7L—4R—5L
7	最低比油耗/(g/(kW·h))	196	201	196	196	204
8	功率范围/kW	168～261	146～358	336～522	560～1 007	1 007～1 343
9	吸气方式	增压中冷	增压或增压带中冷	增压或增压带中冷		增压中冷
10	冷却方式	水冷却(散热器或热交换器冷却)				
11	润滑方式	复合润滑				
12	启动方式	24 V 蓄电池电启动(负极接地)				
13	扭矩/(N·m)	1 017～1 560	1 017～1 832	1 908～2 733	3 664～5 268	5 492～7 489
14	外形尺寸(长×宽×高)/mm	1 324×835×1 183	1 534×781×1 355	1 573×796×1 343	2 196×1 259×1 644	2 708×1 478×1 829
15	重量/kg	929	875～1 221	1 189～1 786	3 609～4 200	5 094

附表 4　几种电站用康明斯柴油机技术数据

序号	参　数		NTA855—G1	NTA855—G2	KTA19—G2	KTA38—G2	KTA50—G3	备　注
1	发动机排量/L		14.0	14.0	18.8	37.8	50.3	—
2	压缩比		15.0	14.0,15.3	14.5	14.5	13.9	—
3	活塞平均速度/(m/s)		7.6			7.9		—
4	怠速/(r/min)		575～675	575～675	—	725～775	725～775	—
5	额定转速/(r/min)		1500					—
6	常用功率/kW		240	283	336	664	1 097	—
7	备用功率/kW		265	321	369	713	1 227	—
8	摩擦功率/kW		22	22	45	86	116	常用功率
9	平均有效压力/kPa		1 379	1 620	1 427	1 407	1 744	常用功率
10	比油耗/(g/kWh)		208	208	206	206	206	—
11	机油耗/(L/h)		0.14	0.14	0.15	0.2	0.25	—
12	燃油泵最大流量/(L/h)		307	382	394	428	625	—
13	排气温度/℃		432～541	485～499	524～529	541～552	583～585	干式
14	机油压力	怠速/kPa	103	103	138	138	138	
		额定/kPa	241～310	241～310	345～483	310～448	345～483	—
15	节温器调节范围/℃		82～93					
16	最高机油温度/℃		121					
17	最大排气背压/mmHg		76					—
18	最大进气阻力/mmH$_2$O		254					标准型干净滤芯
19	润滑系统总容量/L		31	38.6	50	135	177	包括旁通滤清器
20	冷却系统容量/L		20.8	20.8	30	118	161	发动机
21	允许启动电阻/Ω		0.002					最大
22	最低启动温度/℃		—7	—7	7	7	7	无冷启动装置
23	启动电流/A		600～640	600～640	600～640	1 200～1 280	1 280～1 800	—
24	调速器		EFC电子调速器					
25	曲轴转动方向		顺时针(面对自由端)					

附录Ⅱ 常用单位及其换算(附表5~附表6)

附表5 常用单位

名　称	国际单位	工程单位	换算关系
长度	米(m);厘米(cm);毫米(mm);微米(μm)		—
体积	立方米(m³);升(L);立方毫米(mm³)		—
质量	千克(kg);克(g);千克摩尔(kgmol)		—
角度	弧度(rad);度(°)		—
时间	小时(h);分(min);秒(s)		—
密度	千克/立方米(kg/m³)	公斤力·秒²/米⁴ (kgf·s²/m⁴)	—
转速	转/秒(r/s)	转/分(min)	—
力	牛顿(N) 千牛顿(kN)=10³ N	公斤力(kgf)	1 N=0.102 kgf 1 kgf=9.806 N
压力	1 牛顿/平方米=1 帕 (1 N/m²)=1 Pa 千帕(kPa)=10³ Pa 巴(bar)=10⁵ Pa 兆帕(MPa)=10⁶ Pa	公斤力/平方厘米(kgf/cm²) 工程大气压(at) 水银柱,毫米(mmHg) 水柱,毫米(mmH₂O)	1 bar=1.02 kgf/cm² 1 MPa=10.2 kgf/cm² 1 kgf/cm²=0.098 06 MPa= 0.980 6 bar=98.06 KPa
能与功 热量	1 焦耳=1 牛顿·米 (1 J=1 N·m) 千焦(kJ)=10³ J	公斤力·米(kgf·m) 千卡(kcal)	1 kgf·m=9.806 J 1 J=0.102 kgf·m 1 kcal=4.186 8 kJ 1 kJ=0.238 8 kcal
功率	1 牛顿米/秒=1 焦耳/秒=1 瓦 1 (N·m)/s=1 J/s=1 W	马力(PS) (1PS=75 kgf·m/s)	1 PS=0.735 kW 1 kW=1.359 PS
比油耗	克/千瓦小时(g/(kW·h))	克/马力小时(g/(PS·h))	1 g/(PS·h)=1.359 g/(kW·h) 1 g/(kW·h)=0.735 g/(PS·h)
温度	K	℃	K=℃+273.15

附表6 常用单位的换算

1. 力

千克力（kgf）	牛顿（N）	磅力（lbf）
1	9.81	2.205
0.102	1	0.225
0.454	4.448	1

2. 压力

巴 bar（10^5 N/m²）	工程大气压 at（kgf/cm²）	水银柱 （mmHg）	水柱高 （mmH₂O）	帕斯卡 Pa（N/m²）
1	1.02	750	$1.02×10^4$	$1×10^5$
0.981	1	735.56	$1×10^4$	$9.81×10^4$
$1.33×10^{-3}$	0.001 36	1	13.6	133.3
$9.81×10^{-5}$	$1×10^{-4}$	$736×10^{-4}$	1	9.81
$6.895×10^{-2}$	0.070 3	51.72	703.1	6 895
$1×10^{-5}$	$1.02×10^{-5}$	$7.5×10^{-4}$	0.102	1

3. 功、能及热量

焦耳（J）	千克力·米 （kgf·m）	千瓦·小时 （kW·h）	公制马力·小时 （PS·h）	千卡 （kcal）
1	0.102	$2.78×10^{-7}$	$3.78×10^{-7}$	$2.39×10^{-4}$
9.81	1	$2.72×10^{-6}$	$3.7×10^{-6}$	$2.34×10^{-3}$
$3.6×10^6$	$3.67×10^5$	1	1.36	859.85
$2.65×10^6$	$2.7×10^5$	0.736	1	632.5
4 186	427	$1.16×10^{-8}$	$1.58×10^{-3}$	1
1 055	107.6	$2.93×10^{-4}$	$3.98×10^{-4}$	0.252

4. 功率

千瓦（kW）	英制马力（HP）	公制马力（PS）	千克力·米/秒 （kgf·m/s）	千卡/秒（kcal/s）
1	1.34	1.36	102	0.238
0.746	1	1.014	76	0.178
0.736	0.985	1	75	0.175
0.009 81	0.131	0.133	1	0.002 34
4.2	5.61	5.7	427	1
0.055	1.415	1.434	107.6	0.252

5. 扭矩

牛顿·米(N·m)	千克力·米(kgf·m)	千克力·厘米(kgf·cm)	磅·英尺(lbf·ft)
1	0.102	10.2	0.737 6
9.81	1	100	7.23
0.098 1	0.01	1	0.072 3
1.356	0.138	13.8	1

6. 温度

摄氏(℃)	华氏(℉)	绝对(K)
1	1.8	
5/9	1	$T_k = t\ ℃ + 273$

参 考 文 献

[1] 张凤山,等. 康明斯柴油机结构与维修[M].北京:机械工业出版社,2012.

[2] 傅成昌,等. 柴油机构造与使用[M].北京:石油工业出版社,2012.

[3] 张卫东,等. 康明斯柴油机构造及常见故障分析[M].北京:机械工业出版社,2014.

[4] 姚国忱,等. 康明斯柴油机构造与维修[M].沈阳:辽宁科学技术出版社,1997.

[5] 135系列船用柴油机构造与使用编制组. 135系列船用柴油机构造与使用图册[M].北京:人民交通出版社,1982.

[6] 曾建谋. 康明斯车用柴油机构造与检修[M].广州:广东科技出版社,1999.

[7] 朱军,等. 柴油机构造与维修:第一分册 135系列及道依茨柴油发动机[M].北京:人民交通出版社,1999.

[8] 毛必显,等. 道依茨风冷柴油机的构造与原理[M].西安:西安交通大学出版社,2008.

[9] 黄玮. 柴油发动机构造与原理[M].北京:科学出版社,2009.

[10] 邹小明,等. 发动机构造与维修[M].北京:人民交通出版社,2002.

[11] 林家让,等. 汽车构造——发动机篇[M].北京:电子工业出版社,2004.

[12] 辜宣鸿. 柴油机喷油泵[M].哈尔滨:黑龙江科学技术出版社,2004.

[13] 赵新房. 看图学修柴油机喷油泵/调速器[M].北京:人民邮电出版社,2009.

[14] 简晓春,等. 柴油机喷油泵喷油器维修与调试[M].北京:人民交通出版社,2011.

[15] 杜仕武,等. 柴油机喷油泵喷油器维修与调校手册[M].沈阳:辽宁科学技术出版社,2000.

[16] 刘希恭,等. 柴油机喷油泵、调速器及喷油器的使用、调整与维修[M].北京:机械工业出版社,2008.

[17] 邓东密. 喷油泵结构原理和调试匹配[M].北京:机械工业出版社,1988.

[18] 柴油机设计手册编辑委员会. 柴油机设计手册[M].北京:中国农业机械出版社,1984.

[19] 袁兆成. 内燃机设计[M].北京:机械工业出版社,2012.